# Methodik zur lebenszyklusorientierten Produktgestaltung

## Ein Beitrag zum Life Cycle Design

Von der Fakultät für Maschinenwesen
der Rheinisch-Westfälischen Technischen Hochschule Aachen
zur Erlangung des akademischen Grades eines
Doktors der Ingenieurwissenschaften
genehmigte Dissertation

vorgelegt von
Diplom-Ingenieur
Wilfried Kölscheid
aus Moers

1. Berichter: Universitätsprofessor Dr.-Ing. Dr. h.c. Dipl.-Wirt. Ing. Walter Eversheim
2. Berichter: Universitätsprofessor Dr.-Ing. Frank-Lothar Krause

Tag der mündlichen Prüfung: 21. Mai 1999

D 82 (Dissertation RWTH Aachen)

Fraunhofer Institut
Produktionstechnologie

# Berichte aus der Produktionstechnik

Wilfried Kölscheid

**Methodik zur lebenszyklusorientierten Produktgestaltung**

Ein Beitrag zum Life Cycle Design

Herausgeber:

Prof. Dr.-Ing. Dr. h. c. Dipl.-Wirt. Ing. W. Eversheim
Prof. Dr.-Ing. F. Klocke
Prof. em. Dr.-Ing. Dr. h. c. mult. W. König
Prof. Dr.-Ing. Dr. h. c. Prof. h. c. T. Pfeifer
Prof. Dr.-Ing. Dr.-Ing. E. h. M. Weck

Band 17/99
Shaker Verlag
D 82 (Diss. RWTH Aachen)

Die Deutsche Bibliothek - CIP-Einheitsaufnahme

*Kölscheid, Wilfried:*
Methodik zur lebenszyklusorientierten Produktgestaltung : Ein Beitrag zum Life Cycle Design / Wilfried Kölscheid.
- Als Ms. gedr. - Aachen : Shaker, 1999
    (Berichte aus der Produktionstechnik ; Bd. 99,17)
      Zugl.: Aachen, Techn. Hochsch., Diss., 1999
ISBN 3-8265-6283-6

Copyright Shaker Verlag 1999
Alle Rechte, auch das des auszugsweisen Nachdruckes, der auszugsweisen oder vollständigen Wiedergabe, der Speicherung in Datenverarbeitungsanlagen und der Übersetzung, vorbehalten.

Als Manuskript gedruckt. Printed in Germany.

ISBN 3-8265-6283-6
ISSN 0943-1756

        Shaker Verlag GmbH • Postfach 1290 • 52013 Aachen
          Telefon: 02407 / 95 96 - 0 • Telefax: 02407 / 95 96 - 9
           Internet: www.shaker.de • eMail: info@shaker.de

# Vorwort

Die vorliegende Dissertation entstand während meiner Tätigkeit als wissenschaftlicher Mitarbeiter am Laboratorium für Werkzeugmaschinen und Betriebslehre (WZL) der Rheinisch-Westfälischen Technischen Hochschule Aachen.

Herrn Professor Walter Eversheim, dem Inhaber des Lehrstuhls für Produktionssystematik, danke ich herzlich für die Gelegenheit zur Promotion und sein Vertrauen in mich und meine Arbeit.

Herrn Professor Frank-Lothar Krause vom Fraunhofer-Institut für Produktionsanlagen und Konstruktionstechnik der Technischen Universität Berlin bin ich für die Übernahme des Korreferats und die eingehende Durchsicht der Dissertation sehr dankbar.

Im Rahmen meiner Aufgaben am WZL hatte ich die Gelegenheit viele Wissenschaftler auch anderer Lehrstühle und Institute kennen und schätzen zu lernen. All diesen danke ich für die kollegiale und erfolgreiche Zusammenarbeit.

Eine große Anzahl von Studien- und Diplomarbeitern sowie Hiwis mußte für die Erstellung dieser Dissertation leiden. Ihnen danke ich für ihre Geduld, stets neue Ideen von mir einarbeiten zu müssen. Die fachliche Diskussion mit ihnen und ihre eigenen Arbeiten haben maßgeblichen Anteil an Umfang und Qualität des Geschriebenen.

Besonderer Dank für die inhaltliche Durchsicht und Diskussion dieser Arbeit gilt meinen Kollegen Martin Walz, Jens-Uwe Heitsch, Franz-Bernd Schenke, Jens Schröder und Peter Weber. Ihre Anmerkungen und Hinweise gaben mir besonderen Ansporn zur Optimierung von Struktur und Aussagen der Arbeit.

Für die gründliche Durchsicht zu später Stunde danke ich herzlich Sabine Fels, Matthias Fels und Karsten Neumann. Keine Rechtschreibekorrektur der Welt hätte ihre Leistung vollbringen können.

Danken möchte ich auch meinen Eltern, die mir die Gelegenheit und Unterstützung gaben, das zu tun, was mir Spaß machte, während meiner gesamten Ausbildungszeit in Lehre, Studium und Promotion.

Meiner Frau Ute Tönnißen danke ich für die große Unterstützung während der Zeit am WZL. Ohne sie wäre ich wahrscheinlich nie fertig geworden. Ihr Interesse am Fortschritt der Arbeit, ihre Nachsicht bei der Freizeitgestaltung und unsere Teamarbeit zum Abschluß der Arbeit waren erfolgsentscheidend.

Aachen, im Mai 1999

Wilfried Kölscheid

# Inhaltsverzeichnis

1 **EINLEITUNG** .................................................................................................................. 1
   1.1 PROBLEMSTELLUNG ................................................................................................. 1
   1.2 WISSENSCHAFTSTHEORETISCHE POSITIONIERUNG DER ARBEIT ................................ 3
   1.3 AUFBAU DER ARBEIT ............................................................................................... 5

2 **ZIELSETZUNG DER ARBEIT UND ANFORDERUNGEN AN DIE METHODIK** .......... 6
   2.1 ZIELSETZUNG ............................................................................................................ 6
   2.2 ANFORDERUNGEN AN DIE METHODIK ...................................................................... 8
   2.3 ZUSAMMENFASSUNG DER ANFORDERUNGEN ......................................................... 11

3 **ANALYSE BESTEHENDER ANSÄTZE** ..................................................................... 13
   3.1 KONSTRUKTIONSMETHODEN UND –THEORIEN ....................................................... 13
   3.2 INTEGRIERTE PRODUKTENTWICKLUNG .................................................................. 14
      3.2.1 Simultaneous Engineering ............................................................................ 15
      3.2.2 Projektmanagement ...................................................................................... 16
      3.2.3 Integrierende Methoden der Produktentwicklung ........................................ 17
      3.2.4 Informationsmanagement ............................................................................. 20
   3.3 DARSTELLUNG UND BEWERTUNG VON PRODUKTLEBENSZYKLEN .......................... 22
      3.3.1 Der Begriff „Produktlebenszyklus" ............................................................ 22
      3.3.2 Analyse der Methoden zur Prozeßmodellierung für die Lebenszyklusdarstellung ......... 26
      3.3.3 Methoden zur ökologischen und ökonomischen Bewertung ........................ 27
   3.4 ZUSAMMENFASSENDE BEWERTUNG DER BESTEHENDEN ANSÄTZE ........................ 29

4 **INTEGRIERTES PRODUKT-, LEBENSZYKLUS- UND RESSOURCENMODELL** ...... 31
   4.1 PRODUKTMODELL ................................................................................................... 34
      4.1.1 Produktstruktur_Schema .............................................................................. 34
      4.1.2 Anforderungs_Schema ................................................................................. 35
      4.1.3 Funktions_Schema ....................................................................................... 36
      4.1.4 Gestalt_Schema ............................................................................................ 37
   4.2 LEBENSZYKLUSMODELL ......................................................................................... 38
      4.2.1 Definition des Lebenszyklus ........................................................................ 39
      4.2.2 Zeitliche Dimension von Lebenszyklen ....................................................... 40
      4.2.3 Flexibler Detaillierungsgrad von Lebenszyklen .......................................... 42
      4.2.4 Lebenszyklusmodell für verarbeitende Unternehmen ................................. 43
   4.3 RESSOURCENMODELL ............................................................................................. 51
      4.3.1 Material ........................................................................................................ 53
      4.3.2 Energie ......................................................................................................... 53
      4.3.3 Betriebsmittel ............................................................................................... 54
      4.3.4 Finanzen ....................................................................................................... 54
      4.3.5 Personal ........................................................................................................ 55
      4.3.6 Emissionen ................................................................................................... 55
      4.3.7 Abfälle ......................................................................................................... 56
   4.4 HILFS- UND BEWERTUNGSMODELL ........................................................................ 56

|     |       |                                                                                                           |
| --- | ----- | --------------------------------------------------------------------------------------------------------- |
|     | 4.4.1 | Parameter-Schema ................................................................... 57                 |
|     | 4.4.2 | Gleichungsschema ................................................................... 58                 |
|     | 4.4.3 | Unsicherheits-Schema ............................................................. 59                   |
|     | 4.4.4 | Bewertungsschema .................................................................. 60                  |

## 5 ENTWICKLUNG DER METHODE ZUR LEBENSZYKLUSORIENTIERTEN PRODUKTGESTALTUNG .................................................................................... 63

- 5.1 DIMENSIONEN DER LEBENSZYKLUSORIENTIERTEN PRODUKTGESTALTUNG ............ 63
  - 5.1.1 Problemlösung in Zyklen ........................................................ 63
  - 5.1.2 Gestaltungszyklus für die lebenszyklusorientierte Produktgestaltung ............ 64
  - 5.1.3 Gestaltungsraum, -ebenen und –elemente .............................. 65
  - 5.1.4 Wirkung der Gestaltungszyklen auf verschiedenen Ebenen ..... 67
- 5.2 KOORDINATION DER LEBENSZYKLUSORIENTIERTEN PRODUKTGESTALTUNG ........... 68
- 5.3 OPERATIVE EBENE DER LEBENSZYKLUSORIENTEN PRODUKTGESTALTUNG ............. 74
  - 5.3.1 Gestaltungszyklus der operativen lebenszyklusorientierten Produktgestaltung ........... 76
  - 5.3.2 Ergebnisse der Meilensteine ................................................... 77
- 5.4 METHODE ZUR VERTEILTEN GESTALTUNG VON LEBENSZYKLUSPROZESSEN ........... 84
  - 5.4.1 Vorgehensweise zur Abbildung von Lebenszyklusprozessen ... 85
  - 5.4.2 Hinzufügen neuer Komponenten ........................................... 88
  - 5.4.3 Optimierung von Prozessen zu einer Komponente .................. 88
  - 5.4.4 Integrierte Produkt- und Prozeßoptimierung .......................... 89
  - 5.4.5 Konsistenzüberprüfung ........................................................... 89
- 5.5 BEWERTUNG, ANALYSE UND OPTIMIERUNG VON PRODUKTEN UND LEBENSZYKLUSPROZESSEN ............ 89
  - 5.5.1 Rechnerische Verknüpfung der Lebenszyklushierarchien ....... 91
  - 5.5.2 Berechnung der Ressourcenbedarfe (Sachbilanzierung) ........ 91
  - 5.5.3 Ermittlung von ökologischen Wirkungen der Ressourcenbedarfe (Wirkbilanzen) ........ 92
  - 5.5.4 Analysemöglichkeiten im IPLR-Modell ................................. 94
- 5.6 EINORDNUNG DER HILFSMITTEL FÜR DIE LEBENSZYKLUSORIENTIERTE PRODUKTGESTALTUUNG ........... 94
  - 5.6.2 Übersicht über Methoden im Gestaltungsraum ...................... 95
- 5.7 FEEDBACKREGELKREISE ZWISCHEN ALLEN EBENEN UND LEBENSPHASEN ............ 96
- 5.8 GESTALTUNG DER RESSOURCEN ................................................................... 97

## 6 AUFBAU EINES ENTWICKLUNGSLEITSYSTEMS ...................................... 98

- 6.1 STRUKTUR DES ENTWICKLUNGLEITSYSTEMS .................................................. 98
- 6.2 MODULE DES ENTWICKLUNGSLEITSYSTEMS .................................................... 99
  - 6.2.1 Projektleitsystem ..................................................................... 99
  - 6.2.2 Methodendatenbank ............................................................. 100
  - 6.2.3 Verteilte Lebenszyklusmodellierung .................................... 101
  - 6.2.4 Kommunikationsunterstützung ............................................ 103
- 6.3 ERWEITERUNGSMÖGLICHKEITEN DES ENTWICKLUNGSLEITSYSTEMS ............... 105
  - 6.3.1 Anwendungs Controlling-System ......................................... 105
  - 6.3.2 Ausblick auf einen Regel- und Wissenseditor ...................... 106
  - 6.3.3 Aufbau von Unternehmensdatenbanken ............................... 107
- 6.4 PROTOTYPISCHE IMPLEMENTATION DES ENTWICKLUNGSLEITSYSTEMS ............ 107

| | | |
|---|---|---|
| **7** | **ANWENDUNG AN EINEM FALLBEISPIEL** .................................................................................**109** | |
| 7.1 | MEßMASCHINE FÜR DIE PRÜFUNG VON GLASBILDSCHIRMEN ................................................................ 109 | |
| 7.2 | PROJEKTDEFINITION UND FESTLEGUNG DER BEWERTUNGSKRITERIEN .................................................. 110 | |
| 7.3 | OPERATIVE ERGEBNISSE ................................................................................................................... 112 | |
| | 7.3.1 Öko-FMEA ............................................................................................................................ *112* | |
| | 7.3.2 Erste Lebenszyklusmodellierung .......................................................................................... *114* | |
| | 7.3.3 Brainstorming und technisch-, wirtschaftlich-, ökologische Bewertung ........................................ *115* | |
| | 7.3.4 Verteilte Lebenszyklusmodellierung zur Bewertung der Konzepte ................................................ *116* | |
| 7.4 | WÜRDIGUNG DER ERGEBNISSE AUS DEM FALLBEISPIEL .................................................................... 118 | |
| **8** | **ZUSAMMENFASSUNG UND AUSBLICK** ......................................................................................**119** | |
| **9** | **LITERATURVERZEICHNIS** ...........................................................................................................**121** | |
| **10** | **ANHANG**..........................................................................................................................................**144** | |

# ABBILDUNGSVERZEICHNIS

Bild 1-1: Wirksamkeit von Umweltschutzmaßnahmen _____ 2
Bild 1-2: Relevante Wissenschaftsbereiche für die Entwicklung der Methodik _____ 4
Bild 2-1: Zielsetzung der Arbeit _____ 6
Bild 2-2: Virtueller und realer Betrachtungsbereich _____ 7
Bild 2-3: Relevanz der Anforderungen für die verschiedenen Methodikelemente _____ 11
Bild 3-1: Umfeld der lebenszyklusorientierten Produktgestaltung _____ 13
Bild 3-2: Aufgabenstrukturierung nach VDI 2221 _____ 14
Bild 3-3: Projektmanagement Regelkreis nach Burghardt _____ 16
Bild 3-4: Methoden zur Verbesserung der Produktqualität _____ 18
Bild 3-5: Gegenüberstellung der verschiedenen Lebenszyklen _____ 23
Bild 3-6: Linearer Produktlebenszyklus _____ 23
Bild 3-7: Produktlebenszyklus nach Alting 97 _____ 24
Bild 3-8: Zyklischer Ansatz (nach Kimura 95) _____ 25
Bild 3-9: Sachbilanzierung _____ 28
Bild 3-10: Eignung bestehender Ansätze für die Methodik _____ 30
Bild 4-1: Partialmodelle des IPLRM _____ 31
Bild 4-2: Analysemöglichkeiten mit Hilfe des IPLR-Modells _____ 32
Bild 4-3: Übersicht über die Schemata des Produktmodells _____ 34
Bild 4-4: Produktstruktur_Schema _____ 35
Bild 4-5: Anforderungs_Schema (in Anlehnung an Baumann 95) _____ 36
Bild 4-6: Funktions_Schema (in Anlehnung an Baumann 95) _____ 37
Bild 4-7: Gestalt_Schema _____ 38
Bild 4-8: Dimensionen der Bilanzhülle _____ 40
Bild 4-9: Ankopplung von Lebenszyklusprozessen verschiedener Komponenten _____ 41
Bild 4-10: Hierarchische Differenzierbarkeit _____ 43
Bild 4-11: Lebenszyklusmodell für produzierende Unternehmen _____ 43
Bild 4-12: Prozeß_Schema für Lebenszyklusprozesse _____ 44
Bild 4-13: Deduktive und induktive Prozeßhierarchisierung _____ 45
Bild 4-14: Fertigungsprozesse _____ 47
Bild 4-15: Montageprozesse _____ 47
Bild 4-16: Nutzungsprozesse _____ 48
Bild 4-17: Entsorgungsprozesse nach VDI 2243 _____ 51
Bild 4-18: Ressourcen_Schema _____ 52
Bild 4-19: Materialklassen (in Anlehung an VDI 2815) _____ 53
Bild 4-20: Energieklassen _____ 53
Bild 4-21: Übersicht über Betriebsmittel nach VDI 2815 _____ 54
Bild 4-22: Finanzklassen nach Hopfenbeck 95 _____ 54
Bild 4-23: Personalklassen _____ 55
Bild 4-24: Struktur der Emissionen _____ 56
Bild 4-25: Gruppierung der Abfälle _____ 56
Bild 4-26: Parameter_Schema (SFB 361) _____ 57
Bild 4-27: Gleichungs Schema (nach Rude 91, Baumann 95, SFB 361) _____ 58
Bild 4-28: Unsicherheits Schema /SFB 361/ _____ 59

Bild 4-29: Bewertungs Schema _____ 60
Bild 4-30: Schematische Darstellung des Bewertungsalgorithmus _____ 61
Bild 5-1: Gestaltungszyklus für die lebenzyklusorientierte Produktgestaltung _____ 64
Bild 5-2: Gestaltungsraum für die lebenszyklusorientierte Produktgestaltung _____ 65
Bild 5-3: Projektarten /Wheelwright 92/ _____ 69
Bild 5-4: Kompetenzbeschreibung der Experten _____ 70
Bild 5-5: Standardabläufe für verschiedene Projektarten _____ 71
Bild 5-6: Rahmenkonzept für die lebenszyklusorientierte Koordination _____ 71
Bild 5-7: Meilensteine für eine lebenszyklusorientierte Produktgestaltung _____ 72
Bild 5-8: Integration des Gestaltungszyklus in den Projektmanagement-Regelkreis _____ 73
Bild 5-9: Entwicklungs- und lebenszyklusorientierte Projektnachbereitung _____ 74
Bild 5-10: Verbindung zwischen Methode und IPLRM _____ 75
Bild 5-11: Gestaltungszyklus auf der operativen Ebene _____ 76
Bild 5-12: Operative lebenszyklusorientierte Produktgestaltung _____ 77
Bild 5-13: House of Quality 1-4 _____ 79
Bild 5-14: House of Quality für ECO-QFD _____ 79
Bild 5-15: Morphologie und technische, wirtschaftliche und ökologische Bewertung _____ 81
Bild 5-16: ECO-FMEA _____ 82
Bild 5-17: Verteilte Gestaltung von Lebenszyklusprozessen versus LCA _____ 84
Bild 5-18: Prozeßelemente zur Abbildung von Lebenszyklusprozessen _____ 86
Bild 5-19: Prozeßelementhierarchien _____ 87
Bild 5-20: Integration der Bewertung auf verschiedenen Gestaltungsebenen _____ 90
Bild 5-21: Aggregation von Ressourcenbedarfen über Lebenszyklusprozeßebenen _____ 91
Bild 5-22: Unsicherheiten bei der Berechnung von Lebenszyklen _____ 92
Bild 5-23: Transformation von Sachbilanzen in Wirkbilanzen _____ 93
Bild 5-24: Einordnung der Methoden in den Gestaltungszyklus und -raum _____ 96
Bild 5-25: Feedback aus dem virtuellen und dem realen Produktlebenszyklus _____ 97
Bild 6-1: Übersicht über die Hauptmodule des Entwicklungsleitsystems _____ 99
Bild 6-2: Projektleitsystem _____ 100
Bild 6-3: Methodendatenbank _____ 101
Bild 6-4: Lebenszyklusmodellierer _____ 102
Bild 6-5: Expertenrecherche _____ 103
Bild 6-6: Mitarbeiterdatenblatt _____ 104
Bild 6-7: Controllingebenen des Entwicklungsleitsystems _____ 105
Bild 6-8: Wissenssicherung mit Hilfe des Entwicklungsleitsystem _____ 107
Bild 6-9: Module und Software des Entwicklungsleitsystems _____ 108
Bild 7-1: Schematische Darstellung der bestehenden Meßmaschine _____ 109
Bild 7-2: Nutzung der Meßmaschine in der Produktion der Glasbildschirme _____ 110
Bild 7-3: Öko-Punkte Bewertung aus Expertengruppe _____ 111
Bild 7-4: LCA-Bewertungskriterien nach Alting _____ 112
Bild 7-5: Ansicht der Meßeinheit _____ 113
Bild 7-6: Kapselung der bestehenden Meßmaschine _____ 114
Bild 7-7: IPLR-Strukturen für die bestehende Meßmaschine _____ 114
Bild 7-8: Entwurf für neue Tasteraufnahme _____ 115

Bild 7-9: Meßkonzept mit taktilem und optischem Meßprinzip _____ 116
Bild 7-10: Produktstrukturen für die verschiedenen Meßeinheiten _____ 116
Bild 7-11: Ökologisch-ökonomische Bewertung (Öko-Punkte) _____ 117
Bild 7-12: Detaillierte ökologische Bewertung mit LCA-Kennzahlen _____ 118

## Abkürzungsverzeichnis

| | |
|---|---|
| Abs. | Absatz |
| ARIS | Architektur integrierter Informationssysteme |
| C | Celsius |
| CAD | Comupter Aided Design |
| CAM | Computer Aided Manufacturing |
| CE | Concurrent Engineering |
| DFD | Design for Dissassembly |
| DFE | Design for Environment |
| DFMA | Design for Manufacture and Assembly |
| DFX | Design for X |
| DIN | Deutsche Industrie Norm |
| DR | Design Review |
| ECO-QFD | Ökologisches Quality Function Deployment |
| EDIP | Environmental Development of Industrial Products |
| EDM | Engineering Data Management |
| EDV | Elektronische Datenverarbeitung |
| ETA | Event Tree Analysis – Ereignisablaufanalyse |
| FMEA | Failure Mode and Effects Analysis |
| FTA | Fault Tree Analysis – Fehlerbaumanalyse |
| h | Stunde |
| HoQ | House of Quality |
| IPLRM | Integriertes Produkt-, Lebenszyklus- und Ressourcenmodell |
| ISO | International Organisation for Standardization |
| LCA | Life Cycle Assessment |
| LR | Links-Rechts Zahl/ Intervall |
| MJ | Megajoule |
| mPE | Milli Personal Eqivalent |
| QFD | Quality Function Deployment |
| Rb | Ressourcenbedarf |
| SADT | Structured Analysis and Design Technique |
| SE | Simultaneous Engineering |

| | |
|---|---|
| SFB | Sonderforschungsbereich |
| STEP | Standard for the Exchange of Product Model Data |
| TDM | Tausen Deutsche Mark |
| UBA | Umweltbundesamt |
| vgl. | vergleiche |
| z. B. | zum Beispiel |
| z. T. | zum Teil |

# 1 Einleitung

Im Juni 1992 fand in Rio de Janeiro die internationale Konferenz für Umwelt und Entwicklung statt. Dort wurde „Sustainability" – zu deutsch nachhaltige Entwicklung – als neues weltweites Leitbild für Leben und Wirtschaften formuliert /UBA 1998, siehe Alting United Nations/. Eine besondere weltweite Verantwortung zur Umsetzung dieses Leitbildes tragen die Industriestaaten, da sie für 70 – 80% der globalen Umwelteinflüsse verantwortlich sind /Radermacher 98/.

In den Industriestaaten etabliert sich ein wachsendes Umweltbewußtsein in der Bevölkerung. Politik und Gesetzgeber haben, gerade vor dem Hintergrund einer wachsenden Erdbevölkerung und eines steigenden Lebensstandards, die Notwendigkeit erkannt, die natürlichen Ressourcen für die nachfolgenden Generationen zu schonen und zu erhalten /Alting 97, Hopfenbeck 95, Schmidt-Bleek 95, Spur 97, Vester 97, Weizsäcker 97/. Folglich sind Gesetze und Umweltauflagen entstanden wie z. B. das Kreislaufwirtschaftsgesetz /KrW-/AbfG 94/. Aus dieser Entwicklung resultiert für die Industrie, daß zukünftig verstärkt die Umweltgerechtheit eines Produktes während des gesamten Lebenszyklus, bestehend aus Entstehung, Nutzung und Entsorgung berücksichtigt und optimiert werden muß, ohne dabei die anderen Zielgrößen Kosten, Zeit und Qualität zu vernachlässigen.

Viele Unternehmen haben bereits die ökonomischen Potentiale einer Umweltorientierung erkannt und neben dem wirtschaftlichen Wachstum auch das nachhaltige Entwickeln in ihre Unternehmensleitlinien aufgenommen. Um diese Leitlinien in allen Prozessen eines Unternehmens umzusetzen und zur Unternehmenskultur zu gestalten, fehlen heute noch geeignete Hilfsmittel.

## 1.1 Problemstellung

Die Reichweite verschiedener Umweltschutzmaßnahmen im Bezug auf den Produktlebenszyklus und die vorgelagerte Entwicklung ist in Bild 1-1 dargestellt. Nachsorgende oder End-of-Pipe Maßnahmen werden zur nachträglichen Reduktion von Umwelteinflüssen eingesetzt und verursachen in der Regel Kosten. Der produktionsintegrierte Umweltschutz bezieht sich hauptsächlich auf die Entwicklung und Entstehung der Produkte. Ziel ist es, durch Ressourceneinsparung, Vermeidung von Abfällen und Emissionen sowohl die Umwelteinflüsse als auch die Produktionskosten zu senken. Die Erfolge auf diesem Gebiet sind ein wichtiges Indiz dafür, daß eine umweltorientierte Ressourcenschonung meist auch mit einer Kostenoptimierung einhergeht.

Beim produktintegrierten Umweltschutz soll bereits in der Entwicklung Einfluß auf die Umweltwirkungen des Produktes während des gesamten Produktlebenszyklus genommen werden. In der Entwicklung fallen – im Vergleich zum Lebenszyklus eines Produktes – kaum relevante Umwelteinflüsse an, aber die in der Produktentwicklung festgelegten Produkteigenschaften beeinflussen maßgeblich alle Produktlebensphasen. Daher müssen Vorgehensweisen geschaffen werden, um Produkte im Hinblick auf deren gesamten Lebenszyklus umweltgerecht und wirtschaftlich zu gestalten /Alting 97, Eversheim 98, Hopfenbeck 95, Spur 95/.

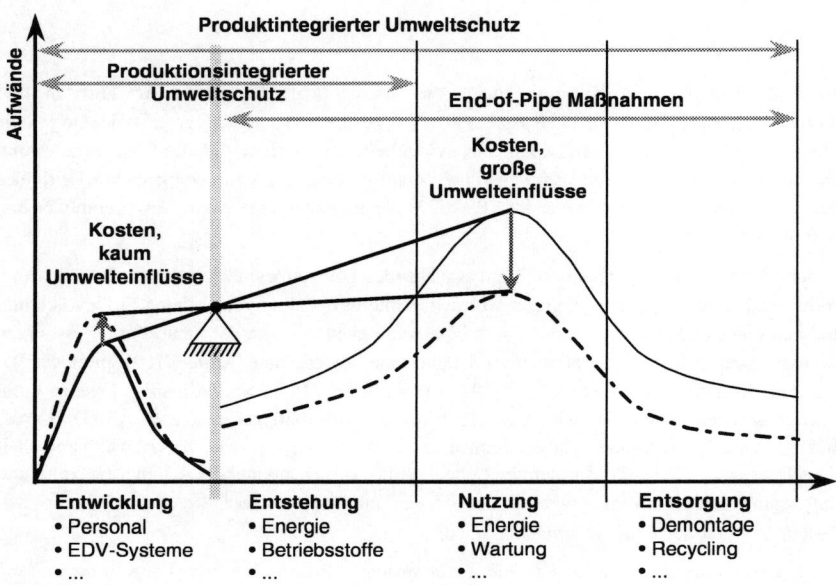

Bild 1-1: Wirksamkeit von Umweltschutzmaßnahmen

Die Produktentwicklung orientiert sich heute vorwiegend an der Herstellung des Produktes. Fertigungs- und Montagegerechtheit sowie möglichst gute Automatisierbarkeit der Herstellung sind wichtige Aspekte, die bereits durch neue Organisationsformen wie z. B. das Simultaneous Engineering unterstützt werden /Boothroyd 92, Clausing 94, Eversheim 95, Grabowski 96, Kusiak 93, Meerkamm 95, Milberg 94/. Die Forderungen nach möglichst hoher Recyclingfähigkeit und geringem Restmüllanteil während der Entstehung und nach Gebrauch der Produkte stellen die Entwickler und Konstrukteure vor neue Probleme. Es müssen Entscheidungen getroffen werden, ohne die genauen Randbedingungen zu kennen, unter denen die Entsorgung des entwickelten Produktes stattfinden wird, da dies teilweise erst Jahre oder sogar Jahrzehnte später erfolgen wird /VDI 2243/.

Um die ökologischen Auswirkungen von Produkten zu bestimmen, müssen bei bestehenden Produkten Life Cycle Assessments (LCA) durchgeführt werden /Alting 93, Eversheim 95, Eyerer 96, Schmidt-Bleek 95, UBA 92, UBA 96/. Dazu ist die Erfassung der Lebenszyklusprozesse, der eingesetzten Ressourcen und der entstandenen Abfälle und Emissionen notwendig. Damit erhält man zunächst eine Sachbilanz, ohne bereits die genauen Umweltwirkungen zu kennen. Die Umwelteinflüsse werden durch die Analyse der Wirkungen der in der Sachbilanz erfaßten Ressourcen ermittelt. Dies setzt weitreichende Kenntnisse der Chemie, Biologie und Ökologie voraus.

Sollen in der Produktentwicklung die Produkte hinsichtlich ihrer Umweltauswirkungen optimiert werden, so müssen bereits frühzeitig die Umwelteinflüsse ermittelt werden können. Dies ist jedoch nur möglich, wenn neben dem Produkt auch die Lebenszyklusprozesse und die darin benötigten Ressourcen sowie deren Umweltwirkungen bekannt sind, also das Produkt eigentlich schon existiert und einen gesamten Produktlebenszyklus durchlaufen hat. Diese Leistung ist nicht durch die Produktentwicklung eigenständig zu vollbringen, sondern bedarf der interdisziplinären Zusammenarbeit.

Damit ist die Problemstellung für eine lebenszyklusorientierte Produktgestaltung umrissen. Diese Arbeit soll eine Grundlage schaffen, um bereits in der Produktentwicklung die Zusammenarbeit mit Experten aus dem gesamten Produktlebenszyklus zu fördern und methodisch zu unterstützen, damit zukünftige Produkte möglichst ressourceneffizient, umweltgerecht und lebenzyklusorientiert gestaltet werden können.

**1.2 Wissenschaftstheoretische Positionierung der Arbeit**

Unter Forschung und wissenschaftlichem Arbeiten wird nach dem Handbuch des Wissenschaftsrechts eine Tätigkeit verstanden, „die auf die Gewinnung neuer wissenschaftlicher Erkenntnisse mit wissenschaftlichen Methoden in dem betreffenden Fachgebiet ausgerichtet ist" /Krüger 96/.

Damit ist die Forschung einem klaren Zweck unterstellt, nämlich Erkenntnisse zu mehren. Welche Erkenntnisse dabei als Ziel verfolgt werden, kann nicht immer klar definiert werden. Daher wird allgemein zwischen Grundlagenforschung und angewandter Forschung unterschieden /Krüger 96, Spur 98, Stachowiak 95, Ulrich 75/. In der Grundlagenforschung muß das Problem und das Ziel der Forschung nicht von vornherein bekannt sein. Start für die Untersuchungen kann eine Art „Rätsel" sein, dessen Lösung gesucht werden soll, ohne die eigentliche Ursache oder Problemstellung im voraus zu kennen[1]. Angewandte Forschung wird auf konkrete Problemstellungen – also zweckgebunden und auf ein Ziel – ausgerichtet. Grundlagenforschung und angewandte Forschung sind nicht strikt voneinander abzugrenzen, sondern gehen ineinander über[2].

Die vorliegende Arbeit ist von der Ausrichtung her eher dem Bereich der angewandten Forschung zuzurechnen. Zweck und Zielsetzung der wissenschaftlichen Untersuchungen sind an der Problemstellung orientiert, zukünftig umweltgerechtere Produkte zu entwickeln, herzustellen und auch über den gesamten Lebenszyklus zu betreuen. Dazu sollen wissenschaftliche Grundlagen zum Aufbau neuer Modelle und Methoden für eine lebenszyklusorientierte Produktgestaltung geschaffen werden.

Die Lösung dieser Forschungsaufgabe kann aus den in Kapitel 1.1 dargestellten Gründen nicht durch die Beschränkung auf eine wissenschaftliche Spezialdisziplin erfolgen, sondern erfordert eine interdisziplinäre Suche und Kombination von Lösungsmöglichkeiten.

---

[1] Flämig unterscheidet die Klassen Grundlagenforschung, angewandte Forschung, Industrieforschung, Ressortforschung und Großforschung. Hier wird nur auf die beiden Hauptarten Grundlagen- und angewandte Forschung eingegangen, weil die anderen Kategorien sich daraus ableiten lassen.

[2] Nach Stachowiak existiert eine „Interdependenz von Theorie und Praxis", nach der „Grundlagenforschung als „Zubringer" für technologisch orientierte Theorietisierungen, die selbst die Grundlage für die Ausbildung von Technologien bilden" dient. Diese verändern, wenn sie realisiert werden, die menschliche Lebenswelt und haben damit einen hohen Anwendungsbezug. /Stachowiak 95/

STACHOWIAK hat eine Übersicht über die verschiedenen Wissenschaftsbereiche erarbeitet (Bild 1-2), die als Grundlage für die Identifikation der für die Entwicklung einer Methodik zur lebenszyklusorientierten Produktgestaltung notwendigen Wissenschaftsdisziplinen dienen soll /Stachowiak 95/.

Um Lösungen für die Problemstellung der Arbeit zu ermitteln, werden Ergebnisse aus anderen Wissenschaftsbereichen benötigt. So wird zur Darstellung von Objektzusammenhängen eine Modellierungssprache benötigt. Die Mathematik und Logik wird genutzt, um Zusammenhänge zwischen Produkt-, Lebenszyklusprozessen und Ressourcen erfassen und quantifizieren zu können.

| Gesellschaftswissenschaften | Anthropologische Wissenschaften |
|---|---|
| Organisations- und Verwaltungswissenschaft | Psychologie |
| Wirtschaftswissenschaften | Anthropologie, Ethnologie |
| Rechtswissenschaften | Linguistik |
| Erziehungswissenschaften | Soziologie |
| Politologie | **Naturwissenschaften** |
| Kommunikations- und Publizistikwissenschaften | Physik |
| Planungswissenschaft | Chemie, Pharmazie |
| | Geowissenschaften |
| **Philosophische und allgemeinwissenschaftliche Disziplinen** | Biologie |
| Allgemeine Philosophie | Medizin |
| Wissenschaftsphilosophie / -geschichte | Ergonomie u. Sportwissenschaften |
| System- und Modelltheorie | Ernährungs- u.Haushaltswissenschaften |
| Kybernetik | Ökologie |
| **Technikwissenschaft** | **Kulturwissenschaften** |
| Grundlagen der Technik, Systemtechnik | Geschichtswissenschaften (m. Archäologie) |
| Allg. Physikotechnik, Energie-, Werkstoff-, Verfahrens-, Konstruktionstechnik | Religionswissenschaft, Theologie |
| | Literaturwissenschaft/ Philologien |
| Elektrotechnik, Elektronik | Kunstwissenschaft (m. Musik- u. Theaterwissenschaft) |
| Architektur und Bautechnologien | |
| Geotechnik u. Bergbau | **Formalwissenschaften** |
| Verkehrs- und Transporttechnik | Semiotik |
| Bio- und Umwelttechnik | Logik |
| Neue globale Technologien | Mathematik |

**Bild 1-2: Relevante Wissenschaftsbereiche für die Entwicklung der Methodik**

Ergebnisse aus der ökologieorientierten Grundlagenforschung, der Chemie und Biologie fließen im Bereich der Ökobilanzierung ein. Der Aufbau von Gestaltungszyklen ist an der

Mathematik, Regelungstechnik und System- und Modelltheorie ausgerichtet. Es ist klar, daß die Entwicklung umweltgerechter Produkte kein nationales oder unternehmensspezifisches Problem darstellt, sondern neue globale Technologien berücksichtigt werden müssen.

Erst durch die Kombination von Erkenntnissen verschiedener wissenschaftlicher Disziplinen ist der Aufbau der Methodik zur lebenszyklusorientierten Produktgestaltung möglich geworden. Der Schwerpunkt dieser Arbeit liegt im Bereich der Technikwissenschaft.

## 1.3 Aufbau der Arbeit

Aufgrund des interdisziplinären Ansatzes der Arbeit ist es Ziel, Wissenschaft verständlich zu gestalten, so daß Leser der verschiedenen Fachbereiche wichtige Inhalte nachvollziehen können. Ausführliche Literaturhinweise und ein umfangreicher Anhang ermöglichen dem Leser sowohl die weitergehende wissenschaftliche als auch die praktische Auseinandersetzung mit der Methodik. Damit soll sowohl die wissenschaftliche Grundlage transparent werden, als auch die Umsetzung der erarbeiteten Ergebnisse in die praktische Anwendung erleichtert werden.

Nach der Einleitung in das Thema und der Positionierung der Arbeit (Kapitel 1) werden die Zielsetzung und grundlegende Anforderungen an die Methodik zur lebenszyklusorientierten Produktgestaltung abgeleitet (Kapitel 2). In Kapitel 3 werden bestehende Ansätze aus verschiedenen gemäß den Anforderungen relevanten Disziplinen hinsichtlich möglicher Beiträge zur Lösung der Aufgabenstellung analysiert. Von besonderer Bedeutung sind dabei die Methoden der Produktentwicklung, das Simultaneous Engineering (SE), das Informationsmanagement, die verschiedenen Ansätze zur Prozeßmodellierung und des Life Cycle Assessment (LCA), da aus diesen Bereichen Beiträge bei der Entwicklung der Methodik zur lebenszyklusorientierten Produktgestaltung zu erwarten sind.

Die Methodik wird aus den drei Elementen „Modell", „Methoden" und „EDV-Hilfsmittel" zusammengesetzt. Basis für die Anwendung der Methoden und EDV-Hilfsmittel bildet das in Kapitel 4 detaillierte Integrierte Produkt-, Lebenszyklus- und Ressourcenmodell (IPLRM). Die verschiedenen Methoden, die zur Gestaltung von Produkten unter präventiver Berücksichtigung möglicher Lebenszyklen und den darin anfallenden Ressourcenbedarfen notwendig sind, werden in Kapitel 5 dargestellt und erläutert.

Die praktische Anwendung der Methodik zur lebenszyklusorientierten Produktgestaltung soll durch eine geeignete EDV-technische Unterstützung realisiert werden. Dazu wird ein EDV-Prototyp für ein Entwicklungsleitsystem vorgestellt (Kapitel 6).

Zur Verifikation der Methodik erfolgt deren Anwendung im Rahmen zweier unterschiedlich umfangreicher Entwicklungsprojekte einer Meßmaschine. Diese werden in Kapitel 7 dargestellt, um über die reine Konzeption hinaus Erfahrungen bei der Anwendung der Methodik zu präsentieren.

In Kapitel 8 werden die Ergebnisse der Arbeit kurz zusammengefaßt und weiterer Forschungs- und Handlungsbedarf aufgezeigt. Kapitel 9 und 10 bieten dem Leser die Möglichkeit über die angeführte Literatur und zahlreiche Ergänzungen im Anhang die verschiedenen Themen dieser Arbeit detailliert nachzuvollziehen.

## 2 ZIELSETZUNG DER ARBEIT UND ANFORDERUNGEN AN DIE METHODIK

### 2.1 Zielsetzung

Aus den in der Einleitung geschilderten neuen Herausforderungen für die Produktentwicklung wird die Zielsetzung der Arbeit abgeleitet (Bild 2-1). Das Ziel der Arbeit ist die **Entwicklung einer Methodik zur lebenszyklusorientierten Produktgestaltung.**

In der Literatur existieren verschiedene Definitionen für den Begriff „Methodik". Die hier entwickelte Methodik soll gemäß der Definition von STACHOWIAK eine Kombination von Methoden, Modellen und Hilfsmitteln realisieren /Stachowiak 95/

Integriertes Produkt-Lebenszyklus- und Ressourcenmodell

Integrierte Vorgehensweise zur lebenszyklusorientierten Produktgestaltung

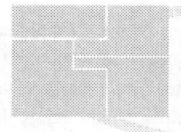

Methodik zur lebenszyklusorientierten Produktgestaltung

EDV-basiertes Entwicklungsleitsystem

**Bild 2-1: Zielsetzung der Arbeit**

Die Methodik soll ein Integriertes Produkt-, Lebenszyklus- und Ressourcenmodell (IPLRM), eine systematische Vorgehensweise zur lebenszyklusorientierten Produktgestaltung und ein EDV-basierte Entwicklungsleitsystem umfassen.

Das Integrierte Produkt-, Lebenszyklus- und Ressourucenmodell (IPLRM) wird aufgebaut, um strukturierte Informationen als eine Grundlage für die lebenszyklusorientierte Gestaltung von Produkten zu erhalten. Es sollen Produkte, Prozesse in den verschiedenen Lebensphasen und die zur Durchführung dieser Prozesse notwendigen Ressourcen sowie die Zusammenhänge zwischen diesen drei Elementen analysiert und dargestellt werden können.

Aufbauend auf einer Analyse der bereits vorhandenen methodischen Ansätze für die Koordination und die inhaltliche Arbeit in der Produktentwicklung soll eine integrierte Vorgehensweise zur lebenszyklusorientierten Produktgestaltung entwickelt werden, mit der die in der Einleitung geschilderten Probleme gelöst werden können. Dabei sollen auch bestehende Hilfsmittel berücksichtigt und an die neuen Anforderungen angepaßt werden sowie neue Hilfsmittel für die integrierte lebenszyklusorientierte Produktgestaltung ergänzt werden.

Die Informationsstrukturen des IPLRM müssen mit realen Informationen gefüllt werden können. Diese Informationen stammen aus unterschiedlichen Fachbereichen und müssen verteilt bereitgestellt werden können. Mit Hilfe eines EDV-basierten Entwicklungsleitsystems soll die interdisziplinäre Zusammenarbeit anwendungsnah und effizient unterstützt werden. Ziel der Realisierung dieses Entwicklungsleitsystems ist es, alle Produktentwicklungsphasen methodisch und EDV-technisch zu unterstützen. Dazu soll ein Konzept zur unternehmensspezifischen Anpassung der Entwicklungsabläufe abgeleitet werden.

Um die Zusammenhänge zwischen der planenden, gestaltenden Phase – also dem Zielbereich der Methodik – und dem tatsächlich realisierten Produktlebenszyklus eines Produktes zu differenzieren, wird bei der Betrachtung von Produktlebenszyklen zwischen einem virtuellen und einem realen Bereich unterschieden (Bild 2-2).

Im virtuellen Bereich werden sowohl das Produkt als auch dessen Lebenszyklus gestaltet. Dieser Bereich soll durch kurze Iterationen zwischen Produkt- und Prozeßgestaltung eine enge Abstimmung zwischen Produkt- und Lebenszyklusgestaltung ermöglichen. Auf eine Änderung am Produkt kann direkt mit einer Anpassung bei der Planung der Prozesse reagiert werden, ohne hohe Ressourcenbedarfe zu verursachen. Die Änderung einer Zeichnung und des Arbeitsplans verursachen wesentlich weniger Aufwand, als die Änderung des realen Produkts oder Produktionsprozesses.

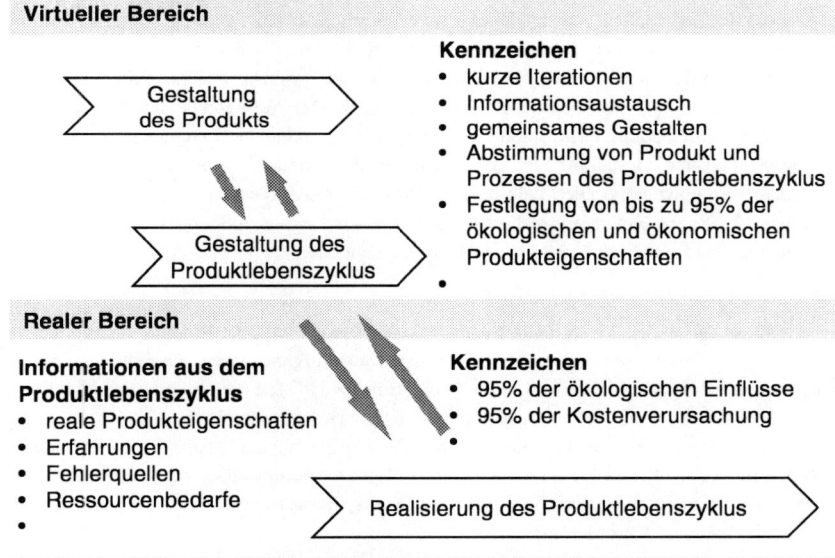

Bild 2-2: Virtueller und realer Betrachtungsbereich

Um das Produkt und den Produktlebenszyklus gestalten zu können, sind Informationen aus dem realen Bereich notwendig. Die Aufnahme, Aufbereitung und Bereitstellung der zur Bewertung der Gestaltung notwendigen Informationen aus dem realen Bereich soll unterstützt werden, um reale Randbedingungen und Erfahrungswerte bereits frühzeitig in der Produkt- und Lebenszyklusgestaltung zu berücksichtigen. Ziel ist es, maßgeblich auf die Erfahrungen aus vorhergehenden Produkten und deren Lebenszyklen zurückgreifen zu können.

## 2.2 Anforderungen an die Methodik

Für die Entwicklung einer derart umfassenden Methodik ist die Erfassung aller Anforderungen notwendig, damit die einzelnen Elemente der Methodik – also Modelle, Methoden und Hilfsmittel – konkret an diesen Anforderungen ausgerichtet und realisiert werden können. Die Anforderungen spiegeln eine unternehmensneutrale, allgemeingültige Sicht wider; darüber hinaus wird die unternehmensspezifische Anpassung und Erweiterung der entwickelten Methodik durch Konfigurationshinweise, Checklisten und Beispielkataloge zu den einzelnen Themen ergänzt. Somit wird im Sinne der Zielsetzung der Arbeit neben der wissenschaftlichen Herleitung auch der Transfer in die praktische Anwendung unterstützt.

Um ausgehend von der Problemstellung die dargestellte Zielsetzung dieser Arbeit zu erreichen, sind folgende Anforderungen an die Methodik definiert worden:

**Anwendungsbezug sicherstellen**

Im Rahmen der Methodik zur integrierten Gestaltung von Produkten und deren Lebenszyklus müssen die Anforderungen verschiedener Anwendergruppen berücksichtigt werden, um den ganzheitlichen Einsatz der Methodik in der Praxis zu gewährleisten. Ein wichtiges Erfolgskriterium für den Einsatz der Methodik ist die praxisorientierte Auslegung. Die Anwender müssen den Nutzen jederzeit erkennen können. Der Aufwand bei der Durchführung der einzelnen Methodenschritte muß möglichst gering gehalten werden. Dazu ist eine anwendungsgerechte Gestaltung der Methoden, Modelle und Hilfsmittel mit zugehörigen Hilfsfunktionen notwendig. Dies stellt eine besondere Herausforderung dar, da die Anwender aus unterschiedlichen Unternehmensbereichen oder sogar Fachdisziplinen stammen und daher verschiedene Sichten auf die Produkte und Prozesse haben.

**Koordination der Entwicklungsaufgaben**

In jeder Phase der lebenzyklusorientierten Produktgestaltung – von der Produktplanung bis zur Planung aller Lebenszyklusprozesse – müssen die Aufgaben und Gestaltungsprozesse koordiniert werden, um somit einen umfassenden Einsatz der Methodik zu ermöglichen. Da je nach Art der Entwicklung – Neu-, Anpassungs- oder Variantenentwicklung – unterschiedliche Aufgaben durchgeführt werden, muß dies bei der Gestaltung der Methodik berücksichtigt werden. Je nach Entwicklungsstadium und Konkretisierungsgrad der Produkt- und Prozeßbeschreibung sollen verschiedene Aufgaben spezifisch unterstützt werden. Daraus resultiert die folgende Anforderung.

**Integration existierender Methoden**

Die Methodik soll die Integration existierender Methoden zur Unterstützung der Produktentwicklung wie z. B. Quality Function Deployment (QFD) oder Failure Mode and Effects Analysis (FMEA) fördern, da diese Methoden heute schon sinnvoll in Entwicklungsprozessen eingesetzt werden /VDI 2247/ (siehe Studie über erfolgreich durchgeführte internationale Entwicklungsprojekte im Anhang 3). Eine Einordnung dieser Methoden hinsichtlich ihrer Eignung für die integrierte lebenszyklusorientierte

*Zielsetzung der Arbeit und Anforderungen an die Methodik* 9

Produktgestaltung ist notwendig, um einerseits das vorhandene Methodenpotential auszuschöpfen und andererseits die bestehenden Methodenlücken zu identifizieren.

**Erweiterung oder Ergänzung der Methoden**

Aktuelle Methodenlücken sollen durch eine Ergänzung oder Erweiterung der bestehenden Methoden im Hinblick auf eine lebenszyklusorientierte Produktgestaltung geschlossen werden. Hierzu müssen die Anforderungen der verschiedenen an der Gestaltung des Lebenszyklus beteiligten Disziplinen an die Methoden formuliert und Konzepte zur Ergänzung und Erweiterung von Methoden entwickelt werden.

**Unterstützung verschiedener Gestaltungsebenen**

Die lebenszyklusorientierte Produktgestaltung wird durch unterschiedliche Unternehmenshierarchien beeinflußt. Die Methodik soll daher die Arbeit der beteiligten Personen auf verschiedenen Gestaltungsebenen eines oder mehrerer Unternehmen unterstützen. Die lebenszyklusorientierte Arbeit von Unternehmensführung, Entwicklungsleitern, Projektleitern, Entwicklern etc. soll aufgabenorientiert unterstützt werden. Dazu ist die generische Beschreibung eines Ebenenmodells und der den einzelnen Ebenen zuzuordnenden Aufgaben notwendig.

**Berücksichtigung aller Produktlebensphasen**

Mit Hilfe der Methodik sollen Informationen über alle Produktlebensphasen eines Produktes akquiriert, aufbereitet, bewertet und bereitgestellt werden können. Dies soll einerseits für die lebenszyklusorientierte Gestaltung neuer Produkte erfolgen. Andererseits sollen Informationen aus dem Lebenszyklus bestehender Produkte zu deren Optimierung genutzt werden. Dies zieht direkt die folgende Anforderung nach sich.

**Abbildung von Produkt-, Lebenszyklus- und Ressourcendaten**

Ein Integriertes Produkt-, Lebenszyklus- und Ressourcenmodell (IPLRM) ist notwendig, um die Informationen über den gesamten Lebenszyklus sammeln, speichern, analysieren und damit Produkte und deren Lebenszyklen bewerten zu können. Aufbauend auf diesem Modell sollen Datenbanksysteme instanziiert werden, die eine Analyse der Informationen aus verschiedenen Sichten ermöglichen. Diese Sichten sind gemäß den Anforderungen der beteiligten Fachdisziplinen und der verschiedenen Hierarchieebenen generisch zu definieren und durch Vorschriften zur unternehmensspezifischen Anpassung zu ergänzen.

**Bereitstellung internen und externen Wissens**

Verbesserungen und Innovationen bei der lebenszyklusorientierten Produktgestaltung können besser erreicht werden, wenn internes und externes Expertenwissen genutzt wird. Hierzu müssen Vorgehensweisen geschaffen werden, die eine gezielte Integration und Verarbeitung unternehmens- oder projektinternen und -externen Wissens bei der lebenszyklusorientierten Produktgestaltung ermöglichen. Eine Kopplung von Erfahrungswissen an das IPLRM muß untersucht werden.

**Gestalten mit Hilfe unsicherer Informationen**

Da zu Beginn der Entwicklung das Produkt und dessen Merkmale noch nicht umfassend und präzise spezifiziert werden können /Eversheim 96/, ist eine Planung von Lebenszyklusprozessen stets mit Unsicherheit behaftet. Daher sollen Möglichkeiten geschaffen werden, Entscheidungen auch auf Basis unsicherer und unscharfer Informationen zu treffen. Diese unsicheren Informationen sollen im Integrierten Produkt-, Lebenszyklus- und Ressourcenmodell abgebildet werden.

**Technische, ökonomische und ökologische Bewertung**

Eine ganzheitliche, alle Produktlebensphasen übergreifende technische, ökonomische und ökologische Bewertung ist notwendig, um allen Anspruchsgruppen gerecht werden zu können. Unterschiedliche Bewertungsebenen in Abhängigkeit vom Detaillierungsgrad von Produkt und Lebenszyklus während der Entwicklung sollen möglich sein. Hierbei soll ein flexibles Bewertungskonzept genutzt werden, um verschiedene bestehende Bilanzierungs- oder Life Cycle Assessment (LCA)-Methoden je nach Unternehmensentscheidung anwenden zu können.

**Unterstützung der Kommunikation**

Neben der Bereitstellung von Informationen über das Produkt und dessen Lebenszyklus ist die Kommunikation zwischen Spezialisten verschiedener Disziplinen für die Lösung dieser komplexen Aufgaben besonders wichtig. Darum soll die Methodik eine Kommunikationsunterstützung in allen Entwicklungsphasen mit den potentiell am Lebenszyklus beteiligten Bereichen gewährleisten. Moderne Informations- und Kommunikationshilfsmittel sollen während der Gestaltung adäquat eingesetzt werden können. Diese Anforderungen beziehen sich besonders auf die Auslegung des Entwicklungsleitsystems.

**Plattformunabhängiges EDV-System**

Die Anwender der Methodik sollen in ihrer gewohnten EDV-Umgebung durch das Entwicklungsleitsystem unterstützt werden. Dazu ist es aufgrund der Vielfalt der verschiedenen Betriebssysteme oder Varianten von Betriebssystemen notwendig, ein plattformunabhängiges Entwicklungsleitsystem zu entwickeln.

**Flexible Anpassung an Benutzer**

Da die Benutzer der Methodik und speziell des Entwicklungsleitsystems mit zunehmender Erfahrung weniger Lenkungshilfen benötigen, soll eine flexible Anpassung des Entwicklungsleitsystems an die Benutzerbedürfnisse möglich sein. Dabei ist darauf zu achten, daß dadurch eine rationelleres Arbeiten unterstützt wird, bei dem die wichtigen Aufgaben in den einzelnen Entwicklungsphasen beschleunigt werden.

**Konfiguration der Methodik**

Die Methodik liefert unternehmens- und branchenübergreifende Vorgehensweisen, die speziell an die Anforderungen der einzelnen Unternehmen angepaßt werden müssen. Möglichkeiten zur unternehmensspezifischen Konfiguration der Methodik müssen geschaffen werden.

**„Lernfähigkeit" der Methodik**

Die gesamte Methodik soll als „lernfähig" ausgelegt werden, damit die Dynamik, die durch die Entwicklung neuer Technologien, Produkte, Methoden besteht, berücksichtigt werden kann.

Veraltete Methoden oder nicht genutzte Daten und Informationen sollen „vergessen" werden können. Damit wird die Effektivität und die Effizienz bei der Anwendung gesteigert.

## 2.3 Zusammenfassung der Anforderungen

Im folgenden werden die ermittelten Anforderungen zusammengefaßt und den einzelnen Methodikelementen gewichtet zugeordnet (Bild 2-3).

Bild 2-3: Relevanz der Anforderungen für die verschiedenen Methodikelemente

Die Zuordnung der Anforderungen ist notwendig, um Schwerpunkte für die Entwicklung der einzelnen Elemente der Methodik – das IPLRM, die systematische Vorgehensweise zur lebenszyklusorientierten Produktgestaltung und das Entwicklungsleitsystem – darzustellen.

Die in diesem Kapitel formulierten Anforderungen gelten als Kriterien für die in Kapitel 3 folgende Analyse der bestehenden Ansätze. Die Anforderungsmatrix wird am Ende des dritten Kapitels nochmals genutzt, um die Analyseergebnisse an den Anforderungen zu spiegeln und den geforderten wissenschaftlichen Erkenntnisgewinn der Methodik gegenüber den vorhandenen Ansätzen zu verdeutlichen.

## 3 ANALYSE BESTEHENDER ANSÄTZE

Ziel dieses Kapitels ist es, bestehende Ansätze und Methoden aus dem Umfeld der lebenszylusorientierten Produktgestaltung und hinsichtlich der in Kapitel 2 formulierten Anforderungen zu analysieren, um diese Ansätze und Methoden oder Teile davon in die zu entwickelnde Methodik integrieren zu können. Mit Hilfe der wissenschaftstheoretischen Einordnung der Arbeit in Kapitel 1.2 sind fünf Bereiche identifiziert worden, die zum Umfeld der lebenzsyklusorientierten Produktentwicklung gehören. Wichtige Erkenntnisse sind aus der Analyse der Konstruktionsmethoden, der Integrationsansätze in der Produktentwicklung, der Prozeßmodellierung von Geschäftsprozessen, der ökologischen und ökonomischen Bewertungsansätze und des Informationsmanagement zu erwarten (Bild 3-1).

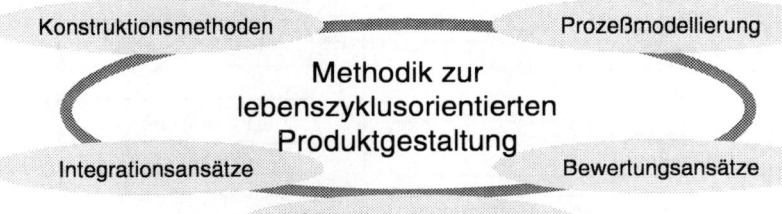

**Bild 3-1: Umfeld der lebenszyklusorientierten Produktgestaltung**

Die Analyseergebnisse werden im Hinblick auf die Erfüllung der Anforderungen aus Kapitel 2 dargestellt. Defizite der Methoden werden nicht ausführlich aufgeführt, da hier nicht die bestehenden Methoden kritisiert oder optimiert werden sollen, sondern deren Beitrag zur lebenszyklusorientierten Produktgestaltung ermittelt werden soll.

### 3.1 Konstruktionsmethoden und –theorien

Bisher ist eine Vielzahl von methodischen Vorgehensweisen zur Gestaltung von Produkten entwickelt worden /Breiing 93, VDI 2210, VDI 2212, VDI 2220, VDI 2221, VDI 2222-1, VDI 2222-2, Koller 94, Pahl 93, Roth 94 u. 94a, Suh 98/. Die meisten Konstruktionsmethoden zeichnen sich durch eine Gliederung in verschiedene Phasen aus (siehe Bild 3-2). Ausführlichere Darstellungen zu den analysierten Methoden sind im Anhang 2 nachzulesen.

Ziel aller Konstruktionsmethoden ist es, die Konstruktionsprozesse zu strukturieren und in überschaubare Segmente zu gliedern. Methoden zur Unterstützung der Konstruktionsaufgaben werden diesen Phasen zugeordnet /VDI-2221, Ehrlenspiel 95, Roth 94/. Damit wird die Abwicklung von Konstruktionsaufgaben erleichtert. Eine Anwendung der Konstruktionsmethoden auf verschiedene Konstruktionsobjekte und -aufgaben wird durch eine relativ abstrakte Beschreibung der Aufgaben erreicht. Dadurch kann immer nach dem gleichen Grundschema verfahren werden. Die Konstruktionsmethoden umfassen alle Aufgaben zur Gestaltung des Produktes. Sie tragen jedoch nicht zur Planung und Gestaltung von Produktlebenszyklen bei.

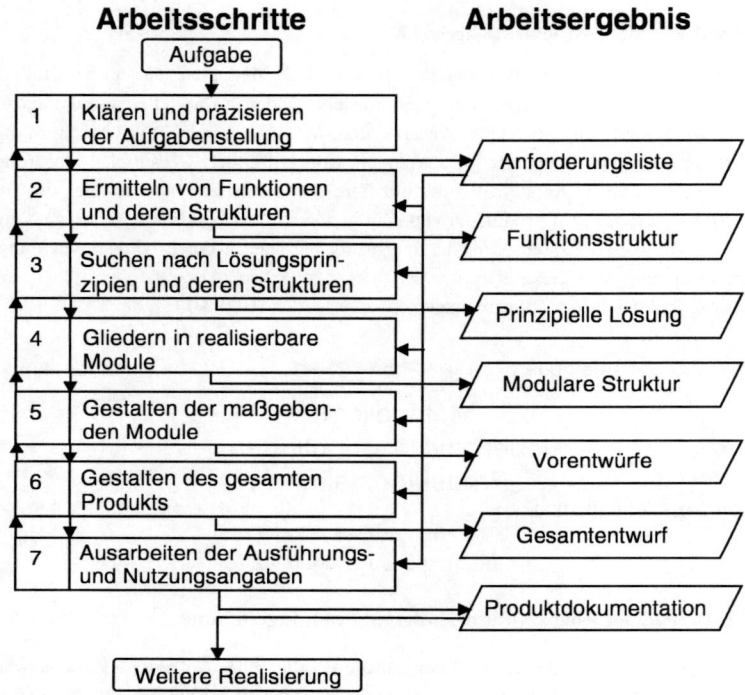

**Bild 3-2: Aufgabenstrukturierung nach VDI 2221**

Konstruktionsmethoden sind für verschiedene Gestaltungsebenen entwickelt worden und unterstützen sowohl die Produktplanung /VDI-2220/ auf einer eher strategischen Ebene als auch die Detaillierung /VDI-2221, VDI-2222-1 u. 2, Roth 94, Pahl 93/. Die Dokumente und Informationen, die mit Hilfe der Konstruktionsmethoden generiert werden, beschreiben hauptsächlich das Produkt; Lebenszyklusinformationen, wie z. B. die Anforderungen an die Lebensdauer und Ressourceninformationen, z. B. Material- und Werkstoffinformationen, werden nicht explizit als solche ausgewiesen. Im Rahmen der Konstruktionsmethoden sind Verfahren zur technisch-ökonomischen Bewertung entwickelt worden /VDI-2234, VDI-2235, Ehrlenspiel 95/. Die ökologische Bewertung wird bisher nur im Bezug auf das Recycling behandelt /VDI-2243/.

Insgesamt unterstützen die Konstruktionsmethoden stark die Produktfindung, -auslegung und -beschreibung auf verschiedenen Gestaltungsebenen und bilden damit ein Gerüst für die Abwicklung der Gestaltung des Produktes im virtuellen Bereich (siehe Bild 2-2).

### 3.2 Integrierte Produktentwicklung

Über die eher auf die eigentliche Gestaltung des Produktes bezogenen Methoden hinaus wird im folgenden untersucht, inwiefern organisatorische Ansätze wie das Simultaneous Engineering, Concurrent Engineering und das Projektmanagment für Entwicklungsprojekte

*Analyse bestehender Ansätze* 15

eine lebenszyklusorientierte Produktgestaltung unterstützen. Neben diesen organisatorischen Ansätzen werden im zweiten Teil dieses Abschnitts Einzelmethoden, mit denen eine integrierte Produktgestaltung unterstützt wird, analysiert.

### 3.2.1 Simultaneous Engineering

In den achtziger Jahren wurde erkannt, daß die strikte Arbeitsteilung zwischen entwickelnden und produzierenden Bereichen bei komplexen Produkten zu langen Iterationen und späten grundlegenden Änderungen führt /Eversheim 89/. Um die Dauer bis zum Markteintritt der Produkte zu verkürzen, wurden Konzepte entwickelt, die eine abteilungsübergreifende Zusammenarbeit unterstützen und die Produktentwicklungszeiten drastisch senken. Dies wird teilweise durch aufbau-, ablauf- und informationstechnische Umstrukturierung erreicht /Bullinger 96, Clausing 94, Ehrlenspiel 95, Eversheim 95, Krause 92, Milberg 94, Wheelwright 92, Wildemann 93/. Die Verkürzung von Produktentwicklungszeiten und die Koordination einer verteilten Produktentwicklung hat einen hohen Stellenwert in Wissenschaft und Industrie /Eversheim 96a, Krause 92a, 93 u. 96/. Dies zeigt sich auch daran, daß von der Deutschen Forschungsgemeinschaft umfangreiche Sonderforschungsbereiche (SFB) gefördert werden /SFB 336, SFB 346, SFB 361, SFB 374, Improve, SFB 467/.

Unter der Bezeichnung „Simultaneous Engineering" (SE) sind Konzepte zur Integration der Aufgaben zur Gestaltung des Produktes mit dem Bereich des Marketing und der Produktion mit der Zielsetzung, schnell kundenorientierte Produkte auf den Märkten plazieren zu können, entwickelt worden /Krause 92b, Kleinschmidt 96, Schmidt 96/. Im englischsprachigen Raum werden die Bezeichnungen „Simultaneous Engineering" und „Concurrent Engineering" (CE) häufig synonym verwendet. Das Concurrent Engineering zielt mehr auf die zeitparallele, rechnerunterstützte Aufgabenbearbeitung im Sinne einer integrierten CAD-CAPP Lösung ab /Hartley 92, Kusiak 93 u. 93a/, während beim Simultaneous Engineering darüber hinaus noch die aufbau- und ablauforganisatorisch bedingten koordinativen Aufgaben betrachtet werden. Zum Themenfeld Concurrent und Simultaneous Engineering sind verstärkt in der letzten Zeit zahlreiche Dissertationen und Publikationen erschienen /z.B. Bochtler 96, Derichs 95, Gernot 94, Goebel 96, Golm 96, Kaiser 97, Laufenberg 96, Linner 95, Roggatz 96, Saretz 93, Wach 94/, in denen die Anwendung der geschilderten Grundgedanken auf spezielle Problemfelder beschrieben wird.

Eine im Rahmen dieser Arbeit durchgeführte Analyse der Merkmale erfolgreicher in der Industrie durchgeführter SE-Projekte ergab die Erfolgsfaktorenkriterien:

- klare Zielsetzung und Formulierung der Aufgabenstellung,
- Koordination der Zusammenarbeit,
- frühzeitige Information aller beteiligten Bereiche,
- gezielter Einsatz von Methoden zur Sicherung der Entwicklungsqualität,
- kürzere Abstimmungswege und
- interdisziplinäre Teams, verstärkt durch Spezialisten für bestimmte Aufgaben.

Im Anhang 3 werden die Ergebnisse der Analyse von 15 Projekten aus verschiedenen Branchen und Ländern vorgestellt.

SE-Ansätze haben sich bei der Koordination von Entwicklungsaufgaben für die Gestaltung von Produkten und Produktionsprozessen bewährt /Clausing 94, Eppinger 95, Eversheim 96/. Daher sollen die Konzepte des SE als Grundgerüst für den Aufbau von Abstimmungs- und Informationsmechanismen der lebenszyklusorientierten Produktgestaltung genutzt werden. Die Anpassung der Simultaneous Engineering Ansätze soll die Integration der Produktentwicklung mit den Bereichen, die die Lebenszyklusprozesse gestalten, ermöglichen.

### 3.2.2 Projektmanagement

Die Anforderungen an die Methodik nach der Koordination aller Entwicklungsaufgaben, Unterstützung verschiedener Gestaltungsebenen und Berücksichtigung aller Produktlebensphasen sowie die Möglichkeit zur Konfiguration motivieren die Analyse des Projektmanagement als Koordinationshilfsmittel für die lebenszyklusorientierte Produktgestaltung.

Generelles Ziel des Projektmanagement ist es, interdisziplinäre Aufgaben in einem Team unter Berücksichtigung der vorhandenen zeitlichen und monetären Randbedingungen erfolgreich zu bewältigen. /Daenzer 94, Burghart 97, Schmalzl 96, Schmidt 95, Schreiber 95, Specht 96, Wheelwright 92/. Dabei zeichnet sich das Projektmanagement zunächst als ein neutrales Strukturierungs- und Koordinationsinstrumentarium für die verschiedensten Aufgabenstellungen aus. Beim Projektmanagement werden grundlegend die drei Phasen Projektdefinition, Projektdurchführung und Projektabschluß (Bild 3-3) unterschieden /Burghardt 97, Schmidt 96, Specht 96/. Je nach Ansatz werden diese drei Phasen in mehrere Teilprozesse untergliedert oder auch geringfügig anders benannt.

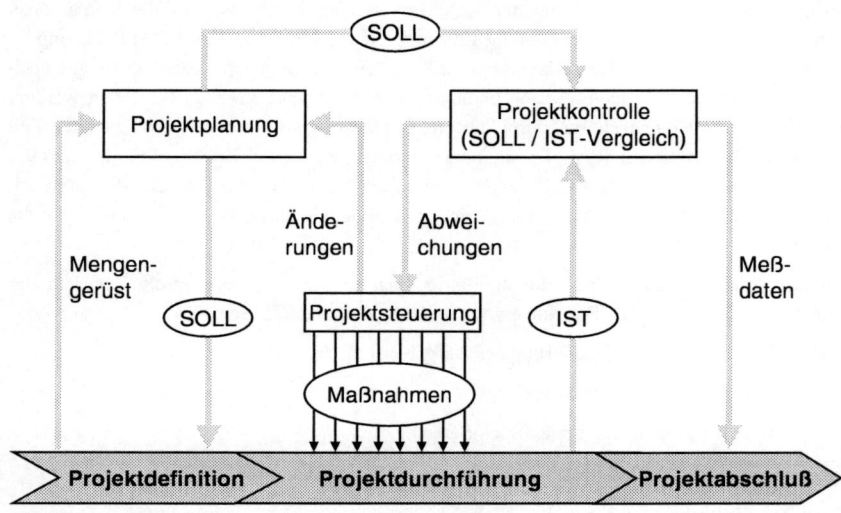

**Bild 3-3: Projektmanagement Regelkreis nach Burghardt**

Die Projektplanung, -kontrolle und -steuerung umfassen alle Aufgaben, die zur Erreichung der in der Projektdefinition festgelegten Projektziele notwendig sind. Projektziele werden von der

Projektdefinition zur Transfomation in konkrete Aufgaben an die Projektplanung weitergegeben. Die konkreten Aufgaben repräsentieren Teilzeile für die Projektdurchführung und werden als Sollvorgaben für die Projektkontrolle genutzt. Abweichungen von den Zielvorgaben werden durch die Projektkontrolle erfaßt und an die Projektsteuerung weitergegeben, die Maßnahmen zur Zielerreichung initiiert.

Das Projektmanagement wird bereits durch entsprechende Anpassung auf die Aufgabenstellungen für Simultaneous Engineering Projekte als effizientes Hilfsmittel angewendet, um die diversen Aktivitäten unterschiedlicher Bereiche zu koodinieren /Eversheim 95, Laufenberg 95/. Entsprechend der jeweiligen Komplexität der Koordinationsaufgaben (Produktkomplexität, Größe des Entwicklungsteams, Neuigkeitsgrad der Aufgabe) müssen die richtigen Hilfsmittel des Projektmanagement auf einem geeigneten Detaillierungsgrad eingesetzt werden /Daenzer 94, Schmidt 95, Wheelwrigth 92, TÜV 95/. Dazu müssen Standardabläufe unternehmensspezifisch instanziiert werden. Ansonsten ist der zusätzliche Planungs- und Dokumentationsaufwand unangemessen, und der Hilfsmitteleinsatz rentiert sich nicht.

Das Projektmanagement eignet sich, um die Abwicklung der Aufgaben zur Gestaltung von Produkten und von Lebenszyklusprozessen durch geeignete Koordination in einen zeitlichen und finanziellen Rahmen zu bringen. Daher stellt das Projektmanagement ein universelles Hilfsmittel für die Koordination der lebenszyklusorientierten Produktgestaltung dar. Es muß jedoch für die spezifischen Aufgaben angepaßt und konfiguriert werden, damit eine effiziente Anwendung möglich ist.

### 3.2.3 Integrierende Methoden der Produktentwicklung

Zur Optimierung der Produktentwicklung sind viele verschiedene Methoden entwickelt worden, die konkret die Gestaltung des Produktes unterstützen. Hier soll und kann kein Überblick über alle verfügbaren Methoden gegeben werden. Ziel fast jeder Methodenanwendung ist die Unterstützung bei der Lösung der Aufgaben in den einzelnen Produktentwicklungsphasen. Dabei können Methoden nach deren Zielsetzung unterschieden und in die Entwicklungsprozesse eingeordnet werden. Die im folgenden dargestellten Einzelmethoden sind analysiert worden, um sie hinsichtlich ihrer Eignung zum Einsatz in der lebenszyklusorientierten Produktgestaltung zu bewerten. Dabei sind besonders Methoden interessant, die eine interdisziplinäre Zusammenarbeit unterstützen, mehrere Produktlebensphasen berücksichtigen oder umweltrelevante Aspekte einbeziehen oder Potentiale dafür bieten.

#### 3.2.3.1 Methoden zur Verbesserung der Produktqualität

Unter dieser Überschrift sind vorwiegend Methoden zusammengefaßt, mit deren Hilfe bereits während der Entwicklung die Qualität des Produktes für den Kunden oder Nutzer verbessert werden kann /VDI-2247/. Durch Integration von Methoden zur frühzeitigen Analyse der Entwicklungsqualität können präventive Maßnahmen zur Abstimmung zwischen Produktgestaltung und Produktionsgestaltung vorgenommen werden /Bochtler 96, Clausing 94, Hartung 94/. Die in Bild 3-4 dargestellten Methoden wurden hinsichtlich der Anforderungen der lebenszyklusorientierten Produktgestaltung analysiert.

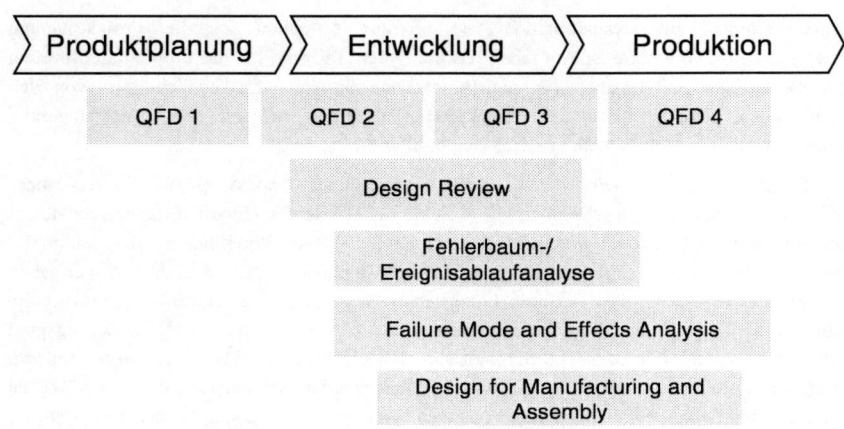

**Bild 3-4: Methoden zur Verbesserung der Produktqualität**

An dieser Stelle werden nur die Analyseergebnisse zusammengefaßt.

**Quality Function Deployment**

Das Quality Function Deployment (QFD) stellt eine ganzheitliche teambasierte Methode zur Umsetzung von Kundenanforderungen in Produkt-, Bauteil- und Produktionsprozeßeigenschaften dar/Akao 92, Hoffmann 96, Pfeifer 93, Zimmermann 95/.

Die QFD eignet sich generell zum Einsatz in der lebenszyklusorientierten Produktgestaltung. Es muß jedoch eine Erweiterung stattfinden, nach der zwischen technischen, ökonomischen und ökologischen Kundenanforderungen und den Eigenschaftsausprägungen von Produkten und Bauteilen differenziert werden kann. Darüber hinaus muß der Betrachtungsbereich über die Produktionsprozesse hinaus auf alle Lebenszyklusprozesse ausgedehnt werden. Damit kann dann eine technische, ökonomische und ökologische Bewertung über den gesamten Produktlebenszyklus systematisch unterstützt werden.

**Failure Mode and Effects Analysis**

Mit Hilfe der Failure Mode and Effects (FMEA) können potentielle Fehler des Produktes (Konstruktions-FMEA) oder der Produktionsprozesse (Prozeß-FMEA) identifiziert und bewertet werden /Baxter 95, Hartung 94, Pfeifer 93, VDA 86/. Die FMEA wird in einem bereichsübergreifenden Team angewendet und trägt somit zur Unterstützung der Kommunikaton zwischen den verschiedenen Experten bei.

Um die FMEA für die lebenszyklusorientierte Produktgestaltung einsetzen zu können, muß die Bewertung der Fehlerbedeutung, die derzeit ausschließlich nach technischen Gesichtspunkten erfolgt, auf ökonomische und ökologische Auswirkungen ausgeweitet werden.

**Fehlerbaum- und Ereignisablaufanalyse**

Die Fehlerbaumanalyse (Fault Tree Analysis – FTA) /DIN 25424/ und die Ereignisablaufanalyse (Event Tree Analysis - ETA) /DIN 25419/ werden zusammengefaßt betrachtet, da beide der frühzeitigen Identifikation von Produktfehlern und deren Fortpflanzung in der Produktstruktur dienen. Bei der Fehlerbaumanalyse wird deduktiv von einem möglichen Fehler ausgegangen und in der Produktstruktur nach verursachenden Komponenten gesucht. Bei der Ereignisablaufanalyse wird induktiv vom Ausfall einer Komponente die Wirkung auf die anderen Komponenten und das gesamte Produkt untersucht. Darauf aufbauend werden Gegenmaßnahmen abgestimmt. Beide Methoden werden im Team angewendet. Fehlerbaum- und Ereignisablaufanalyse können sinnvoll zur Vorbereitung für die FMEA eingesetzt werden.

Eine direkte Ausrichtung auf die lebenszyklusorientierte Produktgestaltung ist nicht gegeben. Indirekt können beide Methoden eingesetzt werden, um die Lebensdauer von Produkten durch fehlerrobuste Gestaltung der Produktstruktur zu verlängern.

**Design Review**

Das Design Review (DR) wird eingesetzt um in Entwicklungsteams die Beiträge der verschiedenen Entwicklungsexperten zu begutachten /Pfeifer 93, Baxter 95/. Damit wird die Kommunikation zwischen den Experten systematisch unterstützt.

Durch geeignete die Beteiligung von Experten für verschiedene Lebenszyklusprozesse und die Nutzung umweltorientierter Checklisten kann das Design Review effizient für die lebenszyklusorientierte Gestaltung der Produkte eingesetzt werden.

**3.2.3.2    Fertigungs- und montagegerechte Konstruktion**

Zur Sicherstellung einer geeigneten Entwicklungsqualität im Hinblick auf die reibungslose Fertigung und Montage wurde das Design for Manufacturing and Assembly (DFMA) entwickelt /Boothroyd 94, Dorf 94, Eppinger 94/. Ziel dieser Methode ist, frühzeitig eine Beurteilung der konstruierten Komponenten hinsichtlich der Anforderungen aus Fertigung und Montage systematisch zu erfassen und Optimierungsmaßnahmen daraus abzuleiten. Dazu wenden Konstrukteure und Fertigungs- und Montageexperten die Methode gemeinsam an. So soll eine möglichst effiziente Herstell- und Montierbarkeit der Komponenten in der Produktentwicklung sichergestellt werden. Das DFMA unterstützt somit das Simultaneous Engineering.

Für den Einsatz im Rahmen der lebenszyklusorientierten Produktgestaltung muß das DFMA zu einem „Design for X – DFX" erweitert werden /Eversheim 95a/. „X" kann für jegliche Art von Restriktionen stehen, die sich im Lebenszyklus des Produktes identifizieren lassen.

**3.2.3.3    Umweltgerechte Produktentwicklung**

In den letzten Jahren sind verstärkt Methoden entwickelt worden, die auf unterschiedliche Weise eine umweltorientierte Produktentwicklung unterstützen sollen. Größtenteils handelt es sich dabei um Ansätze, bei denen die Berücksichtigung einzelner Produktlebensphasen im Vordergrund stehen.

Das Design for Dissassembly (DFD) berücksichtigt besonders die Anforderungen einer einfachen Demontage der Produkte, um diese dann nach Komponenten getrennt recyceln oder entsorgen zu können. Dabei werden teilweise dem DFMA ähnliche Vorgehensweisen angewendet. Im Sonderforschungsbereich 281: Demontagefabriken zur Rückgewinnung von

Ressourcen in Produkt- und Materialkreisläufen /SFB 281, Seliger 95/ werden Grundlagen für die Demontageprozesse und die Anforderungen an die Produktgestaltung erarbeitet.

Das Design for Recycling oder die recyclinggerechte Produktgestaltung /VDI 2243/ wird mit besonderer Berücksichtigung der Kreislaufwirtschaftskonzepte verfolgt /Behrendt 96, Grieger 96, Wende 94, Suhr 95/. Häufig lehnen sich diese Methoden an die gängigen, bereits dargestellten Konstruktionsmethoden (siehe Kapitel 3.1) an und ergänzen die Konstruktionsschritte durch methodische Komponenten zur Berücksichtigung der Recyclingfähigkeit von Komponenten.

Umfassendere Ansätze im Sinne eines Design for Environment (DFE) /Hattori 96, Leber 95, Catanach 95/ werden derzeit auch in interdisziplinären Forschungsprojekten verfolgt. Im Sonderforschungsbereich 392: Entwicklung umweltgerechter Produkte /Birkhofer 96, 97, 97a und 98, Schott 95/ werden Ansätze verfolgt, mit denen die Vorgehensweise nach VDI-Richtline 2221 und Life Cycle Assessment Methoden zur vorgezogenen umweltorientierten Produktbewertung integriert werden sollen. Darüber hinaus wird die Ankopplung an CAD-Systeme untersucht.

In Dänemark wurden im Rahmen des Danish EDIP programme (Environmental Design of Industrial Products) /Alting 97/ basierend auf einer detaillierten Methode für das Life Cycle Assessment Checklisten und Richtlinien für die Unterstützung der umweltorientierten Produktgestaltung erarbeitet /Alting 95, 97 und 98, Wenzel 97/.

Die verschiedenen Methoden und Ansätze zur umweltgerechten Produktgestaltung beinhalten viele Methoden, die in die Methodik zur lebenszyklusorientierten Produktgestaltung integriert werden können.

### 3.2.4 Informationsmanagement

Abschließend sollen zum Thema Grundlagen der integrierten Produktentwicklung bestehende Lösungen für das Informationsmanagement und die Informationstechnologie dargestellt werden. Dabei werden CAD, CAM, EDM-Systeme, Ansätze zur Produktmodellierung sowie Kommunikationssysteme hinsichtlich ihrer Einsatzmöglichkeiten zur integrierten lebenszyklusorientierten Produktgestaltung analysiert.

#### 3.2.4.1  EDV-Systeme für die Produktentwicklung

Die Anzahl und die Anwendungsbereiche für EDV-Systeme in der Produktentwicklung ist immens groß. Allein bei den marktgängigen CAD-Systemen ist es nahezu unmöglich, die unterschiedlichen Funktionalitäten und Modellierungsstrategien aufzuzählen und miteinander zu vergleichen. Daher sollen hier nur die wichtigsten Systemtypen und deren Eigenschaften kurz aufgeführt werden, um Möglichkeiten zum Einsatz der Systeme im Rahmen der lebenszyklusorientierten Produktgestaltung aufzuzeigen.

Die historische Entwicklung der Informationssysteme – hier speziell der CAD-Systeme – verdeutlicht, daß gerade im letzten Jahrzehnt eine enorme Entwicklung stattgefunden hat, die durch Begriffe wie 3D-CAD, Digital Mock UP, EDM-System, Virtual Reality usw. geprägt ist /Berliner Kreis 97, Gernert 98, Hayaka 98, Kehler 98, Soenen 94, Spur 98, Weule 96/. Diese Ansätze stellen Möglichkeiten zur Verknüpfung von technisch-gestalterischen Aufgaben mit organisatorischen Randbedingungen dar. Dabei werden z.B. Verantwortlichkeiten für bestimmte Baugruppen mit den CAD-Daten verknüpft oder Suchmöglichkeiten und Verwaltungsmöglichkeiten für bestehenden Produktdokumentationen zur Verfügung gestellt, um effizient auf vorhandene Lösungen global zugreifen zu können /Doblies 98, Spur 98/.

Mit den CAD-Modellen sind jedoch noch keine Informationen über die Produktlebensphasen verknüpft. Dazu werden erweiterte Produktmodelle benötigt /Anderl 97, Anderl 98 und 98a, Krause 95/.

### 3.2.4.2 Produktmodellierung

Die Ansätze zur Produktmodellierung resultieren aus den Bemühungen, Informationen zum Produkt, wie z.b. Anforderungen, Funktionen oder CAD-Daten, nach einem einheitlichen Schema abbilden und auch austauschen zu können. Die Produktmodellierung soll nach dem Standard for the Exchange of Product Model Data (STEP) durchgeführt werden /ISO 10303-1, 11 und 44/. Probleme bei der einheitlichen Modellierung treten heute noch durch einen unterschiedlichen Modellaufbau und durch sehr große und komplexe Modelle auf /Anderl 93 und 97/.

Die Produktmodellierung wird in erster Linie für die Abbildung von Produktdaten und damit die Vorbereitung der Produktion durchgeführt /Anderl 93/. Dabei werden neuerdings auch Informationen, die über die reinen geometriebeschreibenden Parameter hinausgehen – dies sind Anforderungen /Kläger 93/, Funktionsbeschreibungen /Benz 91/, Fertigungsinformationen /Kaiser 97, SFB 346, SFB 361, Wolfram 94/ etc. – in die Produktmodelle integriert. Dies geschieht jedoch zumeist, um die Arbeit am CAD-System zu unterstützen und Produktinformationen ständig verfügbar zu machen /Baumann 95/.

Produktmodelle eignen sich, um die Abbildung von Produktdaten für die lebenszyklusorientierte Produktgestaltung zu unterstützen. Eine Abbildung aller dabei zu berücksichtigen Daten und die Bereitstellung über CAD-Systeme ist aufgrund der Schnittstellenprobleme nicht sinnvoll.

### 3.2.4.3 Kommunikationssysteme

Aus dem Bestreben, eine z. T. weltweit verteilte Produktentwicklung zu ermöglichen, wurden neue Informationstechnologien an die industriellen Anforderungen angepaßt /Eversheim 96 und 96a, Reichwald 96 und 98/. So haben sich Telekommunikationssysteme für Video-Konferenzen oder Shared Application Anwendungen teilweise heute schon etabliert. Dadurch lassen sich Abstimmungen zwischen verteilt agierenden Entwicklungspartnern einfacher und vor allen Dingen schneller durchführen, als dies bisher durch Telefonate oder gegenseitige Besuche möglich war. Wichtig ist die Schulung der Mitarbeiter und die organisatorische Integration dieser neuen Methoden in die Abläufe /Eversheim 96b, Reichwald 98, Spur 98, Augustin 98/.

Mit der Entstehung des Internets wurden innerhalb kürzester Zeit riesige Informationsmengen weltweit verfügbar. War früher aufgrund fehlender Recherchemöglichkeiten die Informationsbeschaffung erschwert, so ist heute die Informationsauswahl das vorrangige Problem. Mit den Internet-Technologien bieten sich plötzlich Möglichkeiten von jedem Ort der Welt, mit jeder Art von Rechner, auf Informationen zuzugreifen oder sogar Anwendungen zu starten. Damit waren die grundlegenden Voraussetzungen geschaffen, um verteilte Anwendungen ohne großen Standardisierungsaufwand zu etablieren. Durch eine Beschränkung der Zugriffsmöglichkeiten auf bestimmte Personen oder/und eine Abkopplung vom Internet und den Betrieb auf einem eigenen Netzwerk wird aus dem Internet ein Intranet /Eversheim 98 und 98a, Spur 97, Krause 95, Anderl 97, Anderl 98/. Dies sind optimale Voraussetzungen für den Aufbau und Betrieb eines plattformunabhängigen Entwicklungsleitsystems.

### 3.3 Darstellung und Bewertung von Produktlebenszyklen

Einen weiteren Schwerpunkt des dritten Kapitels bildet die Untersuchung von Ansätzen zur Abbildung, Analyse und Bewertung von Produktlebenszyklen. Hier werden zunächst bestehende Produktlebenszyklusmodelle und die darauf basierenden Bewertungsansätze hinsichtlich ihrer Eignung für die integrierte lebenszyklusorientierte Produktgestaltung analysiert. Darüber hinaus werden Methoden zur Abbildung von Prozessen, zumeist Geschäftsprozessen in Entwicklung und Produktion, dargestellt und hinsichtlich ihrer Einsatzmöglichkeit für die präventive Planung von Lebenszyklusprozessen bewertet. Abschließend werden Modelle zur Ressourcenbeschreibung untersucht, um eine Auswahl geeigneter Ressourcenklassen für die zu entwickelnden Methoden ableiten zu können.

#### 3.3.1 Der Begriff „Produktlebenszyklus"

In der Literatur existieren mehrere uneinheitliche Interpretationen des Begriffs „Lebenzyklusmodell". In Bild 3-5 sind zwei Arten von Produktlebenszyklen – nach Marketingaspekten und nach ökologischen Aspekten – unterschieden /Hopfenbeck 97/.

Beiden Produktlebenszyklusarten gemeinsam ist die Zielsetzung, Abschnitte des Lebens eines beliebigen Produktes zu strukturieren und modellhaft darzustellen. Unterschiede zwischen den einzelnen Modellen ergeben sich durch verschiedene Intentionen der Darstellungen. Der marktorientierte Produktlebenszyklus dient dazu, optimale Strategien hinsichtlich der Ablösung bestehender durch nachfolgende Produktgenerationen – z.B. Modellwechsel in der Automobilindustrie – oder gar der Marktpositionierung von generell neuen Produkten, zu erarbeiten. Die frühzeitige Festlegung des Marktlebenszyklus ist wichtig, um die zu erwartenden Aufwände und Gewinne überschlägig ermitteln zu können.

Die Abbildung von ökologieorientierten Produktlebenszyklen dient ursprünglich der Erfassung von an den einzelnen Lebenszyklusprozessen gebundenen ökologischen Aufwänden und Risiken im Sinne einer Ökobilanzierung. Die Planung ökologieorientierter Produktlebenszyklen soll vermehrt genutzt werden, um präventiv die ökologischen Einflüsse und die ökonomischen Kosten eines Produktes über den gesamten Lebenszyklus abschätzen zu können und daraus Optimierungsmaßnahmen abzuleiten.

Im folgenden wird unter Produktlebenszyklus immer der ökologische Produktlebenszyklus verstanden. Der marktorientierte Produktlebenszyklus wird speziell als solcher genannt.

Durch verschiedene Phasen und Detaillierungstiefen sowie einer abweichenden Auffassung von den Bilanzgrenzen für Produkte und den dazugehörigen Komponenten konkurrieren zur Zeit in der Wissenschaft mehrere ökologische Produktlebenszyklen. Grundlage sämtlicher ökologischer Produktlebenszyklusmodelle bilden zwei Basismodelle, aus denen sich durch Variationen und Kombinationen die bisher bekannten Modelle ableiten lassen. Weitere Beispiele für Produktlebenszyklusmodelle sind im Anhang 4 dargestellt.

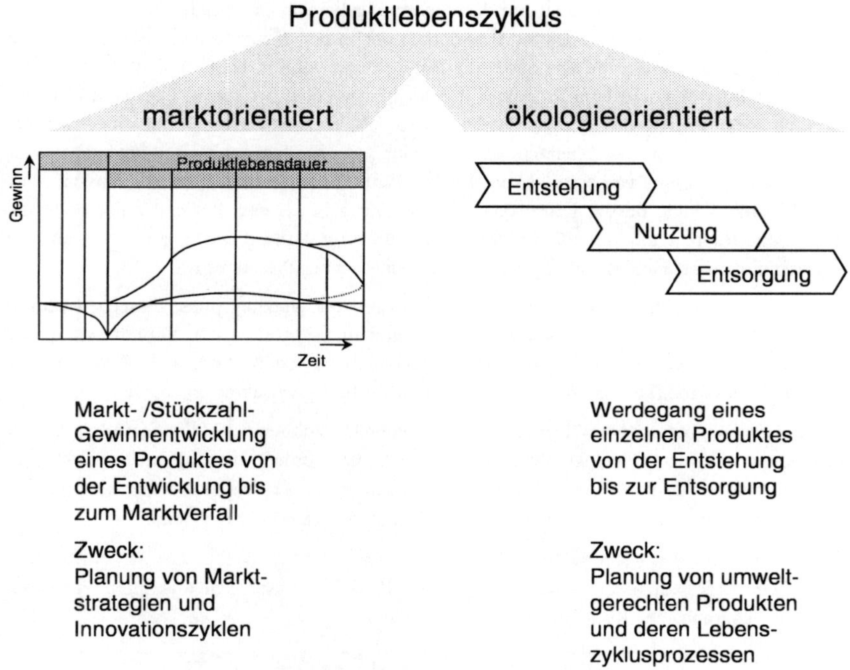

## Produktlebenszyklus

**marktorientiert** | **ökologieorientiert**

Markt- /Stückzahl-
Gewinnentwicklung
eines Produktes von
der Entwicklung bis
zum Marktverfall

Zweck:
Planung von Markt-
strategien und
Innovationszyklen

Werdegang eines
einzelnen Produktes
von der Entstehung
bis zur Entsorgung

Zweck:
Planung von umwelt-
gerechten Produkten
und deren Lebens-
zyklusprozessen

**Bild 3-5: Gegenüberstellung der verschiedenen Lebenszyklen**

### 3.3.1.1 Linearer Produktlebenszyklus

Im linearen Ansatz wird das Produktleben als eindimensionaler Lebensweg beschrieben, der sich von der Produktherstellung bis hin zur Produktentsorgung erstreckt. Unter diesem auch als „from cradle to grave" oder „von der Wiege bis zur Bahre" bekannten Ansatz werden sämtliche Tätigkeiten und Prozesse verstanden, die durch das Produkt „hervorgerufen" werden. Aufgrund der unterschiedlichen Einflußbereiche und Verantwortlichkeiten für das Produkt werden die drei Hauptphasen (Bild 3-6) Entstehung, Nutzung und Entsorgung unterschieden /Eversheim 96/.

**Entstehung** ⟩ **Nutzung** ⟩ **Entsorgung**

**Bild 3-6: Linearer Produktlebenszyklus**

In der ersten Phase der Entstehung werden alle zur Herstellung des Produktes erforderlichen Prozesse und Ressourcen berücksichtigt. Dazu gehören etwa Prozesse, die auf Seiten des Herstellers durchgeführt werden, wie Planung, Konstruktion, Arbeitsvorbereitung, Fertigung, Montage, etc.

Die zweite Phase unterliegt sowohl dem Verantwortungsbereich des Kunden als Produktnutzer als auch dem des Herstellers, der die Brandbreite der in den Nutzungsprozessen anfallenden Ressourenbedarfe seiner Produkte durch die Entwicklung vorgibt. Hier werden alle Prozesse, die während der Nutzung vom Produktes durchlaufen werden, betrachtet. Dies sind zunächst als wichtigster Prozeß der Betrieb des Produktes. Zusätzlich werden Installation, Service, Wartung und Stand-By betrachtet, da sich auch hier häufig Potentiale zur Ressourcenoptimierung verbergen. Maßgeblichen Einfluß auf den gesamten Ressourcenbedarf eines Produktes kann dessen Lebensdauer haben. Sie geht als entscheidender Faktor in die ökologische Bilanzierung der Nutzungsphase ein und sorgt dafür, daß häufig die Nutzung die ressourcenintensivste und damit kritischste Lebensphase eines Produktes ist.

In der Entsorgungsphase, die im Anschluß an das Ende der Nutzungsphase einsetzt, wechselt das Produkt erneut den Verantwortungsbereich und unterliegt nun der Verantwortung des Herstellers oder der eines Entsorgungsunternehmens. Es schließen sich Prozesse zur Entsorgung des Produktes an, die vom gewählten Entsorgungsverfahren abhängen.

Der lineare Ansatz beschreibt somit die sequentielle, zeitliche Aufeinanderfolge der in Verbindung mit dem Produkt stehenden Prozesse und ordnet diese Prozesse konkreten Lebensphasen zu. In den gängigen linearen Modellen endet der Produktlebenszyklus mit der vollständigen Auflösung des Produktes in seine Komponenten bzw. Einzelteile.

Ein bisher nicht berücksichtigter Aspekt wird von ALTING, WENZEL UND HAUSCHILD /Alting 97/ vorgestellt. Dem linearen Ansatz der Produktlebensphasen und ihren Prozessen wird eine geographische Komponente zuordnet (Bild 3-7).

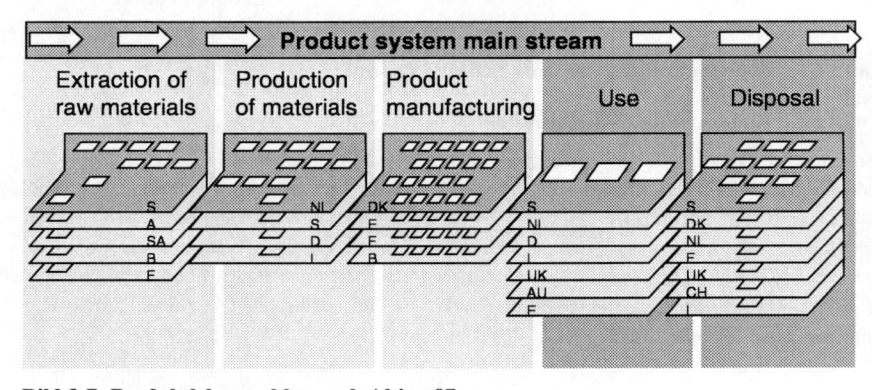

**Bild 3-7: Produktlebenszyklus nach Alting 97**

Die Entstehungsphase des dreigeteilten Konzepts (siehe Bild 3-6) wird in die Phasen der Rohmaterialgewinnung, der Materialherstellung und der Produktherstellung aufgeteilt. Als weitere Phasen werden die Gebrauchsphase und die Entsorgungsphase genannt. Beide letztgenannten Phasen werden gegenüber den ersten drei Phasen symbolisch anders dargestellt, um die unterschiedlichen örtlichen Randbedingungen zwischen Entstehung und Nutzung sowie Entsorgung zu betonen. Die ersten drei zur Entstehung gehörenden Phasen sind dadurch gekennzeichnet, daß sie eine Vielzahl von Prozessen, meist Herstellungsprozesse, aufweisen, die ihrerseits jedoch nur an einigen wenigen geographischen Standorten stattfinden (Die geographischen Unterschiede sind im Bild durch die Länderbuchstaben gekennzeichnet.) Das zweite Teilsystem, bestehend aus Gebrauchs- und Entsorgungsphase, zeichnet sich durch eine beschränkte Anzahl von Prozessen aus, die allerdings in einer Vielzahl unterschiedlicher Lokalitäten auftreten. Die Zweiteilung des Produktsystems wird insbesondere für exportierte Produkte deutlich, die an einem einzigen Standort produziert und danach ihre Nutzungs- und Entsorgungsphase in verschiedenen Ländern durchlaufen.

Dabei kann berücksichtigt werden, daß an verschiedenen Orten unterschiedliche Restriktionen und Randbedingungen in Form von Gesetzen, Rohstoffpreisen, Nutzungsgewohnheiten oder Entsorgungspraktiken vorherrschen. ALTING differenziert zwischen verschiedenen geographischen Prozeßorten, weil diese entscheidenden Einfluß auf die durch Prozesse verursachten Ressourcenbedarfe und die damit verbundenen Umwelteinflüsse haben. Dadurch wird ein global gültiger Bewertungsmaßstab möglich, mit dem verschiedene Lebenszyklen hinsichtlich ihrer Umweltauswirkungen verglichen werden können.

### 3.3.1.2 Zyklischer Ansatz

Beim zyklischen Ansatz wird im Gegensatz zum linearen Ansatz nicht in erster Linie das Produkt betrachtet, sondern Stoffkreisläufe, die während des Produktlebens durchlaufen werden. Grundgedanke ist der materielle Kreislauf „von der Natur bis zurück zur Natur", der die Tatsache berücksichtigt, daß alle der Natur entnommenen Materien wieder zur Natur zurückfließen /VDI 2243, Leber 95, Anderl 93, Kimura 95/. Auf dem Weg durch die künstliche, vom Menschen erschaffene Welt werden Materialien meist in mehreren unterschiedlichen Produkten nacheinander eingesetzt (Bild 3-8).

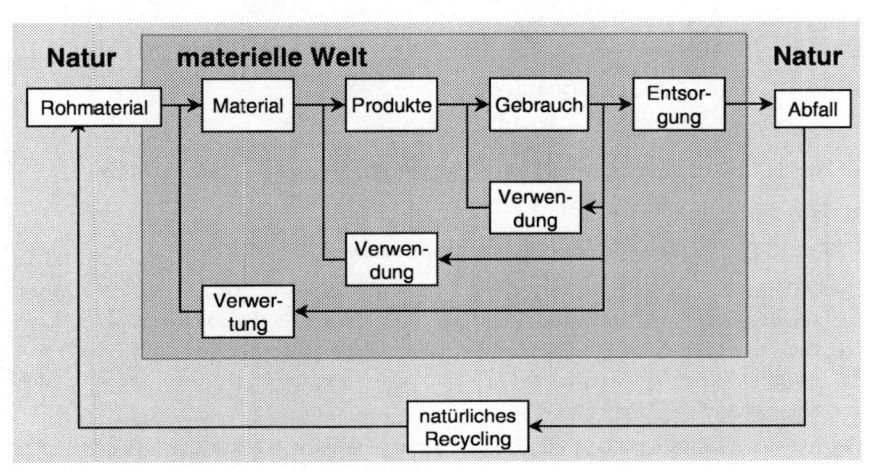

**Bild 3-8: Zyklischer Ansatz (nach Kimura 95)**

Diese vielfältigen Verwendungen resultieren aus einem mehrstufigen Recycling der Materialien, das zu diversen Zeitpunkten im Produktleben einsetzen kann. Bild 3-8 illustriert die Kreislaufmöglichkeiten eines Produktes oder Stoffes /Kimura 95/. Die mehrmalige

Verwendung einer Produktkomponente innerhalb diverser Produktlebenszyklen hat Auswirkungen auf den Grad der Umweltgerechtheit dieser Komponente. Ihr Einsatz in einem vorherigen sowie einem nachfolgenden Produktlebenszyklus ist daher in der Bewertung der ökologischen Auswirkungen des übergeordneten Produktes zu berücksichtigen.

In der Realität existieren hauptsächlich Mischformen aus linearem und zyklischen Ansatz. Die in der Literatur beschriebenen Produktlebenszyklusmodelle lassen sich als Kombination beider Ansätze entwickeln. Dadurch wird neben der detaillierten Analyse einzelner Lebenszyklusphasen eines Produktes auch die Integration des Kreislaufgedankens durch die Rezyklierbarkeit des Produktes gewährleistet.

### 3.3.2 Analyse der Methoden zur Prozeßmodellierung für die Lebenszyklusdarstellung

Die Abbildung des Lebenszyklus erfordert eine systematische Vorgehensweise, mit der die Prozesse in den Lebenszyklusphasen modelliert werden können. Derzeit werden Methoden zur Prozeßmodellierung hauptsächlich mit dem Zweck des Reengineering der betrieblichen Geschäftsprozesse eingesetzt /Eversheim 95b, Fahrwinkel 95, Schönheit 96/. Das methodische Vorgehen wird zum Teil EDV-technisch unterstützt. Die Komplexität der rechnerunterstützten Modellierung reicht von einer reinen graphischen Darstellung bis hin zu einem komplexen Aufbau von Organisations-, Informations- und Ablaufsichten. Interessant für die Modellierung der Lebenszyklusprozesse sind diese Hilfsmittel, da sie eingesetzt werden, um einen Ist-Zustand abzubilden und darauf aufbauend angewendet werden, um den zukünftigen Soll-Zustand darzustellen und zu bewerten. Dies sind auch im Bezug auf die ökologieorientierte Lebenszyklusplanung notwendige Funktionalitäten, die zur lebenszyklusorientierten Produktgestaltung beitragen. Eine Anwendung der verschiedenen Methoden der Prozeßabbildung zur präventiven Gestaltung von Lebenszyklusprozessen ist nicht bekannt.

Es wurden folgende Methoden analysiert:

- Programmablaufpläne nach DIN 66001
- SADT (Structured Analysis and Design Technique)
- Architektur integrierter Informationssysteme (ARIS) /Scheer 91, Scheer 94, Jost 93/
- Petri-Netze [Rei85, Rei91]
- Prozeß-Element-Methode nach TRÄNCKNER / Eversheim 95b, Tränckner 90/

Die analysierten Methoden sind im Anhang 5 detailliert dargestellt. Als Ergebnis der Analyse der Ansätze zur Prozeßmodellierung für die Abbildung von Produktlebenszyklen kann festgehalten werden, daß die Programmablaufpläne, ARIS und die Methode nach TRÄNCKNER den größten Überschneidungsgrad mit der Zielmethode aufweisen und daher die geringsten Adaptationsaufwände erwarten lassen.

Der systembedingte Nachteil der Programmablaufpläne nach DIN 66001 liegt in der fehlenden Darstellungsmöglichkeit von parallelen Abläufen sowie der mangelnden Möglichkeit zur Anbindung von Ressourcendaten. ARIS weist diese beiden Defizite nicht auf, doch ergibt sich hier der entscheidende Nachteil einer ungenügenden Detaillierbarkeit der Vorgangsketten. Eine alleinige Dekomposition der Funktionsstruktur ist nicht ausreichend, um die Methodenanforderungen bezüglich einer Hierarchisierung und Detaillierung zu erfüllen.

Die prozeßelementorientierte Methode nach TRÄNCKNER weist als bedeutsames Defizit lediglich das Fehlen der Ressourcenverknüpfung auf. Eine erweiterte Methode scheint prinzipiell geeignet zu sein, eine Ausgangsbasis für die Methode der lebenszyklusorientierten Produkt- und Prozeßgestaltung zu sein. Bei keinem der dargestellten Ansätze ist eine Kopplung an die Produktstruktur oder an ein Produktmodell vorgesehen. Somit fehlen vielseitige Analysemöglichkeiten hinsichtlich einzelner Kriterien wie z. B. komponentenbezogene Ressourcenverbräuche oder Prozeßzeiten.

### 3.3.3 Methoden zur ökologischen und ökonomischen Bewertung

Bei der Betrachtung des Themenfeldes Ressourcenbewertung kann hinsichtlich einer ökologischen und ökonomischen Bewertung von Ressourcen differenziert werden. Für produzierende Unternehmen ist bislang die ökonomische Bewertung der zur Herstellung der Produkte notwendigen Ressourcen von primärem Interesse /Gupta 97, Leber 95/. Erst in jüngerer Zeit wird für die Unternehmen aus unterschiedlichen Beweggründen, z.b. durch gesetzliche Forderungen, die Ressourcenverbräuche über alle Phasen eines Produktlebens nachweisen zu können, sowohl die ökonomische als auch die ökologische Bewertung notwendig /UBA 95, 95a/. Dabei muß berücksichtigt werden, daß eine ökologische Bewertung wesentlich aufwendiger ist als die ökonomische Bewertung, da nicht nur eindimensionale monetäre Auswirkungen sondern vieldimensionale ökologische Wirkungen aus den Ressourcenbedarfen abgeleitet werden /Alting 97, Eyerer 96/.

#### 3.3.3.1 Life Cycle Assessment - Ökobilanzierung

Produktbezogene Ökobilanzen, auch als Life Cycle Assessment (LCA) bezeichnet, werden durchgeführt, um die ökologischen Auswirkungen von Produkten über deren gesamten Produktlebenszyklus zu erfassen und zu bewerten /Alting 97, ISO 14040, Souren 97, /. Dabei werden mehere Schritte systematisch durchgeführt. Zunächst müssen im Rahmen einer Sachbilanzierung (Bild 3-9) die In- und Output-Ströme während aller Prozesse des Produktlebenszyklus erfaßt werden /Böhlke 94/. Anschließend werden in der Wirkbilanzierung die ökologischen Wirkungen der ausgetauschten Stoffe erfaßt /UBA 92, 95, 95a, 96/. Durch eine weiterführende Normalisierung können die verschiedenen Wirkungen miteinander verglichen werden /Alting 97/.

Erschwerend für eine einheitlichen Anwendung des Life Cycle Assessment ist, daß die Diskussion um Wirkbilanzen und die Gewichtung von Umwelteinflüssen noch nicht abgeschlossen ist und daher verschiedene wissenschaftliche Auffassungen über die Kriterien und Maßstäbe zur Bewertung miteinander konkurrieren /Alting 97, Eyerer 96, Hopfenbeck 95, Schmidt-Bleek 95, UBA 95/.

Recherchen im Internet ergaben, daß eine Vielzahl von Life Cycle Assessment Tools angeboten werden, mit denen mehr oder weniger detailliert und wissenschaftlich abgesichert die ökologischen Eigenschaften von Produkten und Lebenszyklusprozessen ermittelt werden können.

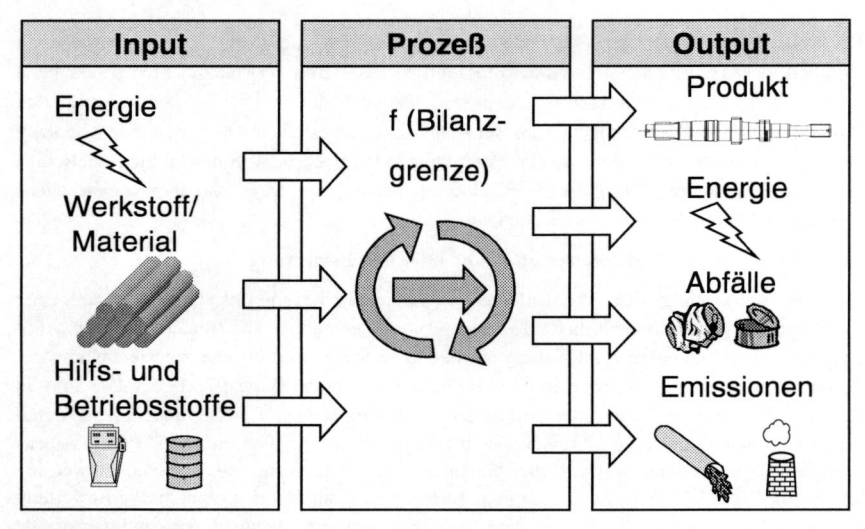

**Bild 3-9: Sachbilanzierung**

Für die lebenszyklusorientierte Produktgestaltung liefert das Life Cycle Assessment wichtige Basisinformationen zur ökologischen Bewertung von Produkten über deren gesamten Lebenszyklus. Eine Anwendung im Rahmen der Produktentwicklung ist jedoch nicht möglich, da zur Durchführung des LCA alle Lebenszyklusprozesse und die jeweils anfallenden Ressourcenströme detailliert modelliert werden und jeweils die Umweltwirkungen ermittelt werden müßten. Dazu ist detailliertes Wissen aus der Biologie, Chemie und Ökologie notwendig /Bank 95, Davis 98, Kiely 97, Wenzel 94 und 97/. Daher muß eine Variante des LCA geschaffen werden, die basierend auf unscharfen Sachbilanzen oder vergleichbaren Produkten eine frühzeitige ökologisch fundierte Bewertung der zu entwickelnden Produkte ermöglicht /Alting 97und 98, Klose 98, Schulz 98, 98a, 98b und 98c, Züst 97/

Aufgrund der kontrovers diskutierten Bewertungskriterien muß die Flexibiltät hinsichtlich des Bewertungsverfahrens so groß wie möglich gehalten werden, um eine branchen- oder unternehmensspezifische Anpassung zu ermöglichen.

### 3.3.3.2 Kostenorientierte Methoden

Mit Hilfe kostenorientierter Methoden sollen die Produktkosten während der Entwicklung abgeschätzt, überwacht und beeinflußt werden, um Zielkosten und Preise für die angestrebten Märkte mit den Produkten zu treffen /VDI 2234 und 2235, Kümper 96/. Von den kostenorientierten Methoden sind die folgenden analysiert worden, da sie die Spannweite zwischen einfachen Verfahren zur Grobkalkulation bis hin zur detaillierten Abbildung von einzelnen Prozeßkosten abdecken und damit bei unterschiedlichen Konkretisierungsgraden in der Produktentwicklung eingesetzt werden können.

- Kalkulationsverfahren /Hillebrand 90, VDI 2225, DIN 87/
- Taget Costing und Prozeßkostenmanagement / Gupta 97, Hartmann 93, Horváth 91/

- Wertanalyse /DIN 69910/
- Nutzwertanalyse /Zangemeister 76, Daenzer 94/

Diese Methoden werden für die Abschätzung oder Berechnung von Produktkosten in der Entstehungsphase eingesetzt. Eine Berücksichtigung aller Produktlebensphasen muß erfolgen. Es ist zu prüfen, inwiefern diese Verfahren geeignet sind für die Abschätzung und „Kalkulation" von Ressourcenkosten im Rahmen der lebenszyklusorientierten Produktgestaltung.

### 3.4 Zusammenfassende Bewertung der bestehenden Ansätze

Im Rahmen der zusammenfassenden Bewertung soll anhand der Anforderungsübersicht die Korrelation der bestehenden Ansätze zu den an die Methodik zur lebenszyklusorientierten Produktgestaltung gestellten Anforderungen dargestellt werden (Bild 3-10). Dies ist wichtig, um zu verdeutlichen, welche Elemente der Methodik auf bestehende Vorarbeiten aufgebaut werden können und wo besonderer Handlungsbedarf bei der Entwicklung der Methodik besteht.

Aus der Übersicht wird deutlich, daß keiner der analysierten Ansätze das Anforderungsprofil der Methode vollständig erfüllt, daß jedoch durch die Kombination der verschiedenen Ansätze eine gute Basis für die Entwicklung einer Methodik zur lebenszyklusorientierten Produktgestaltung geschaffen wird.

Für die systematische Vorgehensweise sollen die Grundlagen der Integrierten Produktentwicklung zur Koordination der lebenszyklusorientierten Produktgestaltung hinsichtlich der Berücksichtigung aller Produktlebensphasen und der Unterstützung verschiedener Gestaltungsebenen erweitert werden. In diesen organisatorischen Rahmen sollen die Elemente der bestehenden Konstruktionsmethoden und Ansätze zur Prozeßmodellierung eingebettet werden, um eine integrierte Produkt- und Prozeßabbildung zu ermöglichen. Diese stellt wiederum die Basis für eine ökologische und ökonomische Bewertung dar.

Voraussetzung für die verteilte, bereichsübergreifende Anwendung der Methodik ist der Aufbau eines für alle Beteiligten verfügbaren IPLRM. Hierzu werden neben den Ansätzen der Produkt- und Prozeßmodellierung Strukturen der bestehenden Lebenszyklusmodelle und der darin berücksichtigten Ressourcen genutzt.

Das Entwicklungsleitsystem soll durch Nutzung der Ansätze aus dem Informationsmanagement unter besonderer Berücksichtigung der plattformunabhängigen verteilten Anwendung die systematische Vorgehensweise und die Arbeit mit dem IPLRM unterstützen.

Im folgenden Kapitel werden zunächst die Strukturen des IPLRM dargestellt, um die Grundlage für die Anwendung der systematischen Vorgehensweise zu schaffen.

| Anforderungen | Methodik | | | Bestehende Ansätze | | | | | | |
|---|---|---|---|---|---|---|---|---|---|---|
| | IPLRM | system. Vorgehensweise | Entwicklungsleitsystem | Konstruktionsmethoden und -theorien | Integrierte Produktentwicklung | Informations- management | Lebenszyklusmodelle | Prozeßmodellierung | ökologische, ökono- mische Bewertung | |
| Anwendungsbezug sicherstellen | | ● | ● | | | ◐ | ◐ | | ◐ | ○ |
| Koordination aller Entwicklungsphasen | ● | ● | ● | ○ | ● | ◐ | | | | ◐ |
| Integration existierender Methoden | | ● | ● | ◐ | ● | ○ | | | | ○ |
| Erweiterung und Ergänzung der Methoden | | ● | ● | ◐ | ◐ | ○ | | | | ○ |
| Unterstützung verschiedener Gestaltungsebenen | ○ | ● | ◐ | ○ | ○ | ○ | ○ | ○ | ◐ | ◐ |
| Berücksichtigung aller Produktlebensphasen | ● | ● | ◐ | ○ | ○ | ○ | ● | ◐ | ● | |
| Integrierte Abbildung von Produkt-, Lebenszyklus- und Ressourcendaten | ● | ● | ● | ○ | ○ | ○ | ◐ | ○ | ○ | |
| Bereitstellung internen und externen Wissens | ● | ◐ | ◐ | ○ | ○ | ○ | | | ○ | |
| Gestalten mit Hilfe unsicherer Informationen | ◐ | ● | ◐ | | ◐ | ○ | | | ○ | |
| Technische, ökonomische und ökologische Bewertung | ● | ● | ◐ | ◐ | ◐ | | ◐ | ◐ | ◐ | |
| Unterstützung der Kommunikation | ○ | ◐ | ● | | ◐ | ◐ | | ◐ | ◐ | |
| Plattformunabhängiges EDV-System | | | ● | | | ◐ | ◐ | | | |
| Flexible Anpassung an Benutzer | ○ | ◐ | ● | | | | ○ | ◐ | ○ | ◐ |
| Konfiguration der Methodik | ◐ | ● | ◐ | ○ | ● | ◐ | | | ○ | ◐ |
| Lernfähigkeit der Methodik | ○ | ◐ | ● | | | | | | ○ | |

Legende: Relevanz / Eignungsgrad: ○ gering, ◐ mittel, ● hoch

**Bild 3-10: Eignung bestehender Ansätze für die Methodik**

## 4 INTEGRIERTES PRODUKT-, LEBENSZYKLUS- UND RESSOURCENMODELL

Die Methodik zur lebenszyklusorientierten Produktgestaltung setzt sich gemäß der in Kapitel 2 formulierten Zielsetzung aus dem Integrierten Produkt-, Lebenszyklus- und Ressourcenmodell (IPLRM), der systematischen Vorgehensweise zur lebenszyklusorientierten Produktgestaltung und dem EDV-basierten Entwicklungsleitsystem zusammen.

In diesem Kapitel wird durch Auswahl, Erweiterung und Kombination der in Kapitel 3 z.T. beschriebenen Modelle das IPLRM zur lebenszyklusorientierten Produktgestaltung aufgebaut. Im IPLRM sollen alle für die lebenszyklusorientierte Produktgestaltung relevanten Informationen abgebildet werden, dazu werden die Strukturen der Partialmodelle (Bild 4-1) vorgestellt, um anschließend die einzelnen Modellkomponenten und deren Zusammenhänge herleiten und erläutern zu können.

**Produktmodell**
- Anforderung
- Funktion
- Gestalt

**Hilfs- und Bewertungsmodell**
- Parameter
- Unsicherheit
- Gleichung
- Sachbilanz
- Wirkbilanz

**IPLR-Einheit**
- Komponente
- Lebenszykluselement
- Ressource
- Bewertung

**Lebenszyklusmodell**
- Entstehung
- Nutzung
- Entsorgung

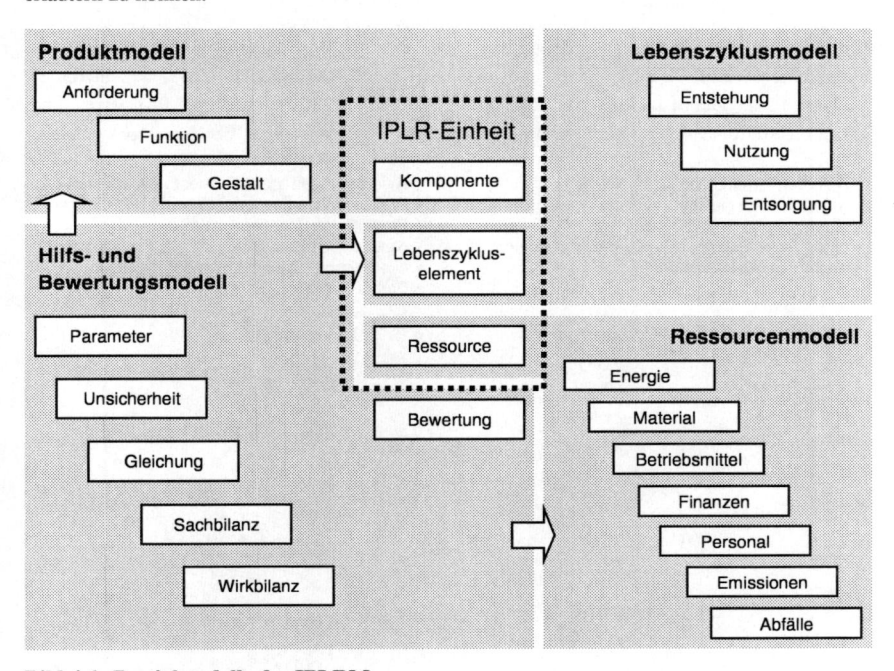

**Ressourcenmodell**
- Energie
- Material
- Betriebsmittel
- Finanzen
- Personal
- Emissionen
- Abfälle

**Bild 4-1: Partialmodelle des IPLRM**

Das IPLRM setzt sich zusammen aus einem Produkt-, Lebenszyklus- und Ressourcenmodell sowie einem Hilfs- und Bewertungsmodell. Zentrales Element des IPLRM ist die IPLR-Einheit. Die IPLR-Einheit wird eingeführt, um den Kontext zwischen den Hauptelementen der Partialmodelle – der Komponente, dem Lebenszykluselement und der Ressource –sicherzustellen. Die Komponente durchläuft den Produktlebenszyklus bzw. Prozesse der Produktlebensphasen. Dabei werden Ressourcen benötigt und Abfälle und Emissionen erzeugt. Eine Informationseinheit zur Komponente besteht aus Produkt-, Lebenszyklus- und Ressourceninformationen.

**Definition „IPLR-Einheit":**

*Eine Integrierte Produkt-, Lebenszyklus- und Ressourcen-Einheit (IPLR-Einheit) ist eine Kombination zusammengehörender Informationen. Sie umfaßt mindestens je eine Information über eine Komponente, ein Lebenszykluselement und eine Ressource.*

Beispiel: Für die Felge 0815 (Produktinformation) wurden in der Entstehung (Lebenszyklusinformation) 3kg Stahl (Ressourceninformation) benötigt.

Durch die Notwendigkeit, zu allen drei Hauptelementen des IPLRM Informationen angeben zu müssen, wird die Einordnung im IPLRM sichergestellt. Ergänzungen oder Konkretisierungen sollen jederzeit vorgenommen werden können, da mit steigendem Detaillierungsgrad der Entwicklung des Produktes auch die Prozesse und die benötigten Ressourcen konkretisiert werden können. Die ökonomische und ökologische Bewertung erfolgt im Bezug auf eine ausgewählte IPLR-Einheit.

Einige Beispiele sollen verdeutlichen, welche Möglichkeiten sich durch ein unternehmensspezifisch aufgebautes und instanziiertes IPLRM ergeben. Um unterschiedliche Analysen zur Identifikation von ökologisch kritischen Komponenten, Prozessen und Ressourcen durchführen zu können, sind verschiedene Sichten auf das IPLRM vorgesehen.

- Anforderungen an die Komponente
- Komponenten gleicher Funktion
- geometrische Repräsentation der Komponente
- ökologische Eigenschaften der Komponenten
- Kosten der Komponenten

- Anforderungen an den Lebenszyklusprozeß
- Prozesse verschiedener Lebenszyklusphasen
- Prozeßfolge und -hierarchie
- gleiche Prozesse verschiedener Komponenten
- ökologische Eigenschaften der Prozesse
- Prozeßkosten

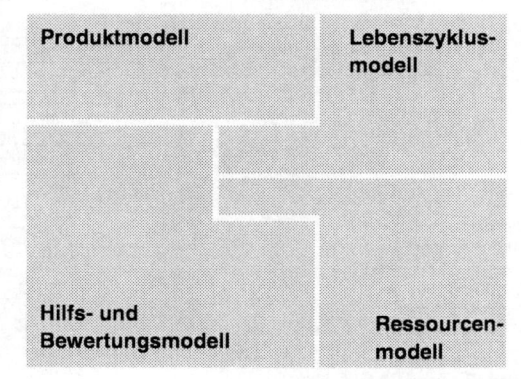

**Produktmodell**

**Lebenszyklusmodell**

**Hilfs- und Bewertungsmodell**

**Ressourcenmodell**

- Anforderungen an die Ressourcen
- Ressourcen für verschiedene Produkte
- Ressourcen für verschieden Prozesse
- ökologische Eigenschaften der Ressourcen
- Ressourcenkosten

**Bild 4-2: Analysemöglichkeiten mit Hilfe des IPLR-Modells**

Die ökologische und ökonomische Bewertung der IPLR-Einheit erfordert immer den Zugriff auf Informationen aus dem Hilfs- und Bewertungsmodell, da dort die Basisinformationen für die ökologische Bewertung und die Rechenvorschriften für die Berechnung der ökologischen und ökonomischen Kenngrößen abgelegt sind.

Durch Abstraktion und Auswertung aller verfügbaren IPLR-Einheiten lassen sich weitere Verbesserungspotentiale erarbeiten. Durch eine Analyse aller Komponenten können die ökologisch und ökonomisch kritischen Komponenten identifiziert werden. Mit einer Analyse der Lebenszyklusprozesse können die kritischen Prozesse über mehrere Komponenten oder ganze Produktklassen identifiziert werden. Daraus lassen sich Verfahrensoptimierungen ableiten. Aus Ressourcensicht können schädliche Materialien, Abfälle und Emissionen ermittelt werden und nach Ursachen untersucht werden, um alternative Lösungen zur Vermeidung abzuleiten.

Die detaillierte Darstellung der Partialmodelle des IPLRM erfolgt in Anlehnung an den Standard for the Exchange of Product Model Data (STEP) mit Hilfe von EXPRESS_G, der graphischen Version von EXPRESS. Damit wird eine objektorientierte Modellierung ermöglicht, die unternehmensspezifisch erweitert werden kann. Darüber hinaus bietet EXPRESS_G dem Leser eine anschauliche und nachvollziehbare graphische Übersicht über den Aufbau des IPLRM.

Eine generische Beschreibung wurde für die einzelnen Partialmodelle zugrunde gelegt, um die Möglichkeit zu bieten, alle Produkte, Lebenszyklusprozesse und Ressourcen abbilden zu können. Alle jeweils für einzelne Branchen und Unternehmen zu instanziierenden Modelle können in dieser Arbeit nicht beschrieben werden. Dies ist auch nicht zielführend, da eine derart hohe Anzahl von speziellen Einzelmodellen entstehen würde, die schlußendlich doch nicht genau auf das nächste Unternehmen paßt. Durch einen generischen und neutralen Aufbau der Modelle kann sichergestellt werden, daß eine Integration der unternehmens- oder branchenspezifischen Modelle möglich ist. Dazu wird die Methode zum Aufbau der IPLRM detailliert dargestellt und am Beispiel für produzierende Unternehmen erläutert. Durch Kataloge im Anhang 7 wird die Instanziierung des Modells für den jeweiligen Anwendungskontext unterstützt.

Unterschiedliche Status während der Entwicklung sollen nach dem Schema des IPLR-Modells in Datenbanken gespeichert werden können. Dadurch kann die Evolution der Entwicklung und die Evolution des Produktes über die Lebensphasen nachvollzogen werden und das gewonnene Wissen für die Entwicklung der neuen Produktgenerationen genutzt werden. Des weiteren ist damit der Vergleich zwischen dem virtuellen Bereich und dem realen Bereich der Lebenszyklen möglich. Dies führt zu wichtigen Erfahrungen bezüglich der Optimierungsmöglichkeiten für nachfolgende Generationen und auch bezüglich der notwendigen Modellierungsgenauigkeiten.

Die wissenschaftliche Leistung bei der Modellbildung ist in der Analyse, Selektion, Ergänzung und Integration bestehender Modelle zum IPLRM zu sehen. Damit wird die Basis für die Abbildung aller für die lebenszyklusorientierte Produktgestaltung notwendigen Daten geschaffen. Im folgenden werden die Partialmodelle des IPLRM dargestellt.

## 4.1 Produktmodell

Das Produktmodell ist in Anlehnung an bestehende Produktmodelle /Anderl 93, Baumann 95, Kläger 93, Polly 96, Rude 91, Benz 90, SFB 361, SFB 346/ für die Abbildung der produktbeschreibenden Informationen einer lebenszyklusorientierten Produktgestaltung entwickelt worden. Hierzu gehört der Aufbau des Produktes oder seiner Komponenten, die Anforderungen, Funktionen und Gestalt. Das Bild 4-3 gibt eine Übersicht über die verschiedenen Schemata des Produktmodells wieder.

```
┌─────────────────────┐  ┌─────────────────────┐  ┌─────────────────────┐
│ Anforderungs_Schema.│  │  Funktions_Schema.  │  │   Gestalt_Schema.   │
│    Anforderung      │  │      Funktion       │  │       Gestalt       │
└─────────────────────┘  └─────────────────────┘  └─────────────────────┘
           │                        │                        │
           └────────────────────────┼────────────────────────┘
                                    │
                    ┌─────────────────────────────┐
                    │  Produktstruktur_Schema.    │
                    │        Komponente           │
                    └─────────────────────────────┘
```

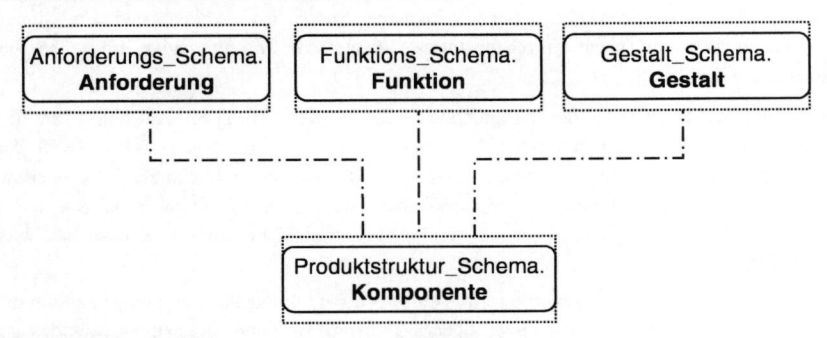

**Bild 4-3: Übersicht über die Schemata des Produktmodells**

Durch die objektorientierte Modellierung wird die Möglichkeit geschaffen, weitere Partialmodelle, die zur unternehmensspezifischen Beschreibung der Komponenten benötigt werden, nachträglich hinzuzufügen ohne die Grundstruktur ändern zu müssen. Damit ist auch bei einer EDV-technischen Implementierung auf relationalen Datenbanken der Bezug zwischen den Informationsklassen nachträglich herstellbar. In dem hier beschriebenen Produktmodell sind zunächst die für die lebenszyklusorientierte Produktgestaltung relevanten Teilmodelle des Produktmodells dargestellt. Die Struktur der einzelnen Schemata wird im folgenden kurz erläutert.

### 4.1.1 Produktstruktur_Schema

Ein zentrales Element des IPLRM bildet die „Komponente", die Bestandteil des Produktstruktur Schemas ist. Eine Komponente kann entweder ein Einzelteil, eine Baugruppe, ein Modul oder sogar das gesamte Produkt repräsentieren (Bild 4-4). Bis auf das Einzelteil können alle Komponenten wiederum aus Komponenten aufgebaut sein. Das Attribut „besteht aus" ist optional, damit die Struktur der Produkte in Abhängigkeit von ihrer Komplexität und im Verlauf der Entwicklungsprozesse konkretisiert und detailliert werden kann. So sind z.B. in den frühen Phasen der Produktentwicklung die Details eines Produktes noch nicht ausgearbeitet und die komplette Produktstruktur noch nicht bekannt. Diese Differenzierung ermöglicht eine isolierte Lebenszyklusbetrachtung einzelner Produktkomponenten. Durch gezielte Analyse und Auswahl der ökologisch kritischen Komponenten kann der Modellierungsaufwand erheblich eingeschränkt werden. Diejenigen Komponenten, die keine ökologische und ökonomische Relevanz während des gesamten Lebenszyklus haben, müssen nicht detailliert abgebildet werden.

*Integriertes Produkt-, Lebenszyklus- und Ressourcenmodell* 35

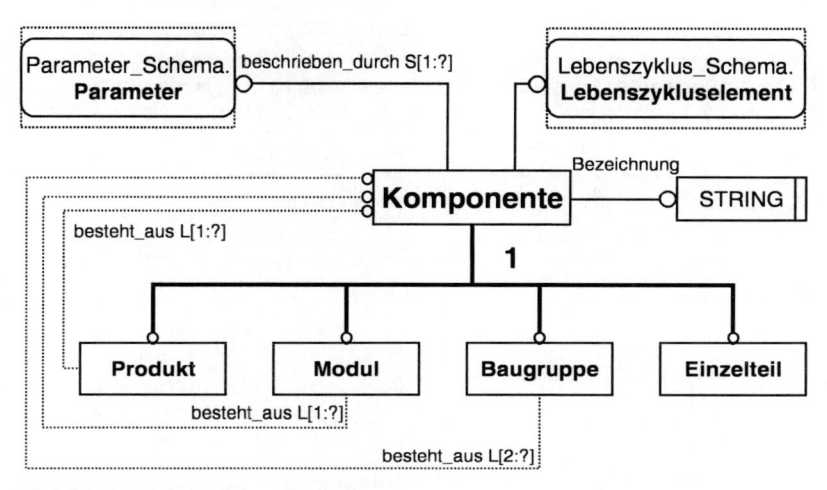

**Bild 4-4: Produktstruktur_Schema**

Diese Flexibilität in der Modellierung auf verschiedenen Ebenen ist nur durch eine adäquate Verbindung zwischen den einzelen Modellelementen möglich. Es muß und kann kein vollständiges Produkt in allen Lebenszyklusphasen mit allen Ressourcenbedarfen bereits in der Entwicklung abgebildet werden. Ziel ist es, frühzeitig eine gute Abschätzung der ökologischen und ökonomischen Aufwände über den gesamten Produktlebenszyklus mit möglichst geringem Modellierungsaufwand zu erzielen.

### 4.1.2 Anforderungs_Schema

Dem gesamten Produkt werden über eine Anforderungsliste alle Anforderungen zugeordnet. Dabei wird zwischen Fest-, Mindest- und Wunschforderungen unterschieden. Weiterhin werden Restriktionen in Form von Schnittstellenanforderungen spezifiziert, die aus der Einbettung des Produktes in das Umfeld entstehen. Sämtliche Anforderungen werden über die Zuweisung von Gewichtungsfaktoren ihrer Bedeutung entsprechend gegliedert. Die Anforderungen werden, wo notwendig und sinnvoll, auf einzelne Komponenten vererbt. Bei der Gestaltung werden zusätzliche komponentenspezifische Anforderungen in der Anforderungsliste ergänzt. Dadurch entsteht eine dynamischen Anforderungsliste, die ausgehend von den Grundanforderungen mit zunehmendem Detaillierungsgrad ergänzt wird /Baumann 95, Kläger 93, Anderl 93/.

Um eine integrierte Gestaltung von Produkten und deren Lebenszyklen zu ermöglichen müssen die bisherigen, zumeist auf technische und ökonomische Randbedingungen beschränkten Anforderungen, um ökologische Anforderungen ergänzt werden. Dieses wird im Anforderungsschema besonders durch die Formulierung von Anforderungen an Komponenten, Lebenszykluselementen und Ressourcen erreicht (Bild 4-5). Um eine möglichst flexible Gestaltung von Anforderungen zu ermöglichen, können diese mit Hilfe des Parameterschemas spezifiziert werden.

```
┌─────────────────────────┐ ┌─────────────────────────┐ ┌─────────────────────────┐
│ Produktstruktur_Schema. │ │ Lebenszyklus_Schema.    │ │ Ressourcen_Schema.      │
│     Komponente          │ │   Lebenszykluselement   │ │      Ressource          │
└─────────────────────────┘ └─────────────────────────┘ └─────────────────────────┘
```

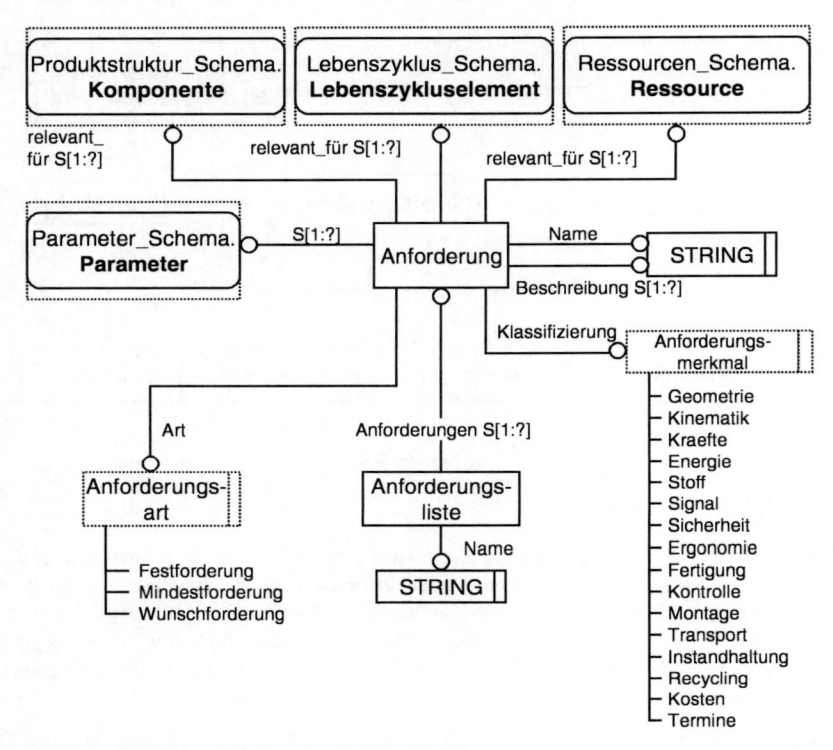

**Bild 4-5: Anforderungs_Schema (in Anlehnung an Baumann 95)**

Die verschiedenen Anforderungen können im herkömmlichen Sinne nach Fest-, Mindest- und Wunschforderungen gewichtet und in einer Anforderungsliste zusammengefaßt werden. Zur Unterstützung der Klassifizierung von Anforderungen wird eine Liste von Anforderungsmerkmalen zur Verfügung gestellt. Diese Liste muß unternehmensspezifisch angepaßt werden.

### 4.1.3 Funktions_Schema

Besonders wichtig für die Nutzung der Komponenten sind deren Funktionen. Die Funktionen beschreiben den eigentlichen Zweck, zu dem die Komponenten hergestellt werden. Um diese zu realisieren, werden die den Anforderungen entsprechenden Funktionen des Produktes beschrieben. Im IPLRM muß jeder Komponente mindestens eine Funktionen zugeordnet werden, da diese Zuordnung für die Definition des Lebenszyklus der Komponente benötigt wird. Darauf wird genauer in Kapitel 4.2 eingegangen. Darüber hinaus ist mit der Funktion der Zweck einer Komponente beschrieben. Damit können Komponenten von Material, das im Ressourcenmodell abgebildet wird, unterschieden werden.

Neben der Produktstruktur entsteht so eine Funktionsstruktur. Darin werden dem Produkt Hauptfunktionen zugeordnet, die sich weiter in Teilfunktionen untergliedern lassen. Dem Typ entsprechend kann eine Funktion als „Beliebige Funktion", „Allgemeine Funktion" oder „Spezielle Funktion" formuliert werden /Baumann 95, Roth 94/. Auch im Funktionsschema

*Integriertes Produkt-, Lebenszyklus- und Ressourcenmodell* 37

wird der Bezug zum Parameterschema hergestellt, um flexibel Funktionen spezifizieren zu können.

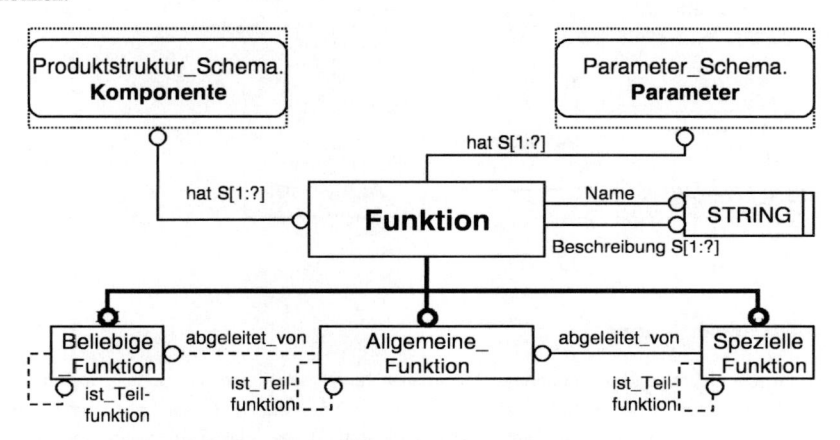

**Bild 4-6: Funktions_Schema (in Anlehnung an Baumann 95)**

Die Differenzierung zwischen „Beliebige Funktion", „Allgemeine Funktion" und „Spezielle Funktion" erfolgt in Anlehnung an Baumann 95, Benz 90 und Roth 94. Um die Zuordnung von Funktionen zu Komponenten zu vereinfachen, kann produkt- und unternehmensspezifisch ein allgemeiner Funktionskatalog aufgebaut werden. Für den Aufbau des Funktionskatalogs kann auf die Arbeiten von ROTH /Roth 94 und 94a/ zurückgegriffen werden. Es muß aus der Vielfalt eine sinnvolle Auswahl getroffen werden.

Durch Beschränkung und Standardisierung der „Allgemeinen Funktionen" können später Komponenten gleicher Funktion miteinander verglichen werden. Somit können für Funktionen anderer Produkte Lösungsalternativen mit besseren ökologischen und ökonomischen Eigenschaften ausgewählt und gleichzeitig die zugehörigen Komponenten identifiziert werden.

### 4.1.4 Gestalt_Schema

Im Produktmodell wird die Gestalt bzw. die Geometrie der Komponenten abgelegt (Bild 4-7). Die Repräsentation der Gestalt der verschiedenen Komponenten ist notwendig, um die Lebenszyklusprozesse planen zu können. Abgesehen vom Konstrukteur und Entwickler ist die detaillierte, elementare Repräsentation der Produktgestalt nicht wichtig. Für die Experten der anderen an der lebenszyklusorientierten Produktgestaltung beteiligten Bereiche ist die Gestalt – aber nicht deren elementare Zusammensetzung – relevant, da dies die Basis für die detaillierte Planung der Lebenszyklusprozesse ist. Daher werden bewußt nicht die elementaren Ebenen – Linien, Punkte, Flächen etc. – eines CAD-Modells betrachtet. In dem Modell wird die Gestalt über Daten-files und nicht über einzelne Gestaltelemente dargestellt, so daß nicht zwischen 2D- bzw. 3D-CAD-Modellen unterschieden werden muß. Gleichwohl sei angemerkt, daß aus 3D-Modellen größere Informationsgehalte, wie z.B. das Bauteilvolumen und damit indirekt das Bauteilgewicht, abgeleitet werden können. Die Gestalt der Komponente kann durch ergänzende Informationen mittels des Parameterschemas beschrieben werden.

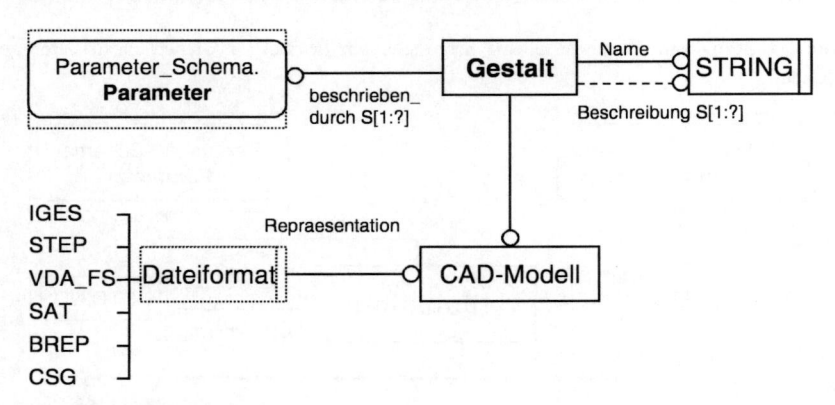

```
┌─────────────────────┐                              Name
│ Parameter_Schema.   │○─────     Gestalt    ○─ ─ ─ ─ ─○ STRING
│    Parameter        │    beschrieben_                 
└─────────────────────┘    durch S[1:?]      Beschreibung S[1:?]
                                   │
                                   │
    IGES  ┐          Repraesentation
    STEP  ┤   ┌──────────────┐                ┌──────────────┐
    VDA_FS┼───│ Dateiformat  │────────────○───│  CAD-Modell  │
    SAT   ┤   └──────────────┘                └──────────────┘
    BREP  ┤
    CSG   ┘
```

**Bild 4-7: Gestalt_Schema**

Alle an der lebenszyklusorientierten Produktgestaltung beteiligten Bereiche erhalten die Möglichkeit über EDV-Systeme die Gestalt der Komponenten zu betrachten und Informationen dazu abzufragen. Diese Funktionalität wird über das Entwicklungsleitsystem realisiert.

### 4.2 Lebenszyklusmodell

Im Anschluß an die Darstellung des Produktmodells wird das Lebenszyklusmodell erklärt. Das Modell wird wie das Produktmodell in Express_G dargestellt. Zweck des Lebenszyklusmodells ist die Abbildung des gesamten Lebensweges eines beliebigen virtuellen oder realen Produktes anhand der geplanten oder schon durchlaufenen Prozesse in den einzelne Lebensphasen. Damit können die Ressourcenverbräuche sowie weitere ökologierelevante und auch wirtschaftlich wichtige Produkt- und Prozeßeigenschaften erfaßt werden. Mit Hilfe der erfaßten Daten lassen sich alternative Lösungen hinsichtlich ihrer verschiedenen Eigenschaften über ihren gesamten Lebenszyklus miteinander vergleichen und verbessern. So können bereits während der Produktentwicklung maßgebliche Einflüsse von Folgeprozessen in allen Lebensphasen besser abgeschätzt und bewertet werden. Zum Beispiel können Demontage und Entsorgung bereits bei der Produktgestaltung berücksichtigt werden. Daraus resultieren wiederum Optimierungsmöglichkeiten für die Produktion. Im Gegenzug können Experten ihr Wissen und Erfahrungen über Prozesse der einzelen Komponenten in den verschiedenen Produktlebensphasen frühzeitig in die Produktgestaltung einfließen lassen und an der Gestaltung nachhaltiger Produkte mitwirken.

Von den in Kapitel 2 beschriebenen Anforderungen an die Methodik sind für das Lebenszyklusmodell einige im folgenden erläuterte Anforderungen besonders wichtig. Die Abbildung aller Lebenszyklusphasen ist für eine repräsentative und vergleichbare Bewertung und Optimierung von Produkten über ihren gesamten Lebenszyklus notwendig. Hierzu ist zunächst der Begriff „Lebenszyklus" zu definieren. Das zu entwickelnde Lebenszyklusmodell muß eine produkt- und branchenneutrale Abbildung der Lebenszyklusprozesse ermöglichen und die produktspezifische Anpassung durch Kataloge oder Auswahllisten unterstützen. Die produktneutrale Auslegung erfordert, daß das Lebenszyklusmodell je nach Produkt- und Prozeßkomplexität variabel detailliert werden kann. Wichtig für die Bewertung unterschiedlicher Lebenszykluskonzepte ist die Möglichkeit der eindeutigen Zuordnung von Ressourcenbedarfen zu Lebenszyklusprozessen. Damit wird die Schnittstelle zum Ressourcenmodell hergestellt. Als weitere Anforderung an das Lebenszyklusmodell wird die Möglichkeit Prozeßinformationen und –wissen an die Lebenszyklusprozesse zu koppeln aufgenommen. Dadurch werden kontinuierliche Verbesserungen der Prozesse möglich.

Um für das IPLRM den Anspruch auf Allgemeingültigkeit erheben zu können, muß das Lebenszyklusmodell für ein beliebiges Produkt generiert werden können. Unabhängig von der Produktart, der Produktkomplexität oder den Stückzahlen muß der Produktlebenszyklus für jedes beliebige Produkt eines Unternehmen modellierbar sein. Um den teilweise erheblichen strukturellen Unterschieden zwischen den Unternehmen Rechnung zu tragen, ist es im Sinne einer anwenderorientierten Nutzung erforderlich, das Modell unternehmens- oder projektspezifisch konfigurieren zu können.

### 4.2.1 Definition des Lebenszyklus

Im Rahmen der Analyse der verschiedenen Lebenszyklusmodelle in Kapitel 3 wurde deutlich, daß unterschiedliche Definitionen für die Bezeichnung „Lebenszyklus" existieren. Der Beginn und das Ende eines Lebenszyklus sind in der Wissenschaft nicht einheitlich festgelegt. Zur Planung von Lebenszyklen einer Komponente muß jedoch eine einheitliche Bilanzhülle für die Bewertung vorgegeben werden. Dies ist notwendig, unabhängig davon ob die Bewertung absolut oder relativ zu anderen Komponenten durchgeführt wird, damit ein Vergleich mit anderen Komponenten oder anderen Lebenszyklen überhaupt möglich ist. Daher ist es notwendig eine klare Definition des Lebenzyklus einer betrachteten Komponente zu formulieren.

Um eine einfach verständliche und doch umfassende Definition zu erhalten, wird der Lebenszyklus einer Komponente an deren Funktion geknüpft (siehe Kapitel 4.1). Somit beginnt der Lebenszyklus einer Komponente mit dem ersten Prozeß, der zur gegenständlichen Realisierung der Funktion einer Komponente unternommen wird. Dazu zählen nicht die planenden Prozesse in der Produktentwicklung und den anderen betroffenen Lebenszyklusphasen, da hier keine realen Erzeugnisse und damit Umwelteinflüsse entstehen (siehe Unterscheidung zwischen virtuellem und realem Bereich in Kapitel 2). Der so begonnene Lebenszyklus endet mit der Aufhebung der ursprünglichen Funktion der Komponente. Daraus resultiert folgende Definition des Lebenszyklus:

**Definition**

*Der Lebenszyklus einer Komponente beginnt mit den Prozessen, die zur Realisierung seiner Funktion notwendig sind und endet mit den Prozessen, die die ursprüngliche Funktion der Komponente dauerhaft aufheben. Die Zeit von Beginn bis Ende eines Lebenszyklus wird als Lebenszyklusdauer bezeichnet.*

Die Funktion einer jeden Komponente wird in der Produktentwicklung festgelegt, das heißt Komponenten haben einen definierten Zweck. Start des Lebenszyklus einer Komponente sind die ersten Prozesse in der Produktion, die zur Erzeugung der Funktion einer Komponente dienen.

In Bild 4-8 sind eine horizontale und eine vertikale Dimension dargestellt, die zur Detaillierung des Lebenszyklus in zwei unterschiedlichen Kategorien genutzt wird.

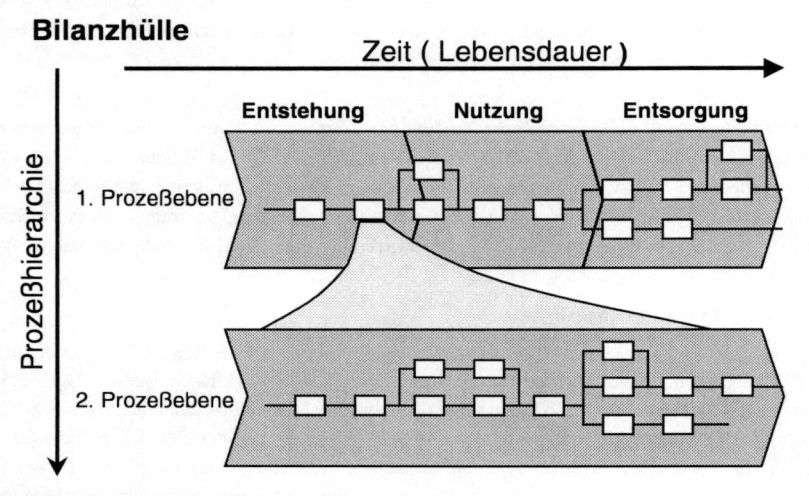

**Bild 4-8: Dimensionen der Bilanzhülle**

Die horizontale Achse dient zur Einordnung der verschieden Produktlebensphasen. Sie ist mit einer Zeitskala gekoppelt. Die vertikale Dimension wird zur Detaillierung der Lebenszyklusphasen in einzelne Lebenszyklusprozesse genutzt. Damit können flexibel kritische ökologierelevante Prozesse detailliert werden. Darüber hinaus kann der fortgeschrittene Entwicklungsstand in konkreteren Lebenszyklusprozessen abgebildet werden. Im folgenden werden die zwei Dimensionen des Lebenszyklus genauer erläutert.

### 4.2.2 Zeitliche Dimension von Lebenszyklen

Den Lebenszyklusphasen und auch -prozessen können Durchlaufzeiten zugeordnet werden. Damit können die verschiedenen Lebenszyklusprozesse in eine logische und zeitliche Reihenfolge gebracht werden. Zu Beginn des Lebenszyklus – also der Entstehung – werden Materialien und Zulieferteile benötigt, um die Entstehungsprozesse zu beginnen.

Die horizontale Ebene der Produktlebenszyklusmodellierung wird genutzt, um die zum Produkt gehörenden Komponenten hinsichtlich der jeweiligen Lebenszyklen gemäß der geplanten Lebensdauern zu integrieren. Dem übergeordneten Lebenszyklus des Produktes sind in der Regel die Lebenszyklen der einzelnen Komponenten untergeordnet. Es gibt sowohl Fälle, in denen das Produkt eine kürzere Lebensdauer als einzelne Komponenten hat als auch umgekehrt, einzelne Komponenten eines Produktes eine kürzere Lebensdauer als das Produkt haben und mehrfach ausgetauscht werden müssen (z.B. Auto-Bremsbeläge etc.) Der jeweilige Unterschied in der Lebensdauer muß bei der Zuordnung der Ressourcenbedarfe berücksichtigt werden.

In dieser Arbeit wird das IPLRM für die lebenszyklusorientierte Produktgestaltung für produzierende Unternehmen der verarbeitenden Industrie instanziiert. Die grundlegende Struktur des IPLRM eignet sich ebenfalls für die Abbildung von Rohstoffgewinnung und Materialaufbereitung. Die vorgelagerten Prozesse der Rohstoffgewinnung und Materialaufbereitung werden dazu als eigenständige Lebenszyklen erfaßt, damit die ökologischen und ökonomischen Informationen über diese Ressourcen für die Produktgestaltung bereitgestellt werden können. Dabei wird z.B. als Produkt der Materialaufbereitung das fertige Halbzeug verstanden, welches als Material in den Lebenszyklus des herzustellenden Endproduktes einfließt. Die Bezeichnungen für die Entstehungsphase müssen an die gängigen Bezeichnungen in Rohstoffgewinnung und Materialaufbereitung angepaßt werden. Durch die einheitliche Modellierungsmethode ist eine Kompatibilität der Modellinhalte gegeben.

Bild 4-9 zeigt den Lebenszyklus des Hauptproduktes inkl. der zu berücksichtigenden untergeordneten Prozeßketten sowie exemplarisch einige damit verknüpfte Lebenszyklen von Komponenten und Ressourcen. So können z.B. Zulieferteile als Komponenten mit ihren zugehörigen Lebenszyklus- und Ressourceninformationen in das IPLRM integriert werden.

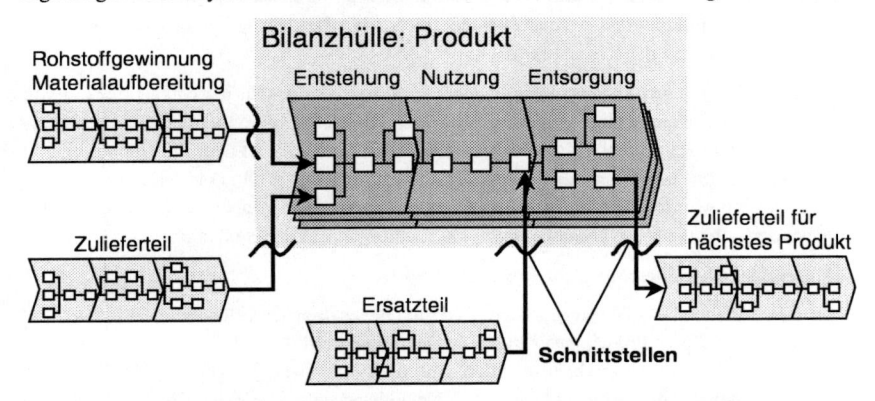

**Bild 4-9: Ankopplung von Lebenszyklusprozessen verschiedener Komponenten**

Der Lebenszyklus einer Komponente kann unterbrochen werden z.B. bei Defekt der Komponente. Durch Reparatur kann die Nutzung der Komponente weiter fortgesetzt werden. Muß eine Komponente ersetzt werden, behält dabei jedoch ihre Funktion bei, so kann sie durch Aufbereitungsprozesse ihren Lebenszyklus in ihrer ursprünglichen Funktion fortsetzen. Dies ist ein klassisches Beispiel für die Wiederverwendung. Diese Prozesse und die dadurch verursachten Ressourcenbedarfe werden alle zum Lebenszyklus der beschriebenen Komponente gerechnet.

Wenn eine Komponente aus dem Lebenszyklus eines ersten Produktes ausscheidet und im Anschluß an einen Aufarbeitungsprozeß in einem Lebenszyklus eines nächsten Produktes weiter existiert, wird dadurch die Nutzungsphase der Komponente fortgesetzt. Die Ressourcenbedarfe der einzelnen Komponenten werden den Lebenszyklen aller Produkte entsprechend ihrem zeitlichen Lebenszyklusanteil zugeordnet. Endet der Lebenszyklus der

Komponente, da ihre Funktion dauerhaft aufgelöst wird, so werden alle die Ressourcenbedarfe und –erträge aus Recycling- und Entsorgungsphase, wie z.B. Ausbau, Demontage, Reinigung oder Zerlegung der Komponente, allen Produkten, an deren Lebenszyklus sie beteiligt war, gemäß Lebensdaueranteil zugeschlagen (vergleiche Alting 97).

Diejenigen Prozesse, die aus den Einzelteilen oder Komponenten des „toten" Produktes durch eine anschließende Aufarbeitung wieder ein neuwertiges, gebrauchsfähiges Produkt mit anderer Funktion erzeugen, stellen im Sinne einer Materialaufbereitung den Beginn des neuen Lebenszyklus dieses Produktes dar und sind demnach dessen Entstehungsphase zuzurechnen.

Dabei wird deutlich, daß durch die Kreislaufführung der Komponenten, Ressourcenbedarfe über die Lebenszyklen mehrerer Produkte geringer sind, als ohne Wiederverwendung. Da die eingesetzten Ressourcen einen höheren Wertschöpfungsstatus haben, sind in der Regel keine so hohen Ressourcenbedarfe erforderlich wie beim vorhergehenden Produkt. Das gesamte Kreislaufsystem der mehrfachen oder fortgesetzten Lebenszyklen wird über die Einführung der Schnittstellen auf die Abbildung eigenständiger Lebenszyklen reduziert, deren Abhängigkeitsverhältnisse weiterhin beibehalten werden. Diese Verknüpfung wahrt den realitätsnahen Modellcharakter und ermöglicht somit eine verursachungsgerechte Zuweisung der produktspezifischen Ressourcenaufwände sowie eine Berücksichtigung des ressourcenschonenden Charakters der Kreislaufwirtschaft.

Durch die Definition des Lebenszyklus und der daraus resultierenden klaren Begrenzung von Lebenszyklen der Komponenten können Strategien abgeleitet werden, die eine Kreislaufwirtschaft unterstützen. Ein Vergleich der verschiedenen Strategien ist über die Abbildung und Bewertung von Lebenszyklusketten möglich. Hier verbergen sich große Potentiale zur Nutzung von komponenteninerten Werten, die heute nur erahnt werden können. Dies ist eine neue Aufgabe, der sich eine strategische Lebenszyklusplanung in Zukunft stellen muß.

### 4.2.3 Flexibler Detaillierungsgrad von Lebenszyklen

Neben den horizontal zeitlich angeordneten verschiedenen Lebenszyklusphasen wird vertikal die Detaillierung dieser Phasen in Prozesse vorgenommen (Bild 4-10). Die Komplexität von Produkten und deren Lebenszyklen erfordert eine mehr oder weniger genaue Abbildung der einzelnen Lebenszyklusprozesse. Da der Detaillierungsgrad flexibel den gegebenen Randbedinungen angepaßt werden soll, müssen Möglichkeiten geschaffen werden, um den jeweils geeigneten Detaillierungsgrad abbilden zu können. Eine Detaillierung der Lebenszyklusprozesse ist nur notwendig, wenn für die lebenszyklusorientierte Produktgestaltung eine genauere Zuordnung von Ressourcenverbräuchen zu einzelnen Prozessen des Lebenszyklus benötigt werden. Damit wird bereits in der Entwicklung eines Produktes dessen Werdegang je nach Anforderungen unterschiedlich genau beschrieben. Dasselbe Modell kann genutzt werden, um während des realen Lebenszyklus die jeweiligen Daten zu den Lebenszyklusprozessen zu erfassen und daraus Aussagen über die Planungssicherheit der einzelnen Lebenszyklusprozesse machen zu können.

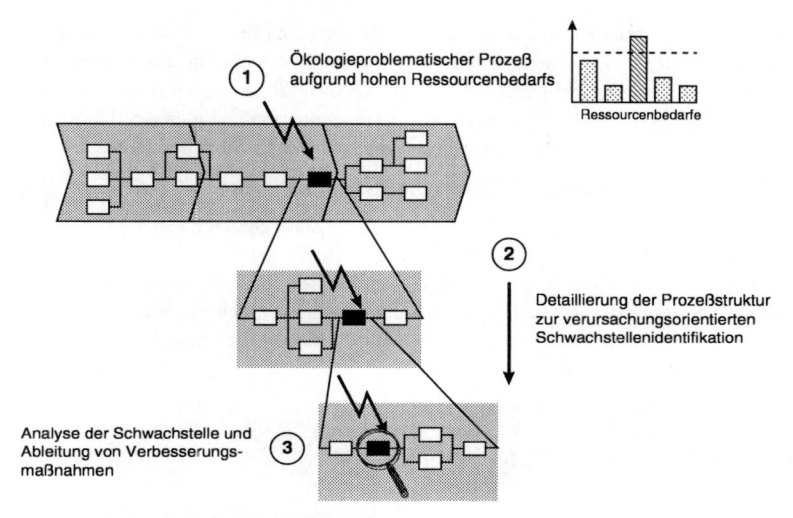

*Integriertes Produkt-, Lebenszyklus- und Ressourcenmodell* 43

**Bild 4-10: Hierarchische Differenzierbarkeit**

### 4.2.4 Lebenszyklusmodell für verarbeitende Unternehmen

Nach der Vorstellung verschiedener Lebenszyklusmodelle in Kapitel 3 und der Festlegung der Anforderungen an das zu entwickelnde Lebenszyklusmodell wurde ein geeignetes Modell ausgewählt bzw. entwickelt. Starken Einfluß auf die Auswahl haben dabei die Anforderungen an den Beschreibungsumfang des Modells, die sich aus der Definition der Bilanzhülle ergeben. Ergebnis der Anforderungsdefinition ist die Erkenntnis, daß eine Beschränkung des Betrachtungsbereiches auf die drei Lebensphasen Entstehung, Nutzung und Entsorgung für eine Lebenszyklusmodellierung ausreicht, sofern über die Schnittstellen weitere, mit dem Hauptprodukt in Verbindung stehende Produktlebenszyklen von Vor-, Neben- und Folgeprodukten angegliedert werden. In Bild 4-11 ist das daraus resultierende Produktlebenszyklusmodell vereinfacht dargestellt.

**Bild 4-11: Lebenszyklusmodell für produzierende Unternehmen**

Es handelt sich hierbei um eine Darstellung der Lebensphasen bzw. -abschnitte auf der oberen Detaillierungsstufe, in der keine einzelnen Prozesse abgebildet werden. Zur Vereinheitlichung der Begriffsvielfalt aus den eingangs vorgestellten Lebenszyklusmodellen sind die verwendeten Phasenbezeichnungen in einer übersichtlichen Form strukturiert und hierarchisiert worden. Im folgenden werden für diese Lebenszyklusbezeichnungen weitere Modelle aufgebaut.

#### 4.2.4.1 Erste Detaillierungsebene des Lebenszyklusmodells

Auf der ersten Detaillierungsebene wird zwischen den Lebensphasen Entstehung, Nutzung und Entsorgung unterschieden (Bild 4-12) (vgl. Böhlke 94 und Eversheim 98). Die Entstehungsphase soll den Zeitraum von den ersten Herstellprozessen bis hin zum Vertrieb des fertiggestellten Produktes beinhalten. Der Verantwortungsbereich für das Produkt liegt in dieser Phase ausschließlich beim Hersteller, dem Lieferanten oder sonstigen Dienstleistungsunternehmen.

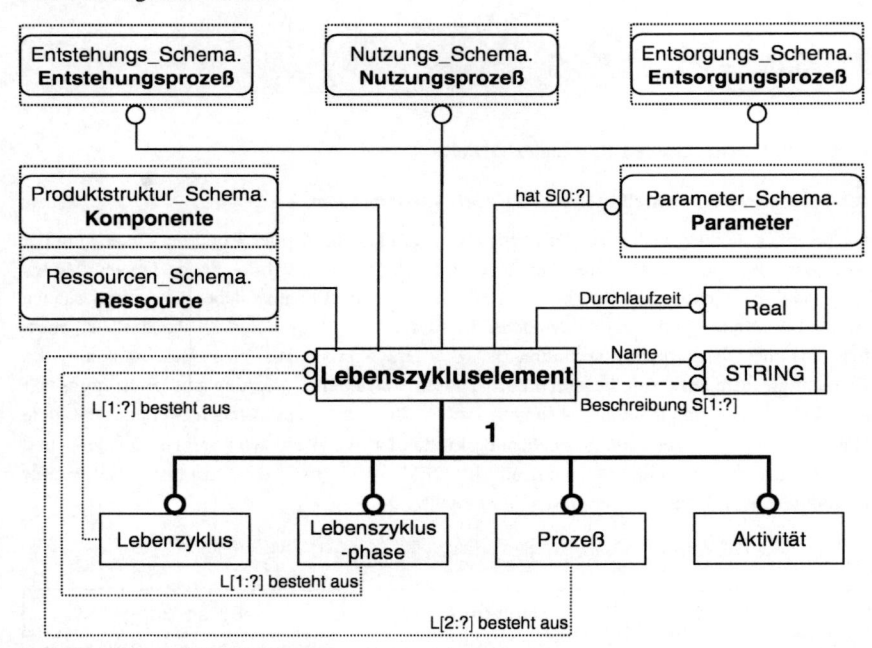

**Bild 4-12: Prozeß_Schema für Lebenszyklusprozesse**

Die Nutzungsphase zeichnet sich durch den Übergang der Produktverantwortung auf den Kunden als Nutzer aus. Über die vom Hersteller vorbestimmten Gebrauchseigenschaften der Produkte wird ein Bereich vorgegeben, in dem der Nutzer oder Kunde das ökologische und ökonomische Verhalten des Produktes maßgeblich beeinflussen kann. Der Kunde entscheidet z.B. über die Gebrauchsdauer, Benutzungsart, Pflege und sein Gebrauchsverhalten. Eventuell anfallende Installations-, Wartungs-, Instandhaltungs- und Reparaturarbeiten können produktbedingt ebenfalls zu den Aufgaben des Herstellers oder einer damit betrauten Firma gehören. Ende der Nutzungsphase für das Gesamtprodukt bildet die Entscheidung des letzten Nutzers zur Freigabe des Produktes in die Entsorgung.

In der Entsorgungsphase werden die für nicht mehr gebrauchsfähig befundenen Produkte über zentrale Sammelwege den Entsorgungsunternehmen oder künftig auch verstärkt dem Hersteller selbst zugeführt. Im Anschluß daran beschreitet das Produkt einen der möglichen Entsorgungswege. In den meisten Fällen wird das Ziel verfolgt, die Entsorgungskosten so niedrig wie möglich zu halten bzw. den Erlös aus Recyclingverfahren zu maximieren.

Neben den Einteilungen in die verschiedenen Produktlebensphasen werden die Lebenszykluselemente verschiedenen Hierarchieebenen zugeordnet. Diese Hierarchieebenen sind analog zum Produktstruktur Schema aufgebaut. Dadurch wird die Anwendung vereinfacht, da wiederum aus vier Elementtypen der gesamte Lebenszyklus aufgebaut werden kann. Die Hierarchieebenen im Produktmodell und im Lebenszyklusmodell müssen nicht miteinander korrespondieren; sie dienen der jeweils sinnvollen Strukturierung der jeweiligen Modelle.

#### 4.2.4.2 Weitere Detaillierungsstufen des Modells

Die Produktlebensphasen Entstehung, Nutzung und Entsorgung lassen sich in weitere Lebensphasen bzw. -abschnitte der zweiten und dritten Detaillierungsebene aufgliedern.

Der Detaillierungsgrad im IPLR-Modell für eine lebenszyklusorientierte Produktgestaltung ist von zwei maßgebenden Einflußgrößen abhängig:

- Konkretisierungsgrad der Produktgestaltung (Produktmodell)
- Ressourcenbedarf für Prozesse (Lebenszyklusmodell) der Komponenten (Produktmodell).

Es gibt zwei Vorgehensweisen zur Hierarchisierung und Detaillierung. Induktiv können theoretisch die Ressourcenbedarfe aller Lebenszyklen aller Einzelteile für die Lebenszyklen des gesamten Produktes aggregiert werden.

**deduktiv**

Lebenszyklushierarchien

- Abbildung ausschließlich kritischer Prozesse
- Schätzung der Ressourcenbedarfe
- flexible Konkretisierung

- Abbildung aller Prozesse
- genauere Ermittlung der Ressourcenbedarfe
- vollständige Hierarchiestufen
- hoher Modellierungsaufwand

**induktiv**

Lebenszyklusprozeß

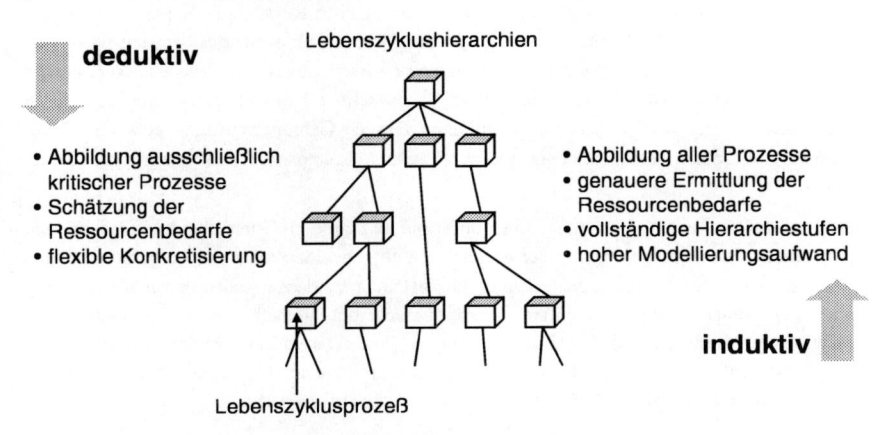

**Bild 4-13: Deduktive und induktive Prozeßhierarchisierung**

Deduktiv kann ausgehend vom gesamten Produkt durch gezielte Detaillierung ökologisch und ökonomisch signifikanter Komponenten der Ressourcenbedarf und die Umweltauswirkungen des Produktes approximiert werden. Vorteil der deduktiven Vorgehensweise ist, daß nicht alle Komponenten und nicht alle Lebenszyklen bis in kleinste Detail modelliert werden müssen. Dies ist aufgrund der schon angesprochenen Unsicherheiten bezüglich der Berechen- und Meßbarkeit bestimmter Ressourcenbedarfe und deren Wirkungen, sowie der häufig vorliegenden, durch den Kunden verursachten Streuung in der Nutzungsphase sinnvoller. Damit wird es möglich, relativ aufwandsarm einen Bereich zu beschreiben, in dem das Produkt besonders hohe Ressourcenbedarfe erzeugen wird.

Anschließend werden die Schemata der einzelnen Lebenszyklusphasen kurz dargestellt.

### 4.2.4.3 Entstehungsprozesse

Zur Phase der Entstehung gehören aus vorgenannten Gründen die Abschnitte Materialwirtschaft sowie Fertigung, Montage und Prüfung.

Unter der Bezeichnung „Materialwirtschaft" ist die Beschaffung, die Wareneingangsprüfung, die Lagerung und der Transport der gesamten vorbereitenden Planung zu verstehen. Nach Eversheim /Eversheim 97/ sind die vorbereitenden Tätigkeiten die Bestandsrechnung, die Bedarfsplanung, die Bestellrechnung, die Durchlaufterminierung u.a. Für die Lebenszyklusmodellierung sind aufgrund der Inanspruchnahme von ökologierelevanten Ressourcen die ausführenden Tätigkeiten der Beschaffung, Prüfung, Lagerung und des Transports von vorherrschender Bedeutung. Lagerung und Transport sind in dem Abschnitt der Materialwirtschaft allen zugehörigen Tätigkeiten innerhalb der Produktherstellung zugeordnet. Interne Lager- und Transportaufgaben innerhalb der Fertigung, Montage oder dem Vertrieb werden jedoch diesen Bereichen selbst zugeschrieben.

In der „Fertigung" erfolgt die Umsetzung des in der Konstruktion entworfenen virtuellen Produktes in das materielle Produkt. Dazu werden die Komponenten, die nicht zugekauft werden, aus Rohstoffen oder Halbzeugen unter Einsatz der Ressourcen Personal, Material, Betriebsmittel und Energie erzeugt. In der Entstehung können im Sinne der Kreislaufwirtschaft auch bereits gebrauchte Komponenten oder Materialen wiederaufbereitet und weiterverwendet oder –verwertet werden. Recyclate oder gebrauchte Komponenten werden durch Bearbeitungsschritte wieder in einen verwendungsfähigen Gebrauchszustand gebracht, daher müssen sie als solche gekennzeichnet und auch anders ökologisch und ökonomisch bewertet werden.

Der Prozeßablauf in der Fertigung kann aufgrund der großen Unterschiede zwischen den Produktarten erheblich variieren. In der Regel reicht ein einzelner Fertigungsvorgang nicht aus, um aus dem Ausgangsprodukt ein Fertigteil herzustellen, sondern es müssen zur Realisierung eines Fertigungsvorganges mehrere Fertigungsschritte gemäß einer Fertigungsfolge hintereinandergereiht werden. Trotz der Vielfalt der Produktarten und der dazu erforderlichen Fertigungsabläufe kann der Großteil der Fertigungsvorgänge in die folgenden produkt- und verfahrensunabhängigen Abschnitte untergliedert werden (Bild 4-14).

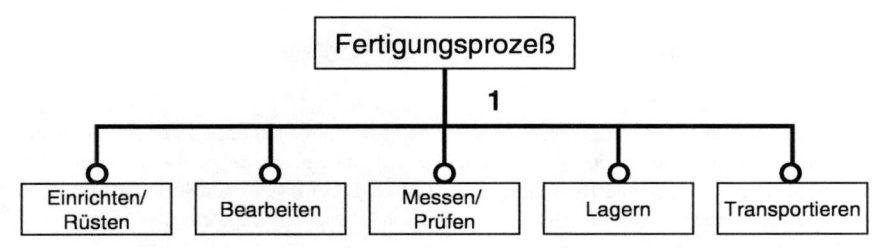

```
        ┌─────────────────────┐
        │   Fertigungsprozeß  │
        │          1          │
        └──────────┬──────────┘
   ┌────────┬─────┴──┬────────┬────────┐
┌──┴───┐ ┌──┴───┐ ┌──┴───┐ ┌──┴───┐ ┌──┴──────┐
│Einr. │ │Bearb.│ │Messen│ │Lagern│ │Transp.  │
│Rüsten│ │      │ │Prüfen│ │      │ │         │
└──────┘ └──────┘ └──────┘ └──────┘ └─────────┘
```

**Bild 4-14: Fertigungsprozesse**

Nebenprozesse wie das Planen, Steuern, Überwachen oder Bereitstellen sind ebenfalls der Fertigung hinzuzurechnen. Eine ausführliche Gliederung der Fertigungsverfahren wird in der DIN 8580 gegeben und ist im Anhang 7 abgebildet.

In der Montage werden die zuvor erzeugten Einzelteile zusammen mit fremdgefertigten Zukaufteilen zu einem Produkt oder einer Produktkomponente zusammengesetzt. Dabei werden, ähnlich wie in der Fertigung, einzelne Montagevorgänge sequentiell aneinandergereiht oder nach Möglichkeit parallel ausgeführt. Für die Mehrzahl der Montagevorgänge läßt sich die Vorgangsfolge in folgende Abschnitte nach HARTMANN /Hartmann 93/ einteilen, die jedoch nicht notwendigerweise alle zu durchlaufen sind (Bild 4-15).

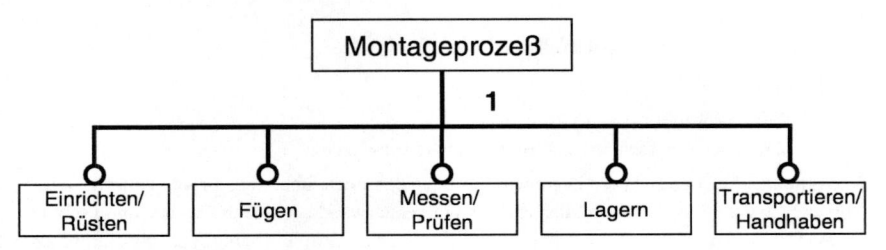

```
        ┌─────────────────────┐
        │   Montageprozeß     │
        │          1          │
        └──────────┬──────────┘
   ┌────────┬─────┴──┬────────┬────────┐
┌──┴───┐ ┌──┴───┐ ┌──┴───┐ ┌──┴───┐ ┌──┴──────┐
│Einr. │ │Fügen │ │Messen│ │Lagern│ │Transp./ │
│Rüsten│ │      │ │Prüfen│ │      │ │Handhaben│
└──────┘ └──────┘ └──────┘ └──────┘ └─────────┘
```

**Bild 4-15: Montageprozesse**

Die Fügeverfahren selbst werden als Teil der Fertigungsverfahren angesehen und sind in der DIN 8593 ausführlich beschrieben.

Eine Prüfung des Komponenten erfolgt, soweit sie nicht schon innerhalb der Fertigungs- und Montagevorgänge durchgeführt wurde, am Ende der Produktherstellung. Ziel ist es, in einer Abschlußprüfung die Funktionsfähigkeit, das optische Erscheinungsbild oder die Erfüllung einzelner Produktanforderungen gezielt zu überprüfen.

Damit ist die Phase der Produktherstellung bzw. Produktion abgeschlossen, und das fertige Produkt geht zur Auslieferung an den Vertrieb über.

Der „Vertrieb" bildet die letzte Phase der Produktentstehung. Zu den ökologierelevanten Tätigkeiten innerhalb des Vertriebes gehören alle Aktivitäten, die zum Versand des Produktes erforderlich sind. Dazu sind beispielsweise

- Zerlegung in eine transportable Größe (Demontage),
- Konservierung,

- Verpackung,
- Transport und
- Lagerung

zu zählen. Abschluß des Vertriebes bildet die Übernahme des Produktes durch den Kunden, wodurch sich auch die Produktverantwortung auf diesen überträgt. Die Phasen der Instandhaltung, Wartung und Reparatur, die in einigen Lebenszyklusmodellen ebenfalls dem Vertrieb zugeschrieben werden, müssen der Lebensphase Nutzung zugeordnet werden, da sie nicht mehr während der Produktentstehung auftreten.

#### 4.2.4.4 Nutzungsprozesse

Die Nutzungsphase zeichnet sich durch einen teilweise unvorhersehbaren Verlauf aus, der vom Verhalten des Kunden geprägt wird. Auch wenn mit der Festlegung der Produkteigenschaften die Nutzungsmöglichkeiten des Produktes weitgehend vorgegeben sind, besteht dennoch ein breites Einsatzspektrum, welches außer vom Kundenverhalten auch von den ortsabhängigen Einsatzbedingungen sowie den wirtschaftlichen, technischen und ökologischen Entwicklungen abhängt.

Das Kundenverhalten wird beispielsweise durch unterschiedliche Ausprägungen der Aspekte

- Sorgfalt,
- Pflege,
- Einhaltung der Wartungsintervalle,
- Nutzungsdauer,
- Nutzungsintensität,
- Einhaltung der vorgeschriebenen Betriebsanweisungen etc.

determiniert. Aufgrund dieser begrenzten Aussagefähigkeit über den Produkteinsatz in der Nutzungsphase können die anfallenden Ressourcenaufwände lediglich für ein durchschnittliches Gebrauchsmuster abgeschätzt werden. Für eine Strukturierung der Nutzungsphase existieren keine Normen oder Richtlinien, sie kann jedoch produktunabhängig durch eine Differenzierung in Abschnitte gegliedert werden (Bild 4-16) /Alting 97, Birkhofer 98, Eyerer 96/.

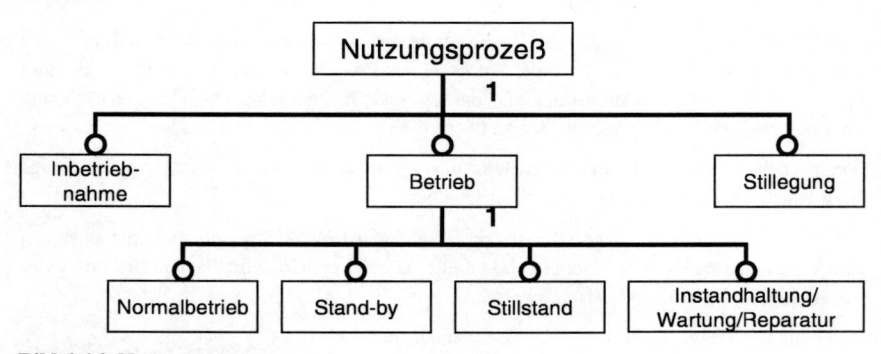

**Bild 4-16: Nutzungsprozesse**

Den ersten Schritt der Produktnutzung stellt in der Regel die „Inbetriebnahme" dar. Dazu zählen neben dem Auspacken eine Montage der für den Versand zerlegten Produktkomponenten und weitere einsatzvorbereitende Tätigkeiten, wie etwa das Anschließen an die Energieversorgung, das Einfüllen von Betriebsstoffen oder notwendige Einstellarbeiten. Für einige Produktarten ist eine Anmeldung oder Genehmigung erforderlich, für andere wird eine Überprüfung der Betriebssicherheit, der Funktionsfähigkeit oder auch eine Betriebsabnahme notwendig.

Die genannten Abschnitte im „Betrieb" des Produktes stellen keine fest vorgeschriebene Nutzungsfolge dar. Es werden je nach Produktart auch nicht alle genannten Abschnitte durchlaufen. Anwendungsbedingt ist ein Wegfall aller Abschnitte außer dem „Normalbetrieb" denkbar. Die Phase Betrieb ist in mehrere Betriebszustände unterteilt, von denen der Normalbetrieb die vorgesehene Betriebsart des Produktes darstellt. Daneben existieren systembedingt weitere Zustände wie die Betriebsbereitschaft, der Stillstand oder die Instandhaltung bzw. Wartung. Im Normalbetrieb kommt das Produkt für seinen eigentlichen Verwendungszweck zum Einsatz. Es werden betriebsbedingt Ressourcen verbraucht, insbesondere Energie sowie Hilfs- und Betriebsstoffe, doch fallen in dieser Phase auch Emissionen und Abfälle an.

Befindet sich das Produkt nicht im Normalbetrieb, so verweilt es in der Regel im Zustand der Betriebsbereitschaft bzw. Stand-By oder im Stillstand. Die Betriebsbereitschaft zeichnet sich dadurch aus, daß das Produkt jederzeit ohne weitere Vorkehrungen in den Normalbetriebszustand überführt werden kann, etwa durch Einschalten, Starten oder Verwenden. Im Zustand des Stillstandes bedarf es umfangreicherer Vorkehrungen zum erneuten Betrieb des Produktes. Je nach Dauer des Stillstandes sind gegebenenfalls erneut Tätigkeiten der Inbetriebnahme durchzuführen.

In regelmäßigen Abständen ist eine Funktionsüberprüfung des Produktes im Rahmen einer Inspektion bzw. Wartung erforderlich. Dabei aufgedeckte Mängel sind ebenso zu beheben wie während des Betriebes oder in den Ruhephasen auftretende Defekte. Die notwendigen Instandhaltungsmaßnahmen können durch den Kunden oder das Unternehmen ausgeführt werden.

Obwohl die Wartungs- oder Instandhaltungsarbeiten produktbedingt sehr unterschiedlichen Charakter haben können, sind oftmals folgende Tätigkeiten auszuführen:

- Prüfung (Fehlererkennung)
- Demontage des defekten Teils
- Reparatur, Reinigung oder Ersatz
- Montage des funktionstüchtigen Teils
- Funktionsprüfung
- Transport

Eine Stillegung des Produktes schließt gegebenenfalls das Ende der Nutzungsphase ab. Sofern das für nicht mehr gebrauchsfähig erklärtes Produkte einer Entsorgung zugeführt werden soll, sind bauartbedingt am Einsatzort des Produktes Tätigkeiten zur Überführung des Produktes in einen entsorgbaren Zustand vorzunehmen. Dazu gehören beispielsweise das Entleeren von Betriebsstoffen, die Demontage oder Zerkleinerung sowie die Entnahme umweltgefährdender Komponenten, die gesondert entsorgt werden müssen.

### 4.2.4.5 Entsorgungsprozesse

Vor einer eingehenden Analyse der Entsorgungsvorgänge ist der Begriff „Entsorgung" in seiner Bedeutung zu definieren. Die traditionellen Definitionsansätze zur Entsorgung umfassen lediglich Aktivitäten der Abfallbeseitigung. Damit würde die Entsorgung nur zeitlich versetzt an die vorgelagerten Produktions- und Nutzungsprozesse ansetzen. Dieses enge Verständnis des Entsorgungsbegriffes ist heute einer weitreichenderen Definition nach HORNEBER /Horneber 95/ gewichen.

> *Entsorgung setzt an der Outputseite von Produktions- und Nutzungsprozessen sowie am ursprünglich konformen Output (Problemlösung) an und zielt darauf ab, die Rückstandsentstehung durch systematisch-integriertes Denk- und Tathandeln zu vermeiden bzw. zu vermindern, angefallene Rückstände in einem qualitativ, räumlich und zeitlich möglichst wenig umweltbelastenden Zustand in den Wirkungsbereich der Natur zu überführen.*

Diese Definition geht ebenso wie die des Gesetzgebers /AbfG 93/ weit über das traditionell auf „Beseitigungsaktivitäten" begrenzte Verständnis hinaus. Es basiert nicht auf dem herkömmlichen Abfallbegriff sondern bezeichnet das Objekt der Entsorgung als „Rückstand":

> *Als Rückstand wird der materielle oder energetische non-konforme Output von Produktionsprozessen im Sinne unbeabsichtigter oder zwangsläufig anfallender Kuppelprodukte, der non-konforme Output bei Verbrauch bzw. Nutzung von Konsumtiv- und Produktivgütern sowie der ursprünglich konforme Output von Produktionsprozessen, der in Form unbrauchbarer oder unerwünschter Problemlösungen bzw. Produkte anfällt, verstanden.*

Die Notwendigkeit zur Durchführung von Entsorgungsaktivitäten leitet sich ausschließlich aus dem Anfall von Rückständen jeglicher Form ab. Die Aktivitäten sind darauf gerichtet, alle angefallenen Rückstände zu vermeiden, zu vermindern oder zu bewältigen.

Nach der VDI-Richtlinie 2243 existieren prinzipiell die drei Entsorgungswege Recycling, Vernichtung und Deponierung (Bild 4-17).

Während unter Vernichtung in der Regel ein Verbrennen und die anschließende Deponierung der Verbrennungsrückstände zu verstehen ist, existieren innerhalb des Recyclingweges mehrere Entsorgungsmöglichkeiten. Grundsätzlich wird zwischen den Recyclingformen, der Verwendung und der Verwertung unterschieden, je nachdem, ob die Produktgestalt dabei beibehalten oder aufgelöst wird.

*Integriertes Produkt-, Lebenszyklus- und Ressourcenmodell* 51

```
                        ┌─────────────────────┐
                        │   Entsorgungsprozeß │
                        │          1          │
                        └──────────┬──────────┘
           ┌───────────────────────┼───────────────────────┐
           ○                       ○                       ○
    ┌─────────────┐         ┌─────────────┐         ┌─────────────┐
    │  Recycling  │         │  Vernichten │         │  Deponieren │
    └──────┬──────┘         └─────────────┘         └─────────────┘
           1
    ┌──────┼──────┬─────────────┬─────────────┐
    ○      ○                    ○             ○
┌────────┐┌────────┐        ┌────────┐    ┌────────┐
│Wieder- ││Weiter- │        │Wieder- │    │Weiter- │
│verwen- ││verwen- │        │verwer- │    │verwer- │
│dung    ││dung    │        │tung    │    │tung    │
└────────┘└────────┘        └────────┘    └────────┘
```

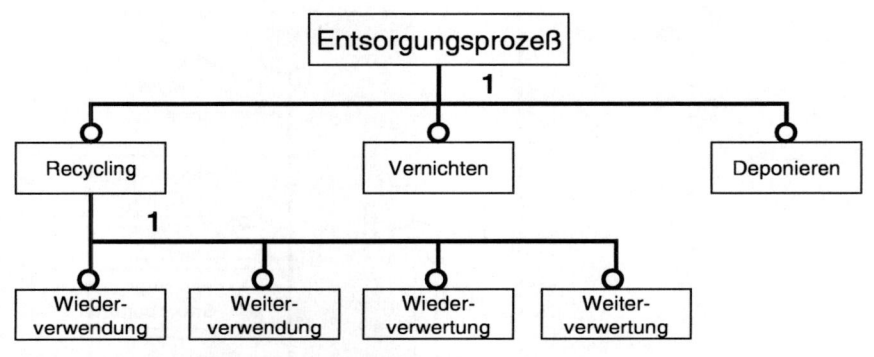

**Bild 4-17: Entsorgungsprozesse nach VDI 2243**

Der anschließende Verwendungszweck bzw. der zu durchlaufende Produktionsprozeß bestimmt, ob es sich um eine Wieder- oder Weiterverwendung bzw. um eine Wieder- oder Weiterverwertung handelt. Mit Hilfe der im Produktmodell abgebildeten Verknüpfung zwischen Komponente und Funktion können die Begriffe der Wieder- und Weiterverwendung erklärt werden.

Eine Komponente wird wiederverwendet, wenn sie in ihrer ursprünglichen Funktion wieder eingesetzt wird. Eine Komponente wird weiterverwendet, wenn sie in einer anderen Funktion eingesetzt wird. Die Verwertung setzt eine Auflösung der ursprünglichen materiellen Struktur der Komponente voraus. Damit endet der Lebenszyklus. Die anschließenden Recyclingprozesse werden in eine Wiederverwertung des ursprünglichen Materials oder eine Weiterverwertung, die eine grundlegende Änderung der Materialeigenschaften nach sich zieht, untergliedert.

**4.3 Ressourcenmodell**

Im Anschluß an die Darstellung des Lebenszyklusmodells wird das Ressourcenmodell erläutert (Bild 4-18). Unter Verwendung des Ressourcenmodells lassen sich die Ressourcenbedarfe den Lebenszyklusprozessen und somit den einzelnen Komponenten zuordnen. Dadurch wird eine Grundlage geschaffen, auf der eine absolute oder vergleichende technische, ökonomische und ökologische Bewertung möglich ist.

Wie bereits zu Beginn von Kapitel 4 erläutert, besteht eine IPLR-Einheit aus Informationen aus dem Produkt-, Lebenszyklus- und Ressourcenmodell. Diese Definition ist besonders wichtig, weil dadurch der Ressourcenbedarf von Produkten über die Zuordnung von Ressourcenbedarfen zu Lebenszykluselementen abgedeckt werden kann und im Produktmodell keine zusätzlichen Informationen – wie z.B. der komponentenbezogene Ressourcengehalt im Sinne eines ökologischen Rucksacks /Schmidt-Bleek 94/ – notwendig werden.

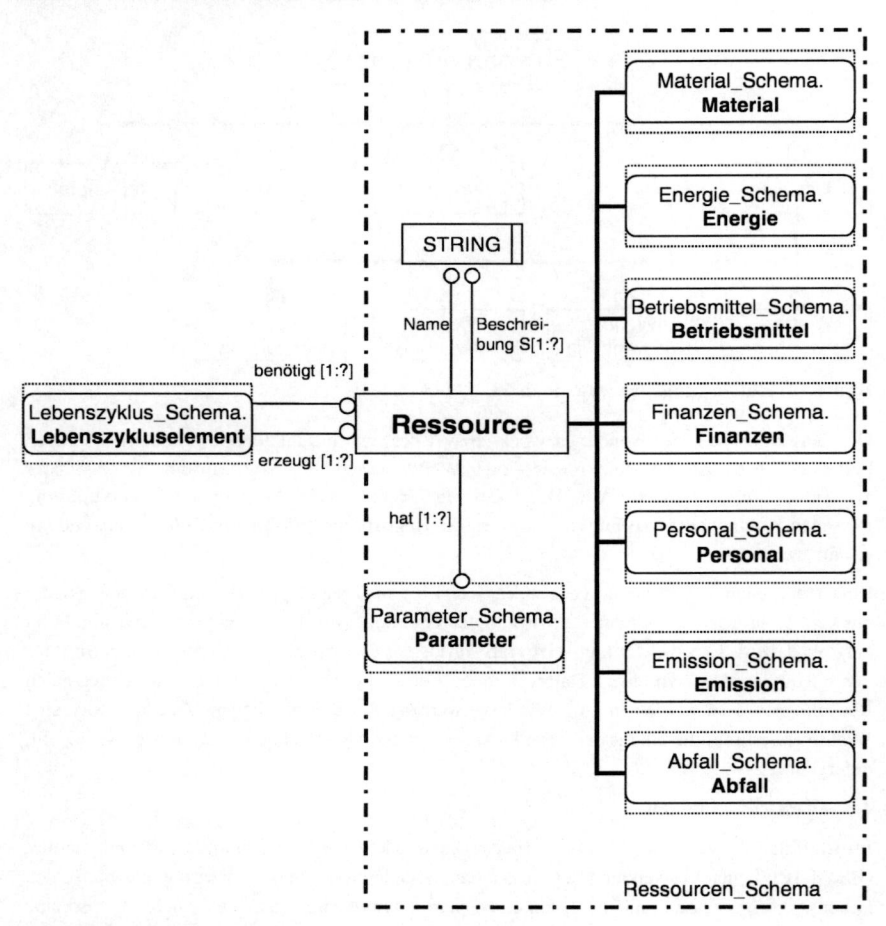

52    Methodik zur lebenszyklusorientierten Produktgestaltung

**Bild 4-18: Ressourcen_Schema**

Die Klasse der Ressourcen, die dem herkömmlichen Verständnis entspricht, besteht aus Energie, Material, Personal, Finanzen und Betriebsmitteln /Hartmann 93, Leber 95, Gupta 97/. Die Betriebsmittel nehmen eine besondere Stellung ein, da bei Ihrer Nutzung die für den gesamten Lebenszyklus der Betriebsmittel anteiligen Ressourcenbedarf auf die Lebenszyklusprozesse umgelegt werden muß. Damit können besonders Entstehungs- und Entsorgungsprozesse der Komponenten, bei denen aufwendige Betriebsmittel eingesetzt werden, umweltorientiert gestaltet werden, indem die Betriebsmittel lebenszyklusorientiert gestaltet werden.

Es handelt sich bei den Ressourcen um Verbrauchsgrößen und, aufgrund der Input-Output Betrachtung, auch um entstandene Aufkommen. Daher werden Abfälle und Emissionen ebenfalls im Ressourcenmodell abgebildet. Die Ressourcen sind direkt an das Lebenszyklus

Schema gekoppelt. Ein Lebenszykluselement benötigt oder erzeugt Ressourcen. Damit können alle für die Sachbilanzierung notwendigen In- und Outputströme prozeßorientiert abgebildet werden.

### 4.3.1 Material

Die Ressource Material kann durch die Angabe der Menge und der Bezeichnung der jeweiligen Materialart beschrieben werden (Bild 4-19). Der Begriff Material wird in Anlehnung an VDI-Richtlinie 2815 genutzt. Weitere Detaillierungsebenen der Materialklassen sind im Anhang 7 dargestellt.

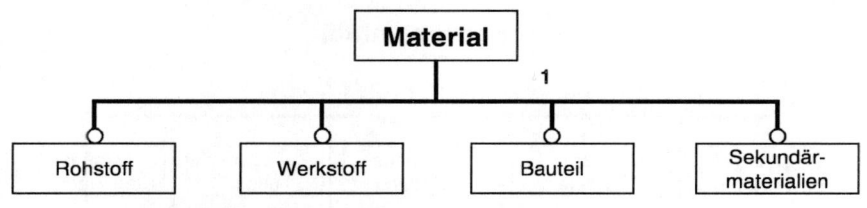

```
                    Material
                       │
                       1
       ┌───────┬───────┴───────┬──────────┐
       ○       ○               ○          ○
   Rohstoff  Werkstoff      Bauteil    Sekundär-
                                       materialien
```

**Bild 4-19: Materialklassen (in Anlehung an VDI 2815)**

Der Definitionsbereich des Materials wird gemäß der angestrebten Zielsetzung von dem in der VDI 2815 verwendeten Bereich der Fertigung auf das gesamte Produktleben erweitert. Innerhalb der Materialklassen ist gegebenenfalls eine weitere Differenzierung sinnvoll. So lassen sich Stahlwerkstoffe beispielsweise nach ihrer entsprechenden Norm bezeichnen und Hilfs- und Betriebsstoffe können mit ihrer Handelsbezeichnung identifiziert werden. Unter Sekundärmaterialien sind solche Materialien zu verstehen, die nicht oder nur zum Teil in das Produkt eingehen, aber zur Durchführung des Prozesses benötigt werden /VDI-2815/.

### 4.3.2 Energie

Nach der VDI-Richtlinie 2815 gehören die Energieträger, wie Öl und Erdgas, zum Material, zu den Hilfs- und Betriebsstoffen. Dadurch kann der Energieverbrauch einer strombetriebenen Maschine jedoch nicht zugeordnet werden. Es muß demnach die Energie als eigenständige Ressource betrachtet werden. Die Quantifizierung der Energie erfolgt stets in Mega-Joule [MJ], so daß andere Energiearten als elektrischer Strom, z. B. fossile Brennstoffe, entsprechend umzurechnen sind.

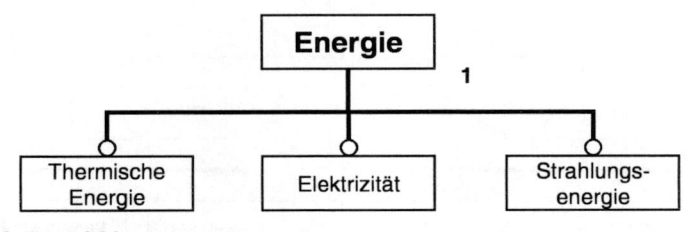

```
                Energie
                   │
                   1
       ┌───────────┼───────────┐
       ○           ○           ○
   Thermische  Elektrizität  Strahlungs-
    Energie                   energie
```

**Bild 4-20: Energieklassen**

Die verschiedenen Energiearten müssen unterschieden werden, da sie maßgeblichen Einfluß auf die ökologische Wirkungsbewertung haben /Alting 97/. Des weiteren ist hierzu der Ort, an dem die Lebenszyklusprozesse ablaufen wichtig, da daraus Rückschlüsse auf die Zusammensetzung der Energie geschlossen werden können.

### 4.3.3 Betriebsmittel

Die Ressource Betriebsmittel läßt sich durch die Angabe der Einsatzdauer sowie der Art des verwendeten Betriebsmittels ausreichend quantifizieren. Die Klassifizierung der Betriebsmittelarten erfolgt nach der VDI-Richtlinie 2815. Danach sind Betriebsmittel Anlagen, Geräte und Einrichtungen, die zur betrieblichen Leistungserstellung dienen (Bild 4-21). Die weiteren Beschreibungen von Betriebsmittel sind im Anhang 7 enthalten.

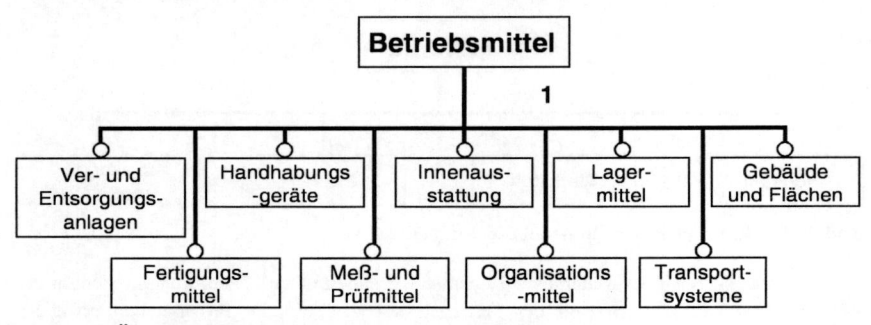

```
                            Betriebsmittel
                                 1
   ┌──────────┬──────────────┬──────────────┬──────────┬──────────┐
 Ver- und   Handhabungs-  Innenaus-      Lager-    Gebäude
Entsorgungs-  -geräte      stattung      mittel   und Flächen
  anlagen
              ┌───────────┬──────────────┬──────────────┐
          Fertigungs-   Meß- und     Organisations   Transport-
            mittel      Prüfmittel      -mittel       systeme
```

**Bild 4-21: Übersicht über Betriebsmittel nach VDI 2815**

Zusätzlich sollen Gebäude und Flächen als Betriebsmittel hinzugerechnet werden, obwohl dies nach der VDI-Richtlinie nicht vorgesehen ist, da sie umweltrelevante Einflüsse haben.

### 4.3.4 Finanzen

Die Ressource Finanzen ist notwendig, um eine ökonomische Bewertung zu ermöglichen. Nach Heinen kann man die in Bild 4-22 dargestellten Finanzklassen unterscheiden /Hopfenbeck 97/. Wichtig für die lebenszyklusorientiert Produktgestaltung ist sowohl die ökologische als auch die ökonomische Bewertung alternativer Produkt- und Lebenszykluskonzepte. Daher ist die kontinuierliche Berücksichtigung der Finanzströme bei der Modellierung der Lebenszyklusprozesse zwingend notwendig.

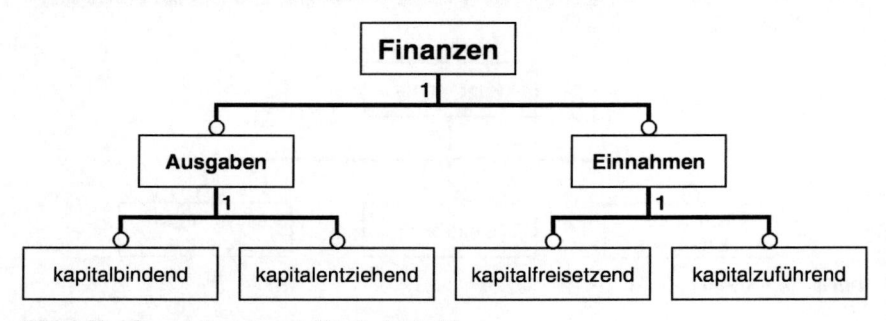

```
                         Finanzen
                            1
              ┌───────────────────────────┐
           Ausgaben                   Einnahmen
              1                           1
        ┌──────────┐              ┌──────────────┐
  kapitalbindend  kapitalentziehend  kapitalfreisetzend  kapitalzuführend
```

**Bild 4-22: Finanzklassen nach Hopfenbeck 95**

## 4.3.5 Personal

Die Ressource „Personal" kann durch die für einen Prozeß erforderliche Anzahl der Arbeitsstunden beschrieben und quantifiziert werden. Die Aussage, daß eine Arbeitskraft eine bestimmte Zeitspanne für die Durchführung einer Aufgabe benötigt, reicht für eine Beurteilung des Ressourcenverbrauchs allerdings nicht aus. Zusätzlich ist eine qualitative Angabe über die Art der Qualifikation erforderlich (Bild 4-23).

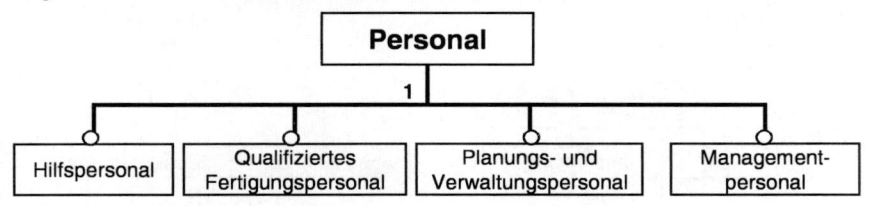

```
                          Personal
                             1
   ┌──────────────┬──────────────────┬──────────────────┬──────────────┐
  Hilfspersonal   Qualifiziertes    Planungs- und      Management-
                  Fertigungspersonal Verwaltungspersonal personal
```

**Bild 4-23: Personalklassen**

Dazu werden Qualifikationsstufen eingeführt, die für alle Arbeitskräfte verwendet werden, gleichgültig, ob es sich dabei um Lohn- oder Gehaltsempfänger handelt. Die erste Qualifikationsstufe für eine Arbeitskraft ohne aufgabenspezifische Ausbildung wird mit dem Begriff „Hilfsarbeiter" belegt. Für Arbeitskräfte mit aufgabenspezifischer Ausbildung gilt die zweite Qualifikationsstufe, die mit „Facharbeiter" bezeichnet wird. Darüber hinaus ist eine dritte Qualifikationsstufe für Personal erforderlich, das im wesentlichen Führungsaufgaben inne hat. Diese Qualifikationsstufe soll im weiteren „Meister" genannt werden. Die Ressource Personal wird demnach mit einer Zeitangabe quantifiziert und durch die Angabe der Qualifikationsstufe klassifiziert.

## 4.3.6 Emissionen

Unter Emissionen sind alle diejenigen Nebenprodukte zu verstehen, die unerwünscht bei der Durchführung von Prozessen anfallen. Dabei kann prinzipiell zwischen energetischen und materiellen Emissionen unterschieden werden [Horn95].

Die dargestellte Gliederung erfolgte nach Art bzw. Herkunft der Emissionen. Für eine anschließende umweltorientierte Bewertung sind jedoch nicht nur die Emissionsart sondern auch die Auswirkungen der Emission von Bedeutung. Diese hängen wiederum vom Ort der Emissionseinleitung ab. Es wird generell zwischen energetischen und materiellen Emissionen unterschieden (Bild 4-24). Da ein und dieselbe Emission bei Einleitung in Luft, Wasser oder Boden unterschiedlich starke Umweltauswirkungen hervorrufen kann, ist eine übergeordnete Einteilung der Emissionen nach

- Emissionen in Luft,
- Emissionen in Wasser und
- Emissionen in Boden

sinnvoll /Bank 95, Alting 97, UBA 95 und 95a/.

## Struktur der Emissionen

```
         Emissionen in Luft    Emissionen in Wasser    Emissionen in Boden
                    │                    │                    │
                    └────────────────────┼────────────────────┘
                                    Emissionen
                    ┌────────────────────┴────────────────────┐
              Energetische                               Materielle
              Emissionen                                 Emissionen
         ┌────┬─────┴──────┐                   ┌────────────┼────────┐
       Abwärme Strahlung  Lärm            atmosphärisch  flüssig   fest
              ┌─────┴─────┐
            Licht    mechanische
                     Schwingungen
```

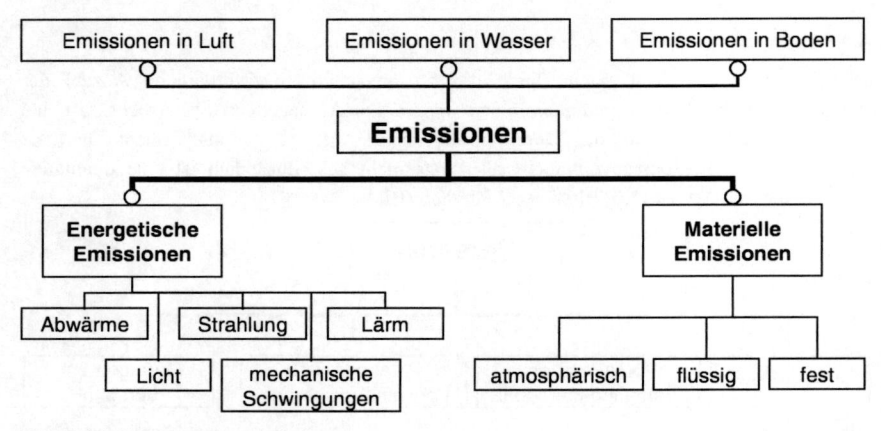

**Bild 4-24: Struktur der Emissionen**

Die einzelnen Emissionsklassen sind im Anhang kurz erläutert.

### 4.3.7 Abfälle

Analog zum Abfallgesetz (vgl. §1 Abs.1 AbfG 93) wird Abfall folgendermaßen definiert.

*Als Abfall werden materielle prozeß-, produkt- oder nutzungsinduzierte Rückstände in fester Form bezeichnet.*

Die Klassifizierung von Abfällen erfolgt in der Literatur nach unterschiedlichen Aspekten /Eyerer 96, Horneber 95, Stahel 91/. Die Technische Anleitung Abfall /TAA93/ beispielsweise ordnet die Abfälle in die in Bild 4-25 dargestellten Gruppen.

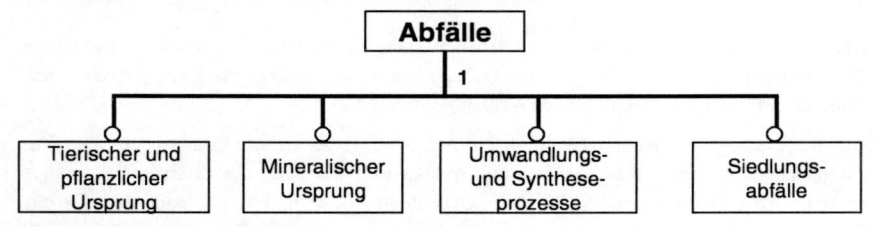

```
                            Abfälle
                               │
        ┌──────────────┬───────┴────────┬──────────────┐
   Tierischer und   Mineralischer   Umwandlungs-    Siedlungs-
   pflanzlicher      Ursprung       und Synthese-    abfälle
     Ursprung                        prozesse
```

**Bild 4-25: Gruppierung der Abfälle**

Andere Unterteilungen orientieren sich an den Gefahrstoffklassen, dem Schadstoffgrad, der Zusammensetzung oder der Herkunft des Abfalls.

### 4.4 Hilfs- und Bewertungsmodell

Mit dem Hilfs- und Bewertungsmodell werden alle Informationen abgebildet, die in den einzelnen Modellen des IPLRM indirekt als Hilfs- oder Bewertungsgrößen benötigt werden. Dies sind vor allen Dingen Größen, Einheiten, Rechenoperationen etc.

Als Hilfsschemata werden das Parameter-, das Gleichungs- und das Unsicherheits-Schema genutzt. Die Verbindung zu den anderen Teilmodellen des IPLRM erfolgt über das Parameter

Schema. Aus diesem Schema wird je nach Bedarf auf das Gleichungs- und das Unsicherheitsschema weiterverwiesen. Durch diese Art der Modellierung wird der Anforderung nach möglichst hoher Flexibilität und Konfigurierbarkeit der Methode Rechnung getragen.

Für die ökologische und ökonomische Bewertung ist das Bewertungs Schema entwickelt worden. Damit wird für die IPLR-Einheit eine Sach- und Wirkbilanzierung unterstützt. Im folgenden werden die einzelnen Schemata erläutert.

### 4.4.1 Parameter_Schema

Sämtlichen Produkt- oder Prozeßinformationen, die durch quantitative Größen beschrieben werden können, wird ein Parameterwert sowie eine zugehörige Einheit zugewiesen (Bild 4-26).

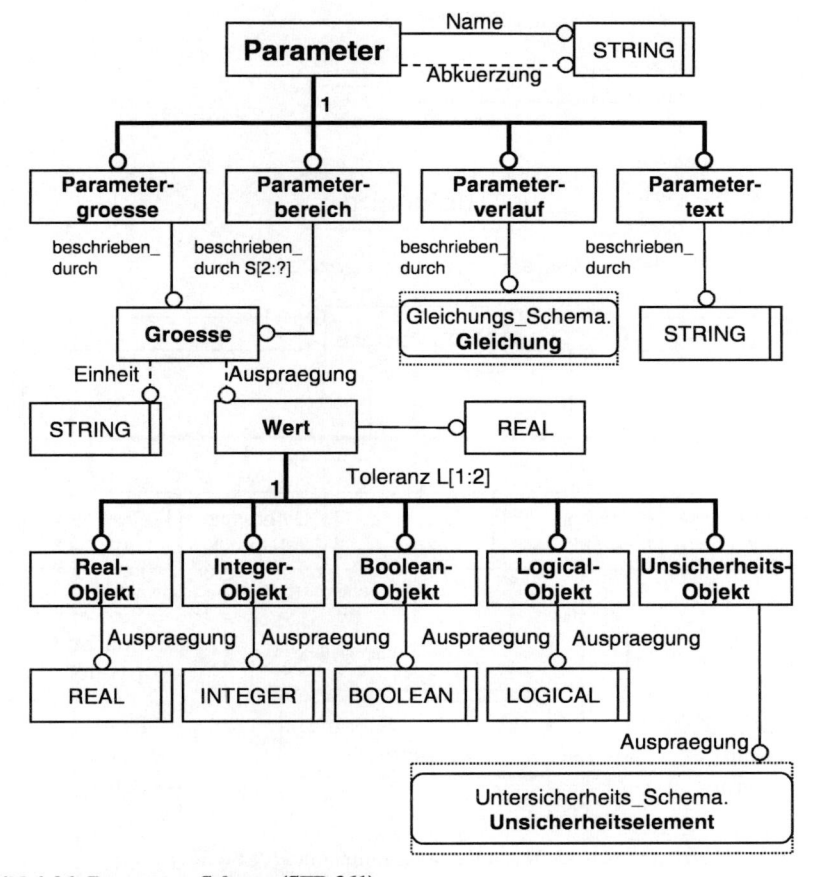

**Bild 4-26: Parameter_Schema (SFB 361)**

Die Anknüpfung an die Hauptschemata des IPRLM ermöglicht die Beschreibung eines Parameters in Abhängigkeit von anderen Parametern durch eine Gleichung. Zur genauen Spezifizierung der Gleichung wird das Gleichungsschema genutzt. Durch die Entität „Parameter-Text" können zu jeder Modellkomponente ergänzende Informationen, die nicht generisch vorbestimmt werden können, abgelegt werden. Eine Besonderheit des Parameter Schemas stellt die Möglichkeit der Beschreibung unsicherer Parametergrößen und –bereiche durch die Anknüpfung an das Unsicherheits Schema dar.

### 4.4.2 Gleichungs_Schema

Mit dem Gleichungsschema (Bild 4-27) können über das Parameter Schema Relationen zwischen den Elementen des IPRLM hergestellt werden /Baumann 96, Rude 91, SFB 361/. Relationen werden benötigt, um Rechenoperationen abbilden zu können. Dies ist notwendig, um z. B. Ressourcenbedarfe über mehrere Lebenszyklusprozesse oder mehrere Komponenten summieren und zu einer Sachbilanz zusammenfassen zu können.

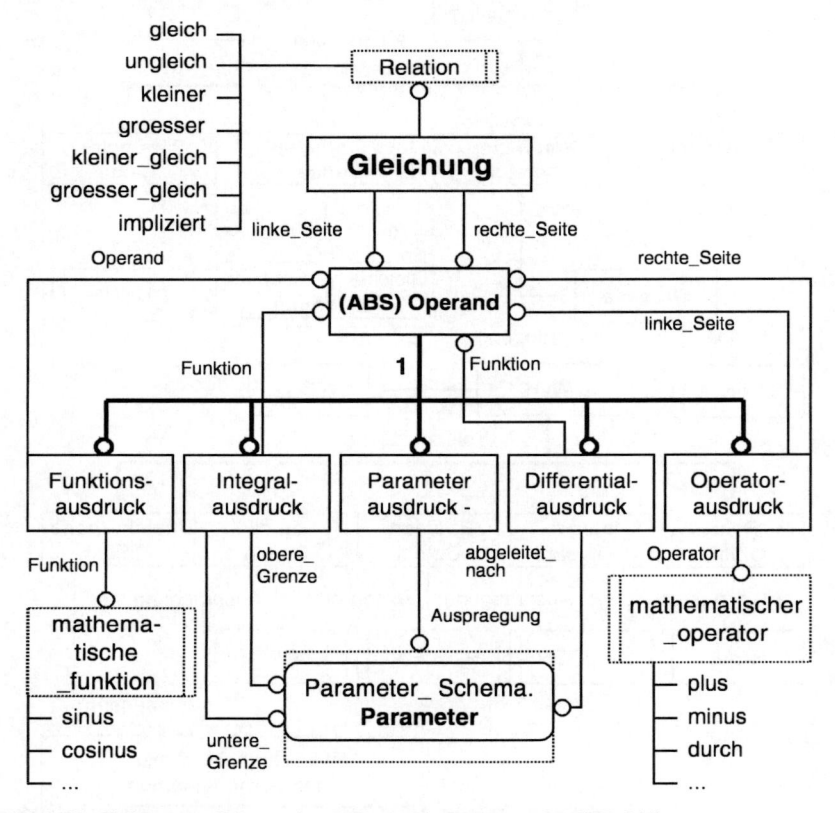

**Bild 4-27: Gleichungs_Schema (nach Rude 91, Baumann 95, SFB 361)**

## 4.4.3 Unsicherheits_Schema

Zweck des Unsicherheits_Schemas (Bild 4-28) ist es, das Arbeiten mit unsicheren oder unscharfen Daten zu ermöglichen. In dieser Arbeit sollen speziell ökologische und ökonomische Daten deduktiv mit Hilfe unsicherer Informationen abgebildet werden können. Dies ist sinnvoll in frühen Stadien der Produktentwicklung, in denen mit Schätzungen und Erfahrungswertebereichen gerechnet werden muß.

Auch die technische, ökonomische und ökologische Bewertung kann nur mit Hilfe des Gleichungs_Schemas durchgeführt werden, da hier Sachbilanzen mit ökologischen Wirkungen zu Wirkbilanzen verknüpft werden.

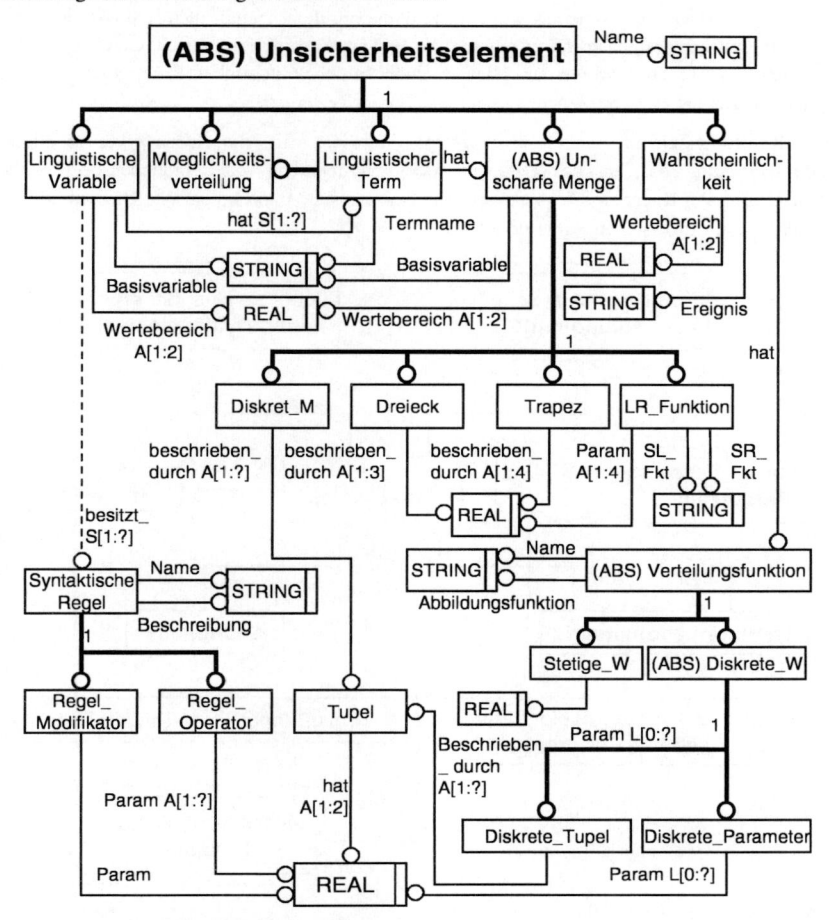

**Bild 4-28: Unsicherheits_Schema /SFB 361/**

Besondere Relevanz – aufgrund der teilweise sehr langen Lebensdauer von Produkten – hat die Unschärfe für die frühzeitige Gestaltung von Produkten und Lebenszyklusprozessen bezüglich der späten Nutzungs- und Entsorgungsphasen. Unsicherheiten können über das Gleichungsschema miteinander kombiniert werden. Aus dem Unsicherheitsschema werden zunächst dreiecks- und trapezförmige unscharfe Mengen – sogenannte LR-Zahlen und LR-Intervalle – verwendet, um die Wertebereiche der verschiedenen Parameter unscharf beschreiben zu können. Bei der Anwendung der Methodik wird dem Nutzer freigestellt, ob er mit scharfen oder unscharfen Zahlen oder Intervallen operieren will.

### 4.4.4 Bewertungs_Schema

Mit Hilfe des Bewertungsschemas werden die ökonomischen, technischen und ökologischen Bewertungsgrößen festgelegt. Dazu müssen die Bewertungskriterien und die Gewichtung der einzelnen Kriterien definiert werden. Dies geschieht in der Strategischen Planung und wird in den detaillierteren Gestaltungsebenen konkretisiert oder verfeinert.

Das Bewertungsschema stellt ein wichtiges Element für die lebenszyklusorientierte Produktgestaltung dar, da basierend auf der unternehmens- oder branchenspezifischen Instanziierung der Kriterien dieses Modells die ökonomische und ökologische Bewertung von Produkten und Prozessen erfolgt (Bild 4-29).

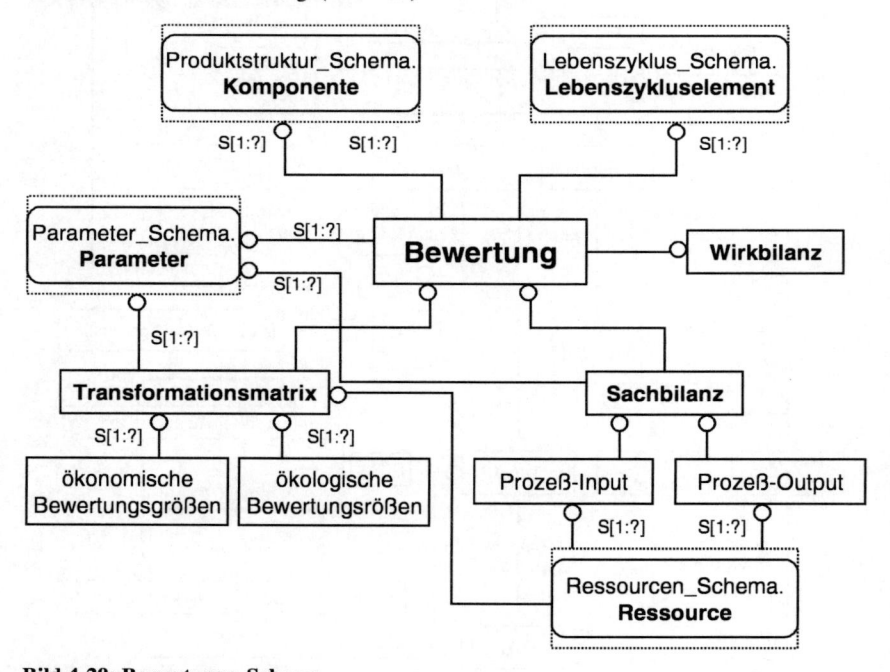

**Bild 4-29: Bewertungs_Schema**

Basis für die Bewertung sind die Input- und Output Werte der Prozesse aus dem Ressourcen Schema. Diese werden mit Hilfe des Parameter Schemas zu einer Sachbilanz zusammengefaßt.

*Integriertes Produkt-, Lebenszyklus- und Ressourcenmodell* 61

In einer Transformationsmatrix werden die ökonomischen und ökologischen Bewertungsgrößen für die verschieden Ressourcen festgelegt. Dies geschieht wieder unter Zuhilfenahme des Parameter Schemas. Die integriert ökologische und ökonomische Bewertung erfolgt durch Verknüpfung von Sachbilanz mit der Transformationsmatrix zur Wirkbilanz. Dazu wird mit Hilfe des Parameter und des Gleichungs_Schemas eine Matrixoperation, wie in Bild 4-30 dargestellt, durchgeführt.

**Transformationsmatrix**   X   **Sachbilanz**   =   **Wirkbilanz**

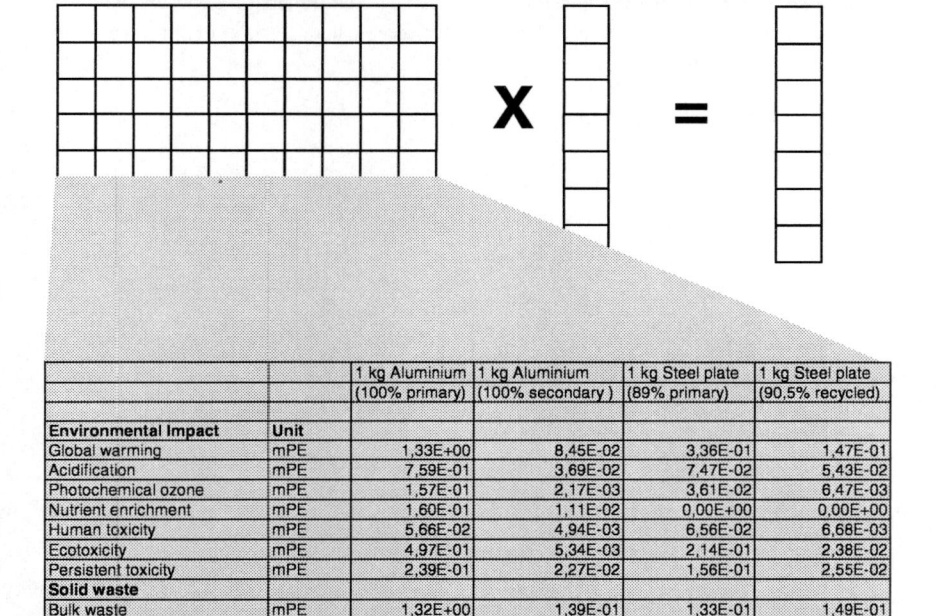

|  |  | 1 kg Aluminium (100% primary) | 1 kg Aluminium (100% secondary) | 1 kg Steel plate (89% primary) | 1 kg Steel plate (90,5% recycled) |
|---|---|---|---|---|---|
| **Environmental Impact** | Unit |  |  |  |  |
| Global warming | mPE | 1,33E+00 | 8,45E-02 | 3,36E-01 | 1,47E-01 |
| Acidification | mPE | 7,59E-01 | 3,69E-02 | 7,47E-02 | 5,43E-02 |
| Photochemical ozone | mPE | 1,57E-01 | 2,17E-03 | 3,61E-02 | 6,47E-03 |
| Nutrient enrichment | mPE | 1,60E-01 | 1,11E-02 | 0,00E+00 | 0,00E+00 |
| Human toxicity | mPE | 5,66E-02 | 4,94E-03 | 6,56E-02 | 6,68E-03 |
| Ecotoxicity | mPE | 4,97E-01 | 5,34E-03 | 2,14E-01 | 2,38E-02 |
| Persistent toxicity | mPE | 2,39E-01 | 2,27E-02 | 1,56E-01 | 2,55E-02 |
| **Solid waste** |  |  |  |  |  |
| Bulk waste | mPE | 1,32E+00 | 1,39E-01 | 1,33E-01 | 1,49E-01 |
| Hazardous waste | mPE | 2,47E-04 | 2,06E-01 | 7,46E+00 | 7,46E+00 |
| Radioactive waste | mPE | 2,96E-01 | 7,59E-04 | 1,03E-01 | 5,91E-03 |
| Slag and ashes | mPE | 7,97E-01 | 1,29E-02 | 5,55E-02 | 5,25E-02 |
| **Energy consumption** |  |  |  |  |  |
| Primary energy, material | MJ | 8,33E-06 | 3,56E-07 | 5,26E-07 | 1,56E-06 |
| Primary energy, process | MJ | 1,67E+02 | 9,29E+00 | 3,41E+01 | 1,35E+01 |

Legende: MJ = Megajoule, mPE= Milli-Personal Equivalent /Alting 97, Wenzel 97/

**Bild 4-30: Schematische Darstellung des Bewertungsalgorithmus**

Je nach Betrachtungsrichtung der Transformationsmatrix können die Einflußfaktoren einer bestimmten Wirkung ermittelt oder die Wirkungen eines Einflußfaktors identifiziert werden. Die Transformationsmatrix wird unternehmensspezifisch festgelegt. Die ökologischen Wirkungen von Ressourcen können dabei auf Gesetzen oder durch Forschung im Bereich der Chemie, Biologie etc. abgesicherten Erkenntnissen basieren.

Um eine einfachere Wirkungsbilanz durchführen zu können, kann auch ein unternehmensspezifisch angepaßtes Punktesystem in Zusammenarbeit mit LCA-Experten entwickelt werden. Wichtig für die Bewertung ist, daß die zu betrachtenden Ressourcen und deren Bewertung in Katalogen erfaßt werden, auf die alle an der lebenszyklusorientierten Produktgestaltung Beteiligten zurückgreifen können. Somit wird ähnlich der ökonomischen Bewertung eine gemeinsame Grundlage für die ökologische Bewertung geschaffen.

In Bild 4-30 ist ein Ausschnitt aus einer Transformationsmatrix mit ökologischen Bewertungsgrößen, die auf detaillierten LCA-Daten (nach Alting 97, Wenzel 97/ beruhen, dargestellt.

Damit sind alle Schemata zur Integrierten Abbildung von Produkt-, Lebenszyklus- und Ressourcendaten vorgestellt und die Grundlage für die Methode zur lebenzyklusorientierten Produktgestaltung geschaffen.

## 5 ENTWICKLUNG DER METHODE ZUR LEBENSZYKLUSORIENTIERTEN PRODUKTGESTALTUNG

Im Anschluß an die Herleitung und Darstellung des integrierten Produkt-, Lebenszyklus- und Ressourcenmodells wird die Methode zur lebenszyklusorientierten Produktgestaltung ausführlich beschrieben. Die Methode baut auf dem IPLR-Modell auf und nutzt dort dargestellte Informationen zur Gestaltung von Produkten und Lebenszyklen. Der Transfer der Methode in die praktische Anwendung wird durch ein Entwicklungsleitsystem unterstützt, das in Kapitel 6 separat beschrieben wird.

### 5.1 Dimensionen der lebenszyklusorientierten Produktgestaltung

#### 5.1.1 Problemlösung in Zyklen

Bei der Untersuchung der verschiedenen Methoden zur Produktgestaltung hat sich gezeigt, daß ein streng sequentielles Vorgehen nicht möglich und auch nicht gewünscht ist. Die Gestaltung von Produkten erfolgt in der Regel in Zyklen, die mehrfach durchlaufen werden. Häufig sind diese Zyklen mehrfach ineinandergeschachtelt. In der VDI-Richtlinie 2221 wird z.B. vorgeschlagen, die sieben Phasen des Entwickelns iterativ zu durchlaufen und innerhalb dieser Phasen den Problemlösezyklus der Systemtechnik anzuwenden. EHRLENSPIEL greift diesen Problemlösezyklus auf und formuliert einen „Vorgehenszyklus" /Ehrlenspiel 95/ der mehrfach verschachtelt wird. Um zu verdeutlichen, daß die Lösung von Problemen kein Alleinstellungsmerkmal der Produktgestaltung ist, sondern in nahezu allen Bereichen hohe Relevanz besitzt, sei hier auf die Ansätze von POPPER verwiesen. In einer Zusammenstellung der Aussagen von POPPER in „Alles Leben ist Problemlösen" wird ein dreistufiges Schema zur Lösung von Problemen dargestellt /Popper 97/:

1. das Problem,
2. die Lösungsversuche,
3. die Elimination.

Dieses Schema legt POPPER zugrunde für die Gewinnung wissenschaftlicher Erkenntnisse. Später erweitert er es auf ein vierstufiges Schema:

1. Das ältere Problem,
2. versuchsweise Theorienbildungen,
3. Eliminationsversuche durch kritische Diskussion, einschließlich experimenteller Prüfung,
4. die neuen Probleme, die aus der kritischen Diskussion unserer Theorien entspringen.

Das vierstufige Schema von Popper ist aus dessen dreistufigen Schema abgeleitet worden, indem man den Beginn des nächsten Zyklus zum vorhergehenden Schema hinzunimmt und damit die Verkettung der Probleme unterstreicht. Die bisher genannten Schemata ähneln sich sehr stark. Der beschriebene Problemlösezyklus der VDI-2221 und der Vorgehenszyklus von Ehrlenspiel sind durch Ergänzung oder Umformulierung leicht zu erzeugen.

## Problemlösen beim Menschen

In der kognitiven Psychologie wird das menschliche Problemlöseverhalten beschrieben /Andersson 1996/. Merkmale des menschlichen Problemlösens sind:

- Zielgerichtetheit: Das Verhalten ist eindeutig auf ein bestimmtes Ziel hin organisiert.
- Zerlegung in Teilziele
- Anwendung von Operatoren: Handlung, die den vorliegenden Problemzustand in einen anderen Problemzustand transformiert.

Die Lösung des Gesamtproblems ist eine Sequenz aus bekannten Operatoren. Zur Lösung der Probleme werden verschiedene Vorgehensweisen angewendet, die dazu beitragen, komplexe Probleme zu überschaubaren Problemen zu gliedern. Der Zyklus zur menschlichen Problemlösung ist für alle Probleme gleich, lediglich die Problemzustände und die Operatoren ändern sich /Andersson 96/.

### 5.1.2 Gestaltungszyklus für die lebenszyklusorientierte Produktgestaltung

Da bei der Gestaltung von Produkten, bei der Lösung wissenschaftlicher Problemstellungen und auch im menschlichen Problemlöseverhalten Zyklen zum Einsatz kommen, wird als Grundlage für die lebenszyklusorientierte Produktgestaltung ein Zyklus ausgewählt und eingesetzt, der einfach und einprägsam ist. Die Abbildung komplexer Gestaltungsaufgaben wird durch mehrdimensionale Verschachtelung von Gestaltungszyklen ermöglicht. Der Aufbau kann dabei einer fraktalen Struktur ähneln /Peitgen 96/.

Da die Gestaltung als konstruktives, positives Vorgehen verstanden werden soll, wird hier der Begriff des „Problems" durch die „Zieldefinition" ersetzt. Nicht die „Lösungssuche" ist die wichtige Aufgabe des Gestalters sondern die „Lösungsfindung"; aus den gefunden, werden geeignete Lösungen durch eine „Auswahl" zur weiteren Konkretisierung bestimmt (Bild 5-1). Damit wird ein neuer Zyklus initiiert, der mit einer konkreteren Zielsetzung – deshalb das Minus-Zeichen im Zyklus – beginnt. Auf eine Zeitachse projiziert, entsteht eine Lösungsspirale (siehe Bild 5-1, rechter Teil).

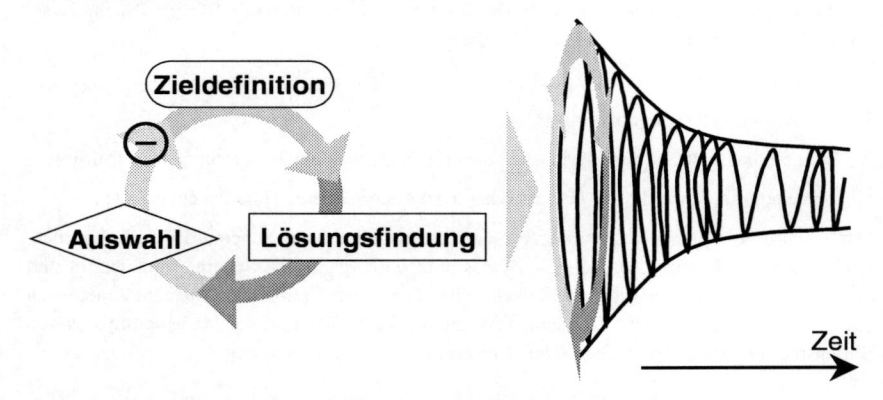

Bild 5-1: Gestaltungszyklus für die lebenzyklusorientierte Produktgestaltung

Durch das „Minus-Zeichen" vor der Zieldefinition wird angedeutet, daß die neue Zieldefinition weniger Freiheitsgrade beinhaltet und durch die ausgewählten Lösungen konkreter formuliert werden kann. Damit ist eine konvergente Annäherung an die Zielsetzung der Gestaltungsaufgabe möglich. Der Mangel der meisten Konstruktionsmethoden besteht darin, daß die beschriebenen Zyklen allgemeingültig für alle Anwendungsfälle formuliert sind. Dadurch geht der direkte Praxisbezug verloren. In dieser Arbeit werden daher Aufgaben und Methoden in die drei Sequenzen des Gestaltungszyklus eingeordnet und mit dem Entwicklungsleitsystem aktiv unterstützt.

### 5.1.3 Gestaltungsraum, -ebenen und –elemente

Im folgenden werden die verschiedenen Gestaltungsdimensionen der lebenszyklusorientierten Produktgestaltung, in denen der Gestaltungszyklus angewendet wird als Gestaltungsraum erläutert (Bild 5-2). Ziel ist es, einen Ordnungsrahmen für die Einordnung von Vorgehensweisen und Methoden zu schaffen, um somit deren Reichweite beschreiben zu können. Daraus lassen sich anschließend Lücken oder auch Redundanzen ablesen und Maßnahmen zur Verbesserung der Gestaltung identifizieren.

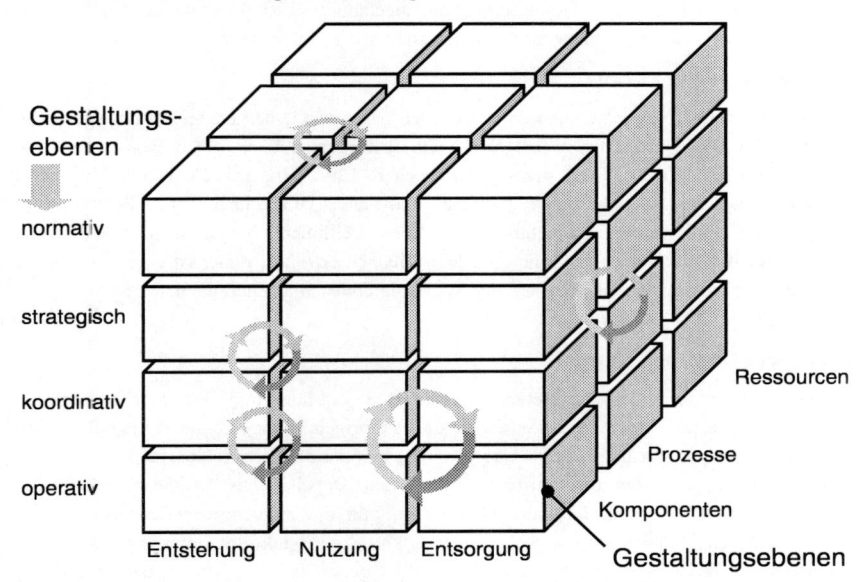

**Bild 5-2: Gestaltungsraum für die lebenszyklusorientierte Produktgestaltung**

Der Gestaltungsraum zeichnet sich durch eine Gliederung in Gestaltungsebenen und Gestaltungselemente aus. Die Gestaltungsebenen werden nach den unternehmensinternen Hierarchien differenziert. In Anlehnung an das St. Gallener Management-Konzept /Bleicher 94, Dyckhoff 97/ wird zwischen „normativen", „strategischen", „koordinierenden" und „operativen" Gestaltungsebenen unterschieden. Gestaltungselemente stellen die kleinste Einheit eines Gestaltungsraums dar. Gestaltungselemente der lebenszyklusorientierten

Produktgestaltung repräsentieren eines der drei Hauptelemente des IPLRM - Komponenten, Prozesse oder Ressourcen - in einer Lebenszyklusphase – Entstehung, Nutzung oder Entsorgung. Durch Veränderung dieser Gestaltungselemente können ökologische und ökonomische Eigenschaften von Produkten maßgeblich beeinflußt werden.

Die integrierte lebenszyklusorientierte Produktgestaltung erfordert Handlungen auf verschiedenen Hierarchieebenen mit unterschiedlicher Unterstützung und Hilfsmitteleinsatz. Daher wird der Gestaltungszyklus auf verschiedenen Detaillierungsebenen angewendet. Aufgrund der generischen Auslegung des Gestaltungszyklus ist sowohl für die Produktgestaltung als auch für die Gestaltung der Lebenszyklusprozesse eine Anwendung möglich, so daß hier eine interhierarchische, Ebenen übergreifende oder auch eine Gestaltungselement verbindende Vernetzung entsteht, die äußerst komplexe Strukturen annehmen kann.

Besondere Aufmerksamkeit wird in dieser Arbeit den beiden unteren Gestaltungsebenen gewidmet, da hier die Umsetzung von Methoden und Vorgehensweisen zur lebenszyklusorientierten Produktgestaltung anzusiedeln ist. Dabei werden Anforderungen an die strategische und normative Gestaltungsebene abgeleitet und Rückkopplungen identifiziert. Im folgenden sollen die verschiedenen Gestaltungsebenen genauer dargestellt werden.

**Normative Gestaltungsebene**

Auf der normativen Unternehmensebene werden von der Unternehmensleitung generelle Leitlinien für das Unternehmen festgelegt. Diese werden z.B. in einer Vision und den Leitlinien für das Unternehmen verankert /Bleicher, 1994, Hopfenbeck 1997/. Hier wird formuliert, welche wirtschaftliche, soziale und auch umweltbezogene Position ein Unternehmen einnimmt oder einnehmen will. Diese Leitlinien können nicht losgelöst von jeglichen Basisinformationen über die einzelnen Themen erfolgen, daher ist eine Information über die generellen Möglichkeiten auf der koordinierenden und operativen Ebene zwingend erforderlich.

**Strategische Gestaltungsebene**

Auf der strategischen Gestaltungsebene müssen die Leitbilder und Visionen in konkrete Strategien umgesetzt werden. Hier werden die dazugehörigen Methoden und Hilfsmittel in den Gestaltungsraum eingeordnet. Markt- und ökologieorientierte Lebenszyklusstrategien müssen für die Sicherung der Marktposition festgelegt werden. Dabei ist aus ökologischer Sicht die Entscheidung über die einzusetzenden Ressourcen und die zu vermeidenden Abfälle und Emission notwendig. Wird der komplette Lebenszyklus der Produktprogramme berücksichtigt, so müssen auf dieser Ebene Entscheidungen über das generelle Vorgehen bei der Entsorgung der Altprodukte getroffen werden. Dies hat maßgeblichen Einfluß auf die Produktgestaltung.

Auf der strategischen Gestaltungsebene muß ebenfalls die Auswahl der Bewertungskriterien und ihre Gewichtungen für die ökologische und ökonomischen Bewertung verankert werden. Die Festlegung der ökonomischen und ökologischen Bewertungsgrößen auf der strategischen Ebene ist besonders für eine unternehmensübergreifende Gestaltung notwendig, da nur bei Einsatz eines über die gesamte Bilanzhülle einheitlichen Bewertungsschemas die verschiedenen Lebenszyklusprozesse und Produktalternativen verglichen werden können.

Die anschließende Nutzung dieser Bewertungsgrundlagen erfolgt auf der operativen Gestaltungsebene. Hier ist ein enger Informationsaustausch und eine Abstimmung über die Gestaltungsebenen hinweg notwendig.

**Koordinierende Gestaltungsebene**

Die koordinierende Gestaltungsebene dient dazu, die Hilfsmittel und Methoden, die zur Organisation und Koordination der lebenszyklusorientierten Gestaltung eingesetzt werden, abzubilden. Die koordinierende Gestaltungsebene stellt die Verbindung zwischen der strategischen und der operativen Gestaltungsebene dar. Die integrierte Abwicklung von Produktgestaltung und Planung der Lebenszyklusprozesse der Produktkomponenten sowie die anschließende Zuordnung von Ressourcenbedarfen zu diesen Lebenszyklusprozessen repräsentiert eine komplexe Aufgabenstellung, von der verschiedene Fachbereiche unterschiedlicher Unternehmen betroffen sein können. Die Koordinationsmechanismen des Projektmanagement und des Simultaneous Engineering sollen Hilfestellung leisten, um diese Aufgaben zu realisieren und werden auf der koordinierenden Gestaltungsebene eingeordnet.

**Operative Gestaltungsebene**

Auf der operativen Gestaltungsebene werden Tätigkeiten, Methoden und Hilfsmittel eingeordnet, die direkt zur lebenszyklusorientierten Produktgestaltung dienen. Dies umfaßt Aufgaben zur Gestaltung der Komponenten, zur Planung der Lebenszyklusprozesse, Zuordnung der Ressourcenbedarfe und Bewertung unterschiedlicher Produkt- und Lebenszykluskonzepte.

### 5.1.4 Wirkung der Gestaltungszyklen auf verschiedenen Ebenen

Entscheidungen und Maßnahmen, die auf den unterschiedlichen Gestaltungsebenen mit Hilfe des Gestaltungszyklus erarbeitet und durchgesetzt werden, haben unterschiedliche Reichweite und Relevanz. So sind normative Entscheidungen wichtig für das gesamte Unternehmen, während Änderungen auf der operativen Ebene häufig nur einzelne Prozesse betreffen können. Der Aufwand für die Umsetzung der Maßnahmen von der normativen bis auf die operative Ebene steigt proportional zur Reichweite der Maßnahme oder Entscheidung. Zwei Beispiele dienen zur Erläuterung des Sachverhalts.

1. Ein Unternehmen, das in seinen Leitlinien ein ökologisches Handeln postuliert und anstrebt, äußert diese Ambitionen für Werke, Abteilungen und alle Mitarbeiter. Diese Leitlinie ist einfach zu formulieren, schnell dokumentiert und an alle Mitarbeiter verteilt. Damit ist die Reichweite dieser normativen Maßnahmen innerhalb des Unternehmens als sehr groß einzustufen, da jeder Mitarbeiter davon betroffen ist. Jedem Mitarbeiter dieses gewünschte Handeln beizubringen, erfordert hingegen imens hohe Aufwände für Schulung, Überzeugung und Meinungsbildung. Einen Bewußtseinswandel kann man nicht diktieren!

2. Als Gegenbeispiel sei hier auf operativer Gestaltungsebene die Schnittoptimierung bei der Platinenherstellung genannt. Damit wird das Halbzeug besser ausgenutzt. Diese Maßnahme erfordert nur ein einmaliges Einweisen der zuständigen Personen. Damit ist die Reichweite der Maßnahme zwar eingeschränkt. Die dauerhafte Umsetzung stellt jedoch keinerlei Probleme dar, da es um eine einfache Handlungsanweisung geht, die keinen

Bewußtseinswandel erfordert und sich auf einen beschränkten Personenkreis bezieht. Die Wirksamkeit dieser Maßnahme ist quantifizierbar.

Anhand dieser Beispiele wird deutlich, daß eine Vernetzung der einzelnen Gestaltungsebenen sehr wichtig ist, damit eine Umsetzung von Maßnahmen und Entscheidungen über alle Ebenen möglich wird. Dabei sind auch die Impulse und Ideen der unteren Gestaltungsebenen für eine weitreichendere eher strategisch oder sogar normativ zu treffende Entscheidung von hoher Relevanz.

Nach der Übersicht über alle Gestaltungsebenen des Gestaltungsraums wird im folgenden ausführlich auf die koordinierende und die operative Ebene eingegangen.

## 5.2 Koordination der lebenszyklusorientierten Produktgestaltung

Ziel ist es, die Aufgaben zur Koordination der lebenszyklusorientierten Produktgestaltung zu systematisieren und in einem Rahmenkonzept abzubilden. Mit Hilfe dieses Rahmenkonzepts werden wiederum die operativen Aufgaben koordiniert.

Eine lebenszyklusorientierte Produktgestaltung ist gekennzeichnet durch ein hohes Maß an Interdisziplinarität. Experten aus verschiedenen Bereichen müssen an der Gestaltung beteiligt werden. So können Teams mit Fachleuten aus der Konstruktion, dem Marketing, der Produktion, dem Service, der Entsorgung, dem Recycling etc. zusammengesetzt werden. Die Beteiligung dieser Experten in den verschiedenen Phasen der lebenszyklusorientierten Produktgestaltung wird organisiert. Dabei wird besonders Wert auf die Nutzung von Expertenwissen über den Lebenszyklus vorhergehender Produkte oder Produktprogramme gelegt.

Mit Hilfe der Grundelemente des Projektmanagement (siehe Kapitel 3) soll der Transfer der eher wissenschaftlichen Ansätze zur lebenszyklusorientierten Produktgestaltung in die praktische Umsetzung unterstützt werden. Dies ist möglich, da viele Methoden des Projektmananagement heute schon in der Industrie angewandt werden und dieses Koordinationsinstrumentarium so flexibel gestaltet ist, daß umwelt- und lebenszyklusrelevante Aspekte in allen Phasen integriert werden können. Im folgenden werden die vier Phasen des Projektmanagement mit den jeweiligen Ergänzungen zur Koordination der lebenszyklusorientierten Produktgestaltung erläutert.

**Projektdefinition**

In der Projektdefinition werden die Ergebnisse der strategischen Gestaltungsebene in die Zielsetzungen für die koordinierende und operative Gestaltungsebene umgesetzt. Die globalen Ziele für das Projekt und das Produkt werden definiert /Burghart 97, Daenzer 94, Specht 96/. Für die lebenszyklusorientierte Produktgestaltung sind dies:

- Kosten, Termine für Markteintritt,
- technische, ökologische und ökonomische Randbedingungen, Alternativen,
- Innovationsgrad und daraus resultierende Projektart,
- Fachbereiche für die Gestaltung von Produkten und Prozessen für alle Lebensphasen,

- Bewertungsmaßstäbe aus der strategischen Gestaltungsebene, die für die operative Gestaltung benötigt werden.

Grundlegend können vier Projektarten unterschieden werden (Bild 5-3).

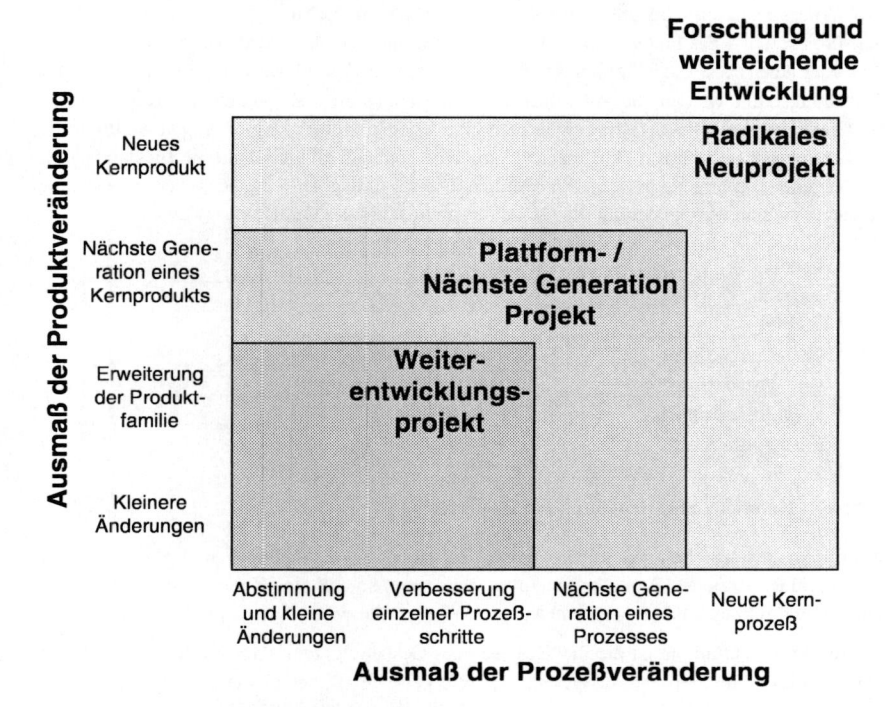

**Bild 5-3: Projektarten /Wheelwright 92/**

Nach WHEELWRIGHT und CLARK /Wheelwright 92/ wird für Unternehmen je nach Komplexität der Produkt- und Prozeßänderung zwischen einem Forschungsprojekt, einem „Radikalen Neuprojekt", einem Plattformprojekt oder einem Weiterentwicklungsprojekt unterschieden. Typische Vertreter für Plattformprojekte sind z.B. Automobilentwicklungen bei Erneuerung der Modellreihe.

Dieses einfache Schema wird kombiniert mit dem Gestaltungsraum, um Aussagen über die Projektart bei der lebenszyklusorientierten Produktgestaltung treffen zu können. Die frühzeitige Festlegung der Projektart ist wichtig, da dadurch im Sinne des Gestaltungszyklus die globalen Ziele des Projektes und damit auch die Freiheitsgrade bei der Lösungsfindung vorgegeben werden. Das Portfolio wird von Produktionsprozessen auf Lebenszyklusprozesse erweitert. Damit können auch „Radikale Neuprojekte" aus anderen Lebenszyklusprozessen, die nicht zur Entstehung gehören, initiiert werden. Beispielsweise kann ein komplett neues Produktdesign aus der Forderung nach vollständiger Demontierbarkeit resultieren.

Bei der lebenszyklusorientierten Produktgestaltung wird während der Projektdefinition festgelegt, für welche Lebenszyklusprozesse Expertise benötigt wird. Dabei sind die Ergebnisse der strategischen Gestaltungsebene von besonderer Bedeutung, da hier die Vorgaben für die Projektdefinition festgelegt werden. Diese Auswahl der relevanten Produktlebensphasen wird unterstützt durch das Projektart-Portfolio, in dem entsprechend zu den Projektzielen der Innovationsgrad der Entwicklung festgelegt wird. Daraus ergeben sich Anforderungen an die Gestaltung des Produktes und der Lebenszyklusprozesse. Im Gestaltungsraum werden die Aufgaben eingetragen und die Fähigkeiten der verschiedenen Fachbereiche zugeordnet. Damit ergibt sich eine Übersicht über die zur Projektdurchführung notwendigen Kompetenzen. Aus einer Mitarbeiterdatenbank können dann die für das Projekt kompetenten Mitarbeiter ausgewählt werden. Die Grundlage für die Kompetenzzuordnung orientiert sich an der Gliederung des Gestaltungsraums und des Gestaltungszyklus.

| Bearbeiter: | |
|---|---|
| Adresse: | |
| E-Mail: | |
| Gestaltungszyklus: | ☐ Zieldefinition ☐ Lösungsfindung ☐ Auswahl |
| Gestaltungselemente: | ☐ Produkte ☐ Prozesse ☐ Ressourcen |
| Produkt-Lebenphase: | ☐ Entstehung ☐ Nutzung ☐ Entsorgung |
| Gestaltungsebene: | ☐ normativ ☐ strategisch |
| | ☐ koordinativ ☐ operativ |

**Bild 5-4: Kompetenzbeschreibung der Experten**

Nach dem gleichen Schema werden später Aufgaben sowie Methoden und Hilfsmittel der lebenszyklusorientierten Produktgestaltung eingeordnet, so daß eine Zuordnung von Experten und durchzuführenden Aufgaben und Methoden hergestellt wird.

Mit der Projektdefinition ist die Zieldefinition des Gestaltungszyklus für die Koordination der lebenszyklusorientierten Produktgestaltung erfolgt. Die Projektplanung repräsentiert die Lösungsfindung auf der koordinierenden Gestaltungsebene.

**Projektplanung**

Die detaillierte Festlegung von Terminen und Ergebnissen sowie die Verteilung der Aufgaben auf die beteiligten Bereiche wird im Rahmen der Projektplanung wahrgenommen /Burghart 97, Schmidt 95/. Aus der Projektdefinition werden die spezifischen Vorgaben zur Projektplanung übernommen. Dies sind Geschäfts-, Produkt-, Prozeß-, Ressourcen-, Umweltanforderungen etc. aus dem Bereich der Produktprogrammplanung oder Technologieplanung. Ausgehend von diesen Eingangsgrößen wird das Projekt strukturiert. Strukturierungskriterien sind das Produkt, Aufgaben und Termine, Ergebnisse /Schmidt 95/.

Um die Projektplanung und das –controlling zu vereinfachen und zu beschleunigen, können Standardabläufe für die verschiedenen Projektarten definiert werden (Bild 5-5). Diese Standardabläufe decken inhaltlich 80% der anfallenden Aufgabentypen der verschiedenen Projektarten ab und müssen lediglich auf die jeweiligen Zielsetzungen angepaßt werden /Daenzer 94, Specht 96/. Die einzelnen Aufgaben resultieren aus den unternehmensspezifischen Randbedingen auf der operativen Gestaltungsebene für Produkte, Prozesse und Ressourcen.

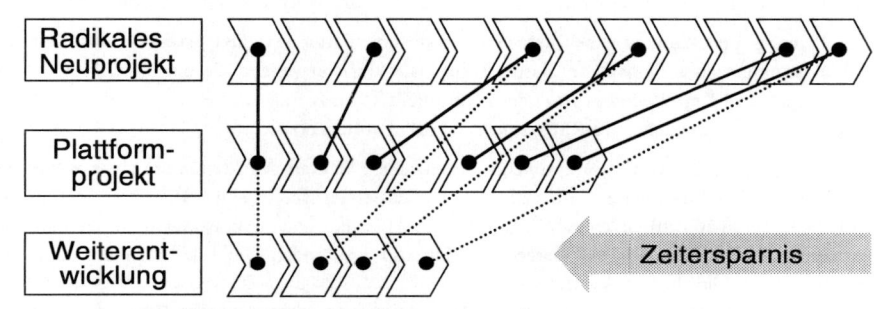

**Bild 5-5: Standardabläufe für verschiedene Projektarten**

Mit Hilfe des Projekt-Portfolios und der Standardabläufe wird ein Meilensteinplan aufgebaut, der als übersichtliche Ergebnis- und Terminstruktur für das gesamte Projekt dient (Bild 5-6). Hier werden die umweltrelevanten Ergebnisse der lebenszyklusorientierten Produktgestaltung integriert und gesondert gekennzeichnet, damit die integrierten, teilweise unternehmensübergreifend durchzuführenden Aufgaben deutlich sind.

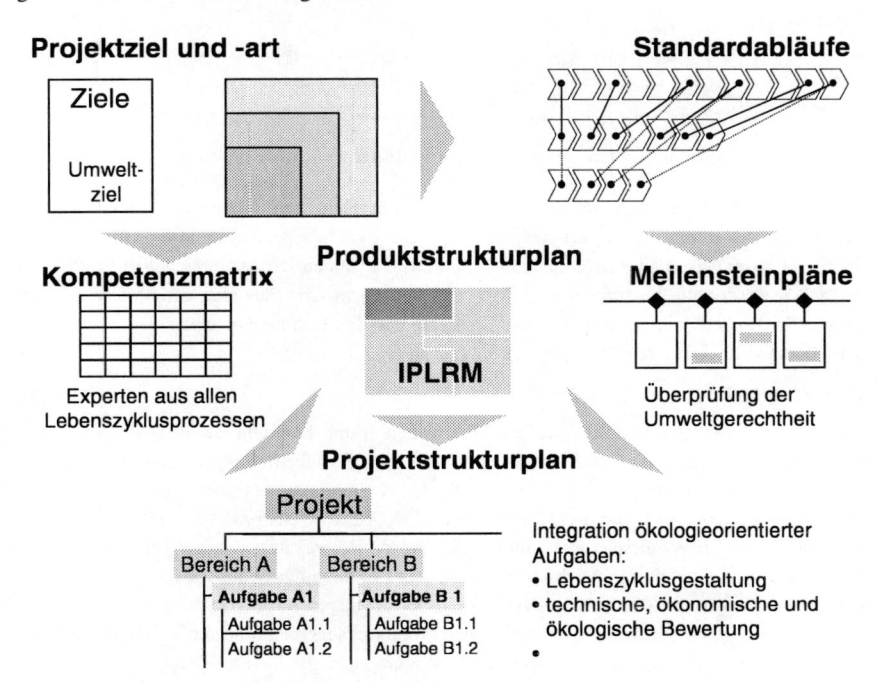

**Bild 5-6: Rahmenkonzept für die lebenszyklusorientierte Koordination**

In den Ablaufstrukturen werden produktneutral Aufgaben beschrieben, die durchzuführen sind, um die vorgegebenen Ziele zu erreichen. Je nach Projektart oder Neuigkeitsgrad der Produkte und Prozesse ist der Umfang der durchzuführenden Aufgaben unterschiedlich.

Zur Planung der Aufgaben bei der lebenszyklusorientierten Produktgestaltung wird ein Produktstrukturplan aufgebaut. In diesem Produktstrukturplan werden die einzelnen Module, Baugruppen und Einzelteile des Produktes dargestellt. Zum Aufbau des Produktstrukturplans wird das Produktmodell des IPLRM genutzt und dabei vorinstanziiert.

Je nach Komplexität der Projekte können die einzelnen Phasen des Meilensteinplans weiter untergliedert und detailliertere Ebenen von Meilensteinen gebildet werden. Als neutrale Grundlage für den Aufbau eines Meilensteinplans für die lebenszyklusorientierte Produktgestaltung wird die in Bild 5-7 dargestellte Struktur verwendet. Die Meilensteine sind in Anlehnung an die Konstruktionsmethoden /VDI 2221/ ausgewählt worden und um die Meilensteine Projektstart, Lebenszyklus und Produktionsstart ergänzt worden. Im Meilenstein „Lebenszyklus" sollen die virtuellen Lebenszyklusprozesse soweit wie möglich ausgestaltet und bewertet werden. Dieser Meilenstein erweitert die ursprüngliche Produktionsvorbereitung um alle Lebenszyklusphasen.

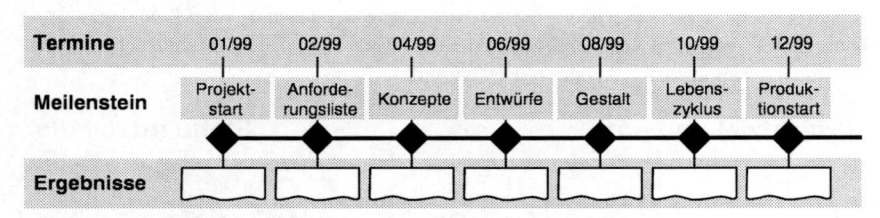

| Termine | 01/99 | 02/99 | 04/99 | 06/99 | 08/99 | 10/99 | 12/99 |
|---|---|---|---|---|---|---|---|
| Meilenstein | Projektstart | Anforderungsliste | Konzepte | Entwürfe | Gestalt | Lebenszyklus | Produktionstart |
| Ergebnisse | | | | | | | |

**Bild 5-7: Meilensteine für eine lebenszyklusorientierte Produktgestaltung**

Aus dem Produktstrukturplan und dem Meilensteinplan wird unter Zuhilfenahme der Kompetenzmatrix ein Projektstrukturplan generiert. Dabei werden die Aufgaben mit den Fähigkeiten der verschiedenen Bereiche kombiniert. Die den einzelnen Bereichen zugeordneten Aufgaben werden im Ablaufplan detailliert, auf verantwortliche Personen verteilt und zeitlich zueinander eingeordnet. Damit sind die Elemente für das Rahmenkonzept zur Koordination der lebenzyklusorientierten Produktgestaltung definiert.

**Projektcontrolling**

Zielsetzung des Projektcontrolling ist die Überwachung und Lenkung des Projektes im Sinne der in der Projektdefinition und –planung festgelegten Randbedingungen. Kommt es durch Störungen zu Abweichungen von der geplanten Lösung, so müssen Gegenmaßnahmen eingeleitet werden. Aufgabe des Projektcontrolling ist die Überprüfung der vereinbarten Termine und Ergebnisse und im Fall einer Abweichung die Einleitung von Verbesserungsmaßnahmen. Auch hier kann der Gestaltungszyklus als unterstützendes Hilfsmittel zur Lösung von koordinativen Aufgabenstellungen dienen. In Bild 5-8 werden die Zusammenhänge zwischen den drei Phasen des Projektmanagement und die Möglichkeiten zur Anwendung des Gestaltungszyklus dargestellt. Wichtig sind die Verbindungen, bei denen aus der Projektdurchführung heraus Änderungen in der Projektplanung initiiert werden, da dies meist grundlegende Abweichungen von den ursprünglichen Planwerten verursacht.

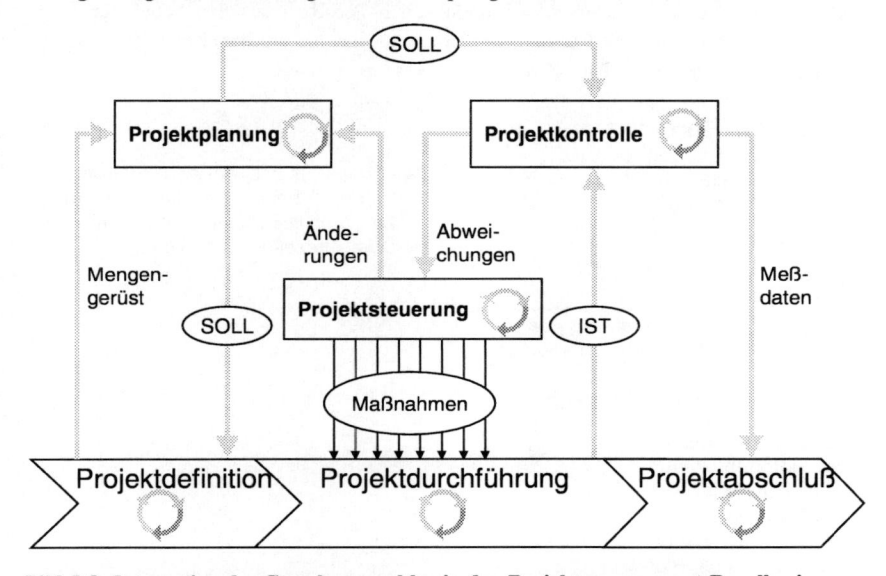

**Bild 5-8: Integration des Gestaltungszyklus in den Projektmanagement-Regelkreis**

Hilfsmittel die zur Projektdurchführung, speziell der Projektkontrolle eingesetzt werden können sind

- Meilenstein-Trend-Analyse für die Sicherstellung termingerechter Ergebnisse,
- Mitlaufende Projektkalkulation für die Überwachung der Projektkosten /Burghart 97, Daenzer 94, Schmidt 95/.

Die inhaltliche Kontrolle der Ergebnisse erfolgt über den Vergleich der Aufgabenstellungen mit den Ergebnissen zu den Meilensteinen. Dafür werden Hilfsmittel auf der operativen Gestaltungsebene eingesetzt. Sollte die inhaltliche Kontrolle Defizite bei den erarbeiteten Ergebnissen aufdecken, so sind Maßnahmen mit Hilfe des Gestaltungszyklus auf operativer und koordinativer Ebene einzuleiten, damit die Rahmenbedingungen für das Projekt und die Projektergebnisse realisiert werden können.

**Projektnachbereitung**

Die Projektnachbereitung beginnt mit dem Abschluß des Projektes. Ein Projekt zur lebenszyklusorientierten Produktgestaltung endet mit der Freigabe der Nullserie für das Produkt. Zielsetzung der Projektnachbereitung ist die Sicherung von technischen und organisatorischen Erkenntnissen für nachfolgende oder andere laufende Projekte. Damit soll ein technisches und organisatorisches „Lernen" initiiert werden.

Die Projektnachbereitung wird daher in zwei Bereiche unterteilt (Bild 5-9). Bei der entwicklungsorientierten Projektnachbereitung werden die koordinativen und operativen

Erkenntnisse des Entwicklungsprojektes zusammengestellt. Die lebenszyklusorientierte Projektnachbereitung ist auf die Erfahrungssicherung über den gesamten Lebenszyklus der Produkte ausgerichtet und dient dazu, kontinuierlich Feedback aus den Lebensphasen zu Komponenten, Prozessen und Ressourcenbedarfen zu erfassen, um damit die Entwicklungs- und Planungsqualität im virtuellen Bereich zu verbessern.

**Virtueller Bereich**

> Gestaltung des Produkts

Feedback als Projektnachbereitung
- Probleme bei der Projektdurchführung
- Zeitverschiebungen, Planungsfehler
- Durchlaufzeiten für Meilensteine
- 

> Gestaltung des Produktlebenszyklus

**Materiell realer Bereich**

Feedback aus dem Produktlebenszyklus
- Plan/Ist-Abgleich
- Fehlerquellen
- reale Ressourcenverbräuche
- Anpassung der Plandaten
- 

> Realisierung des Produktlebenszyklus

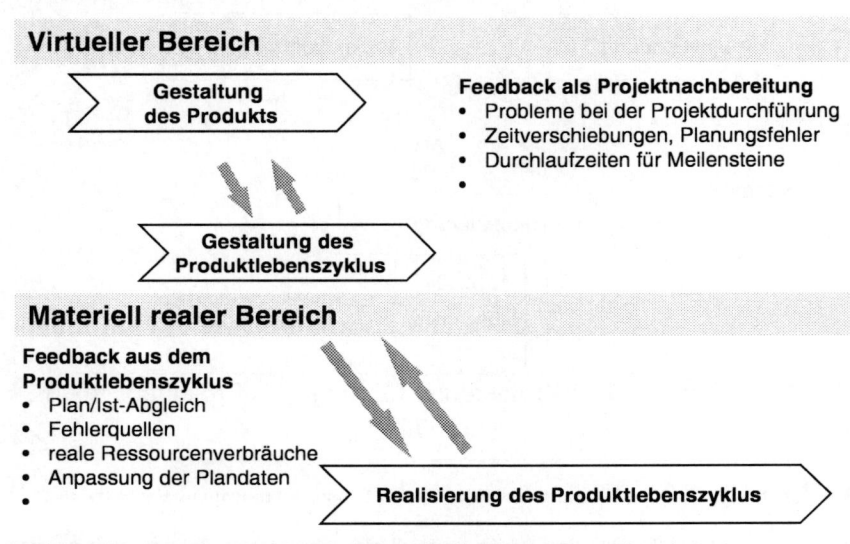

**Bild 5-9: Entwicklungs- und lebenszyklusorientierte Projektnachbereitung**

Um die Informationsflut zu beschränken, sollen nach Projektabschluß diejenigen Komponenten und Prozesse für die Abfrage und Ermittlung von lebenszyklusbezogenen Feedback-Informationen ausgewählt werden, die sich durch eine hohe ökologische und ökonomische Relevanz auszeichnen. Diese können mit Hilfe der ökologischen und ökonomischen Bewertung identifiziert werden. Die Erfassung und Analyse der Feedback-Informationen wird durch das Entwicklungsleitsystem unterstützt.

## 5.3 Operative Ebene der lebenszyklusorienten Produktgestaltung

In diesem Kapitel werden die einzelnen Aufgaben der operativen Gestaltungsebene unternehmens- und produktneutral mit Hilfe des Gestaltungszyklus beschrieben. Dabei entsteht ein Aufgabenkatalog, der nach dem Gestaltungszyklus, den Lebenszyklusphasen und den Gestaltungselementen Produkt, Prozeß und Ressourcen gegliedert ist. Die Gestaltung von Ressourcen ermöglicht es, auch neue oder optimierte Ressourcen in die lebenszyklusorientierte Produktgestaltung einzubinden.

Mit Hilfe dieses Aufgabenkatalogs und den Hilfsmitteln der koordinierenden Gestaltungsebene können die Inhalte unternehmens- und produktspezifischer Projekte zur lebenszyklusorientierten Produktgestaltung formuliert werden. Damit wird die Verbindung zwischen der allgemeinen Darstellung von Aufgaben, deren Koordination und der Anwendung in der Praxis hergestellt.

Standardabläufe der lebenszyklusorientierten Produktgestaltung werden aus dem Rahmenkonzept für die Koordination und den operativen Aufgaben generiert. Anschließend wird der Gestaltungszyklus auf die Aufgaben, die im Projektstrukturplan dargestellt sind, angewendet und damit die im Meilenstein vereinbarten Ergebnisse erzeugt.

**Operative Aufgaben**

**Gestaltungszyklus**

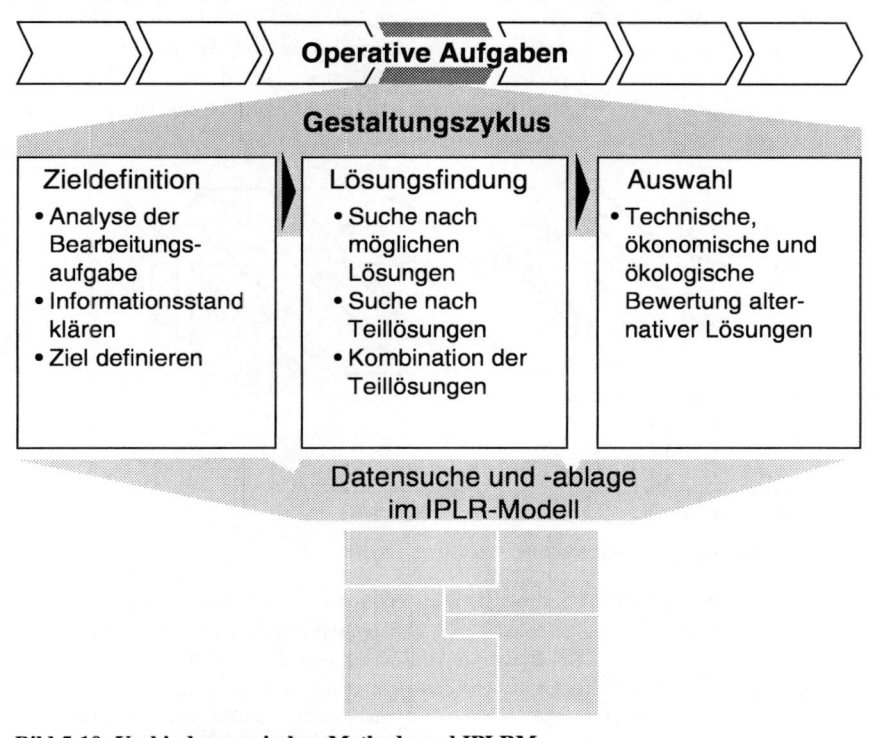

| Zieldefinition | Lösungsfindung | Auswahl |
|---|---|---|
| • Analyse der Bearbeitungsaufgabe<br>• Informationsstand klären<br>• Ziel definieren | • Suche nach möglichen Lösungen<br>• Suche nach Teillösungen<br>• Kombination der Teillösungen | • Technische, ökonomische und ökologische Bewertung alternativer Lösungen |

**Datensuche und -ablage im IPLR-Modell**

**Bild 5-10: Verbindung zwischen Methode und IPLRM**

Die operative Gestaltung wird im folgenden gemäß der Struktur des Gestaltungsraums aufgeteilt in die Gestaltung von Produkten, Prozessen und Ressourcen entlang des gesamten Produktlebenszyklus. Dabei werden sowohl die Aufgaben innerhalb der Gestaltungselemente als auch die Aufgaben auf den Schnittstellen der Gestaltungselemente, die besonders wichtig im Sinne einer integrierten Produkt- und Prozeßgestaltung sind, beschrieben. Anhand des Meilensteinplans sollen die grundlegend relevanten Aufgaben einer operativen lebenszyklusorientierten Produktgestaltung erläutert werden.

Generell geht die Gestaltung des Produktes der Gestaltung der Lebenszyklusprozesse und der Zuordnung von Ressourcen zu diesen Prozessen voraus. Die Schritte bei der Gestaltung der Produkte hängen stark von der Aufteilung der Zielsetzung und der daraus resultierenden Anzahl und Reichweite der Gestaltungszyklen ab. Zu kleine Iterationen mit einer kompletten Lebenszyklusgestaltung sind zu aufwendig und nutzen nicht viel. Die Zieldefinition wird durch Checklisten auf den verschiedenen Ebenen unterstützt und orientiert sich an den Meilensteinen.

Die Planung des Produktes und des dazugehörigen Lebenslaufes bildet eine untrennbare Einheit. Eine isolierte Betrachtung nur eines der beiden Teilmodelle ist aufgrund der Interrelationen nicht möglich. Der Großteil der Lebenszyklusprozesse wird durch die Eigenschaften des Produktes vorbestimmt. Es existieren jedoch auch Prozesse, die erst die Ausprägung bestimmter Produkteigenschaften ermöglichen. Die Produkt- und Prozeßsimulation, die sich durch eine hohe Änderungshäufigkeit der Planungsgrößen auszeichnet, macht die starke Abhängigkeit der Wechselbeziehungen deutlich (Bild 5-11).

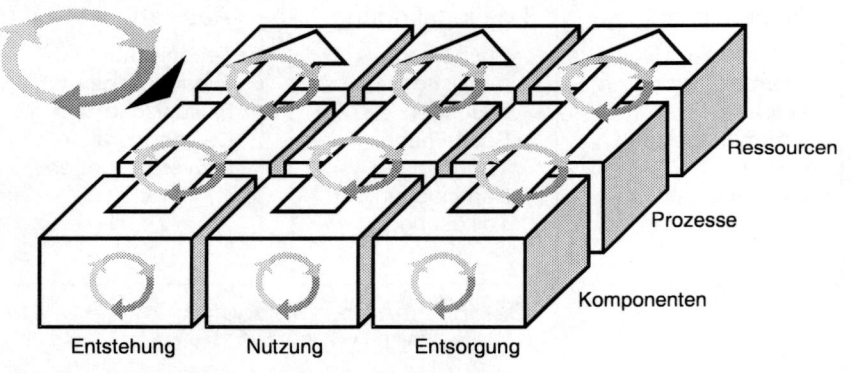

**Bild 5-11: Gestaltungszyklus auf der operativen Ebene**

Mit der Festlegung von Produkteigenschaften in der Produktentwicklung wird die Basis für eine neue IPLR-Einheit gelegt, welche technisch, ökonomisch und ökologisch bewertet werden muß. In einer Bewertung auf der Basis von Ressourcenbedarfen werden die produkt- und prozeßbezogenen Schwachstellen identifiziert und die daraus erkennbaren Optimierungspotentiale abgeleitet. Die Verbesserungsmaßnahmen können sich sowohl auf das untersuchte Produkt als auch auf die zugehörigen Lebenszykluselemente auswirken.

### 5.3.1 Gestaltungszyklus der operativen lebenszyklusorientierten Produktgestaltung

Die Lösungsfindung erfolgt über einen Algorithmus mit dem nach möglichen oder ähnlichen Lösungen in der IPLR-Datenbank gesucht wird. Für alternative Produktlösungen sollen auch alternative Prozeßketten für den gesamten Produktlebenszyklus definiert werden. Je nach Produktkomplexität wird für den Aufbau der Lebenszyklusprozeßketten die Modellierung und Bewertung von Lebenszyklen mindestens zwei oder mehr Male zu fortgeschrittenen Detaillierungen des Produktes wiederholt.

Eine verteilte Lebenszyklusmodellierung erfolgt nur, sofern nicht auf vorhandene Informationen aus dem IPLRM zurückgegriffen werden kann. Dies wird jedoch bereits bei der Projektdefinition im Rahmen der Klassifizierung mit Hilfe des Projektportfolios festgelegt. Ansonsten sind die Experten der verschiedenen Bereiche aufgefordert, die lebenszyklusorientierte Produkt- und Prozeßbewertung zu verifizieren.

*Entwicklung der Methode zur lebenszyklusorientierten Produktgestaltung* 77

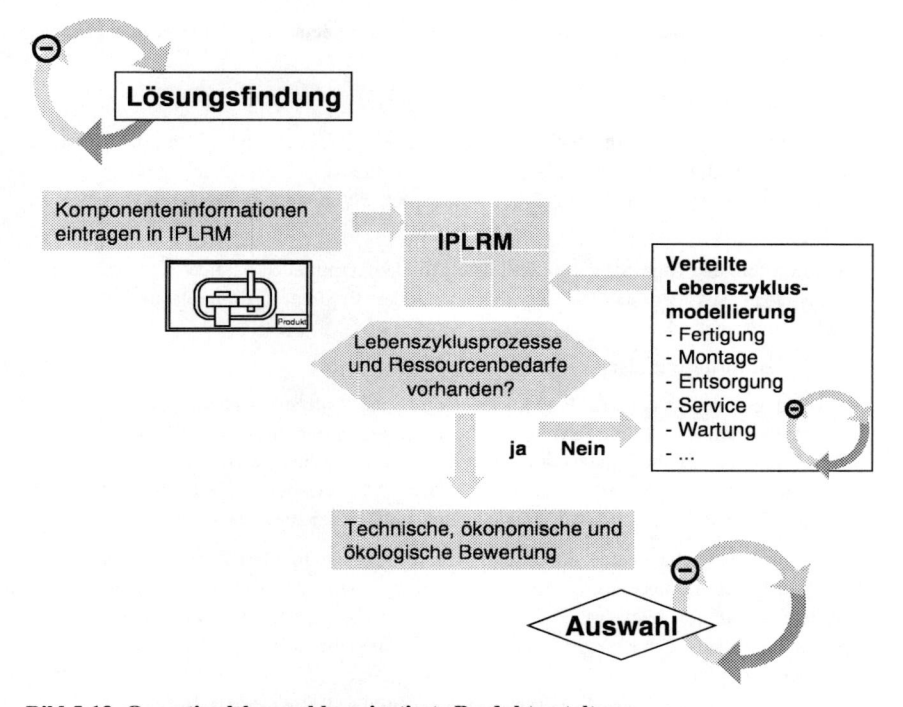

**Bild 5-12: Operative lebenszyklusorientierte Produktgestaltung**

Damit behält der Entwickler die Verantwortung über den Fortschritt der produktbezogenen Gestaltung. Desweiteren ist eine Absicherung oder Verbesserung der verschiedenen Lebenszyklusprozesse im Vorfeld der materiellen Produktlebensphasen möglich. Das Wissen und die Einschätzung der Experten ist notwendig, um Prozeßverbesserungen realisieren zu können. Dabei können Verbesserungen der ökologischen Eigenschaften von Lebenszyklusprozessen Produktmodifikationen induzieren. Die Bewertung des Lebenszykluskonzeptes auf Basis von Ressourcenbedarfen wird zur Auswahl der geeigneten Komponenten und Lebenszykluselemente genutzt.

### 5.3.2 Ergebnisse der Meilensteine

Zur Beschreibung der Aufgaben der verschiedenen Fachbereiche in den unterschiedlichen Projektphasen zur Erreichung der Meilensteinergebnisse wird die Struktur des Gestaltungszyklus herangezogen. Ziel ist die Beschreibung von wichtigen Aufgaben der Fachbereiche für die lebenszyklusorientierte Produktgestaltung; es ist nicht Ziel – und auch nicht sinnvoll – eine universell ohne Anpassung auf alle Produkte und Branchen anwendbare vollständige Beschreibung aller Aufgaben zu erstellen.

Wichtig für die Nutzung von Synergieeffekten ist in jeder Phase der Lösungsfindung für die einzelnen Meilensteine, die Analyse und Recherche in der IPLR-Datenbank, um auf bereits vorhandene oder sehr ähnliche Komponenten oder bewertete Lebenszyklusprozesse zurückgreifen zu können.

#### 5.3.2.1 Projektstart

Zu Beginn des Projektes werden bei „Projektstart" die Ziele des Projektes bezogen auf das zu entwickelnde Produkt, die Lebenszyklusprozesse und die Ressourcenbedarfe grob festgelegt. Die Ziele des Projektes müssen priorisiert werden, um die möglichen Lösungen bewerten zu können.

Eine Bewertung und Auswahl der in der Lösungsfindung ermittelten Parameter erfolgt anhand der Vorgaben aus der strategischen Produkt- oder Produktprogrammplanung und den gewichteten Projektzielen.

#### 5.3.2.2 Anforderungsliste

Aufbauend auf den operativen Projektzielen wird eine Anforderungsliste generiert. Dabei werden die am Kunden, Markt, den vorgegebenen Gesetzen und Normen sowie den aktuellen technischen, ökonomischen und ökologischen Vorgaben ausgerichteten Anforderungen für das zu entwickelnde Produkt festgelegt. Unter lebenszyklusorientierten Gesichtspunkten sind besonders die umweltrelevanten Anforderungen an das Produkt zu erarbeiten.

Das Produkt wird benannt und im IPLRM wird ein Projekt für dieses Produkt instanziiert. Dabei wird die Komponente „Produkt" festgelegt. Die Zielvorgaben werden in die Anforderungsliste eingetragen. Die maßgeblichen Funktionen des Produktes werden eingetragen. Erste Schätzungen für die Ressourcenbedarfe in den verschiedenen Produktlebensphasen werden den Lebenszyklusprozessen auf oberster Ebene zugeordnet. Zeitintervalle für die Lebenszyklusphasen werden ebenfalls als Zielwerte festgelegt.

Die Generierung der Anforderungsliste kann durch Checklisten oder Beispiele vergleichbarer Produkte vereinfacht werden. Unter Nutzung des Quality Function Deployment (QFD) eines speziell auf die umweltrelevanten und lebenszyklusorientierten Belange adaptierten ECO-QFD können externe Anforderungen detailliert in gewichtete Produktanforderungen überführt werden.

**ECO-QFD**

Quality Function Deployment (QFD) ist eine geeignete Methode, um systematisch Zielsetzungen für die Gestaltung von Produkten, Prozessen und Produktionsmittel zu priorisieren und damit die Kundenorientierung von Produkten zu erhöhen /Akao 92, Saatbecker 93/. Das Hilfsmittel House of Quality (HoQ) wird in unterschiedlichen Stadien der integrierten Produkt- und Prozeßgestaltung eingesetzt (Bild 5-13). Grundlegend wird dabei nach dem Gestaltungszyklus verfahren. Zunächst werden die Anforderungen und Ziele definiert (linke Spalte), mögliche Lösungen zur Zielerreichung (obere Zeile) ermittelt und diese anschließend bewertet, um die richtigen Prioritäten bei der weiteren Zielverfolgung zu setzen (Matrix).

Um die umweltrelevanten Aspekte durchgängig zu berücksichtigen, werden die Anforderungen, die in der linken Spalte des HoQ stehen, strukturiert in technische, ökonomische, ökologische und sonstige Zielsetzungen. Die ökonomischen Zielsetzungen können nur qualitativ beschrieben werden.

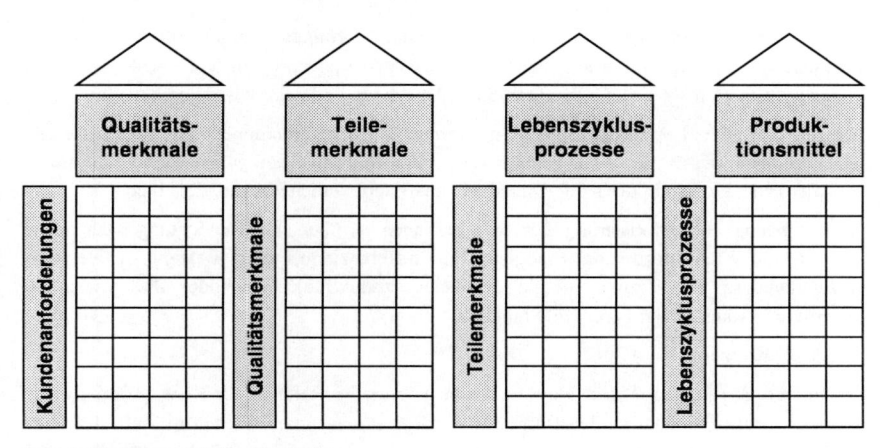

**Bild 5-13: House of Quality 1-4**

Durch diese Strukturierung der Zeilen und Spalten der QFD werden die unterschiedlichen Zielklassen und deren Erfüllungsgrade sowie eventuelle Zielkonflikte zwischen Eigenschaften verschiedener Zielklassen verdeutlicht. Mit Hilfe der Eco-QFD können somit systematisch die ökologischen Aspekte auch über den gesamten Lebenszyklus eine Produktes bereits in der Produktgestaltung berücksichtigt und qualitativ bewertet werden.

Legende:
t.= technische
w.= wirtschaftliche
ö.= ökologische
Anforderung/ Eigenschaft

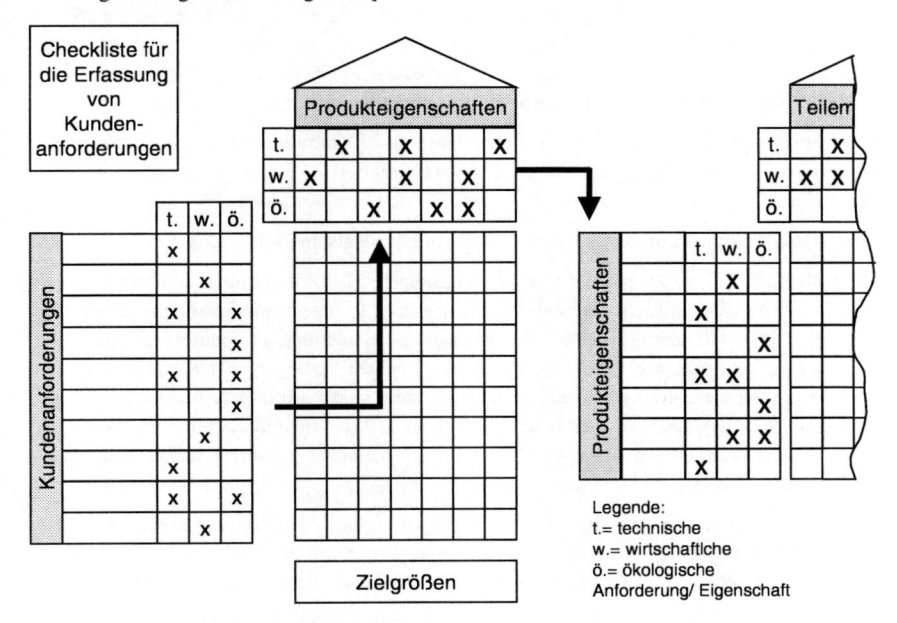

**Bild 5-14: House of Quality für ECO-QFD**

Zur Unterstützung der Anforderungsdefinition können unternehmensspezifische Anforderungskataloge, strukturiert nach den dargestellten Klassen für die verschiedenen House of Quality, generiert werden. Dadurch wird die Anwendung erleichtert und beschleunigt.

Bezogen auf die Lebenszyklusprozesse werden die Anforderungen an die einzelnen Lebenszyklusphasen in der Anforderungsliste weiter von den beteiligten Experten auf Basis ähnlicher Produkte, die in der IPLR-Datenbank analysiert werden können, detailliert.

Die Bewertung und Priorisierung der Anforderungen ist über eine Gewichtung nach Fest-, Mindest- und Wunschforderungen möglich. Eine differenzierte Punktbewertung ist über eine Nutzwertanalyse mit Bezug auf die einzelnen Produktfunktionen oder die gewichtete Bewertung in Rahmen der ECO-QFD möglich.

### 5.3.2.3 Konzepte

Module und Baugruppen sowie deren Funktionen sollen im Rahmen der Konzeptfindung mit Hilfe der Konstruktionsmethoden festgelegt werden. Des weiteren werden die mit Hilfe der verteilten Lebenszyklusgestaltung bewerteten Lebenszyklusprozesse der Module und Baugruppen ermittelt.

In der Produktentwicklung werden die Gesamtanforderungen und -funktionen des Produktes auf die maßgebenden Module und Baugruppen detailliert. Damit werden sowohl technische, ökonomische als auch ökologische Anforderungen an die festgelegten Komponenten konkretisiert.

Ausgehend von der Detaillierung der Produktstruktur werden von Experten der verschiedenen Fachrichtungen zu den einzelnen Komponenten Lebenszyklusprozesse im IPLRM abgebildet und die zugehörigen Ressourcenbedarfe abgeschätzt. Damit werden alternative Konzepte erarbeitet, die sich durch unterschiedliche IPLR-Zusammensetzung kennzeichnen.

Der Morphologischer Kasten kann in dieser Phase als Hilfsmittel herangezogen werden, um die alternative IPLR-Konzepte einander gegenüberzustellen und zu vergleichen oder zu kombinieren.

**Morphologie und technische, wirtschaftliche und ökologische Bewertung**

Als Hilfsmittel für die Zuordnung von Funktionsträgern zu Komponentenfunktionen hat sich der Morphologische Kasten und die darin integrierte technisch-wirtschaftliche Bewertung bewährt. Dieses Hilfsmittel wird um eine ökologische Bewertungskomponente erweitert, um auch in einer sehr frühen Entwicklungsphase – z.B. bei der Festlegung der Konzepte – bereits eine Bewertung verschiedener Alternativen hinsichtlich ihrer technischen, ökonomischen und ökologischen Ausprägungen beurteilen zu können. Als Hilfsmittel zur Ermittlung der ökologischen Wertigkeiten kann die Methode zur verteilten Lebenszyklusmodellierung – angewendet auf sehr abstrakter Ebene – dienen.

Die Bewertung und Auswahl der oder des weiter zu verfolgenden Konzeptes wird auf Basis einer technischen, ökologischen und ökonomischen Bewertung mit Hilfe der IPLR-Einheiten von dem Projektteam unter Beteiligung der Verantwortlichen für die verschiedenen Lebenszyklusprozesse durchgeführt.

## Zuordnung von Funktionsträgern zu Teilfunktionen

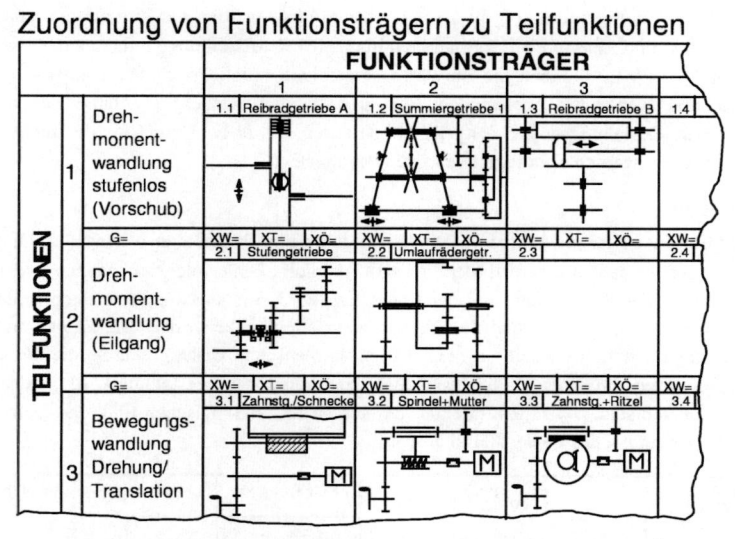

| | | FUNKTIONSTRÄGER | | | |
|---|---|---|---|---|---|
| | | 1.1 Reibradgetriebe A | 1.2 Summiergetriebe 1 | 1.3 Reibradgetriebe B | 1.4 |
| TEILFUNKTIONEN | 1 Drehmomentwandlung stufenlos (Vorschub) | | | | |
| | G= | XW= XT= XÖ= 2.1 Stufengetriebe | XW= XT= XÖ= 2.2 Umlaufrädergetr. | XW= XT= XÖ= 2.3 | XW= 2.4 |
| | 2 Drehmomentwandlung (Eilgang) | | | | |
| | G= | XW= XT= XÖ= 3.1 Zahnstg./Schnecke | XW= XT= XÖ= 3.2 Spindel+Mutter | XW= XT= XÖ= 3.3 Zahnstg.+Ritzel | XW= 3.4 |
| | 3 Bewegungswandlung Drehung/ Translation | | | | |

Ergebnis des Morphologischen Kastens: Wertigkeiten T, W, Ö

### Bewertung der Lösung

Ausprägung der Wertigkeit
0.2  0.4  0.6  0.8  1

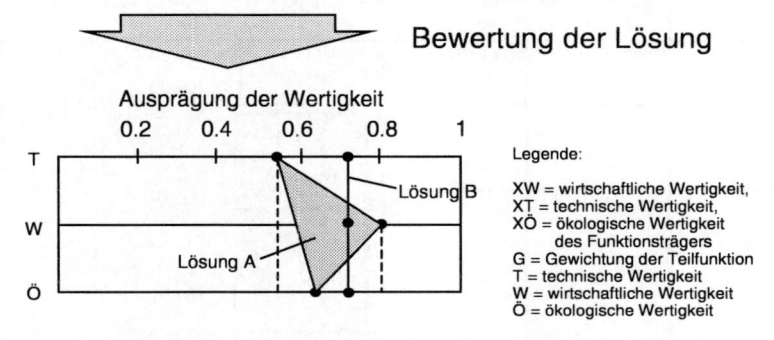

T
W — Lösung B
Ö — Lösung A

Legende:
XW = wirtschaftliche Wertigkeit,
XT = technische Wertigkeit,
XÖ = ökologische Wertigkeit
     des Funktionsträgers
G = Gewichtung der Teilfunktion
T = technische Wertigkeit
W = wirtschaftliche Wertigkeit
Ö = ökologische Wertigkeit

**Bild 5-15: Morphologie und technische, wirtschaftliche und ökologische Bewertung**

#### 5.3.2.4  Entwürfe

Ziel des Meilensteins „Entwürfe" ist die geometrische Detaillierung der Konzepte und Ausgestaltung der Schnittstellen zwischen den Komponenten in der Produktstruktur. Darüber hinaus sollen ebenfalls die Lebenszyklusprozesse zu diesen Komponenten konkretisiert werden.

Die Produktstruktur und ihre Komponenten inklusive Anforderungen, Funktionen und Geometrie werden durch die Konstrukteure oder Entwickler erarbeitet und anschließend durch die Experten aus anderen Bereichen um Lebenszyklusprozesse erweitert. Besonders wichtig ist die Konkretisierung der teuren und umweltrelevanten Komponenten und Lebenszyklusprozesse, da diese maßgeblichen Einfluß auf die Gesamtbilanz haben. Neben den

Entwürfen der in Eigenfertigung herzustellenden Module werden die Zulieferteile und deren Lebenszyklus- und Ressourceninformationen in das IPLR-Modell des Produktes integriert. Mit Hilfe der Öko-FMEA können die Entwürfe hinsichtlich möglicher Fehler überprüft werden. Die auf den Konzepten basierenden Entwürfe werden wiederum anhand der auf der strategischen Gestaltungsebene festgelegten Kriterien bewertet. Entwürfe, die nicht weiter verfolgt werden, werden als alternative Lösungen abgelegt.

## ECO-FMEA

Ziel der FMEA ist es, präventive Fehler der Produkte und Prozesse zu vermeiden. Dies wird dadurch erreicht, daß in einem Experten-Team mögliche Fehler, deren Ursachen und Folgen diskutiert und bewertet werden. Bei der Bewertung wird eine sogenannte Risikoprioritätszahl (RPZ) ermittelt, die sich aus der Auftrittwahrscheinlichkeit, der Bedeutung und der Entdeckungswahrscheinlichkeit des Fehlers zusammensetzt. Bislang wurde die Bedeutung nicht differenziert. Im Sinne der lebenszyklusorientierten Produktgestaltung wird bei der ECO-FMEA unterschieden zwischen direkter ökonomischer, ökologischer und der technischen gesamten Bedeutung des Fehlers (Bild 5-16).

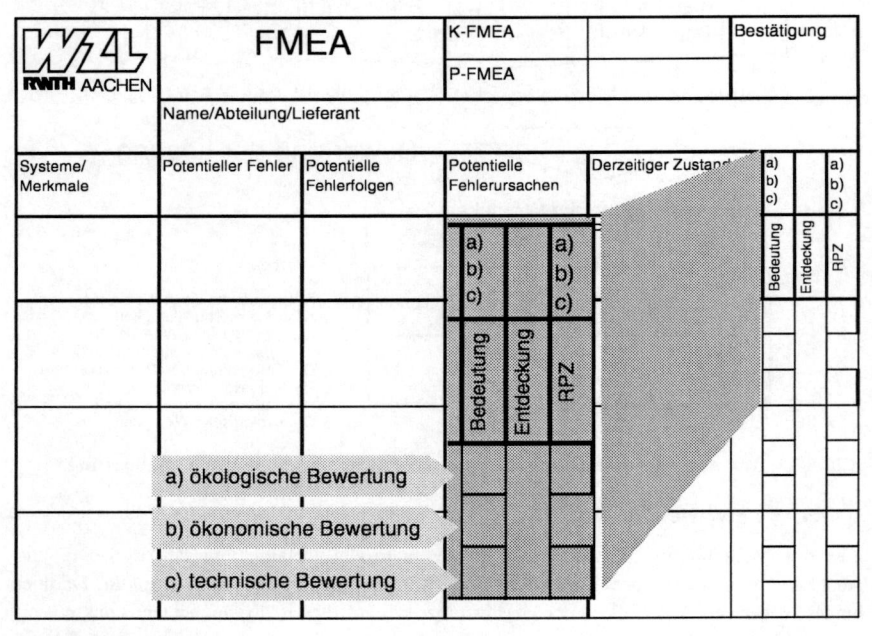

**Bild 5-16: ECO-FMEA**

Die Gesamtbewertung dient dazu, Einschätzungen der Experten, die nicht nur direkte ökonomische und ökologische Aspekte betreffen – z.B. langfristiger Kundenverlust durch wiederkehrende Fehler in der Nutzung – abzubilden.

An einem Beispiel „Leckage an einem Getriebe" sollen die Vorteile der Differenzierung dargestellt werden. Die direkte ökonomische Bedeutung ist gering, da nur wenige Tropfen Getriebeöl ausfließen und leicht bei den regelmäßigen Wartungsarbeiten ersetzt werden können. Die ökologische Bedeutung kann sehr hoch sein, wenn dieses Öl ungehindert in den Boden versickert. Mit Hilfe der so modifizierten FMEA können differenziert Abstellmaßnahmen getroffen werden und auch Prioritäten zur Behebung ökonomischer und ökologischer Risiken festgelegt werden.

### 5.3.2.5 Gestalt

Zum Termin für den Meilenstein „Gestalt" müssen die endgültigen geometrischen Angaben zu allen Komponenten des Produktes vorliegen. Dies umfaßt alle Maße und Toleranzen. Ziel ist die Festlegung der Produktgeometrie im Sinne eines „Design Freeze". In dieser Phase werden die Entwürfe konkretisiert und die Geometrien aller Komponenten mit Hilfe von CAD Systemen festgelegt. Parallel werden die umweltrelevanten Komponenten hinsichtlich ihrer Ressourcenbedarfe, die bereits zum vorhergehenden Meilenstein ermittelt wurden, überprüft, um sicherzustellen, daß bei der Gestaltung des Produktes die Randbedingungen für die Lebenszyklusprozesse nicht maßgeblich verändert wurden.

Die lebenszyklusorientierte Bewertung der Produkte erfolgt wiederum mit Hilfe der Informationen aus dem IPLRM. Zu diesem Meilenstein sind alle Produktdaten festgelegt. Damit endet die Gestaltung des Produktes.

### 5.3.2.6 Lebenszyklus

Hier werden die Lebenszyklusprozesse für alle Produktkomponenten ausgestaltet. Besonders zeitkritisch sind die Prozesse der Entstehungsphase, da diese Prozesse als nächstes starten und hierfür evtl. noch Betriebsmittel fertiggestellt werden müssen. Basierend auf den bereits dargestellten ressourcenrelevanten Lebenszyklusprozessen werden alle notwendigen weiteren Prozesse und die Ressourcenbedarfe festgelegt. Hierbei zahlt sich die frühzeitige Mitarbeit der Experten aus den verschiedenen Lebenszyklusphasen aus, da wesentliche Aufgaben bereits im Laufe der lebenszyklusorientierten Produktgestaltung erledigt wurden.

Durch die Komplettierung des gesamten Produktlebenszyklus ist auf dieser Basis die genaueste Abschätzung der ökologischen Eigenschaften über den gesamten Produktlebenszyklus möglich.

### 5.3.2.7 Produktionsstart

Zum Produktionsstart stehen alle Betriebsmittel, Materialien und Personen zu Verfügung. Zum im Meilensteinplan vereinbarten Termin wird die Produktion begonnen. Anwesend sind alle an der Gestaltung des Produktes und der Entstehungsprozesse beteiligten Personen. Die Nullserie wird einer speziellen Überprüfung unterzogen, um sicherzustellen, daß die ersten Teile die Qualitätsanforderungen erfüllen.

Ab hier beginnt die Phase der Projektnachbereitung. Es werden alle Ereignisse – dies können Störungen, Fehler oder Verbesserungsvorschläge sein – aufgenommen und in einer separaten Feedback-Datenbank zum Produkt gesammelt. Diese Informationen können später für die Optimierung der Komponenten und Prozesse genutzt werden.

## 5.4 Methode zur verteilten Gestaltung von Lebenszyklusprozessen

Die Methode zur verteilten Gestaltung von Lebenszyklusprozessen ist ein besonders wichtiges Hilfsmittel für die lebenszyklusorientierte Produktgestaltung, da hiermit die im vorhergehenden Kapitel dargestellte integrierte Produkt- und Prozeßgestaltung – und damit der Aufbau des IPLRM – ermöglicht wird. Die Gestaltung der Lebenszyklusprozesse soll von den Experten und im Projekt Verantwortlichen der Lebenszyklusprozesse erfolgen; daher muß die Möglichkeit zum verteilten Arbeiten am IPLRM geschaffen werden. Dies stellt nicht nur informationstechnische Anforderungen, sondern bedarf einer besonderen Berücksichtigung bei der Entwicklung der Gestaltungsmethode.

Bisherige Methoden, die eine Lebenszyklusmodellierung und -bewertung für Produkte auch unter ökologischen Aspekten erlauben, sind etwa die

- Ökobilanz oder LCA /Alting 97, Kriwet 95, UBA 95/
- Produktlinienanalyse /Böhlke 94, Rubik 97/ oder
- Ganzheitliche Bilanzierung /Dekorsy 93, Eyerer 96/.

Sie alle zeichnen sich dadurch aus, daß sie die Umweltauswirkungen eines Produktes über dessen Lebenszyklus hinweg erfassen und darauf aufbauend eine Bewertung vornehmen. Wie Bild 5-17 verdeutlicht, erfolgt die Analyse und Bewertung jedoch erst während oder im Anschluß an das durchlaufene Produktleben, da erst zu diesem Zeitpunkt die tatsächlichen Ressourcenverbräuche erhoben werden (ausführliche Darstellung siehe Kapitel 3).

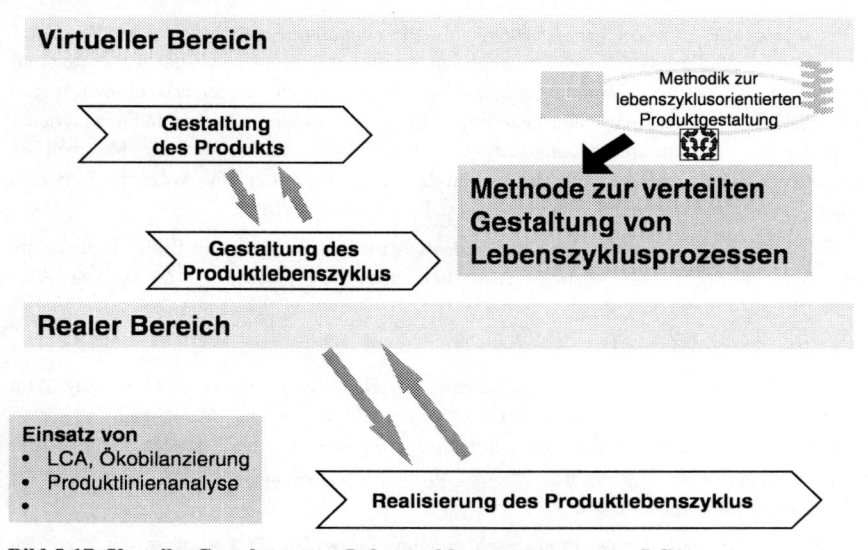

Bild 5-17: Verteilte Gestaltung von Lebenszyklusprozessen versus LCA

Durch die ausschließliche nachträgliche Bewertung von bereits hergestellten Produkten ergibt sich ein sehr langer Produktoptimierungsregelkreis, der in der Größenordnung eines gesamten

Produktlebenszyklus liegt /Kriwet 95, Schulz 98b, Tipnis 95/. Es handelt sich somit nicht um ein konstruktionsbegleitendes Werkzeug, da die aus dem LCA entstehenden Produktverbesserungen lediglich in der Anforderungsdefinition des Nachfolgeproduktes zum Einsatz kommen. Die aktive Planung neuer Produkte wird nicht unterstützt, da hierfür keine erfaßten Daten vorliegen. Aufgrund des analytischen Charakters dieser Methoden erfolgt eine Produktoptimierung lediglich auf Basis der gewonnenen Erkenntnisse aus Schwachstellenanalysen existierender Produkte. Gleichwohl sind Optimierungen der Produktionsprozesse vor dem Hintergrund der ermittelten Ressourcenbedarfe in der Entstehungsphase möglich, jedoch ohne die Auswirkungen auf den gesamten Produktlebenszyklus nachvollziehen zu können.

Durch Einsatz der Methode zur verteilten Lebenszyklusgestaltung soll ein konstruktionsintegriertes Hilfsmittel zur Entscheidungsunterstützung für die Gestaltung des virtuellen Produktes geschaffen werden. Auf Basis des auf das Produkt abgestimmten, vordefinierten Produktlebenszyklus, lassen sich die zu erwartenden Ressourcenaufwände aus sämtlichen Lebenszyklusprozessen abschätzen. Zu jedem der geplanten Lebenszyklusprozesse kann unter Erhebung der zu erwartenden Ressourcenbedarfe dessen Beitrag zu der Umweltbeeinträchtigung des gesamten Produktes ermittelt werden. Unter Auswertung dieser Plandaten ist daraufhin eine frühzeitige Bewertung des geplanten Produktes und seiner Komponenten möglich.

Durch Abbildung verschiedener Produktalternativen und deren Lebenszyklen sowie einer abschließenden Alternativenbewertung wird das ökonomisch, ökologisch und technisch optimierte Produkt mit zugehörigen Lebenszyklen identifiziert und ausgewählt.

### 5.4.1 Vorgehensweise zur Abbildung von Lebenszyklusprozessen

Im IPLRM sind die Inhalte und Entitäten des Lebenszyklusmodells dargestellt. Hier soll nun die anwendungsorientierte Vorgehensweise hergeleitet werden, mit der der Aufbau von Lebenszyklusprozessen im IPLRM erfolgen kann. Im Kapitel 3 sind die Anforderungen an die Modellierungsmethode als Vergleichsmaßstab für bestehende Prozeßmodellierungsmethoden erläutert worden. Im folgenden werden die Lösungen für das Anforderungsprofil für die verteilte Gestaltung von Produktlebenszyklen dargestellt.

Auch die Methode zur Gestaltung der Lebenszyklusprozesse orientiert sich am Gestaltungszyklus. Ausgangspunkt für die Zieldefinition sind dabei die in der Entwicklung über Anforderungen, Funktion und Gestalt definierten Komponenten, zu denen Lebenszyklusprozesse ergänzt und im IPLRM abgelegt werden sollen. In der Phase der Lösungsfindung wird soweit möglich auf die unternehmensspezifisch aufgebauten Prozeß- und Ressourcenkataloge zugegriffen und Prozeßketten und –hierarchien abgebildet.

Um die Gestaltung von Produktlebenszyklen zu ermöglichen, ist es notwendig eine geeignete Abbildung der Prozesse in den einzelnen Produktlebensphasen zu gewährleisten. Dies soll durch eine graphische Symbolik, ähnlich zu der Prozeßelementmethode nach TRÄCKNER unterstützt werden (Bild 5-18). Die Symbole sind an die Lebenszyklusstrukturen des IPLRM gekoppelt.

## Entstehung | Nutzung | Entsorgung

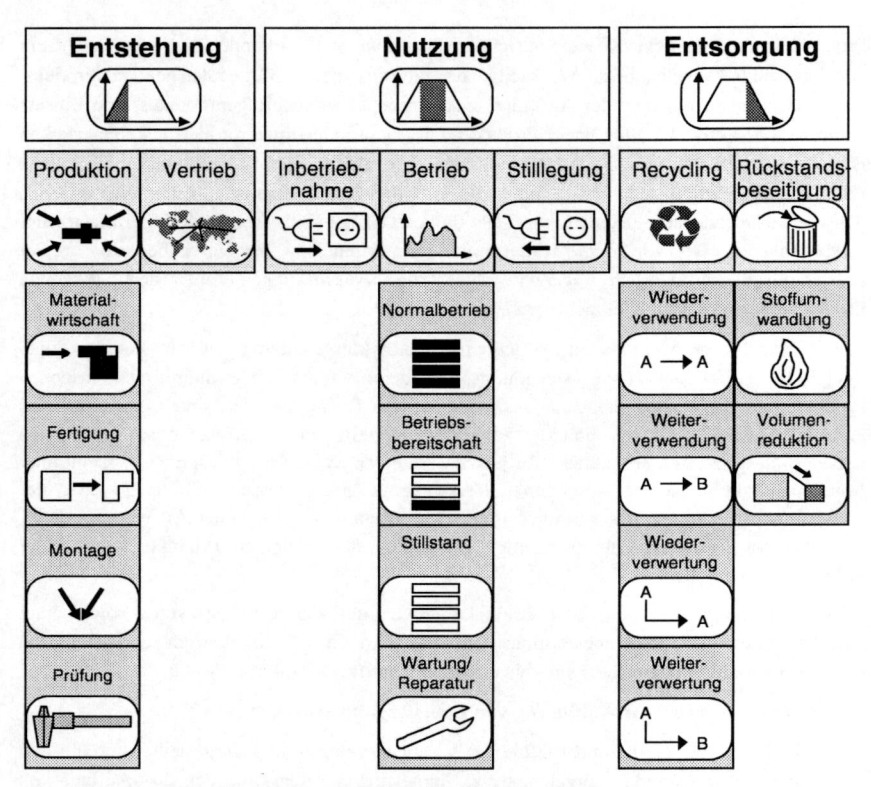

| Entstehung | | Nutzung | | | Entsorgung | |
|---|---|---|---|---|---|---|
| Produktion | Vertrieb | Inbetriebnahme | Betrieb | Stilllegung | Recycling | Rückstandsbeseitigung |
| Materialwirtschaft | | | Normalbetrieb | | Wiederverwendung A → A | Stoffumwandlung |
| Fertigung | | | Betriebsbereitschaft | | Weiterverwendung A → B | Volumenreduktion |
| Montage | | | Stillstand | | Wiederverwertung A ↳ A | |
| Prüfung | | | Wartung/ Reparatur | | Weiterverwertung A ↳ B | |

**Bild 5-18: Prozeßelemente zur Abbildung von Lebenszyklusprozessen**

Die Einteilung der Elemente erfolgt analog zum Lebenszyklusmodell auf mehreren Ebenen. Während die Phasen Entstehung, Nutzung und Entsorgung die Ebene 1 bilden, sind alle weiteren Elemente der Ebene 2 und 3 zugeteilt. Die Ebene 3 stellt, sofern möglich, eine weitere Untergliederung der Ebene 2 dar (Bild 5-19).

Die Ebenen 1 – 2 dienen ausschließlich der Abbildung von Lebenszyklusphasen bzw. Hauptprozessen. Die Möglichkeit der Abbildung weiterer Einzelprozesse und Aktivitäten wird dadurch ermöglicht, daß die gleiche Symbolik wie auf der Ebene 3 verwendet und zusätzlich die Prozeßbezeichnung als Differenzierungskriterium verwendet wird. Den Elementen der Prozeßebenen wird jeweils das Symbol der Ebene 2 vererbt, wie in Bild 5-19 deutlich wird. Die Prozeßelemente, die beispielsweise die Vorgänge der Wiederverwendung einer Produktkomponente beschreiben, tragen alle das Symbol für die Wiederverwendung. Die Prozesse gehören alle zu dieser Prozeßklasse und unterscheiden sich durch Ihre Bezeichnung.

Durch diese Vorgehensweise kann eine überschaubare Anzahl generell verschiedener Prozesse unterschieden werden und als Grundlage für die Darstellung aller Lebenszyklusprozesse genutzt werden. Somit können – entsprechend den Anforderungen an die Modellierung – flexibel Lebenszyklusprozesse detailliert werden. Es ist nicht notwendig zu jeder Komponente die gleichen Ebenen der Lebenszyklusprozesse abzubilden, sondern der Detaillierungsgrad wird nur erhöht, wenn die Prozesse als ökologisch oder ökonomisch kritisch eingestuft werden.

Durch die Standardisierung der ersten drei Ebenen des Lebensyzyklusmodells wird auf einem abstrakten Niveau die Möglichkeit zum Vergleich der Prozesse gegeben. Damit können über Komponenten oder sogar Produkte hinweg die verschiedenen Lebenszyklusprozesse hinsichtlich ihrer Ressourcenbedarfe verglichen und Synergien zur Optimierung genutzt werden. Dazu sollen je nach Aufgabenstellung die zu betrachtenden Prozeßebenen ausgewählt werden können. Im Gegensatz zur Abbildung der Prozeßelemente in großen Prozeßplänen – wie dies bei Tränckner und anderer Methoden zur Prozeßmodellierung üblich ist – sollen die Prozesse auf DinA4 Prozeßlisten gedruckt werden können. Dies ist eine Anforderung an das Entwicklungsleitsystem, die wichtig ist, um die verteilte Modellierung zu unterstützen.

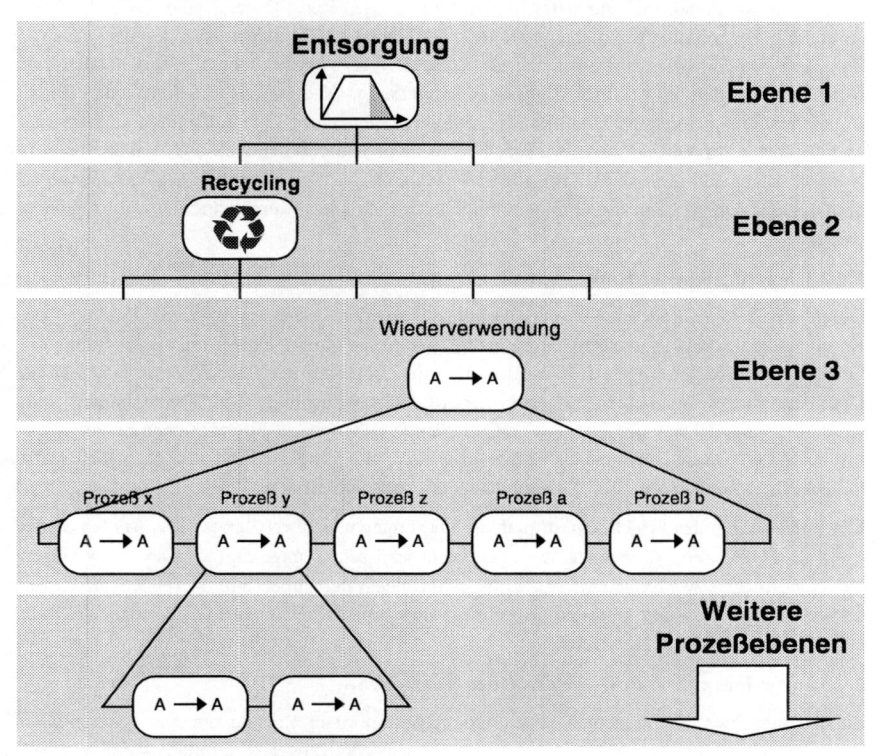

**Bild 5-19: Prozeßelementhierarchien**

Nicht alle Lebenszyklusprozesse müssen mit dem gleichen Detaillierungsgrad abgebildet werden, um ausreichend genau eine Bilanzierung über den virtuellen Lebenszyklus durchführen zu können. Auf vertikaler Ebene muß die Betrachtungsgenauigkeit in dem Maße variierbar sein, in dem es die anwendungsspezifischen Anforderungen bezüglich einer

Zuordenbarkeit von Ressourcenbedarfen zu Lebenszyklusprozessen und Komponenten innerhalb des IPLRM erfordert. Dazu ist das Lebenszyklusmodell so weit zu detaillieren, daß eine verursachungsgerechte Zuordnung von kritischen Ressourcenbedarfen zu einzelnen Prozessen des Produktlebenszyklus möglich ist. Ist dazu auch eine Detaillierung des Produktes notwendig, so wird dies integriert mit fortschreitender Produktgestaltung automatisch erreicht.

Werden in den frühen Entwicklungsphasen, in denen noch unsichere Prozeßdaten auf undifferenzierter Planungsebene vorliegen, bereits punktuelle Schwachstellen in einzelnen Lebensphasen des Produktes erkannt, so erscheint es sinnvoll, diese Phasen oder Prozesse auf mögliche Optimierungspotentiale hin zu analysieren. Für eine weitergehende Untersuchung ist deshalb eine Detaillierung des Betrachtungsbereiches empfehlenswert, anhand derer die Schwachstelle verursachungsgerecht identifiziert werden kann. Mit Hilfe einer ökologischen und ökonomischen Analyse werden die ressourcenintensiven Prozesse ermittelt und Optimierungsmaßnahmen zur Bedarfsreduktion abgeleitet. Durch eine anschließende Abbildung der optimierten Lebenszyklen – für einzelne Komponenten oder das gesamte Produkt – werden die Verbesserungen verdeutlicht. Alternative Prozesse, Komponenten und Ressourcen werden nur im IPLRM abgelegt, wenn daraus Änderungen in der gesamten IPLR-Einheit resultieren. Ansonsten ist dies als Optimierung einzelner Teile der Einheit zu verstehen und als solche im Vorfeld zu vollziehen. Hierzu kann selbstverständlich die Methode genutzt werden. Lediglich die Ablage im IPLRM soll sich auf grundlegende Differenzierungen beschränken. Damit kann die Grundgesamtheit der möglichen Kombinationen stark reduziert werden.

### 5.4.2 Hinzufügen neuer Komponenten

Durch die fortschreitende Produktgestaltung werden ausgehend vom Produkt die Komponenten in das Produktmodell eingefügt. Zu diesen Komponenten müssen ebenfalls die Lebenszyklusprozesse zugeordnet werden. Um den Experten der Lebenszyklusphasen einen Überblick über Komponenten zu geben, deren Lebenszyklusprozesse zu konkretisieren sind, werden Übersichtslisten generiert aus denen fehlende Lebenszyklusinformationen hervorgehen. Im Anschluß daran werden nach der in Bild 5-12 dargestellten Vorgehensweise die Lebenszyklen konkretisiert und Ressourcenbedarfe zugewiesen.

Unterstützt durch den Projektstrukturplan der koordinierenden Gestaltungsebene werden die zu gestalteten Lebenszyklusprozesse personenspezifisch angezeigt. Die jeweiligen Verantwortlichen werden durch das Entwicklungsleitsystem über ihre Aufgaben informiert und können in Kontakt mit den jeweiligen Komponentenverantwortlichen oder Kollegen anderer Lebenszyklusphasen treten.

### 5.4.3 Optimierung von Prozessen zu einer Komponente

Zu den einzelnen Komponenten sollen möglichst minimale Ressourcenbedarfe durch eine optimierte Gestaltung des Produktes und der Lebenszyklusprozesse ermittelt werden. Dazu bietet die Methode die Möglichkeit, alternative Lebenszyklusprozesse für eine Komponente zu vergleichen und die ideale auszuwählen. Diese IPLR-Einheit wird dann in das IPLRM für das Projekt übertragen. Die anderen alternativen Lebenszyklusprozesse zu der betrachteten Komponenten können dezentral gesichert werden, damit sie im Falle einer Störung oder Änderung des eigentlichen Idealprozesses direkt als Ausweichlösung genutzt werden können.

### 5.4.4 Integrierte Produkt- und Prozeßoptimierung

Resultiert aus der Optimierung der Lebenszyklusprozesse eine Änderung der Komponente, so wird eine neue IPLR-Einheit für diese Komponente als Variante angelegt, da in diesem Fall sowohl eine Produkt- als auch eine Prozeßanpassung disziplinenübergreifend bewertet werden muß. Durch diese Unterscheidung zwischen einfacher Prozeßoptimierung und integrierter Produkt- und Prozeßoptimierung wird die Anzahl möglicher Kombinationen, die im gemeinsamen IPLRM abgebildet werden, stark reduziert, ohne die Ideen der Konstrukteure und der verteilt agierenden Lebenszyklusgestalter für ihre eigenen Aufgaben zu verlieren.

### 5.4.5 Konsistenzüberprüfung

Im Anschluß an die Modellierung der Produktlebenszyklusprozesse wird eine Konsistenz- und Vollständigkeitsprüfung der Daten anhand von Listen vorgesehen. Sowohl entlang der Prozeßketten als auch zwischen den Hierarchieebenen der Prozesse müssen die Daten aggregiert werden können. Mit Hilfe der über die Prozeßelementmethode gefüllten Datenbanken können anschließend unterschiedliche Sichten zur Analyse und Bewertung von Produkten und Lebenszyklusprozessen erzeugt werden.

Mit der Gestaltung der Lebenszyklusprozesse wird die Grundlage für den dritten Schritt des Gestaltungszyklus, die Bewertung und Auswahl der besten Produkt- und Lebenszykluskonzepte gelegt. Die im Kapitel 5.5 dargestellten Vorgehensweisen zur Bewertung müssen im Entwicklungsleitsystem online zur Verfügung gestellt werden, um direkt die Auswirkungen von geänderten Produkt- und Prozeßparametern nachvollziehen zu können.

Aufgrund einer fortlaufenden Änderung der Randbedingungen durch neue Umweltgesetzgebung, sich wandelndes Kundenverhalten, neue Fertigungs- und Entsorgungstechnologien sowie der Veränderung von Rohstoffpreisen etc., ist mit Abweichungen des realen vom geplanten Produktlebenszyklus zu rechnen. Das Auftreten solcher „Störgrößen" ist nur begrenzt kalkulierbar, doch kann auch dies durch die Berücksichtigung von Unsicherheiten oder die Abbildung alternativer Szenarien im Rahmen einer zukunftsorientierten Gestaltung des Produktes sowie dessen Lebenszyklus a priori berücksichtigt werden.

## 5.5 Bewertung, Analyse und Optimierung von Produkten und Lebenszyklusprozessen

Mit Hilfe der Methode zur verteilten Gestaltung von Lebenszyklusprozessen ist es möglich, die Bilanzierung nicht erst im Anschluß an die abgeschlossene Produktentwicklung als ökologische Schlußprüfung einzusetzen, sondern ein kontinuierlich einsetzbares Entscheidungshilfsmittel zu nutzen. Damit können entworfene Bauteile und Baugruppen sofort auf deren Umwelt- und Kostengerechtheit überprüft werden. Voraussetzung für solch eine kontinuierliche Bilanzierung ist ein effizientes und schnelles Bewertungstool, das universell, verteilt einsetzbar ist und eine Verkürzung des Konstruktionsablaufs bewirkt.

Da es, anders als bei der rein ökonomischen Bewertung, im Rahmen der ökologischen Bewertung bisher kein einheitliches Bewertungsschema und klar festgelegte Bewertungsgrößen gibt, muß diese Bewertung an unternehmensspezifische Randbedingungen anpaßbar sein (Bild 5-20).

## Einflußgrößen
- rechtlich
- branchenspezifisch
- unternehmenspezifisch
- ...

**Normative Bewertungsgrößen**
- gesetzliche Vorschriften
- Wirkungsanalysen
- ...

**Strategische Öko-Richtlinien**
- minimaler Materialeinsatz
- minimaler Engergieeinsatz
- geringe Emissionen
- ...

**Operative Bewertungsmaßstäbe**

Sachbilanzierung
- kg, MJ, h
- $NO_x$, $CO_2$

Wirkbilanzierung
- globale Erwärmung

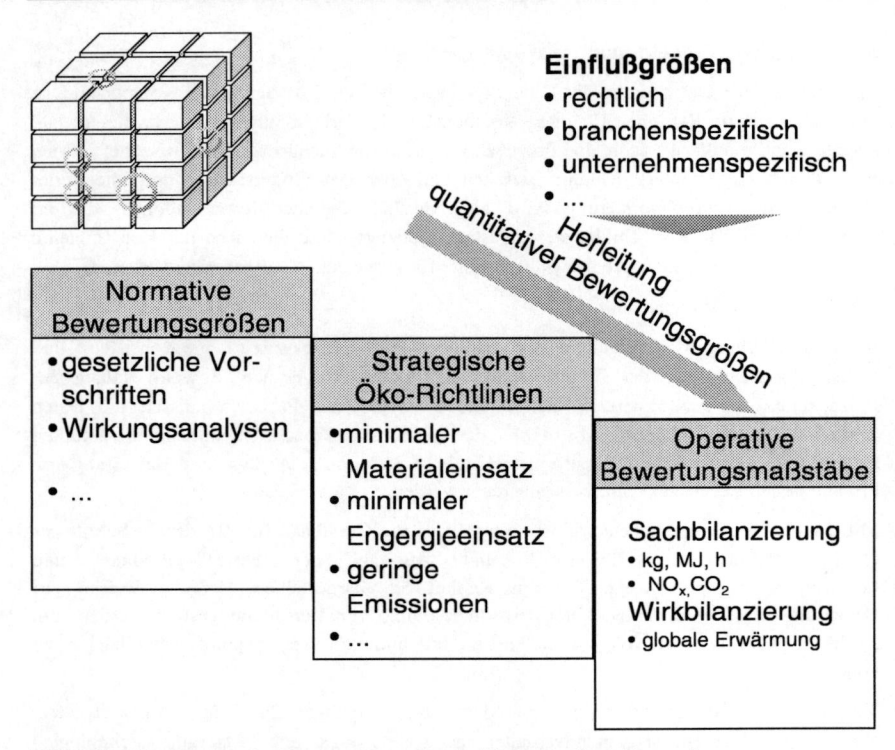

**Bild 5-20: Integration der Bewertung auf verschiedenen Gestaltungsebenen**

Auf normativer Gestaltungsebene werden die Rahmenbedingungen für die operative Wirkbilanzierung der Ressourcenbedarfe anhand von gesetzlichen Vorschriften und durch die Forschung abgesicherten ökologischen Wirkungen unterschiedlicher Ressourcen festgelegt. Diese Informationen werden im Hilfs- und Bewertungsmodell als Transformationsmatrix des IPLRM abgelegt und zur Bewertung der in der Sachbilanz ermittelten aggregierten Ressourcenbedarfe herangezogen. Mit dieser Vorgehensweise wird ein unternehmens-, produkt- oder projektspezifisch einheitlicher Bewertungsmaßstab geschaffen, den alle an der operativen lebenszyklusorientierten Gestaltung beteiligen Personen nutzen können. Damit wird deren Arbeit stark erleichtert, da sie sich um ihre Kernprozesse kümmern können. Die Ermittlung von Wirkbilanzen fällt in den Verantwortungsbereich von Chemikern, Biologen etc., die allgemeingültige ökologische Wirkungen von Ressourcen ermitteln müssen. Durch eine derartige Kombination wird eine Brücke zwischen den verschiedenen natur- und ingenieurwissenschaftlichen Disziplinen geschlagen und deren Zusammenwirken in den Dienst der Gestaltung umweltfreundlicherer Produkte gestellt.

Auf der Grundlage der normativen Bewertungsmaßstäbe und der strategischen Ausrichtung eines Unternehmens in bezug auf die Ökologieorientierung werden Ziele hinsichtlich der einzusetzenden Ressourcen formuliert. Diese Ziele werden detailliert, um Ressourcenkataloge

*Entwicklung der Methode zur lebenszyklusorientierten Produktgestaltung* 91

abzuleiten, auf deren Grundlagen sowohl die Bewertung im virtuellen Bereich als auch die Datenaufnahme im materiell realen Bereich erfolgen kann.

Für eine systematische Bewertung mit anschließender Schwachstellenanalyse ist es notwendig, die ressourcenintensiven Produktkomponenten und Lebenszyklusprozesse identifizieren zu können. Daher ist eine eindeutige Zuordnung von Ressourcenbedarfen zu einzelnen Prozessen oder Lebensphasen zu gewährleisten. Erste Aussagen über die Ressourcenbedarfe von Lebenszyklusprozessen der einzelnen Komponenten lassen sich nur auf Basis von Erfahrungen abschätzen. Nachdem alle zum jeweiligen Projektmeilenstein verfügbaren oder signifikanten Informationen zu den Komponenten, Prozessen und Ressourcen von den Experten in das IPLRM eingegeben worden sind, kann eine Analyse, Bewertung und Optimierung der IPLR-Einheiten stattfinden.

Mit wachsendem Produktreifegrad steigt nicht nur die Verfügbarkeit, sondern auch die Sicherheit der Produkt- und Prozeßdaten. Da auf dieser Datengrundlage die Bewertung erfolgt, nimmt deren Aussagekraft gleichfalls mit steigendem Informationsreifegrad zu.

### 5.5.1 Rechnerische Verknüpfung der Lebenszyklushierarchien

Die verschiedenen Hierarchieebenen des Lebenszyklusmodells sind miteinander auch über Algorithmen verknüpft, die eine Abschätzung und eine Berechnung von Ressourcenbedarfen ermöglichen und damit eine mit steigenden Entwicklungsstand sicherere Lebenszyklusplanung gewährleisten. Dazu wird das Hilfs- und Bewertungsschema des IPLRM genutzt.

$$\sum_i Rb_{i,n} \geq \sum_j Rb_{j,n+1}$$

$Rb$ = Ressourcenbedarf

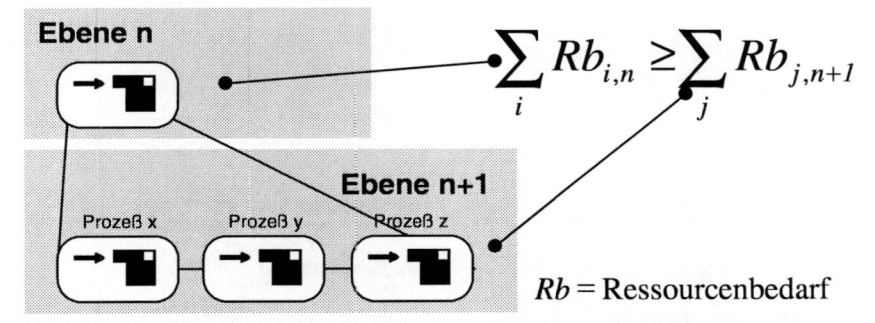

**Bild 5-21: Aggregation von Ressourcenbedarfen über Lebenszyklusprozeßebenen**

Hierbei ist jeweils zu entscheiden welche Wertebereiche oder Schätzwerte der unterschiedlichen Hierarchiestufen als relevant für die Berechnung herangezogen werden. Da nicht alle Prozesse für alle Komponenten bis ins letzte Detail abgebildet werden sollen und können, soll für die Bewertung auf der n-ten Ebene mit Ressourcenbedarfen ($Rb_n$) gerechnet werden, die in Summe größer als die auf der n+1-ten Ebene ($Rb_{n+1}$) sein müssen. Wird diese Regel verletzt, so müssen die Werte auf der n-ten Ebene angepaßt werden. Die nach den verschiedenen Ressourcen summierten Bedarfe dienen als Eingangsgrößen für die ökonomische und ökologische Bewertung der Komponenten und Lebenszyklusprozesse.

### 5.5.2 Berechnung der Ressourcenbedarfe (Sachbilanzierung)

Zur Berechung der Ressourcenbedarfe für Komponenten oder Lebenszyklusprozesse müssen alle erwarteten Verbräuche nach den jeweiligen Ressourcenkategorien getrennt aggregiert werden. Ziel ist es, Sachbilanzen sowohl über ausgewählte Komponenten und Lebenszyklusprozesse als auch über das gesamte Produkt und alle Lebenszyklusphasen ermitteln zu können, so daß auch bei der Aggregation die Möglichkeit besteht, verschiedene Detaillierungsgrade im IPLRM auszuwählen. Über die Ressourcenklassifizierung und -hierarchisierung können Aussagen über einzeln spezifizierte Ressourcen oder über die gesamte Ressourcenklasse getroffen werden.

Wie bereits in Kapitel 3 erläutert, ist es durchaus sinnvoll zeit- und ortsabhängige Ressourcenbedarfe zu berücksichtigen (z.B.: national unterschiedlich zusammengesetze Energie, relative Leistungsaufnahme von Werkzeugmaschinen, lebensdauerabhängiger Energieverbrauch bei Kühlschränken). Diese Faktoren fließen in die Erzeugung von Sachbilanzen ein. Die Sachbilanzen werden nach ALTING /Alting 97/ berechnet (siehe Anhang 12 und 13).

Unsicherheiten werden nur bei der Zuordnung von Parametern zu Prozessen und Ressourcenbedarfen berücksichtig. Dabei werden dreiecks- oder trapezförmige Fuzzyzahlen verwendet, um Wertebereiche für Ressourcenbedarfe zu bestimmen /Biewer 97, Schulz 98/.

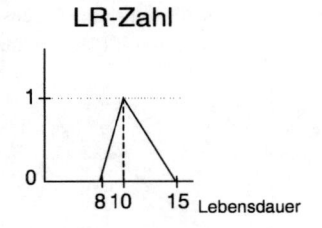

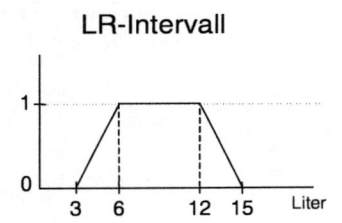

**LR-Zahl**

8 10 15 Lebensdauer

Die Lebensdauer des Autos beträgt etwa 10 Jahre, nicht weniger als 8 und nicht mehr als 15 Jahre.

**LR-Intervall**

3 6 12 15 Liter

Der Benzinverbrauch liegt zwischen 6 und 12 Litern, nicht unter 3 und nicht über 15 Litern.

**Bild 5-22: Unsicherheiten bei der Berechnung von Lebenszyklen**

Mit Hilfe dieser unscharfen Darstellung lassen sich in frühen Phasen der lebenszyklusorientierten Produktgestaltung Parameter bestimmen und mit forschreitender Entwicklungsdauer konkretisieren. Im Anhang 10 sind die Rechenvorschriften für LR-Zahlen und LR-Intervalle abgebildet.

### 5.5.3 Ermittlung von ökologischen Wirkungen der Ressourcenbedarfe (Wirkbilanzen)

Ein wesentlich komplexeres Problem stellt die Transformation von Sachbilanzen in ökologische Wirkbilanzen dar, da hierbei die Umwelteinflüsse der Ressourcenbedarfe ermittelt werden müssen. Dabei handelt es sich in der Regel um chemische oder biologische Prozesse, die nicht einfach zu bilanzieren sind. Hier ist die unternehmens- oder branchenspezifische Festlegung einer Transformationsgrundlage zwingend erforderlich, um eine praktische Anwendung zu ermöglichen.

Die Transformation kann je nach Komplexität der Bewertungsgrundlage zu unterschiedlich detaillierten Aussagen führen. Bei einer einfachen Punktebewertung (ÖKO-Punkte) wird ein relativ einfacher Bewertungsmaßstab unter Vernachlässigung detaillierter Umweltkennzahlen erzeugt. Mit Hilfe komplexer Wirkzusammenhänge (siehe LCA) lassen sich detaillierte Aussagen über die Umwelteinflüsse generieren.

In beiden Fällen müssen die Bewertungsgrundlagen und Transformationsmatrizen von Experten für das Life Cycle Assessment auf Basis der Vorgaben aus der strategischen Gestaltungsebene, bestimmt und für die lebenszyklusorientierte Produktgestaltung bereitgestellt werden. Dies kann nicht von Konstrukteuren oder anderen Lebenszyklus-Prozeß-Experten geleistet werden.

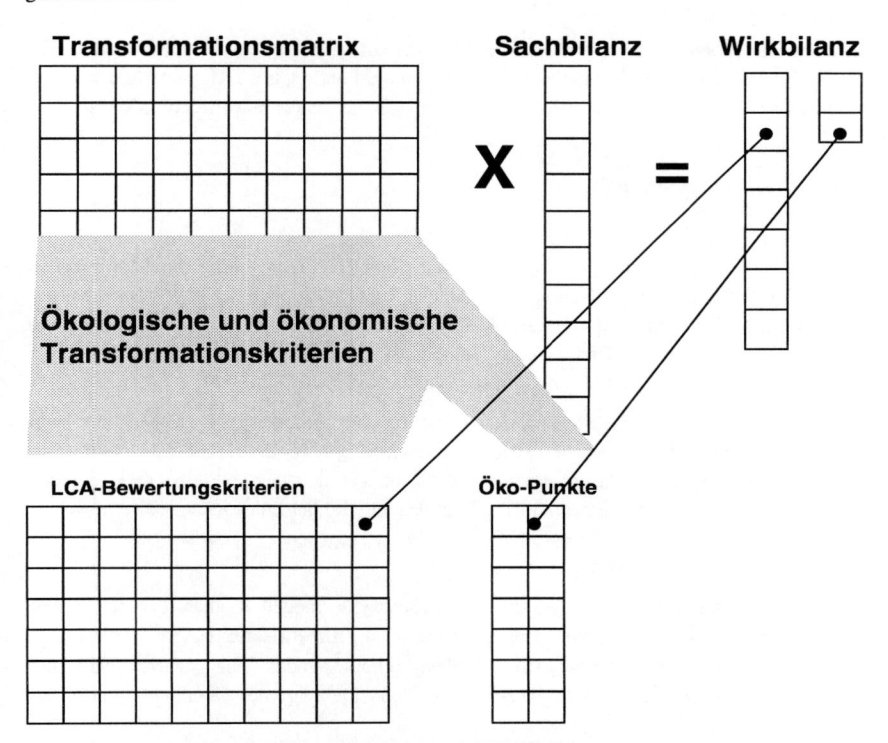

**Bild 5-23: Transformation von Sachbilanzen in Wirkbilanzen**

Bemerkenswert an dieser Vorgehensweise ist, daß in beiden o. g. Fällen nach dem gleichen Algorithmus verfahren wird und mit einer bestehenden Sachbilanz die Wirkungen und Aussagefähigkeit unterschiedlicher Transformationen ermittelt werden können. Bei der Anwendung der komplexen Bewertung mit Hilfe der LCA-Transformationsmatrix kann durch eine anschließende Multiplikation der Wirkbilanz mit Normalisierungsfaktoren ein allgemeingültiger Vergleich der Umwelteinflüsse erreicht werden.

Abschließend ist nochmals hervorzuheben, daß sowohl die Summe der ökologischen als auch der ökonomischen Wirkungen mit diesem Bewertungsverfahren ermittelt werden kann und damit stets das Spannungsfeld zwischen Umweltbewußtsein und Gewinnstreben eines Unternehmens bewußt beleuchtet und als Entscheidungsgrundlage zur Verfügung gestellt wird.

In diesem Zusammenhang sei auch erneut darauf verwiesen, daß die grundlegenden ökologischen Wirkungen der Ressourcen nicht in dieser Arbeit ermittelt werden können, sondern durch Experten anderer Fachdisziplinen erforscht werden müssen. Mit der Methodik wird jedoch auch der Rahmen geschaffen, um die verschiedenen Bewertungsansätze miteinander zu vergleichen und für die jeweiligen Produktklassen und Branchen geeignete Bewertungsmaßstäbe zu ermitteln.

### 5.5.4 Analysemöglichkeiten im IPLR-Modell

Nachdem die Vorgehensweise bei der ressourcenorientierten Bewertung vorgestellt wurde, sollen im Anschluß daran die Möglichkeiten zur Auswahl und Optimierung der Komponenten und Lebenszyklusprozesse dargestellt werden. Analysen dienen zur Indentifikation kritischer:

- Komponenten,
- Lebenszyklusprozesse sowie
- Ressourcen, Emissionen und Abfälle.

Analysen müssen konfiguriert werden können nach den Zielsetzungen der durchzuführenden Untersuchung. Dadurch erhält man unterschiedliche Repräsentationen der in den Datenbanken abgespeicherten Informationen und kann Rückschlüsse auf Informationszusammenhänge und Abhängigkeiten ziehen. Dies sollte möglichst einfach und online zu einer lebenszyklusorientierten Produkt- und Prozeßgestaltung erfolgen.

Die Verbindung von Produkt-, Lebenszyklus- und Ressourcenmodell im IPLR-Modell erlaubt eine differenzierte Betrachtungsweise der Informationen aus verschiedenen Sichtweisen. Im Zentrum der Betrachtung steht die Produktmodellsicht, von der über das Lebenszyklusmodell eine Projektion auf das Ressourcenmodell erfolgt. Dabei wird der Frage nachgegangen, welche Ressourcen in welchen Lebensphasen für ein vorgegebenes Produkt oder einzelne Komponenten beansprucht werden.

Durch Verlagerung der Sichtweise auf das Lebenszyklusmodell können darüber hinaus Fragestellungen nach ressourcenintensiven Lebenszyklusprozessklassen beantwortet werden. Optimierungsbestrebungen hinsichtlich einzelner produkt- oder lebensphasenspezifischer Ressourcenaufwände erfordern hingegen eine Verschiebung der Sichtweise auf das Ressourcenmodell.

Neben der Optimierung der Produkte und Prozesse lassen sich durch die Analysen über die Gesamtheit aller Projekte die Umwelteigenschaften von Lebenszyklusprozessen im Sinne von ökologischen Prozeßfähigkeiten ermitteln. Damit können bekannte statistische Methoden herangezogen werden, um Unsicherheiten bezüglich der Ressourcenbedarfe für zukünftige Projekte einzuschränken. Hierzu sind nicht nur die Plandaten sondern auch Informationen über reale Ressourcenbedarfe notwendig. Daher wird in Kapitel 5.7 eine Methode zur systematischen Erfassung von Feedback aus dem gesamten Produktlebenszyklus vorgestellt.

### 5.6 Einordnung der Hilfsmittel für die lebenszyklusorientierte Produktgestaltuung

Im folgenden werden bestehende und in dieser Arbeit neu entwickelte Methoden, die die Aufgaben der verschiedenen Ebenen der lebenszyklusorientierten Produktgestaltung unterstützen, in den Gestaltungsraum eingeordnet.

Dazu werden die Methoden nach den verschiedenen Dimensionen des Gestaltungsraums und nach der Zielsetzung beim Einsatz im Rahmen des Gestatlungszyklus klassifiziert. Ein verteilter Zugriff auf die Methoden kann über eine Intranet oder Extranet Applikation bereitgestellt werden. Die Methoden werden mit zugehörigen Kurzbeschreibungen und möglichen Hilfsdokumenten in einer Methoden-Datenbank abgelegt. Die Methodendatenbank wird in Kapitel 6 im Zusammenhang mit dem Entwicklungsleitsystem beschrieben.

### 5.6.1.1 Vorgehensweise zur Einordnung von Methoden in den Gestaltungsraum

Um weitere Methoden in der Methodendatenbank ergänzen zu können, wird die Vorgehensweise zur Analyse, Anpassung und Klassifizierung der Methoden und Hilfsmittel dargestellt. Dabei wird wieder nach dem Schema des Gestaltungszyklus vorgegangen.

Ziel bei der Bereitstellung von Methoden für die lebenszyklusorientierte Produktgestaltung ist es, gerade solche Hilfsmittel, die sowohl eine technische, ökonomische als auch ökologische Beurteilung unterstützten, in die Methodendatenbank einzuordnen.

Um diese Aufgabe zu lösen, müssen bestehende Methoden der Produktentwicklung auf ihre Eignung oder Erweiterbarkeit für die Unterstützung der integrierten Gestaltung von Produkten und deren Lebenszyklen überprüft werden. Dazu werden folgende Schritte durchgeführt:

- Analyse der Umweltorientierung einer Methode
- Erarbeitung von Möglichkeiten den Faktor Umwelt zu integrieren
- Bezug zu IPLR-Elementen sicherstellen
- Aufbau von Auswahlkatalogen zur Unterstützung der Methodenanwendung
- Anwendung an Beispielen
- Einordnung der analysierten Ansätze in die Methodendatenbank

### 5.6.2 Übersicht über Methoden im Gestaltungsraum

Um einen möglichst einfachen Zugriff auf die Methoden und Hilfsmittel für die operative Gestaltung von Produkten und Lebenszyklusprozessen zu ermöglichen, werden diese Methoden nach den Kriterien des Gestaltungsraums eingeordnet und in einer Methodendatenbank für die lebenszyklusorientiert Produktgestaltung abgelegt.

In Bild 5-14 sind alle in dieser Arbeit behandelten Methoden nach dem Gestaltungszyklus und dem Gestaltungsraum klassifiziert und in einer Übersicht abgebildet.

| Methode | Gestaltungszyklus ||||| Gestaltungselement ||||| Gestaltungsebene ||||
|---|---|---|---|---|---|---|---|---|---|---|---|---|---|---|
| | Zieldefinition | Lösungsfindung | Auswahl technisch | Auswahl wirtschaft. | Auswahl ökologisch | Komponente | Lebenszyklus Entstehung | Lebenszyklus Nutzung | Lebenszyklus Entsorgung | Ressource | normative | strategische | koordinierende | operative |
| Konstruktionsmethodik | ● | ● | ● | ● | | ● | ● | | | | | | | ● |
| Simultaneous Engineering | ● | ● | | | | ● | ● | | | | | | ● | |
| Projektmanagement | ● | ● | | | ● | ● | ● | | | | | | ● | |
| QFD | ● | ● | ● | | | ● | ● | | | | | | | ● |
| Design Review | | | | | ● | ● | ● | | | | | | | ● |
| FTA, ETA | | | | | ● | ● | ● | | | | | | | ● |
| FMEA | | | | | ● | ● | ● | | | | | | | ● |
| DFMA | | | | | ● | ● | ● | | | | | | | ● |
| Prozeßmodellierung | ● | ● | ● | ● | | ● | | | | | | | ● | |
| LCA | | | | | ● | ● | ● | ● | ● | ● | | | | ● |
| Kostenorientierte Method. | | | | ● | | ● | | | | | | | | ● |
| Verteilte Lebenszyklusmodellierung | | ● | ● | ● | ● | ● | ● | ● | ● | ● | | | | |
| Transformationsmatrix | ● | | | ● | ● | | | | | | | | ● | ● |
| ECO-QFD | ● | ● | ● | ● | ● | ● | ● | ● | | | | | | |
| Morphologie und techn., wirt. und ökol. Bewertung | | | ● | ● | ● | ● | | | | | | | | |
| ECO-FMEA | | | | ● | ● | ● | ● | ● | | | | | | |
| Koordination der lebenszykluso. Produktgest. | ● | ● | | | | ● | ● | ● | ● | ● | | | ● | ● |

Bild 5-24: Einordnung der Methoden in den Gestaltungszyklus und -raum

## 5.7 Feedbackregelkreise zwischen allen Ebenen und Lebensphasen

Um Erfahrungen aus dem gesamten virtuellen und realen Produktlebenszyklus eines Produktes sammeln zu können werden zwei Feedbackregelkreise aufgebaut (Bild 5-25). Im Sinne der Projektnachbereitung wird aus dem virtuellen Bereich Feedback bei der Anwendung der Methodik zur lebenszyklusorientierten Produktgestaltung gesammelt und strukturiert den Elementen des IPLRM zugeordnet sowie in die Methode eingebettet.

## Virtueller Bereich

> Gestaltung des Produkts >

Feedback als Projektnachbereitung
- Probleme bei der Projektdurchführung
- Zeitverschiebungen, Planungsfehler
- Durchlaufzeiten für Meilensteine
•

> Gestaltung des Produktlebenszyklus >

## Materiell realer Bereich

Feedback aus dem Produktlebenszyklus
- Plan/Ist-Abgleich
- Fehlerquellen
- reale Ressourcenverbräuche
- Anpassung der Plandaten
•

> Realisierung des Produktlebenszyklus >

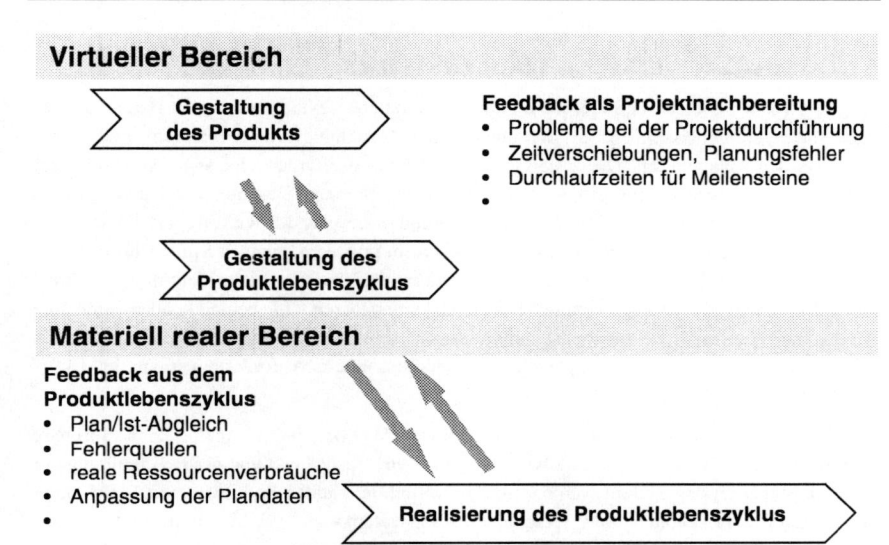

**Bild 5-25: Feedback aus dem virtuellen und dem realen Produktlebenszyklus**

Um die Güte der Planung des Produktlebenszyklus erfassen zu können, sollen Feedback-Information über den gesamten realen Lebenszyklus eines Produktes oder einzelner Komponenten dieses Produktes erfaßt werden können. Dies ist für die Entstehungsphase im Forschungsstadium bereits teilweise technisch realisiert (vgl. SFB 361 und SFB 289). Für die Nutzungs- und Entsorgungsphase müssen noch technische Voraussetzungen geschaffen werden. Speziell in der Nutzung bieten sich durch Erweiterung der Produktfunktionen Möglichkeiten Betriebsdaten zu erfassen und zu bestimmten Zeitpunkten abzufragen. Dies könnte nach ähnlichem Muster wie die Ferndiagnose von Maschinen verlaufen. An dieser Stelle soll darauf nicht weiter eingegangen werden. Wichtig ist, daß die prinzipiellen Voraussetzungen zur Sammlung von Feedback-Informationen im Rahmen der Entwicklung der Methodik für die lebenszyklusorientierte Produktgestaltung vorgesehen werden.

### 5.8 Gestaltung der Ressourcen

Die Gestaltung der Ressourcen wird in dieser Arbeit nicht detailliert betrachtet. Sie wird teilweise dadurch abgedeckt, daß Betriebsmittel beispielsweise auch als Produkte gestaltet werden können. Die genauere Betrachtung von Materialien, Energie, Finanzen und Personal ist nicht Gegenstand der Arbeit und muß durch andere Disziplinen z.B. der Werkstoffkunde oder auch der Arbeitswissenschaft wahrgenommen werden. Es können beim Einsatz der Methodik zur lebenszyklusorientierten Produktgestaltung Anforderungen an die Ressourcen generiert werden, die dann von den anderen Disziplinen aufgegriffen und umgesetzt werden können. Im Anhang befindet sich ein ausführlicher Ressourcenkatalog, um die Zuordnung von Ressourcen zu Lebenszykluselementen zu vereinfachen.

## 6 Aufbau eines Entwicklungsleitsystems

Es gibt zwei wesentliche Gründe, für die dem Produktlebenszyklus beteiligten Bereiche eines oder mehrerer Unternehmen an der integrierten Gestaltung von Produkten und deren Lebenszyklen mitzuwirken. Der erste Grund ist, daß sie per Order oder sogar gesetzlich zur Mitwirkung verpflichtet sind. Dies ist in der augenblicklichen Situation der Umweltgesetzgebung äußerst unwahrscheinlich. Der zweite Grund wäre eine Mitwirkung aus Interesse an den bevorstehenden Aufträgen und die Möglichkeit im positiven, eigenen Sinne frühzeitig auf die Gestaltung von Produkten Einfluß nehmen zu können. Eine finanzielle Vergütung im Sinne einer Engineering Leistung könnte dies noch unterstützen. In beiden Fällen muß die Anwendung der Methode möglichst aufwandsarm, schnell und einsichtig gestaltet werden. Dies stellt bei einer derart komplexen Methodik besondere Anforderungen an die EDV-technische Unterstützung.

Die Vorgehensweise zum Aufbau des Entwicklungsleitsystems ist analog zum Software Engineering nach BALZERT gewählt worden /Balzert 96/. Ausgehend von der Beschreibung der Anforderungen an das System werden die Systemfunktionalitäten beschrieben. Zur Erfüllung der Systemfunktionalitäten sind verschiedene Softwaremodule gebildet und implementiert worden. Abschließend werden in diesem Kapitel Hinweise zur unternehmensspezifischen Konfiguration, Wartung und Pflege des Systems gegeben.

### 6.1 Struktur des Entwicklungleitsystems

Die Umsetzung einer integrierten Gestaltung von Produkten und deren Lebenszyklen ist aufgrund der hohen zu bewältigenden Informationsmengen nur effizient mit Hilfe einer EDV-technischen Unterstützung möglich. Daher soll basierend auf der Methode und dem Integrierten Produkt-, Lebenszyklus- und Ressourcenmodell ein Entwicklungsleitsystem konzipiert und prototypisch implementiert werden. Das Entwicklungsleitsystem soll als interaktives System gestaltet werden. Der Benutzer kann dabei die durchgeführten Schritte nachvollziehen und die einzelnen Aufgaben werden genau beschrieben und mit Beispielen hinterlegt. Die Nutzung des Entwicklungsleitsystems soll als Intra- bzw. Extranet allen unternehmensintern beteiligten Personen und externen Kooperationspartnern ermöglicht werden. Dazu muß eine plattformunabhängige Anwendung über handelsübliche Browser ermöglicht werden. Das heißt, sowohl der CAD-Konstrukteur oder der Prozeßplaner für die Produktion, der Service-Manager, der Entsorgungsfachmann und auch der LCA-Experte mit unterschiedlichen Rechnern – egal ob Workstation oder auch Notebook – nutzen das Entwicklungsleitsystem.

Über das Entwicklungsleitsystem werden fünf Hauptmodule für die lebenszyklusorientierte Produktgestaltung zur Verfügung gestellt (Bild 6-1).

Das Projektleitsystem dient der Koordination der Entwicklungsaufgaben. Es unterstützt die Projektdefinition durch die Möglichkeit, verteilt arbeitende Team zu definieren und die Projektziele festzulegen. Mit fortschreitendem Entwicklungsstand können Verantwortliche den einzelnen Komponenten und Aufgaben über Produktstruktur-, Meilenstein- und Projektstrukturpläne zugeordnet werden.

Aufbau eines Entwicklungsleitsystems

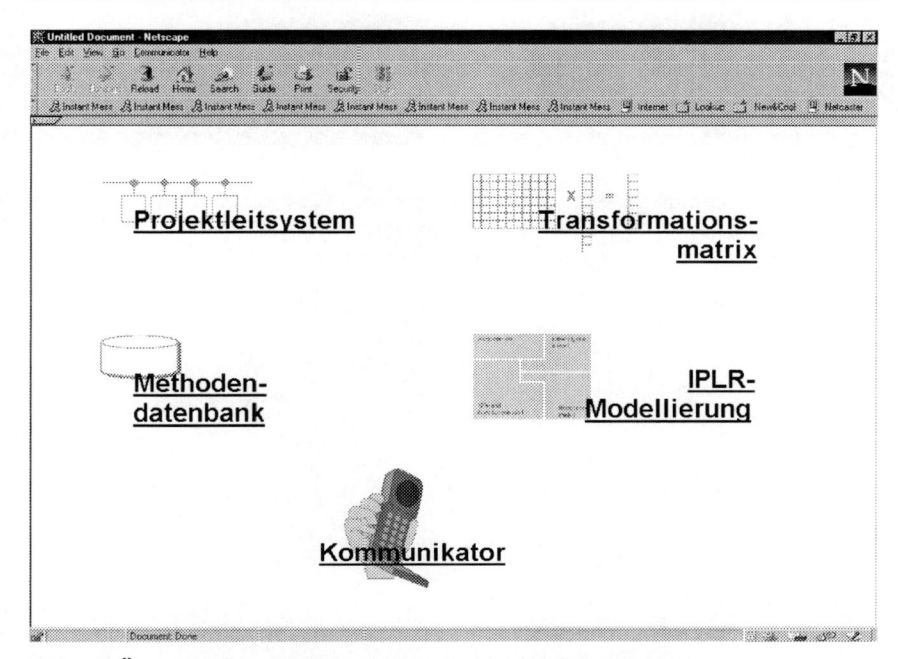

**Bild 6-1:** Übersicht über die Hauptmodule des Entwicklungsleitsystems

Mit Hilfe der Methodendatenbank, in der alle Hilfsmittel nach den in Kapitel 5 dargestellten Kriterien klassifiziert sind, kann nach geeigneten Hilfsmitteln recherchiert werden.

Mit Hilfe des Moduls zur Erstellung der Transformationsmatrix können die grundlegenden Wirkbeziehungen für die Überführung der Sach- in die Wirkbilanzierung festgelegt werden. Die Verteilte Lebenszyklusmodellierung wird durch das Modul „IPLR-Modellierung" unterstüzt. Hier werden alle notwendigen Informationen über Produkte, Prozesse und Ressourcen generiert und auf Basis der Transformationskriterien bewertet. Die Kommunikation im Entwicklungsteam wird durch den „Kommunikator" unterstützt.

## 6.2 Module des Entwicklungsleitsystems

Im folgenden werden die Funktionalitäten der einzelnen Module konkretisiert.

### 6.2.1 Projektleitsystem

Zur Unterstützung der koordinativen Gestaltungsebene wird im Entwicklungsleitsystem ein Projektmanager zur Verfügung gestellt. Ziel des Projektmanagers ist die Unterstützung bei der Planung und dem Controlling der lebenszyklusorientierten Produktgestaltung, so daß eine termingerechte Abwicklung der Aufgaben gewährleistet wird. Der Aspekt der Entwicklungskosten wird in dieser Arbeit nicht berücksichtigt, der Projektmanager ist jedoch so flexibel gestaltet, daß die Integration von Entwicklungskosten ebenfalls möglich ist.

Der Zugriff auf dieses Modul wird mit unterschiedlichen Rechten für den Koordinator und die einzelnen Beteiligten geregelt. Mit dem Projektmanager ist der Projektleiter in der Lage, die

Koordination des gesamten Projektes zur lebenszyklusorientierten Produktgestaltung systemunterstützt schneller und einfacher abzuwickeln. Mit Hilfe vordefinierter Abläufe können Projekte unterschiedlicher Komplexität konfiguriert werden.

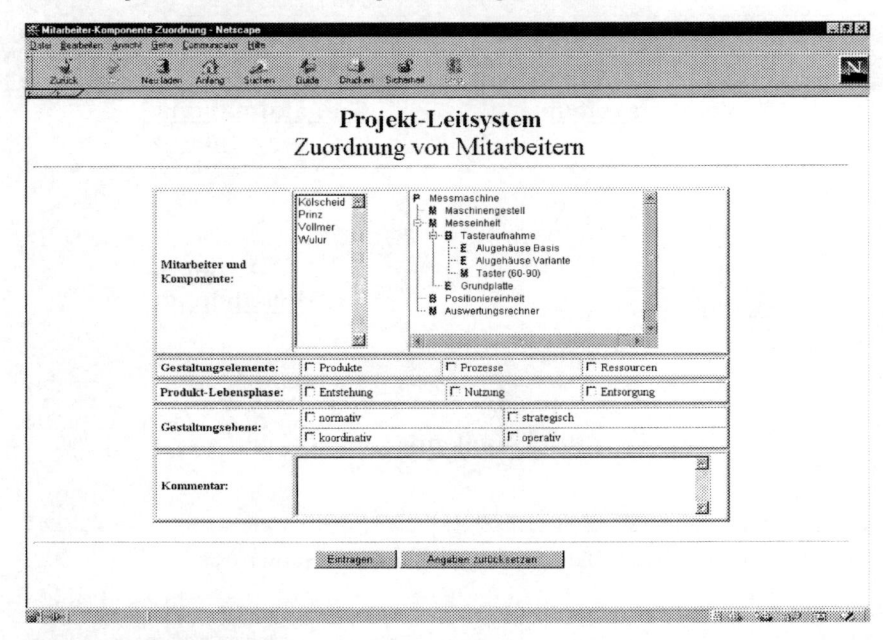

**Bild 6-2: Projektleitsystem**

Durch Zugriff auf die Methodendatenbank werden geeignete Methoden zur Unterstützung der koordinativen und operativen Aufgaben bei der Projektdefiniton und –planung ausgewählt. So können durch Meilensteinplan, Projektstrukturplan, Kompetenzmatrix und Aufgabenplan die wichtigen Randbedingungen für die Projektabwicklung für alle Beteiligten vorgegeben werden. Die in Kapitel 5 beschriebenen Aufgaben der koordinativen Gestaltungsebene sind über den Projektmanager explizit für alle Beteiligten nachvollziehbar. Damit ist gewährleistet, daß die Projektleitung nach einer für ein Großteil von Projekten gültigen Standardvorgehensweise agiert und dieses Vorgehen auch durch alle Beteiligten kontrolliert werden kann.

### 6.2.2 Methodendatenbank

Die Aufgabenbearbeitung wird durch die Methodendatenbank unterstützt. In der Methodendatenbank sind alle Hilfsmittel nach den in Kapitel 5 beschriebenen Kriterien klassifiziert, erläutert und mit links zu Hilfs- und Anwendungsdokumenten versehen. Aus dem Projektstrukturplan und dem Aufgabenplan der einzelnen Mitarbeiter können die jeweiligen operativen Aufgaben abgelesen werden. Zu den Aufgaben existieren Standardabläufe, die grob die durchzuführenden Aufgabe beschreiben nach Zielsetzung, Vorgehensweise, Hilfsmittel und Ergebnis. Damit ist die Verbindung zu den Hilfsmitteln, wie z. B. Checklisten,

Auswahlkataloge oder auch komplexen Anwendungen wie die Verteilte Lebenszyklusmodellierung, herzustellen.

Ziel der Methodendatenbank ist es, jede Aufgabe der lebenszyklusorientierten Produktgestaltung durch geeignete Methoden zu unterstützen und dabei einen Standard bei der Methodenanwendung zu nutzen. In der Methodendatenbank werden die im Rahmen dieser Arbeit analysierten Methoden abgelegt und nach den Kategorien des Gestaltungsraums sowie nach der Anwendung im Gestaltungszyklus klassifiziert.

**Bild 6-3: Methodendatenbank**

Darüber hinaus werden alle Methoden in einer Kurzform erläutert und in einer Langfassung detailliert beschrieben. Alle Methoden, die verteilt über das Intranet als EDV-Lösung anwendbar sind, können über die Methodendatenbank gestartet werden. Über das Intranet sind alle beteiligten User in der Lage, die in der Datenbank vorhandenen Methoden zu nutzen, neue hinzuzufügen und Kommentare zur Verbesserung zu liefern. Eine Begriffserläuterung und die Beschreibung der Vorgehensweise zu Eingabe einer Methode erleichtern die Arbeit mit der Methodendatenbank.

## 6.2.3 Verteilte Lebenszyklusmodellierung

Zur Realisierung der verteilten Lebenszyklusmodellierung ist ein Prototyp entwickelt und an eine Datenbank angekoppelt worden. Damit ist es möglich verschiedene Experten verteilt Lebenszyklusprozesse modellieren zu lassen und ein zentrales IPLRM aufzubauen, in dem Produkt-, Prozeß-, und Ressourceninformationen abgebildet werden (Bild 6-4).

## IPLR - Browser

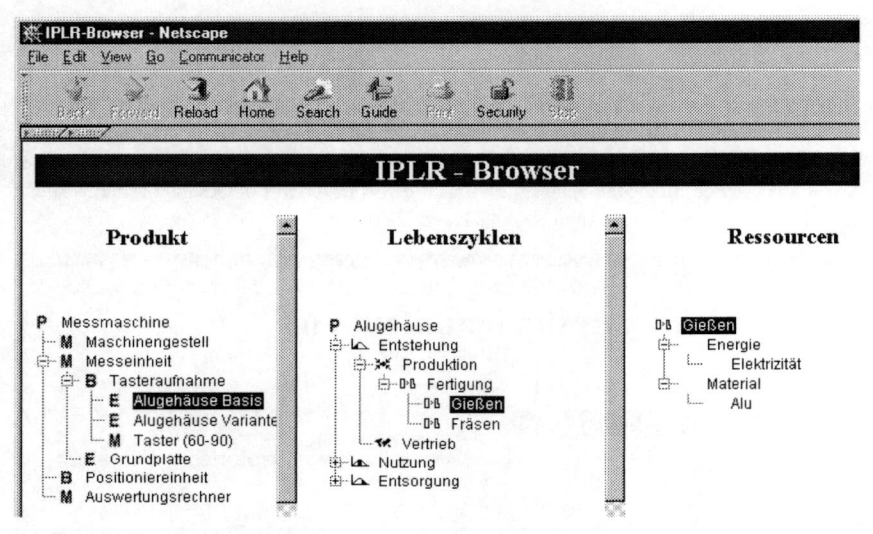

**Produkt**
- P Messmaschine
  - M Maschinengestell
  - M Messeinheit
    - B Tasteraufnahme
      - E Alugehäuse Basis
      - E Alugehäuse Variante
      - M Taster (60-90)
    - E Grundplatte
  - B Positioniereinheit
  - M Auswertungsrechner

**Lebenszyklen**
- P Alugehäuse
  - ↳ Entstehung
  - ⤳ Produktion
    - D-B Fertigung
      - D-B Gießen
      - D-B Fräsen
  - ↻ Vertrieb
  - ↳ Nutzung
  - ↳ Entsorgung

**Ressourcen**
- D-B Gießen
  - Energie
    - Elektrizität
  - Material
    - Alu

**Bild 6-4: Lebenszyklusmodellierer**

Der Prototyp nutzt die im Rahmen der lebenszyklusorientierten Produktgestaltung entstehende Produktstruktur auf verschiedenen Detaillierungsebenen und ermöglicht die Zuordnung von Lebenszyklusprozessen zu diesen Produktkomponenten. Den Lebenszyklusprozessen werden gleichzeitig Ressourcenbedarfe, Emissionen und Abfälle angehängt, so daß eine komplette IPLR-Einheit modellierbar ist. Die Verantwortlichkeiten für die Modellierung und Konkretisierung der verschiedenen Lebenszyklusprozesse wird im Rahmen der Projektplanung mit Hilfe des Projektmananger-Moduls festgelegt. Der Prototyp für die verteilte Lebenszyklusmodellierung erlaubt die Ablage alternativer Prozeßketten, so daß eine relative Bewertung und Auswahl der optimierten Prozeßkette möglich ist. Zur Abstimmung evtl. notwendiger Änderungen der Produktstruktur steht eine Kommunikationsunterstützung als Modul des Entwicklungsleitsystems zur Verfügung. Die Bewertung der alternativen Lösungsvorschläge erfolgt anhand der Transformation von Sachbilanzen in Wirkbilanzen. Grundlage hierfür ist das auf strategischer Ebene ausgewählte Bewertungsschema. Eine Analyse der verschiedenen Produktkomponenten und Lebenszyklusprozesse hinsichtlich Ihrer Ressourcenverbräuche wird auf unterschiedlichen Detaillierungsebenen unterstützt, damit können die ökonomischen und ökologischen Auswirkungen alternativer Produkt-, Lebenszyklus- oder Ressourcenkonzepte verglichen werden.

### 6.2.3.1 IPLR-Datenbank

Die IPLR-Datenbank wird analog zu den im Kapitel 4 dargestellten EXPRESS_G Schemata aufgebaut. Als Basis wird für den Prototypen in dieser Arbeit MS-Access verwendet, da diese Software weit verbreitet ist. Generell ist die Implementierung auf jeder relationalen oder objektorientierten Datenbank möglich. Der Zugriff auf die Datenbank ist über die Middleware „Cold Fusion" geregelt. Dadurch wird eine einfache Schnittstelle zwischen den HTML-Seiten und der Datenbank ermöglicht.

## 6.2.3.2 Bewertungsmodul

Das Bewertungsmodul ist notwendig, um aus der IPLR-Datenbank die Ressourcendaten von einer reinen Sachbilanz in eine Wirkbilanz zu transformieren und damit die Bewertung und Auswahl einer Lösung aus den verschiedenen Alternativen zu ermöglichen. Das Bewertungsmodul gibt die Möglichkeit Ressourcenklassen und die zugehörigen Transformationsmatrizen zu konfigurieren.

### 6.2.4 Kommunikationsunterstützung

Zur Kommunikationsunterstützung werden über den „Kommunikator" verschiedene Hilfsmittel zur Verfügung gestellt. Mit Hilfe einer Datenbankabfrage können die relevanten Experten aus verschiedenen Projekten recherchiert und kontaktiert werden (Bild 6-5).

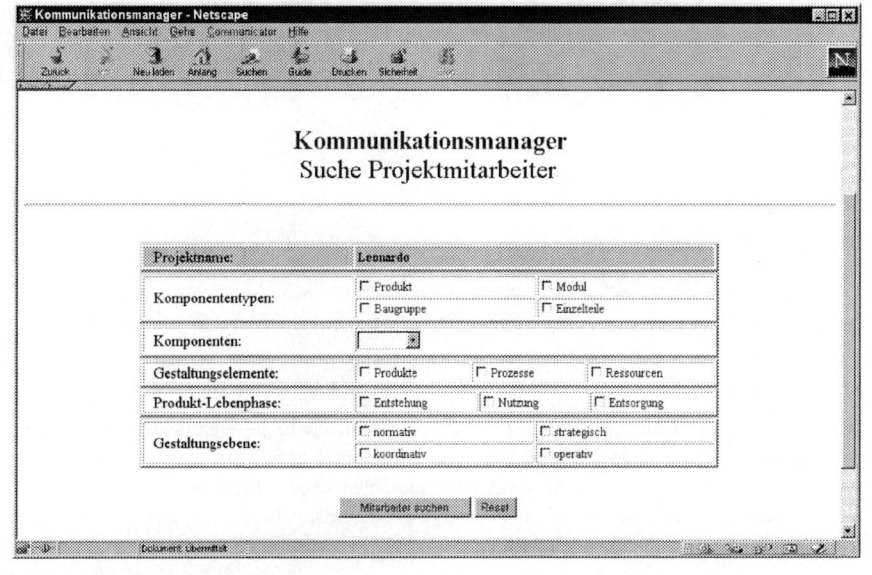

**Bild 6-5: Expertenrecherche**

Die Recherche erfolgt nach dem Kriterien des Gestatungsraums und nach Produkthierarchien. Darüber wird ein oder mehrere Experten identifiziert. Anhand des Mitarbeiter-Datenblattes (Bild 6-6) sind die Adressen (Email, Fax, Telefon, Video-Konferenz etc.) der Mitarbeiter verfügbar.

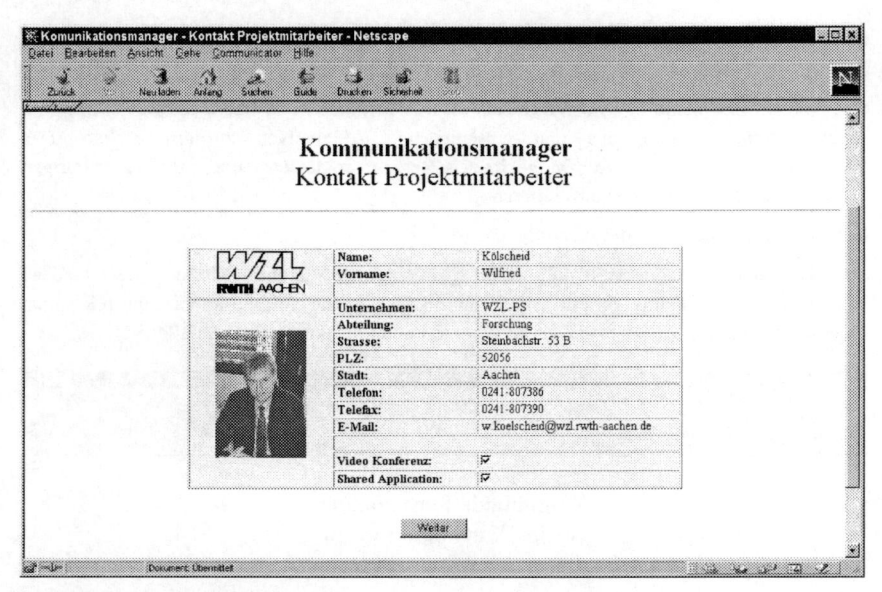

**Bild 6-6: Mitarbeiterdatenblatt**

Zur Realisierung verschiedener Kommunikationsszenarien wird auf verfügbare Standardkomponenten zurückgegriffen, die im Entwicklungsleitsystem anwenderfreundlich konfiguriert werden.

**Mailing-System**

Der Austausch von Email wird unterstützt, durch eine www-basierte einheitlichen Mailing-Oberfläche in der jeder Mitarbeiter aus der oben dargestellten Mitarbeiterdatenbank einen oder mehrere Ansprechpartner für seine Nachricht auswählen kann. Damit wird die asynchrone Kommunikation zur Abstimmung der lebenszyklusorientierten Produktgestaltung unterstützt /vgl. Eversheim 98a/.

**Konferenz-System**

Für die synchrone Kommunikation, die besonders bei komplexen Problemen notwendig ist, wird ein Internet-Konferenz-System zur Verfügung gestellt, über das die verschiedenen Entwicklungspartner audio und visuell unterstützt miteinander kommunizieren können. Durch die Möglichkeit zum shared application werden wichtige Diskussionsergebnisse direkt als Protokoll dokumentiert.

**Feedback-System**

Mit Hilfe von Feedback-Funktionalitäten werden Möglichkeiten geschaffen, um Informationen

- der beteiligten Fachbereiche austauschen zu können,
- aus dem realem Bereich mit Verbindung zur Bilanzierung und zum Controlling nachträglich an die Projekte anhängen zu können.

Die Differenzierung zwischen virtuellem und realem Bereich ist besonders wichtig, da häufig die Arbeitsinhalte und -umgebungen sehr unterschiedlich sind. Im virtuellen Bereich sind Entwickler und Planer in der Regel mit eher geistigen Tägtigkeiten wie z.B. planen, konzipieren, entwerfen etc. befaßt. Der Einsatz von Rechneranwendung ist in diesen Bereichen sehr hoch. Im realen Bereich werden das Produkt oder Elemente des Produktes gegenständlich bearbeitet. Hier sind Betriebsmittel wie Werkzeugmaschinen, Spritzgießmaschinen, Montagevorrichtungen etc. charakteristisch für die Arbeitsumgebung. Daraus resultieren sehr unterschiedliche Anforderungen hinsichtlich einer adäquaten Unterstützung für die Informationsaufnahme. Im realen Bereich darf die Erfassung von Informationen nur sehr geringen Zusatzaufwand für die Beteiligten erfordern.

Vorbereitete Feedback-Formulare erleichtern die Meldungen und sind wichtig für die realen Produktlebensphasen, da hier häufig nicht Rechner in dem Umfang eingesetzt werden, wie dies in der virtuellen Gestaltung üblich ist. Das Feedbacksystem ist derart aufgebaut, daß zu den einzelnen Lebenszyklusprozessen Feedback-Informationen an die an der Entwicklung beteiligten Bereiche zurückgeführt werden können. Diese Feedback Informationen werden im IPLRM erfaßt und lassen somit auch über das gesamte Produktleben und die einzelnen Produktlebenszyklen einen Soll-Ist Abgleich nachvollziehen. Dies ist besonders für die kontinuierliche Verbesserung der nachfolgenden Produkt-, Prozeß und Ressourcengenerationen von Bedeutung.

## 6.3 Erweiterungsmöglichkeiten des Entwicklungsleitsystems

Im folgenden werden kurz Potentiale zur Erweiterung des Entwicklungsleitsystems dargestellt, die den Ausbau zu einem „lernenden System" unterstützen.

### 6.3.1 Anwendungs Controlling-System

Zur Erfassung wichtiger Informationen über die Arbeitsweisen und Abstimmungsprozesse zwischen den direkt und indirekt an Entwicklungsprojekten beteiligten Personen wird ein Controlling System für das Entwicklungsleitsystem konzipiert (Bild 6-7).

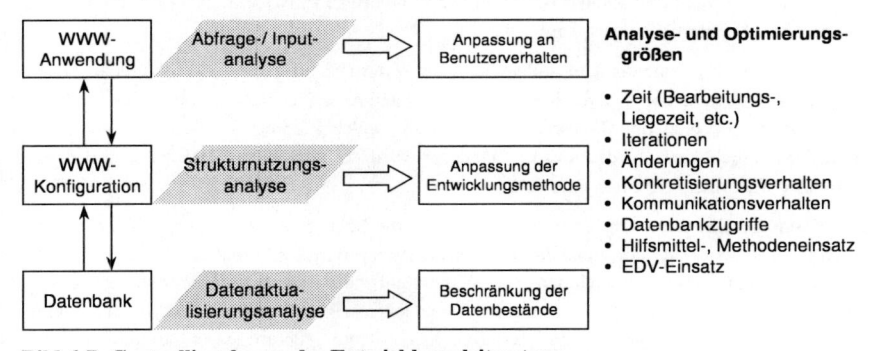

**Bild 6-7: Controllingebenen des Entwicklungsleitsystems**

Anhand definierter Analyseparameter können z.B. Dateibearbeitungs- und -liegezeiten, Kommunikationsbeziehungen und Arten der Kommunikation, Methodenanwendung und

Vertrautheit mit der Methodenanwendung ermittelt werden. Die Optimierung des Entwicklungsleitsystems kann auf drei Ebenen erfolgen.

Auf der Anwenderebene soll durch Analyse der Abfrage- bzw. Eingabevorgänge des Benutzers das System anwendungsoptimaler gestaltet werden können. Darüber hinaus wird dem Benutzer eine Optimierung und personenbezogene Konfiguration seiner Entwicklungsumgebung ermöglicht oder vorgeschlagen. Dies trägt dazu bei, daß lange Suchzeiten entfallen und Iterationen verursacht durch unvollständige Ausführungen vermieden werden können.

Das Anwendungs-Controlling System dient dazu, die Nutzung der zur Verfügung gestellten Hilfsmittel zu erfassen. Daraus sollen Rückschlüsse auf die Relevanz bestimmter Hilfsmittel gezogen werden und so ggfs. die Anzahl der Hilfsmittel reduziert werden oder die Anwendung des Hilfsmittel obligatorisch festgelegt werden. Darüber hinaus sollen die bevorzugt genutzten Hilfsmittel und Abläufe der verschiedenen Projektmitarbeiter erfaßt werden, um somit eine user-angepaßte Arbeitsweise unterstützen zu können, indem die Konfiguration des Entwicklungsleitsystems anwenderspezifisch angepaßt wird.

Eine weitere Funktion, die für die Flexibilität und die Anwendungsfreundlichkeit des Entwicklungsleitsystem wichtig ist, ist eine Datenaktualitätsanalyse. Hierbei werden die letzten Änderungsdaten im IPLR kontrolliert und nach den Zugriffen auf diese Daten wird beurteilt, ob eine Ablage im Archiv sinnvoll ist oder die Daten direkt verfügbar bleiben müssen. Damit kann die Komplexität und somit auch die Reaktionszeit bei der Nutzung des Entwicklungsleitsystems stark reduziert werden.

Auf der Ebene der Systemprogrammierung soll nachvollzogen werden, welche Segmente des Entwicklungsleitsystems nicht genutzt werden. Diese Segmente werden demnach entweder eliminiert oder aber deutlicher hervorgehoben, um den Benutzer direkt auf zur Verfügung stehende Hilfsmittel oder neue Entwicklungen hinzuweisen. Des weiteren können durch das Entwicklungsleitsystem je nach Neuigkeitsgrad des Entwicklungsprojektes optimierte Abläufe vorgeschlagen werden und somit z.B. die innovativ kreativen Entwicklungstätigkeiten oder die Routine- und Suchabläufe beschleunigt werden.

Auf der Ebene der Datenbanken soll anhand der Zugriffshäufigkeit auf vorhandene Daten analysiert werden, welche aktuelle Relevanz diese Daten haben. Danach soll über den Verbleib in der Datenbank oder den Transfer in ein Archiv, welches keinen direkten und schnellen Zugriff ermöglicht, entschieden werden. Dadurch wird die Größe der Datenbank und damit auch das Antwortzeitverhältnis reduziert.

Der besondere Charakter des Entwicklungsleitsystems liegt in der Auslegung als Lernendes System. Dies bedeutet, daß anhand von Analysen über Benutzerverhalten, neue Hilfsmittel oder Datenaktualitäten Maßnahmen zur Anpassung oder sogar zur Reorganisation des Entwicklungsleitsystems getroffen werden, um sukzessive durch die Anwendung eine Optimierung des Systems zu ermöglichen. Eine derartige Optimierung der Systemfunktionalitäten ist für den beschriebenen Anwendungsfall nicht bekannt.

## 6.3.2 Ausblick auf einen Regel- und Wissenseditor

Die Frage danach, wie Informationen und Wissen in den Produktlebensphasen akquiriert, aufbereitet und anschließend gezielt bereitgestellt werden können, ist für die Optimierung von Produktentstehungsprojekten von besonderer Bedeutung. Es muß ermittelt werden, welche Informationsdefizite zur Zeit in der Produktentwicklung vorherrschen und wie diese ausgeglichen werden können. Informationen über die Umweltverträglichkeit verschiedener Prozesse und Ressourcen ist hier nur ein Aspekt, der berücksichtigt wird. Darüber hinaus können die bisherigen Ideen zum Life Cycle Design erweitert werden durch die Akquisition und Bereitstellung von Informationen über technische oder technologische Probleme und dazu gefundene Lösungen in den einzelnen Produktlebensphasen. Dadurch lassen sich Feedback-Regelkreise aufbauen, die eine lernende Organisation unterstützen.

### 6.3.3 Aufbau von Unternehmensdatenbanken

Die Systemarchitektur für das Entwicklungsleitsystem enthält verschiedene Komponenten. Über eine Intranetanwendung wird der Anwender geführt oder er kann innerhalb dieser Anwendung selber navigieren. Aus der Intranetanwendung werden alle für ein Projekt anfallenden Daten in eine Projektdatenbank geschrieben. Um den Zugriff auf bereits vorhandene Informationen vorheriger Projekte oder auf externe Informationen zu ermöglichen, müssen Verbindungen zu internen und externen Wissensbanken geknüpft werden können.

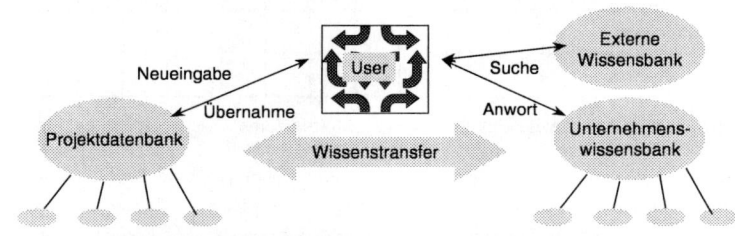

Interaktion zwischen Entwicklungsleitsystem und Daten- bzw. Wissensbank
- gelenkter Dialog
- Suche nach vorhandenen Lösungen
- Übernahme der Lösung aus der Unternehmenswissensbank in Projektdatenbank
- Struktur der DB sind gleich
- Temporäre Nutzung der Projektdatenbank
- Überführung neuer Erkenntnisse in die Unternehmenswissensbank
- Pflege der Unternehmenswissensbank durch Überprüfung der Wissenrelevanz und -aktualität

**Bild 6-8: Wissenssicherung mit Hilfe des Entwicklungsleitsystem**

Projektinformationen, die von besonderer Relevanz für das gesamte Unternehmen sind, werden nach Abschluß eines Projektes in die Unternehmenswissensbank transferiert. Damit ist gewährleistet, daß neue Lösungen ergänzt werden und eine Art des Lernens aus den Projekten für das Unternehmen ermöglicht wird.

### 6.4 Prototypische Implementation des Entwicklungsleitsystems

In Bild 6-9 werden die Module des Entwicklungsleitsystems, die im Rahmen dieser Arbeit realisiert wurden und die dafür verwendete Software dargestellt. Basis für die Implementierung stellen handesübliche oder über das Internet verfügbare Softwarepakete dar. Da das gesamte Entwicklungsleitsystem www-basiert arbeitet, ist sichergestellt, daß jeder

Mitarbeiter mit Internet-Anschluß und Microsoft Office Paket die Funktionen des Entwicklungsleitsystems nutzen kann.

| Module / Software | Internetbasiert | | | | MS Office | | | |
|---|---|---|---|---|---|---|---|---|
| | HTML | Cold Fusion | NetMeeeting | MS Exchange | MS Project | MS Excel | MS Word | MS Access |
| Projektleitsystem | ○ | ○ | | | ○ | | | ○ |
| Methoden-Datenbank | ○ | | | | | ○ | ○ | ○ |
| Transformationsmatrix | ○ | ○ | | | | | | ○ |
| Verteilte Lebenszyklusmodellierung | ○ | ○ | | | | | | ○ |
| Kommunikator | ○ | | ○ | ○ | | | | ○ |
| Anwendungscontrolling | ○ | ○ | | | | | | ○ |

**Bild 6-9: Module und Software des Entwicklungsleitsystems**

Der Regel- und Wissenseditor ist nur konzipiert und nicht realisiert worden, weil dazu zunächst die mehrfache Anwendung des Entwicklungsleitsystems in der Praxis notwendig ist.

## 7 ANWENDUNG AN EINEM FALLBEISPIEL

Am Beispiel einer Weiter- und Neuentwicklung einer Meßmaschine für Glasbildschirme sollen einige wichtige Aspekte der entwickelten Methodik verifiziert worden. Aus urheberrechtlichen Gründen und zum Zwecke der Wahrung von Unternehmensgeheimnissen muß hier auf die Abbildung von Originalzeichnungen und expliziten, detaillierten Zahlenangaben verzichtet werden.

### 7.1 Meßmaschine für die Prüfung von Glasbildschirmen

Die Methodik wurde bei der Entwicklung einer Meßmaschine für den Einsatz bei der Herstellung von Glasbildschirmen angewendet. Die Meßmaschine ist ein wichtiges Betriebsmittel in der Produktion, da sie zur Überprüfung der Innenkontur der hergestellten Glasbildschirme eingesetzt wird und diese maßgeblichen Einfluß auf die Bildqualität des Fernsehgerätes hat. Mit der Meßmaschine wird die Innenkontur bei einem Meßvorgang je nach Kundenanforderung anhand von 60-90 Meßpunkten überprüft.

In Bild 7-1 ist der schematische Aufbau der aktuellen Meßmaschine dargestellt. Auf einem Maschinengestell ist die Grundplatte und darauf wiederum die Meßeinheit montiert. Der Bildschirm wird manuell auf der Absenkeinheit plaziert und mit deren Hilfe zur Messung auf der Maschine positioniert.

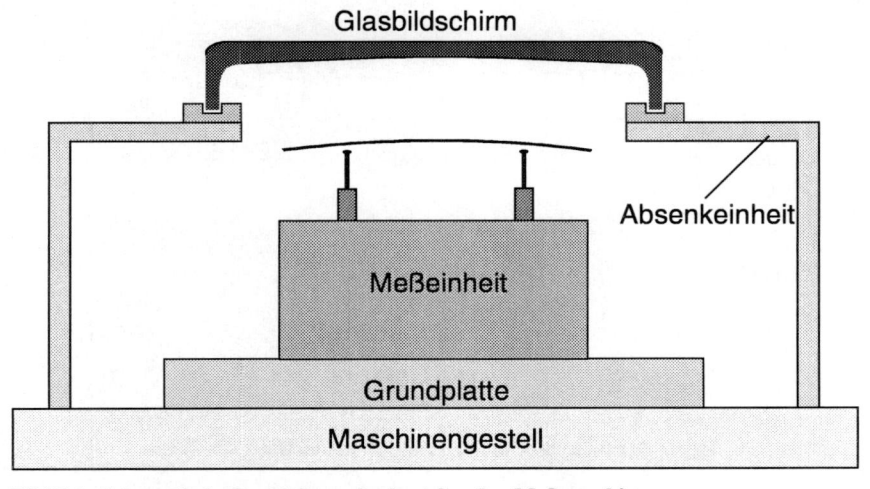

**Bild 7-1: Schematische Darstellung der bestehenden Meßmaschine**

Die größten Umwelteinflüsse in der Fernseherproduktion werden durch den Energieverbrauch bei der Glasherstellung verursacht werden /Alting 97/. Dies unterstreicht die Notwendigkeit, die Ressourceneffizienz in der Bildschirmproduktion besonders bei der Glasherstellung zu optimieren. Aus der Analyse der Entstehungsprozesse der Glasbauteile wird deutlich, das Ressourcenbedarfe – hier in erster Linie Energie zu Herstellung der Glasbildschirme – reduziert werden können, wenn die Messung vorverlegt wird und direkt hinter dem Kühlband stattfindet (Bild 7-2). Auftretende Produktionsfehler in der Bildschirmherstellung, durch Unsicherheiten in den vorhergehenden Produktionsprozessen z. B. durch Verschleiß des Preßwerkzeugs, können erst bei der Messung der Innenkontur entdeckt werden. Bei fehlerhafter Produktion sind die bis zur Meßmaschine – 3,5 Stunden nach dem Preßprozeß – produzierten Glasteile als Ausschuß zu betrachten. Durch den vorverlagerten Einsatz der Meßmaschine kann die Zeit in der fehlerhafte Bildschirme produziert werden auf 2 Stunden reduziert werden.

Um die Ressourceneffizienz verschiedener Meßmaschinenkonzepte in der Nutzung vergleichen zu können, sind nur die relevanten Entstehungsprozesse der Bildschirmherstellung in die Betrachtung eingeflossen. Diese Senkung der Ressourcenbedarfe in der Entstehung der Glasbildschirme wird bei der Bewertung der Meßmaschine in deren Nutzungsphase berücksichtigt.

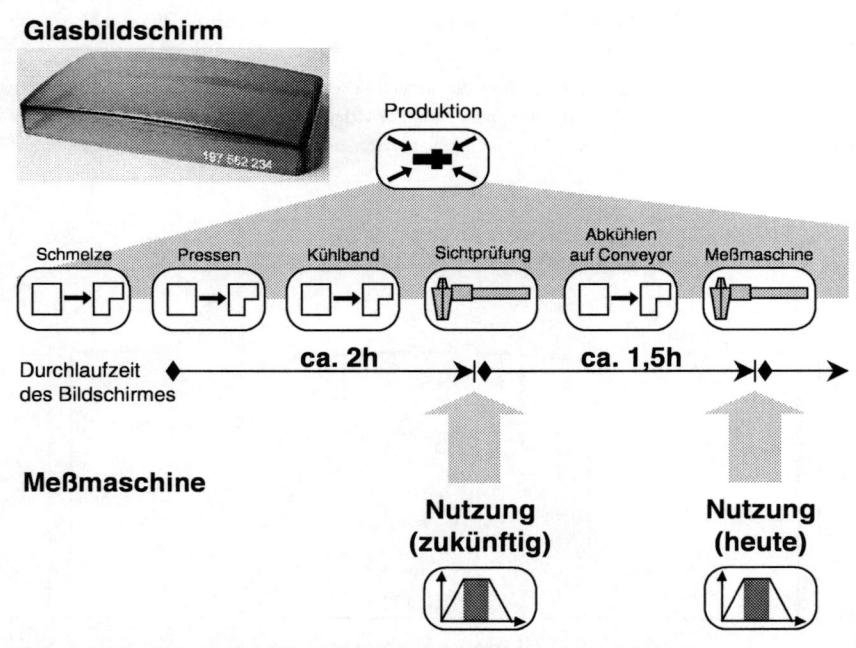

**Bild 7-2: Nutzung der Meßmaschine in der Produktion der Glasbildschirme**

Zur Prüfung verschiedener Bildschirmvarianten werden jeweils komplette Meßeinheiten neu entwickelt und hergestellt. Es sollte im Rahmen des Entwicklungsprojektes geprüft werden, inwieweit durch Standardisierung oder Modularisierung der Meßeinheit Ressourcenbedarfe in der Entstehungs- und Entsorgungsphase der Meßmaschine reduziert werden können.

### 7.2 Projektdefinition und Festlegung der Bewertungskriterien

Aus der groben Analyse der Entstehungsprozesse der Glasbildschirme und der Nutzungsprozesse der Meßmaschine wurden die Zielsetzungen für eine Weiter- und eine

Neuentwicklung der Meßmaschine definiert. Als Ausgangspunkt für das Entwicklungsprojekt diente die bestehende Meßmaschine. Diese Meßmaschine war in der ursprünglichen Form für einen Einsatz in einer sauberen Umgebung (Meßraum) bei einer Temperatur von ca. 20°C geeignet.

Die bestehende Meßmaschine sollte so erweitert werden, daß ein Einsatz in der Produktionskette direkt hinter dem Kühlband möglich wurde. Des weiteren sollten gleichzeitig produkt- und prozeßbezogene Potentiale zur Senkung der Ressourcenbedarfe für den Lebenszyklus der Meßmaschine ermittelt und ökonomisch und ökologisch bewertet werden. Darüber hinaus sollte, als Neuentwicklung, ein neues Meßkonzept erarbeitet werden.

Im Rahmen der Projektdefinition wurde ein Entwicklungsteam festgelegt und Grundlagen für die ökologische und ökonomische Bewertung in Form von Transformationsmatrizen geschaffen. Das Entwicklungsteam wurde aus Spezialisten für die Entwicklung und Herstellung der Meßmaschine, der Herstellung der Glasbildschirme, externen Experten für neue Meßkonzepte und Koordinatoren zusammengestellt.

Auf der strategischen Ebene wurden zwei alternative ökologisch-ökonomische Bewertungsverfahren mit den zugehörigen Kriterien für die ganzheitliche Bewertung festgelegt. Eine Öko-Punkteskala wurde mit den Umweltexperten des Unternehmens aus den Umweltleitlinien abgeleitet. Dabei sind Umweltzielsetzungen miteinander verglichen und mit Öko-Punkten bezogen auf die jeweilige Einheit der Ressource bewertet worden. Dies stellt eine einfache aber effektive Methode für eine generelle an den Unternehmensleitlinien ausgerichtete ökologische Bewertung von Ressourcenbedarfen dar (Bild 7-3).

**Strategische Umweltleitlinien**
- Senkung des Energieeinsatzes
- Ausschließen kritischer Einsatzstoffe
- Senkung des Wasserbedarfs
- 

**Betriebliche Ökobilanz**
- Ressourcenklassen
- Ressourcenbedarfe gesamt
- 

**Bewertungskriterien** **Ressourcen**

| Bewertung | Einheit | 1 kg Aluminium (100% primary) | 1 kg Aluminium (100% secondary) | 1 kg AlSi12 (100% secondary) | 1 kg Steel plate (89% primary) | 1 kg Steel plate (90,5% recycled) | 1kWh (EU, 1990) |
|---|---|---|---|---|---|---|---|
| Ökopunkte | Punkte | 60 | 15 | 10 | 13 | 8 | 12 |
| Kosten | US$ | 1,15 | 0,97 | 0,97 | 0,78 | 0,65 | 0,13 |

**Bild 7-3: Öko-Punkte Bewertung aus Expertengruppe**

Im Vergleich dazu wurde in Anlehnung an ALTING /Alting 97/ eine Transformationsmatrix für eine differenzierte ökologische Bewertung im Sinne einer Wirkbilanzierung ermittelt. Hierbei wurden die ökologischen Wirkungen für die in der Entstehung und Nutzung relevanten Ressourcenbedarfe in „Personenäquivalenten je 1000 Personen" sogenannten Milli-Personal-Equivalent (mPE) /Alting 97/ je Einheit der Ressource ermittelt (Bild 7-4).

## Bewertungskriterien                    Ressourcen

|  |  | 1 kg Aluminium (100% primary) | 1 kg Aluminium (100% secondary) | 1 kg AlSi12 (100% secondary) | 1 kg Steel plate (89% primary) | 1 kg Steel plate (90,5% recycled) | 1kWh (EU, 1990) |
|---|---|---|---|---|---|---|---|
| **Environmental Impact** | Unit | | | | | | |
| Global warming | mPE | 1,33E+00 | 8,45E-02 | 2,56E-01 | 3,36E-01 | 1,47E-01 | 6,80E-02 |
| Acidification | mPE | 7,59E-01 | 3,69E-02 | 1,14E-01 | 7,47E-02 | 5,43E-02 | 4,75E-02 |
| Photochemical ozone | mPE | 1,57E-01 | 2,17E-03 | 5,10E-03 | 3,61E-02 | 6,47E-03 | 1,68E-03 |
| Nutrient enrichment | mPE | 1,60E-01 | 1,11E-02 | 0,00E+00 | 0,00E+00 | 0,00E+00 | 1,07E-02 |
| Human toxicity | mPE | 5,66E-02 | 4,94E-03 | 1,10E-02 | 6,56E-02 | 6,68E-03 | 3,71E-03 |
| Ecotoxicity | mPE | 4,97E-01 | 5,34E-03 | 6,62E-02 | 2,14E-01 | 2,38E-02 | 3,82E-02 |
| Persistent toxicity | mPE | 2,39E-01 | 2,27E-02 | 5,39E-02 | 1,56E-01 | 2,55E-02 | 2,03E-02 |
| **Solid waste** | | | | | | | |
| Bulk waste | mPE | 1,32E+00 | 1,39E-01 | 1,95E-01 | 1,33E-01 | 1,49E-01 | 4,34E-02 |
| Hazardous waste | mPE | 2,47E-04 | 2,06E-01 | 2,07E-01 | 7,46E+00 | 7,46E+00 | 1,84E-04 |
| Radioactive waste | mPE | 2,96E-01 | 7,59E-04 | 3,31E-01 | 1,03E-01 | 5,91E-03 | 2,07E-01 |
| Slag and ashes | mPE | 7,97E-01 | 1,29E-02 | 1,09E-01 | 5,55E-02 | 5,25E-02 | 6,04E-02 |
| **Energy consumption** | | | | | | | |
| Primary energy, material | MJ | 8,33E-06 | 3,56E-07 | 1,60E-06 | 5,26E-07 | 1,56E-06 | 7,82E-07 |
| Primary energy, process | MJ | 1,67E+02 | 9,29E+00 | 3,52E+01 | 3,41E+01 | 1,35E+01 | 1,27E+01 |

**Bild 7-4: LCA-Bewertungskriterien nach Alting**

Für die ökonomische Bewertung in beiden Transformationsmatrizen werden gleiche Kostensätze basierend auf den wirtschaftlichen Informationen zu den ausgewählten Ressourcen veranschlagt (Stand Feb. 1999).

Zur Durchführung der beiden Entwicklungsprojekte wurden unter Zuhilfenahme der Methodendatenbank Produktstruktur-, Meilenstein- und Projektstrukturpläne aufgebaut. Dabei wurde auf die definierten Standardabläufe zurückgegriffen. Dies führte zum Einsatz unterschiedlicher Hilfsmittel auf der operativen Ebene der Projektdurchführung.

## 7.3 Operative Ergebnisse

Im Anschluß an die Projektdefinition und –planung werden die darin eingesetzten Hilfsmittel und die Ergebnisse der Projektdurchführung kurz dargestellt.

### 7.3.1 Öko-FMEA

Der Einsatz der bestehenden Meßmaschine – speziell der Meßeinheit (Bild 7-5) – an vorgelagerterer Stelle in der Produktion der Glasbildschirme wurde mit Hilfe einer Öko-FMEA untersucht. Dazu wurden zunächst die geänderten Randbedingungen für den vorgelagerten Einsatz der Meßmaschine ermittelt. Diese waren besonders durch erhöhte Umgebungstemperaturen und einen höheren Staub- und Ölanteil im Produktionsbereich gekennzeichnet.

Einen weiteren Streufaktor stellte die Temperatur von ca. 80°C der zu messenden Bildschirme am Ende des Kühlbands dar. Es ist derzeit durch rechnerische Simulation noch nicht nachzuvollziehen, wie sich der Bildschirm durch Abkühlung von 80°C auf 20°C verformt. Daher müssen Versuche durchgeführt werden, bei denen sowohl nach dem Kühlband als auch am ursprünglichen Meßort Bildschime gemessen werden, um die Korrelation der Meßwerte zu ermitteln, die neue Meßmaschine zu kalibrieren und die Toleranzbereiche für die neuen Meßbedingungen auszulegen.

Anwendung an einem Fallbeispiel 113

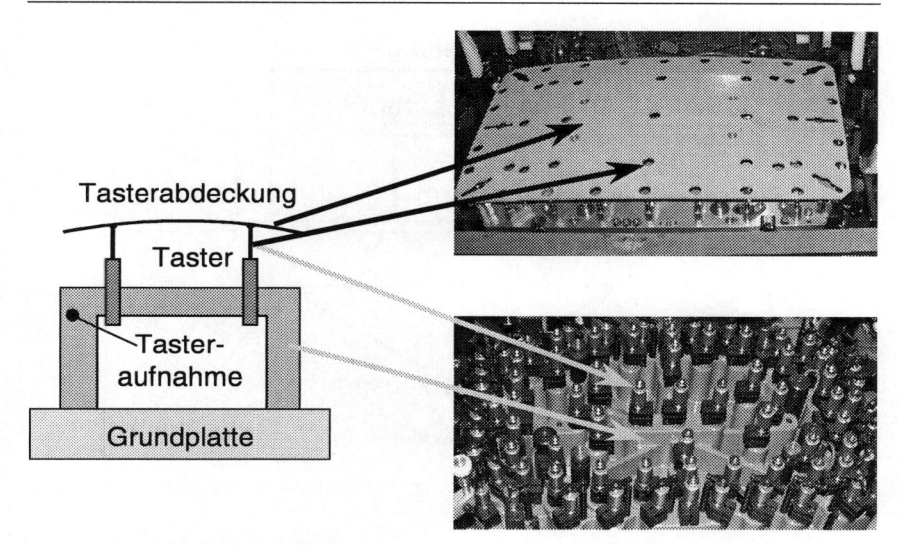

**Bild 7-5: Ansicht der Meßeinheit**

Ein großes Problem hinsichtlich der neuen Randbedingungen stellt das taktile Meßverfahren mit den insgesamt 60 - 90 eigenständigen elektromechanischen Meßtastern dar. Einerseits muß jeder Meßtaster einzeln justiert und bei Defekt aufwendig ausgetauscht werden. Andererseits besteht die Gefahr, daß durch den erhöhten Staubgehalt der Umgebung bei der Messung am Kühlbandende sowohl der Taster als auch der Glasbildschirm beschädigt werden. Die derzeitige Tasterabdeckung reicht als Schutz gegen Staub nicht aus.

In der Öko-FMEA für die bestehende Meßmaschine stellte die hohe Anzahl Meßtaster das größte technische, ökonomische und ökologische Risikopotential dar. Technisch war zu klären, ob mit den Meßtastern sichere Meßergebnisse bei erhöhter Umgebungstemperatur zu erreichen sind. Ökologische und ökonomische Risiken basieren auf der erhöhten Ausfallwahrscheinlichkeit der Meßtaster in der neuen Meßumgebung.

Für den Einsatz direkt hinter dem Kühlband, muß die weiterentwickelte Meßmaschine gegen Staubeindringen geschützt werden. Dazu muß die bestehende Meßmaschine gekapselt werden, so daß kein Umgebungsstaub mehr direkt in die Meßzone gelangen kann (Bild 7-6). Durch die Kapselung wurden zusätzliche Vorrichtungen zur Handhabung und automatischen Positionierung der Bildschirme auf der Meßmaschine erforderlich. Darüber hinaus mußten Staubschleusen entwickelt werden, die ein Eindringen von Staub aus der Umgebungsluft weitgehend verhindern. Nachteile der Kapselung waren die geringere Zugänglichkeit zur Meßeinheit und die erhöhten Kosten für die Herstellung und den Betrieb der Handhabungsgeräte und der Staubschleusen.

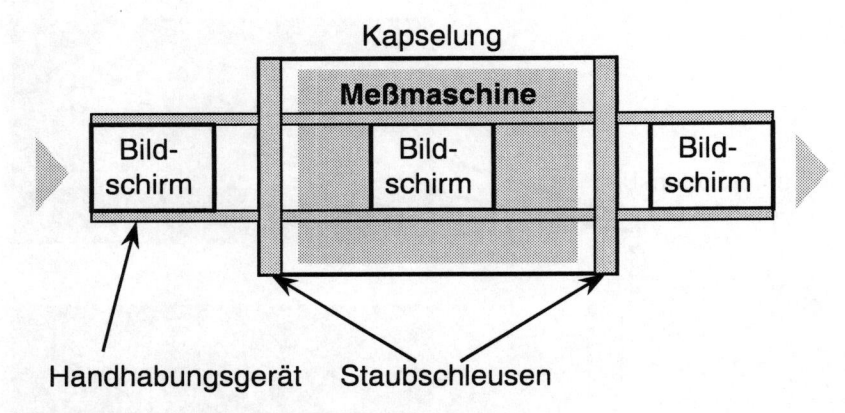

## 114   Methodik zur lebenszyklusorientierten Produktgestaltung

**Bild 7-6: Kapselung der bestehenden Meßmaschine**

Mit den ergänzenden Maßnahmen war die bestehende Meßmaschine prinzipiell direkt hinter dem Kühlband einsetzbar.

### 7.3.2 Erste Lebenszyklusmodellierung

Zur Abschätzung der Optimierungspotentiale und zum Vergleich mit den weiterentwickelten Meßmaschinen wurde die IPLR-Struktur für die bestehenden Maschine abgebildet (Bild 7-7).

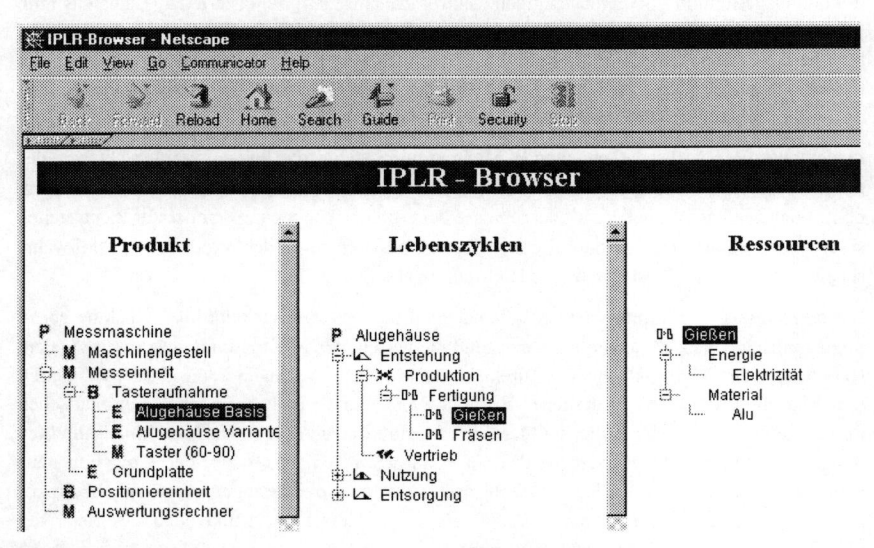

**Bild 7-7: IPLR-Strukturen für die bestehende Meßmaschine**

Im Rahmen dieser ersten groben Lebenszyklusmodellierung und –bewertung der Meßmaschine im IPLR-Browser wurde die Tasteraufnahme aus Aluminium-Guß sowohl aus ökologischen als auch aus ökonomischen Gesichtspunkten als kritisches Einzelteil identifiziert. Daher wurde bei der weiterentwickelten Meßmaschine die Aufnahme der Taster optimiert und anstelle der Aluminium-Guß-Konstruktion eine Aluminiumplatte eingebaut (Bild 7-8).

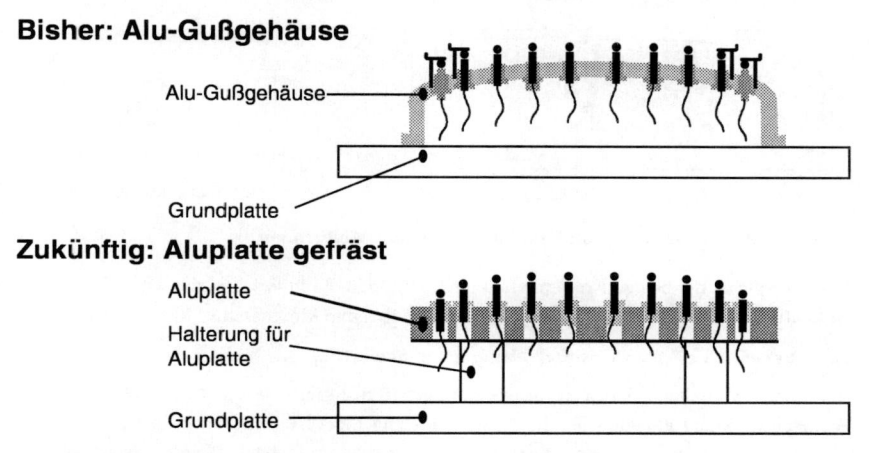

**Bisher: Alu-Gußgehäuse**

Alu-Gußgehäuse

Grundplatte

**Zukünftig: Aluplatte gefräst**

Aluplatte

Halterung für Aluplatte

Grundplatte

**Bild 7-8: Entwurf für neue Tasteraufnahme**

Dadurch wurde die Herstellung der Meßeinrichtung stark vereinfacht und ein modularer Aufbau einer Meßmaschine möglich. Bei diesem Konzept muß nur noch ein Einsatz mit den Meßvorrichtungen ausgewechselt werden und der grundlegende Aufbau der Meßmaschine bleibt erhalten. Dadurch lassen sich pro Bildschirmvariante Betriebsmittelkosten in Höhe von ca. 25 TDM vermeiden.

### 7.3.3 Brainstorming und technisch-, wirtschaftlich-, ökologische Bewertung

Ziel beim Einsatz des Brainstorming war es, generell neue Prinzipien für die Messung Glasbildschirme am Ende des Kühlbands zu generieren und ganzheitlich zu bewerten. Hierzu wurden aus der Methodendatenbank die geeigneten Hilfsmittel ausgewählt und mit Hilfe der zugehörigen Standarddokumente angewendet.

Als Ergebnis des Brainstorming wurde ein Konzept für die Neuentwicklung erarbeitet, das auf dem Wechsel vom taktilen Meßprinzip zu einer berührungslosen Messung mit Hilfe eines optischen Meßverfahrens basiert. Vorteile des optischen Meßverfahrens liegen in der Abbildung der gesamtem Fläche und der Repräsentation von Abweichungen nicht nur an explizit vorgegebenen Meßpunkten. Es werden für die jeweilige Meßmaschine nicht mehr spezifisch angefertigte Meßapparaturen mit 60 - 90 Meßtastern benötigt, sondern lediglich für die jeweiligen Bildschirme geeignete Referenzdaten, die in ein Projektions- und Aufnahmegerät eingesetzt werden. In Bild 7-9 sind die Konzepte für das bestehende taktile Meßprinzip und für das neue optische Meßprinzip dargestellt.

116　　Methodik zur lebenszyklusorientierten Produktgestaltung

**Taktiles Meßprinzip**　　　　　　　　**Optisches Meßprinzip**

taktile Meßeinheit

optische Meßeinheit

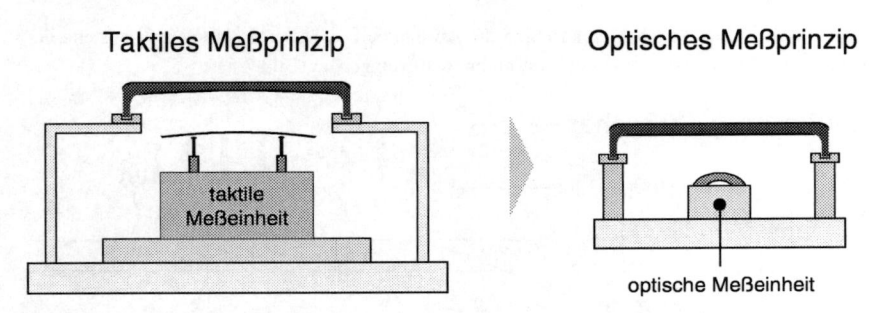

**Bild 7-9: Meßkonzept mit taktilem und optischem Meßprinzip**

Beim Vergleich der beiden Konzepte fällt direkt auf, daß durch Wechsel des Meßprinzips auch wesentliche Teile der Peripherie wegfallen und die gesamte Meßmaschine kleiner wird.

### 7.3.4 Verteilte Lebenszyklusmodellierung zur Bewertung der Konzepte

Bei der verteilten lebenszyklusorientierten Bewertung wurden sowohl für die Weiterentwicklung als auch für die Neuentwicklung die verschiedenen Lebensphasen durch die in der Projektdefinition festgelegten Experten aufgebaut. Die unterschiedlichen Produktstrukturen wurden im IPLR-Browser aufgebaut und einander gegenübergestellt (Bild 7-10).

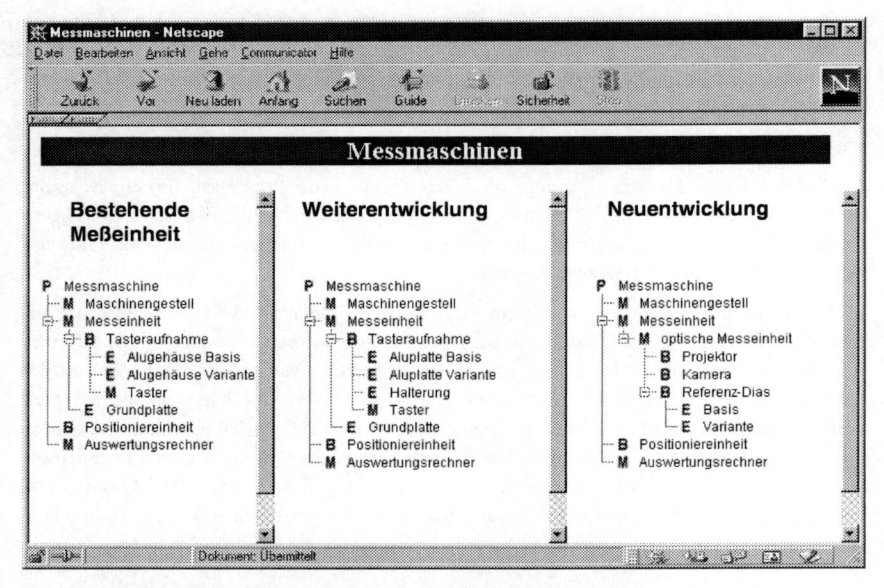

```
Messmaschinen - Netscape
Datei Bearbeiten Ansicht Gehe Communicator Hilfe
  Zurück   Vor  Neu laden Anfang Suchen Guide Drucken Sicherheit Stop

                          Messmaschinen

  Bestehende              Weiterentwicklung        Neuentwicklung
  Meßeinheit

  P Messmaschine          P Messmaschine           P Messmaschine
    M Maschinengestell      M Maschinengestell       M Maschinengestell
    M Messeinheit           M Messeinheit            M Messeinheit
      B Tasteraufnahme        B Tasteraufnahme          M optische Messeinheit
        E Alugehäuse Basis      E Aluplatte Basis        B Projektor
        E Alugehäuse Variante   E Aluplatte Variante     B Kamera
        M Taster                E Halterung              B Referenz-Dias
      E Grundplatte             M Taster                   E Basis
    B Positioniereinheit      E Grundplatte                E Variante
    M Auswertungsrechner    B Positioniereinheit       B Positioniereinheit
                            M Auswertungsrechner      M Auswertungsrechner

Dokument: Übermittelt
```

**Bild 7-10: Produktstrukturen für die verschiedenen Meßeinheiten**

Zum Vergleich zwischen den Konzepten der bestehenden, der weiter- und der neuentwickelten Meßmaschine wurde eine Meßmaschine mit zwei Meßeinheiten betrachtet. Damit konnten die unterschiedlichen Ressourcenbedarfe bei der Variation der Meßaufgabe berücksichtigt werden.

Aufbauend auf den Produktstrukturen wurden die verschiedenen Lebenszyklusprozesse und die dazugehörigen Ressourcenbedarfe verteilt im IPLR-Browser modelliert. Daraus konnten Sachbilanzen für die weiter- und neuentwickelte Meßeinheit ermittelt und der bestehenden Meßmaschine gegenübergestellt werden.

Setzt man die in der Sachbilanz ermittelten Werte in die Transformationsgleichungen ein um die zwei verschiedenen Wirkbilanzen zu ermitteln, so ergeben sich daraus folgende Ergebnisse.

Der ökologische und ökonomische Vergleich der Meßmaschinen wurde mit Öko-Punkten (Bild 7-11) durchgeführt. Grundlage für die Nutzung war die Laufzeit von einem Jahr für die Meßeinheit.

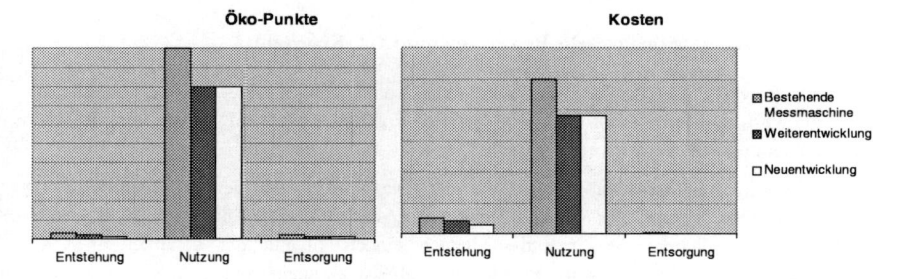

**Bild 7-11: Ökologisch-ökonomische Bewertung (Öko-Punkte)**

Eine erste Abschätzung ergab, daß die Energieeinsparung in der Produktion der Glasbildschirme (Aufschmelz- und Transportenergie) bei gleicher Ausbringung bis zu 18% beträgt. Der Primär-Materialbedarf kann gleichzeitig um 15% reduziert werden. Damit bestätigen sich die Prognosen zu Beginn des Projektes. Durch die hohen Energieersparnisse sind nicht nur ökologische sondern auch große ökonomische Potentiale erschlossen worden. Die größten Ersparnisse fallen in der Nutzungsphase der Meßmaschine an.

Sowohl ökonomisch als auch ökologisch stellen die Weiter- und die Neuentwicklung gegenüber der bestehenden Meßmaschine Verbesserungen der Produkteigenschaften in allen Lebensphasen der Meßmaschine dar.

Eine detaillierte Sachbilanzierung der Materialeinsätze für die bestehende Meßmaschine und die Weiterentwicklung ergab eine Gewichtseinsparung von 40% für die Tasteraufnahme. Die Wirkbilanz auf Basis der detaillierten LCA-Bewertungsgrößen ergab folgendes ökologisches Profil (Bild 7-12).

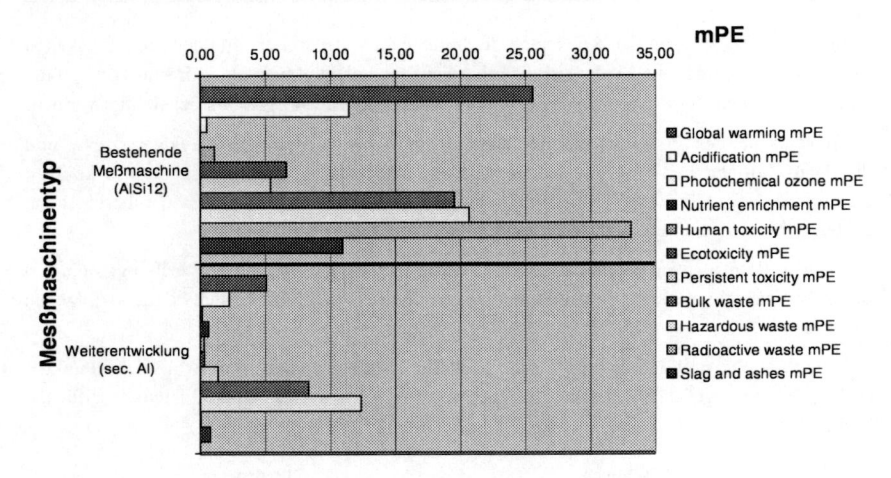

## Bild 7-12: Detaillierte ökologische Bewertung mit LCA-Kennzahlen

Die weiterentwickelte Meßeinheit ist also nicht nur ökonomisch günstiger, da weniger Material benötigt wird, sondern auch die ökologischen Eigenschaften sind besser als die der bestehenden Lösung.

Beim Vergleich der Bewertung mit Hilfe der Öko-Punkte und der detaillierten LCA-Kennzahlen wird deutlich, daß die Öko-Punkte zwar nur eine grobe qualitative ökologische Bewertung ermöglichen, die Ergebnisse jedoch tendenziell mit der detaillierten LCA-Bewertung übereinstimmen. Damit konnte am Fallbeispiel nachgewiesen werden, daß die Methodik auch mit unterschiedlich detaillierten Transformationsmatrizen angewendet werden kann.

### 7.4 Würdigung der Ergebnisse aus dem Fallbeispiel

Die Methodik zur lebenszyklusorientierten Produktgestaltung konnte zur Entwicklung einer neuen Meßmaschine eingesetzt werden. An diesem Fallbeispiel konnte die enge Verbindung zwischen der Nutzungsphase von Betriebsmitteln und den daraus resultierenden Einflüssen auf die Entstehungsphase von Massenprodukten dargestellt werden. Damit ist deutlich geworden, daß mit Hilfe der entwickelten Methodik Schnittstellen zwischen den Bilanzgrenzen verschiedener Produkte in unterschiedlichen Lebensphasen abgebildet und überbrückt werden können. Der Modellierungsaufwand konnte jeweils den gegebenen Randbedingungen angepaßt werden und damit auch eine ausschnittsweise Betrachtung der Lebenszyklusphasen als Optimierungsgegenstand genutzt werden. Wichtig bei der durchgeführten lebenszyklusorientierten Produktgestaltung war die umfassende Berücksichtigung der ökologischen, technischen und ökonomischen Randbedingungen und die Optimierung des Produktes in allen drei Bereichen.

## 8 ZUSAMMENFASSUNG UND AUSBLICK

Die Belastung der natürlichen Umwelt durch eine stetig wachsende Weltbevölkerung und einen höheren Lebensstandard erfordert einen Wandel des Bewußtseins hin zu einer nachhaltigen Entwicklung. Dies ist besonders Aufgabe der Industrienationen, da sie heute die größten Ressourcenmengen benötigen und Vorbildfunktion für die Schwellenländer haben. Zur Sicherung der Umwelt für zukünftige Generationen muß eine nicht nur aus wirtschaftlichen sondern auch aus ökologischen Gesichtspunkten sinnvolle Ausrichtung von Produkten in allen Lebenszyklusphasen – Entstehung, Nutzung und Entsorgung – möglich sein.

Die größten Potentiale zur Verbesserung der technischen, wirtschaftlichen und ökologischen Produkteigenschaften können in der Produktentwicklung erschlossen werden. Daher müssen geeignete Hilfsmittel geschaffen werden, die eine ganzheitliche Produkt- und Prozeßoptimierung in frühen Phasen unterstützen, indem Informationen und Wissen aus allen Produktlebensphasen für die Entwicklung bereitgestellt wird.

Ziel dieser Arbeit war daher die Entwicklung einer Methodik zur lebenszyklusorientierten Produktgestaltung, mit der die Entwicklung ökologisch und ökonomisch attraktiver Produkte unterstützt wird. Die Methodik setzt sich aus einer systematischen Vorgehensweise zur lebenszyklusorientierte Produktgestaltung, einem Integrierten Produkt-, Lebenszyklus-, und Ressourcenmodell (IPLRM) sowie einem Entwicklungsleitsystem zusammen.

Anhand eines für die Methodik ermittelten Anforderungsspektrums wurden Ansätze aus der Konstruktionsmethodik, der Integrierten Produktentwicklung, der Prozeßmodellierung, dem Informationsmanagement sowie der technischen, ökonomischen und ökologischen Bewertung analysiert.

Darauf bezug nehmend wurde das IPLRM Modell aufgebaut. Als Modellierungssprache wurde EXPRESS_G zur objektorientierten Darstellung der einzelnen Teilmodelle genutzt. Zentrales Element des IPLRM ist die IPLR-Einheit, die zur Abbildung von Produkt-, Lebenszyklusprozeß- und Ressourcenabhängigkeiten definiert wurde. Darüber hinaus wird über das Hilfs- und Bewertungsmodell, welches Teil des IPLRM ist, die ganzheitliche ökonomische und ökologische Bewertung auf verschiedenen Konkretisierungsgraden unterstützt. Es können z. B. unsichere Informationen über Ressourcenbedarfe abgebildet und zur frühzeitigen Bewertung eingesetzt werden.

Auf Basis des Produktmodells ist die Methode zur lebenszyklusorientierten Produktgestaltung entwickelt worden. Der Gestaltungszyklus und der Gestaltungsraum repräsentieren zwei wichtige Basiselemente der Methode. Der Gestaltungszyklus, der aus den Schritten „Zieldefinition", „Lösungsfindung" und „Auswahl" besteht, dient gleichzeitig zur Strukturierung und Vernetzung von Entwicklungsaufgaben. Der Gestaltungsraum bildet die Möglichkeit Gestaltungsaufgaben nach Unternehmenshierarchien, Lebenszyklusphasen und den Gestaltungsobjekten – Produkt, Lebenszyklusprozeß und Ressource – einzuordnen.

Mit diesen Basiselementen sind Vorgehensweisen zur Koordination und zur operativen Gestaltung hergeleitet worden. Unterstützt werden die Vorgehensweisen durch bereits bestehende Hilfsmittel und durch, auf ökologische Belange angepaßte, Methoden, wie die

ECO-QFD, die technische, wirtschaftliche und ökologische Bewertung sowie die ECO-FMEA.

Des weiteren ist auf Basis des Gestaltungszyklus die Methode zur verteilten Lebenszyklusmodellierung entwickelt worden. Sie ermöglicht eine interdisziplinäre Zusammenarbeit von Experten verschiedener Lebensphasen zum Aufbau eines produktspezifischen IPLRM. Damit wird die Darstellung und Bewertung virtueller Produktlebenszyklen möglich.

Dem Problem der „richtigen" Wirkbilanzierung bei der ökologischen Bewertung wurde durch eine flexible Konfigurationsmöglichkeit der Bewertungskriterien begegnet. Dazu können unternehmens- oder branchenspezifisch Transformationsmatrizen, die die Sach- in die Wirkbilanzen überführen, generiert werden.

Die Methodik mußte, um sinnvoll angewendet werden zu können, durch ein EDV-System unterstützt werden. Dazu wurde ein Entwicklungsleitsystem konzipiert und als plattformunabhängiges Tool implementiert. Mit dem Entwicklungsleitsystem wird neben der Koordination die operative Gestaltung von Produkten und Prozessen unterstützt. Wichtige Elemente dafür sind die Methodendatenbank und ein IPLR-Modellierer. In der Methodendatenbank werden alle für die lebenszyklusorientierte Produktgestaltung geeigneten Methoden abgelegt und allen an der Gestaltung Beteiligten zur Verfügung gestellt. Anwendungen können aus der Methodendatenbank gestartet werden. Der IPLR-Modellierer ermöglicht die verteilte Lebenszyklusmodellierung. Ein „Kommunikator" unterstützt die Abstimmung zwischen Experten an verschieden Orten.

Mit den o. g. Elementen der Methodik können lebenszyklusorientiert Produkte gestaltet werden. Dies wurde an eine Fallbeispiel für eine Meßmaschine verifiziert.

Die Methodik zur lebenszyklusorientierten Produktgestaltung ist offen gestaltet, um ergänzend weitere Hilfsmittel integrieren zu können. Wichtige Voraussetzung für die Anwendung der Methodik ist die Festlegung und Integration von ökologischen Wirkungen in den Transformationsmatrizen. Hierzu besteht der Bedarf, einheitliche Ressourcenkataloge mit ökologische Basisdaten zur Verfügung zu stellen.

Mit Hilfe des kontinuierlichen Einsatzes der Methodik kann eine Erfahrungsbasis geschaffen werden, die es in Zukunft ermöglicht Produkte, oder zumindest einzelne Komponenten, für mehrere Produktgenerationen auszulegen. Damit kann ein nachhaltiger Beitrag zur Schonung und Sicherung der Umwelt für zukünftige Generationen geleistet werden.

# 9 LITERATURVERZEICHNIS

AbfG 1993
: Abfallgesetz (AbfG) BGBl. I S.1410, 1501 vom 27.08.1986, zuletzt geändert am 22.04.1993

Abw 1989
: Rahmenverwaltungsvorschrift über die Mindestanforderungen an das Einleiten von Abwasser in Gewässer, Anhang 40 Metallbearbeitung, Metallverarbeitung, Bundesgesetzblatt Bonn, Rahmen-Abwasser-Verwaltungsvorschrift, September 1989

Akao, Y.; Liesegang, G.
: Quality Function Deployment QFD, wie die Japaner Kundenwünsche in Qualität umsetzen, Übersetzung aus dem Amerikanischen von G. Liesegang, Verlag Moderne Industrie, Landsberg, 1992

Aktas, A.Z.
: Structured Analysis and Design of Information Systems, Prentice Hall, Englewood Cliffs, NJ 1987

Alting, L.; Jorgensen, D. J.
: The Life Cycle Concept as a Basis for Sustainable Industrial Production, CIRP Vol. 42/1/1993, p. 163-167

Alting, L.; Legarth, J.B.
: Life Cycle Engineering and Design, Annals of the CIRP Vol. 44/2/1995, p. 1-11

Alting, L.; Wenzel, H.; Hauschild, M.
: Environmental Assessment of Products, Volume 1: Methodology, tools and case studies in product development, Chapman & Hall, London, 1997

Alting, L.; Lenau, T., Bey, N.
: Schnelle und leichtverständliche Umweltbewertung für Konstrukteure und Designer In: Tagungsband zum Kolloquium zur Entwicklung umweltgerechter Produkte, SFB 392, 3. Und 4. Nov. 1998, Darmstadt

Anderl, R.; Daum, B.; John, H.; Pütter, C.
:  Cooperative product data modeling in life cycle networks In: Life Cycle Networks, 4th International Seminar on Lifed Cycle engineering, June 26-27, 1997, Berlin

Anderl, R.; Grabowski, H.; Polly A.
: Integriertes Produktmodell, Entwicklungen zur Normung von CIM, Beuth Verlag GmbH, Berlin 1993

Anderl, R.; John, H.; Pütter, C.
: Kooperative Informationsmodellierung umweltgerechter Produkte In: Tagungsband zum Kolloquium zur Entwicklung umweltgerechter Produkte, SFB 392, 3. Und 4. Nov. 1998, Darmstadt (1998)

Anderl, R.; Daum, B.
Produktentwicklungsumgebung für die Entwicklung umweltgerechter Produkte In: Tagungsband zum Kolloquium zur Entwicklung umweltgerechter Produkte, SFB 392, 3. Und 4. Nov. 1998, Darmstadt (1998a)

Anderl, R.; Polly, A.; Staub, G.
Produktqualität durch Konstruktionsqualität – Modelle und Methoden für das Qualitätsmanagement in der Konstruktion, 1. Auflage 1997, DIN, Beuth Verlag GmbH, Berlin, 1997

Augustin, R.
Integrierte Planung der Anwendung von Informations- und Kommunikationstechnologie (IKT) – Eine Methode zur Priorisierung von IKT-Verbesserungen für produzierende Unternehmen, Shaker Verlag Aachen, 1998

Backhouse, C.; Brookes, N.
Concurrent Engineering: What's working where, Design Council, Aldershot, 1996

Balzert, H.
Lehrbuch der Software-Technik, Software Engineering, Spektrum Akad. Verlag, 1996

Balzert, H.
Lehrbuch der Software-Technik, Software Management, Software Qualitätssicherung, Unternehmensmodellierung, Spektrum Akad. Verlag, 1996

Bank, M.
Basiswissen Umwelttechnik, 3. Auflage, 1995, Vogel Buchverlag, Ulm-Jungingen

Baron, W.; Zweck, A.
Langfristige Perspektiven technischer und gesellschaftlicher Entwicklung in Deutschland, VDI-Technologiezentrum Düsseldorf, 1995

Baumann, M.
Anwendungsspezifische Erweiterung von Konstruktionssystemen für geometrisch-gestalterische Tätigkeiten unter Berücksichtigung einer systemneutralen Datenhaltung, Dissertation, RWTH Aachen Verlag Shaker, 1995

Baxter, M.
Product Design, Practical methods for the systematic development of new products, Chapman&Hall, 1995

Behrendt, S. et. al.
Umweltgerechte Produktgestaltung – Eco-Design in der elektronischen Industrie, Springer-Verlag, Berlin, 1996

Benz, T.M.
Funktionsmodelle in CAD-Systemen, Dissertation TH Karlsruhe VDI-Verlag, Düsseldorf, 1990

## Berliner Kreis
Neue Wege zur Produktentwicklung, Eine Untersuchung im Rahmenkonzept „Produktion 2000" des BMBF, Berliner Kreis: Wissenschaftliches Forum für Produktentwicklung, Karlsruhe 1997

## Biewer, B.
Fuzzy-Methoden: praxisrelevante Rechenmodelle und Fuzzy Programmiersprachen, Springer-Verlag, Berlin, 1997

## Birkhofer, C.; Grüner, C.
Methodik zur umweltgerechten Produktentwicklung In: Tagungsband zum Kolloquium zur Entwicklung umweltgerechter Produkte, SFB 392, 3. Und 4. Nov. 1998, Darmstadt

## Birkhofer, C.; Schott, H.; Grüner, C.; Dannheim, F.
Sustainable life-cycle engineering – a challenge for design science In: Life Cycle Networks, 4$^{th}$ International Seminar on Lifed Cycle engineering, June 26-27, 1997, Berlin (1997)

## Birkhofer, C.; Schott, H.; Grüner, C.; Dannheim, F.; Büttner, K.
Design for environment – computer based product and process development In: Life Cycle Networks, 4$^{th}$ International Seminar on Lifed Cycle engineering, June 26-27, 1997, Berlin (1997a)

## Birkhofer, H.; Schott, H.
Desing for Environment - Methods, Working Aids and Instruments, 3$^{rd}$ International Seminar on Life Cycle Engineering, March 18 - 20, 1996, Zürich

## Bleicher, K.
Normatives Management: Politik, Verfassung, und Philosophie des Unternehmens, Frankfurt, NewYork, 1994

## BMU 92
Entwurf zur Verordnung über die Vermeidung, Verringerung und Verwertung von Abfällen aus der Kraftfahrzeugentsorgung, Bonn 1992

## Bochtler
Modellbasierte Methodik für eine integrierte Konstruktion und Arbeitsplanung, RWTH Aachen, Dissertation, Shaker Verlag, 1996

## Böhlke, U.
Rechnerunterstütze Analyse von Produktlebenszyklen – Entwicklung einer Planungsmethodik für das umweltökonomische Technologiemanagement, Dissertation, RWTH Aachen, Verlag Shaker, 1994

## Boothroyd, G.; Dewhurst, P., Knight, xx
Product design for Manufacture and Assembly, Marcel Dekker, Inc. New York, 1994

Boothroyd, G. Dewhurst, P.

A Decade of DFMA Research, The 1994 International Forum on Design for Manufacture and Assembly, Conference Proceedings, New Port, Rhode Island, USA

Breiing, A.

Theorie und Methoden des Konstruierens, Springer-Verlag Berlin Heidelberg New York, 1993

Brinkmann, R.; Ehrenstein, T. ;Steinhilper, R.

Umwelt- und recyclinggerechte Produktentwicklung – Anforderungen, Werkstoffwahl, Gestaltung, Praxisbeispiele, WEKA Fachverlag für technische Führungskräfte, Augsburg 1994

Büchel,A.; Haberfellner,R; von Massow, H.; Nagel,P.; Rutz, K.;Wildmann, P.

Systems Engineering, Hrsg.: Daenzer, W.F., Peter Hanstein Verlag, Köln; Verlag Industrielle Organisation, Zürich

Bullinger, H.-J.; Wasserloos, G.

Reduzierung der Produktentwicklungszeiten als ganzheitliche Aufgabe, Zeitschrift für Logistik, Band 12 (1991) Heft 1, S. 7 – 13

Bullinger, H.-J.

Paradigmenwechsel bei der Produktentwicklung, in: Paradigmenwechsel im Management: Ressourcen der Produktentwicklung, 3. F&E-Management-Forum, Tagungsband 1992, hrsg.v. H.-H. Bullinger, gfmt - Gesellschaft für Management und Technologie, St. Gallen 1991

Bullinger, H.-J.

Marktgerechte Produktentwicklung, IAO-Forum 6. Mai 1992, Springer-Verlag Berling Heidelberg New York, 1992

Bullinger, H.-J.; Warschat, J.

Concurrent Simultaneous Engineering, Springer-Verlag, Berlin Heidelberg New York, 1996

Burghardt, M.

Projektmanagement – Leitfaden für die Planung, Überwachung und Steuerung von Entwicklungsprojekten, 4. Wesentlich überarbeitete Auflage, Publics-MCD-Verlag 1997

Cattanach, R. E.; Holdreith, J. M.; Reinke, D. P.; Sibik, L. K.

The handbook of Environmentally Conscious Manufacturing – From design & production to labelling & recycling, Irwin Professional Publishing, 1995

Clausing, D.

Total Quality Development - A step-by-step guide to World-Class Concurrent Engineering, ASME Press, 1994

Cross, N.
A History of Design Methodology, Design Methodology and Relationships with Science, Kluwer Academic Publishers, 1993

Daenzer, W. F.
Systems Engineerring: Methodik und Praxis, Verlag Industrielle Organisation, Zürich 1994

Davis, M. L.; Cornwell, D. A.
Introduction to Environmental Engineering, 3$^{rd}$ Edition, McGraw-Hill, Boston, 1998

Dekorsy, T.
Ganzheitliche Bilanzierung als Instrument zur bauteilspezifischen Werkstoff- und Verfahrensauswahl; Dissertation Universität Stuttgart, 1993

Deng, Z.
Architecture consideration for sustainable manufacturing processes reengineering

Derichs, Th.
Informationsmanagement im Simultaneous Engineering, Systematische Nutzung unsicherer Informationen zur Verkürzung der Produktentwicklungszeiten, Dissertation, UFO Aachen, 1995

Dertouzos, M.L.; Lester, R.K.; Solow, R.M
Die Krise der USA - Potential für neue Produktivität, Keip-Verlag, Frankfurt a.M., 1990

DES,95,1- Design Management Institute
Case Study: Braun AG - The KF 40 Coffe Machine, Harvard Business School Publishing, Boston, 1995

DES,95,2- Design Management Institute
Case Study: Erco Leuchten GmbH - The Axis and Gantry Lighting System, Harvard Business School Publishing, Boston, 1995

DES,95,3- Design Management Institute
Case Study: AB Bahco Tools – The Development of a Design Strategy at a Tool Company, Harvard Business School Publishing, Boston, 1995

DES,95,4- Design Management InstituteCase Study: Apple Power Book - Design Quality and Time to Market, Harvard Business School Publishing, Boston, 1995

DES,95,5- Design Management Institute
Case Study: Canon - The EOS 35 mm Camera, Harvard Business School Publishing, Boston, 1995

DES,95,6- Design Management Institute
Case Study: Sony Corporation - The Walkman WM-109, Harvard Business School Publishing, Boston, 1995

DES,95,7- Design Management Institute
Case Study: Sharp - Fashion Calculator, Harvard Business School Publishing, Boston, 1995

DIN 25419
Ereignisablaufanalyse, Verfahren, graphische Symbole und Auswertung, Beuth Verlag, Berlin, November 1985

DIN 25424, Teil 1
Fehlerbaumanalyse, Methode und Bildzeichen
Beuth Verlag, Berlin, September 1981

DIN 8589
Fertigungsverfahren – Begriffe, Einteilung, Beuth-Verlag, Berlin 1985

DIN 69901
Projektmanagement, Beuth Verlag, Berlin, 1990

DIN 69910
Wertanalyse, Beuth Verlag, Berlin, 1987

DIN Manuskriptdruck
Kosteninformationen zur Kostenfrüherkennung: Handbuch für Entwicklung, Konstruktion und Arbeitsvorbereitung, Beuth Verlag, Köln, 1987

Doblies, M.
Globales Produktdatenmanagement zur Verbesserung der Produktentwicklung, Dissertation, IPK Berlin, 1998

Dorf, R. C.; Kusiak, A.
Handbook of Design, Manufacturing and Automation, John Wiley & Sons, 1994

Dostel, W.
Personal für CIM; CIM Management 1/88, S4 ff.

Dyckhoff, H.
Umweltschutz: Gedanken zu einer allgemeinen Theorie umweltorientierter Unternehmensführung In: Produktentstehung, Controlling und Umweltschutz – Grundlagen eines ökologieorientierten F&E Controlling, Hrsg.: Dyckhoff, H.; Ahn, H.; Phisica Verlag, Heidelberg, 1998

Ehrlenspiel, K.

Integrierte Produkterstellung, Organisation - Methoden - Hilfsmittel
Münchener Kolloquium '91, Institut für Werkzeugmaschinen und Betriebswissenschaften,
TU München, 1991

Ehrlenspiel, K.
Integrierte Produktentwicklung Methoden für Prozeßorganisation, Produkterstellung und Konstruktion, Carl Hanser Verlag, 1995

Eppinger, St. D.; Ulrich K. T.
Product Design and Development, McGraw-Hill Book Co., International Editions 1995

ESV 91
Verordnung über die Vermeidung, Verringerung und Verwertung von Abfällen gebrauchter elektrischer und elektronischer Geräte (Elektronikschrott-Verordnung), Stand 11.07.1991

Eversheim, W.; Müller, G.; Katzy, B.
NC-Verfahrenskette, Beuth Verlag, Berlin, Wien, Zürich, 1994

Eversheim, W.
Simultanoeous Engineering - eine organisatorische Chance! VDI-Berichte 758, 1989, 979, S. 1 - 26, VDI-Verlag Düsseldorf

Eversheim, W.; Bochtler, W.; Breit, St.; Laufenberg, L.
Pilotprojekte statt Trockenübung - Einführung von Simultaneous Engineering im Maschinenbau, VDI-Berichte 1136, S. 263 -280, VDI-Verlag Düsseldorf 1994

Eversheim, W.; Bochtler, W.; Gräßler, R.; Laufenberg, L
Simultaneous Engineering auf Basis prozeßorientierter Strukturmodelle, Management & Computer 2 (1994) 3,
S. 165 - 173

Eversheim, W.; Bochtler, W.; Laufenberg, L
Methods and Models for an Integrated Modelling of Products and Processes, Annals of the German Academic Society for Production Engineering (WGP) 1 (1994) 2,
S. 173 -176

Eversheim, W.; Bochtler, W.; Laufenberg, L.
Simultaneous Engineering, Erfahrungen aus der Industrie für die Industrie, Springer-Verlag Berlin Heidelberg New York, 1995

Eversheim, W; Böhlke, U.; Kölscheid, W.
Lifecycle Modelling as an approach for Design for X. In: Krause, F.-L.; Uhlmann, E.: Innovative Produktionstechnik, Hanser Verlag, 1998, S. 71 – 79 (1995a)

Eversheim, W.
Prozeßorientierte Unternehmensreorganisation – Konzepte und Methoden zur Gestaltung „schlanker" Organisationen, Springer-Verlag, Heidelberg, 1995 (1995b)

Eversheim, W.
Organisation der Produktionstechnik – Band 2: Konstruktion, Springer Verlag, Berlin Heidelberg New York 1996

Eversheim, W. et. al.
Telekooperation verschafft Wettbewerbsvorteile. io Management Zeitschrift 65 (1996) Nr. 5, S. 19 - 23, Verlag Industrielle Organisation BWI ETH – Zürich (1996a)

Eversheim, W. et. al.

Verteilte Entwicklung – Unternehmensgrenzen überwinden In: Wettbewerbsfaktor Produktionstechnik – Aachener Perspektiven, AWK'96 (1996b)

Eversheim, W.
Organisation der Produktionstechnik – Band 3: Arbeitsvorbereitung, Springer Verlag, Berlin Heidelberg New York 1997

Eversheim, W.
Organisation der Produktionstechnik – Band 2: Konstruktion, Springer Verlag, Berlin Heidelberg New York 1998

Eversheim, W.; Haacke, U. v.; Albrecht, T.
Planning Tool for Ecology-oriented Technology Management, $3^{rd}$ International Seminar on Life Cycle Engineering, March 18 - 20, 1996, Zürich

Eversheim, W.; Schuh, G.
Betriebshütte – Produktion und Management, Springer Verlag, Berlin 1996

Eversheim, W.; Kölscheid, W.; Schenke, F.-B.
Wettbewergsvorteile durch ressoucenschonende Produkte, VDI-Bericht 1400, VDI Verlag GmbH, Düsseldorf 1998

Eyerer, P.
Ganzheitliche Bilanzierung, Springer Verlag, Berlin 1996

Fabrycky, W.J.; Blanchard, B.S.
Life Cycle Design, Mark Oakley (Hrsg.), Design Management, Basil Blackwell Ltd., Oxford 1990

Fahrwinkel, U.
Methode zur Modellierung und Analyse von Geschäftsprozessen zur Unterstützung des Business Process Reengineering, Dissertation Uni Paderborn, HNI-Verlagsschriftenreihe, Paderborn 1995

Feldmann, K.; Meedt, O.
Innovative Tools and Systems for Efficient Disassembly Processes, $3^{rd}$ International Seminar on Life Cycle Engineering, March 18 - 20, 1996, Zürich

Finiw, M
Design Benchmarks, erschienen in Design Management Journal, Fall 1992

Fleischer, G.
Abfallvermeidung in der Metallindustrie 1, EF-Verlag für Energie- und Umwelttechnik GmbH, Berlin 1989

Forkel, M.
Kognitive Werkzeuge - ein Ansatz zur Unterstützung des Problemlösens, Dissertation, IPK Berling, Carl Hanser Verlag, 1994

Freeze, K
Through the Backdoor: The Strategic Power of Case-Studies in Design Management Research and Education, erschienen in Design Management Journal, Fall 1992

Funk, J.
Rechnergestütztes Sourcingsystem für spanende Fertigungskapazitäten kleiner und mittelständischer Unternehmen, Dissertation, IPA Stuttgart, Springer Verlag, 1997

Gausemeier, J.
Strategische Produktplanung – Szenariounterstützte Gestaltung der Marktleistung von morgen. In: Krause, F.-L.; Uhlmann, E.: Innovative Produktionstechnik, Hanser Verlag, 1998, S. 274 – 282

Gege, M.
Kosten senken durch Umweltmanagement – 1000 Erfolgsbeispiele aus 100 Unternehmen, Verlag Franz Hahlen, München, 1997

Gernert, R.
Entwicklung einer handlungsorientierten Interaktionsmethode zur Benutzung produktionstechnischer Datenbanken, Dissertation, IPK Berlin, 1998

Gernot, Th. C. H.
Beiträge zum Simultaneous Engineering bei der Produkt- und Prozeßplanung für die Spritzgießfertigung, Dissertation, IKV-Aachen, Mainz-Verlag, 1994

Goebel, D.
Modellbasierte Optimierung von Produktentwicklungsprozessen, Fortschr.-Ber. VDI Reihe 2 Nr. 385, Dissertation, VDI Verlag Düsseldorf, 1996

Golm, F.
Gestaltung von Entscheidungsstrukturen zur Optimierung von Produktentwicklungsprozessen, UNZE Verlagsgesellschaft mbH, Potsdam, Dissertation FhG/IPK 1996

Grabowski, H.; Langlotz, G.; Rude, S.
25 Jahre CAD in Deutschland: Standortbestimmung und notwendige Entwicklungen, VDI-EKV Jahrbuch 93, VDI-Verlag Düsseldorf, 1993

Grabowski, H.
Sonderforschungsbereich 346, Rechnerintegrierte Konstruktion und Fertigung von Bauteilen, Bericht zur Begutachtung 1996

Grabowski, H.; Anderl, R.; Polly, A.
Integriertes Produktmodell, Herausgeber: H.-J. Warnecke, R. Schuster und DIN Deutsches Institut für Normung e.V., Beuth Verlag GmbH -Berlin - Wien - Zürich, 1993

Grabowski, H.; Rude, S.; Grein, G.
Universal Design Theory, Aachen Shaker, 1998

Grieger, S.
Strategien zur Entwicklung recyclingfähiger Produkte, beispielhaft gezeigt an Elektrowerkzeugen, Fortschr. –Berichte VDI Reihe 1, Nr. 270, VDI-Verlag, Düsseldorf 1996

Gupta, Ch.
Marktinduziertes Ressourcen- und Kostenmanagement, Dissertation, WZL Aachen, Shaker Verlag, 1997

Hartel, M.
Kennzahlenbasiertes Bewertungssystem zur Beurteilung der Demontage- und Recyclingeignung von Produkten, Dissertation Universität Karlsruhe, 1997

Hartley, J. R.
Concurrent Engineering - Shortening Lead Times, Raising Quality, and Lowering Costs, Productivity Press, 1992, Portland, Oregon

Hartmann, M.
Entwicklung eines Kostenmodells für die Montage – Ein Hilfsmittel zur Montageanlagenplanung, Dissertation RWTH Aachen 1993

Hartung, S.
Methoden des Qualitätsmanagements für die Produktplanung und Entwicklung; Dissertation, RWTH Aachen, Shaker Verlag, 1994

Hattori, M.; Inoue, H.; Nomura, N.
Design Strategy for Ecologically Conscious Product, 3rd International Seminar on Life Cycle Engineering, March 18 - 20, 1996, Zürich

Haygazun, H.
Verkürzung der Produktentwicklungszeit durch Parallelverarbeitung, Dissertation, IPK Berlin, 1998

Heinrich, L.J.; Burgholzer, P.
Systemplanung I – Der Prozeß der Systemplanung, der Vorstudie und der Feinstudie. 5. Auflage, Oldenbourg Verlag, München Wien 1991

Hentschel, C.
Beitrag zur Organisation von Demontagesystemen, UNZE Verlagsgesellschaft mbH, Potsdam, Dissertation FhG/IPK 1996

Hillebrand, A.
Ein Kosteninformationssystem für Neukonstruktion mit der Möglichkeit zum Anschluß an ein CAD-System, Dissertation, München, 1990

Hoffmann, J.
Entwicklung eines QFD gestützten Verfahrens zur Produktplanung und -entwicklung für kleine und mittlere Unternehmen, Dissertation, IPA-Stuttgart, 1996

Hopfenbeck, W.
Allgemeine Betriebswirtschafts- und Managementlehre: das Unternehmen im Spannungsfeld zwischen ökonomischen, sozialen und ökologischen Interessen, 11. Auflage, Landsberg/Lech, Verl. Moderne Industrie, 1997

Hopfenbeck, W.
Öko-Design: umweltorientierte Produktpolitik, Landsberg/Lech, Verl. Moderne Industrie, 1995

Horneber, M.
Innovatives Entsorgungsmanangement – Methoden und Instrumente zur Vermeidung und Bewältigung von Umweltbelastungsproblemen, Vandenhoeck & Ruprecht Verlag, Großbritannien 1995

Horváth, P.
Prozeßkostenmanagement, Verlag Vahlen, München, 1991

Houghton, J.T.; Meira Filho, L.; Bruce, J.
Climate change 1995, The science of climate change, Cambridge University Press, Großbritannien 1996

Hulpe, H.; Mischer, G.; Schendel, A.
Das Kreislaufwirtschaftsgesetz und seine Auswirkungen, Umweltmagazin 1/2, 1995

IBM,97,1- International Business Machines Inc.
IBM Proprinter Case Study, Synthesis Case Study Library, Berkeley, 1997

ING, 97,1- Ingersoll-Rand (IR)
Cyclone Grinder Case Study, Synthesis Case Study Library, Berkeley,1997

ISO 10303-1
Product Data Representation - Part 1: Overview and Fundamental Principales, ISO DIS 10303 - 1, 1994

ISO 10303-11
Product Data Representation - Part 11: Express Overview and Fundamental Principales, ISO DIS 10303 - 1, 1994

ISO 10303-44
Product Data Representation and Exchange – Part 44: Integrated Generic Resources: Product Structure Configuration, ISO DIS 10303 – 44

ISO 14001
Environmental Management Systems, ISO, Schweiz, 1996

ISO 14040
Environmental Management – Life cycle assessment – Principles and framework, ISO, Schweiz, 1997

Jorgensen, J.; Pedersen M. A.; Pedersen, C. S.
Life Cycle Environmental Management, 3rd International Seminar on Life Cycle Engineering, March 18 - 20, 1996, Zürich

Kaiser, J.
  Vernetztes Gestalten von Produkt und Produktionsprozeß mit Produktmodellen, Dissertation, Forschungsberichte IWB 111, TU München, Springer Verlag, 1997

Kaniut, C.; Kohler, H.
  Life Cycle Assessment (LCA) – A Supporting Tool for Vehicle Design?, Proceedings of the IFIP WG5.3 international conference on life-cycle modelling for innovative products and processes, Berlin 1995

Kehler, T.
  Designintegrierte Produktplanung und Produktkonzeption, Dissertation, IPK Berlin, 1998

Kiely, G.
  Environmental Engineering, McGraw-Hill, Boston, 1997

Kimura, F.; Hata, T.; Suzuki, H.
  Product life cycel design based on deterioration simulation, In: Life Cycle Networks, $4^{th}$ International Seminar on Lifed Cycle engineering, June 26-27, 1997, Berlin

Kimura, F.
  Total Product Life Cycle Support with Virtual Products and Processes In: Krause, F.-L.; Uhlmann, E.: Innovative Produktionstechnik, Hanser Verlag, 1998, S. 282 - 290

Kimura, F.; Suzuki, H.
  Product Life Cycle Modelling for Inverse Manufacturing; Proceedings of the IFIP WG5.3 international conference on life-cycle modelling for innovative products and processes, Berlin 1995

Kimura, F.; Suzuki, H.
  Design of Right Quality Products for Total Life Cyce Support, $3^{rd}$ International Seminar on Life Cycle Engineering, March 18 - 20, 1996, Zürich

Kläger, R.
  Modellierung von Produktanforderungen als Basis für Problemlösungsprozessen in intelligenten Konstruktionssystemen, Dissertation TH Karlsruhe, 1993

Kleinschmidt, E. J.; Geschka, H.; Cooper, R. G.
  Erfolgsfaktor Markt, Kundenorientierte Produktinnovation, Springer Verlag, 1996

Klose, J. et. al.
  Das 16-Punkte-Bewertungs-Raster im Informationssystem COMMET In: Tagungsband zum Kolloquium zur Entwicklung umweltgerechter Produkte, SFB 392, 3. Und 4. Nov. 1998, Darmstadt

Koller, R.
  Konstruktionslehre für den Maschinenbau: Grundlagen zur Neu- und Weiterentwicklung technischer Produkte mit Beispielen, 3. Auflage, Springer-Verlag 1994

Krause, F.-L.
Potentiale der Informationstechnologie zur Verkürzung der Entwicklungszeit. IMT-Seminar: Verkürzung von Produktentwicklungszeiten – Potentiale Informationstechnischer Integration, 27. 3. 1992, Berlin. pp. 1-25 (1992)

Krause, F.-L.; Ochs, B.
Potentials of Advanced Concurrent Engineering Methods. Proceedings of the IFIP Workshop: Manufacturing in the Era of Concurrent Engineering, pp. 2-8, April 13-15, 1992, Israel (1992a)

Krause, F.-L.; Ochs, B.
Methods for Shortening of Development Times. Proceedings of the Eighth International IFIP WG 5.3 Conference, Prolamat `92: Man in CIM Systems June 24-26, 1992, Tokyo. Pp. 1 – 22 (1992b)

Krause, F.-L.; Hayka, H.; Jansen, H.
Produktdatenverarbeitung aus der Sicht des CAD-Referenzmodells, Zeitschrift für wirtschaftliche Fertigung Band 88 (1993), Heft 10, S. 465 - 467, Carl Hanser Verlag, München 1993

Krause, F.-L.; Beitz, W.
Produktentwicklung mit Simultaneous Engineering. FACTS Wissenschaft und Technik (Beilage zur Zeitschrift Konstruktion), Nr. 5/93, S. 4 – 11

Krause, F.-L.; Kind, Chr.
Potentials of informations technology for life-cycle-oriented product and process development, Proceedings of the IFIP WG5.3 international conference on life-cycle modelling for innovative products and processes, Berlin, 1995

Krause, F.-L.; Kind, Chr.
Potentials of informations technology for life-cycle-oriented product and process development, Proceedings of the IFIP WG5.3 international conference on life-cycle modelling for innovative products and processes, Berlin, 1995

Krause, F-L.; Jansen, H.; Kiesewetter, T.
Verteilte, kooperative Produktentwicklung durch Integration heterogener CAD-Systeme in eine multimediale Breitbandkommunikationsumgebung, ZWF 91 (1996) 4, S. 147 - 151, Carl Hanser Verlag, München

Krause, F.-L.; Seliger, G.
Life Cycle Networks, 4th International Seminar on Lifed Cycle engineering, June 26-27, 1997, Berlin, Chapmann & Hall, 1997

Krause, F.-L.; Kind, Chr.
Simulation informationstechnischer Infrastrukturen In: Tagungsband zum Kolloquium zur Entwicklung umweltgerechter Produkte, SFB 392, 3. Und 4. Nov. 1998, Darmstadt

Kriwet, A.
Bewertungsmethodik für recyclinggerechte Produktgestaltung, Carl Hanser Verlag, 1994, Dissertation Technische Universität Berlin

Krüger, H.
Forschung in: Handbuch des Wissenschaftsrechts Hrsg.: Flämig, Chr. et. al, Springer-Verlag, Berlin, 1996

Kümper, R.
Ein Kostenmodell zur verusachungsgerechten Vorkalkulation, Dissertation, WZL Aachen, Shaker Verlag 1996

Kusiak, A
Concurrent Engineering, Automation, Tools and Techniques, John Wiley & Sons, 1993

Kusiak, A.; Gu, P.
Concurrent Engineering, Methodology and Applications, Elsevier, 1993

KrW-/AbfG
Kreislaufwirtschafts- und Abfallgesetz (KrW-/AbfG) vom 08.07.1994 (Bundestag-Drucksache 12/ 8084)

Laufenberg, L.
Entwicklung einer Methodik zur integrierten Projektgestaltung mit einem zeitoptimierenden Ansatz, Dissertation, RWTH Aachen, 1996

Leber, M.
Entwicklung einer Methode zur restriktionsgerechten Produktgestaltung auf der Basis von Ressourcenverbräuchen, Verlag Shaker, 1995, Dissertation RWTH Aachen

Linner, St.
Konzept einer integrierten Produktentwicklung, Institut für Werkzeugmaschinen und Betriebswissenschaften (iwb), München, Dissertation, Springer-Verlag Berlin 1995

Marczinski, G.
Verteilte Modellierung von NC-Planungsdaten : Entwicklung eines Datenmodells für die NC-Verfahrenskette auf Basis von STEP, Dissertation RWTH Aachen, 1993

Meerkamm, H.
Integrierte Produktentwicklung im Spannungsfeld von Kosten-, Zeit- und Qualitätsmanagment, VDI-EKV Jahrbuch 1995, VDI-Verlag, Düsseldorf

Meerkamm, H.; Weber, J.
Integration of the Design for Recyclability -Tool RecyKon in an Environmental Management Concept, 3rd INTERNATIONAL SEMINAR on Life Cycle Engineering, March 1996, ETH Zürich, Schweiz, Verlag Industrielle Organisation, Zürich 1996

Milberg, J.
Die Automobilindustrie als Wirtschaftsfaktor, Proceedings Produktionstechnisches Kolloquium Berlin, 3.-4. Oktober 1995

Milberg, J.; Schuster, G.; Kaiser, J.

Mehr Effizienz und Qualität in der Produkt- und Produktionsgestaltung, VDI-EKV Jahrbuch 1994, VDI-Verlag, Düsseldorf

Pahl, G.; Beitz, W.
Konstruktionslehre, Springer-Verlag Berlin Heidelberg NewYork 1993

Pant, R.; Jager, J.
Bestimmt die Auswahl der Bewertungsmethode das Endergebnis? – Eine Betrachtung anhand toxischer Emissionen aus der Abfallbehandlung In: Tagungsband zum Kolloquium zur Entwicklung umweltgerechter Produkte, SFB 392, 3. Und 4. Nov. 1998, Darmstadt

Peitgen, H.-O.; Jürgens, H; Saupe, D.
Bausteine des Chaos – Fraktale, rororo science, Hamburg 1996

Popper, K. R.
Alles Leben ist Problemlösen – Über Erkenntnis, Geschichte und Politik, Piper Verlag München, 1997

Persson, J.-G.
Product design for environmentally optimal service life time, 3$^{rd}$ International Seminar on Life Cycle Engineering, March 18 - 20, 1996, Zürich

Pfeifer, T.
Qualitätsmanagement: Strategien, Methoden, Techniken
Carl Hanser Verlag München Wien, 1993

PHG 90
Produkthaftungsgesetz (ProdHG) vom 15.12.1989 (BGBl. I S.2198)

Polly, A.; Anderl, R.; Warnecke, H.J.
Integriertes Produktmodell, Deutsches Institut für Normung, Berlin 1993

Radermacher, F. J.
Bewältigung des Wandels, Verlagsgesellschaft Management & Technologie, München 1998, Broschüre

Radtke, M.
Konzept zur Gestaltung prozeß- und integrationsgerechter Produktmodelle, Dissertation Universität Kaiserslautern, 1995

Reichwald, R. et. al.
Telekooperation – Verteilte Arbeits- und Organisationsformen, Springer-Verlag, Berlin 1998

Reisig, W.
Systementwurf mit Netzen, Springer-Verlag, Berlin 1985

Reisig, W.
Petri-Netze: Eine Einführung 2, unveränderter Nachdruck, Springer-Verlag, Berlin 1991

Rodenacker, W.G.

Methodisches Konstruieren, Grundlagen, Methodik, praktische Beispiele, 4. überarbeitete Auflage, Springer-Verlag Berlin Heidelberg New York, 1991

Ross, D.T., Schoman, K.E.
Structured Analysis for Requirements Definition, IEE Transactions on Softwareengineering, Vol. SE-3 No.1, Januar 1977

Roth, K.
Konstruieren mit Konstruktionskatalogen I, Konstruktionslehre, 2. Auflage, Springer-Verlag Berlin Heidelberg New York 1994

Roth, K.
Konstruieren mit Konstruktionskatalogen II, Konstruktionskataloge, 2. Auflage, Springer-Verlag Berlin Heidelberg New York 1994

Rude, S.
Rechnerunterstütze Gestaltfindung auf der Basis eines integrierten Produktmodells, Dissertation TH Karlsruhe, 1991

Rubik, F.; Teichert, V.
Ökologische Produktpolitik – Von der Beseitigung von Stoffen und Materialien zur Rückgewinnung in Kreisläufen, Schäffer-Poeschel Verlag, Stuttgart 1997

Saretz, B.
Entwicklung einer Methodik zur Parallelisierung von Planungsabläufen, Dissertation, WZL Aachen, Shaker Verlag, 1993

Scheer, A.-W.
Architektur integrierter Informationssysteme, Grundlagen der Unternehmensmodellierung, Springer Verlag, Berlin 1991

Schemmer, M.
Erweiterung der Prozeßkette „Produktentwicklung" mit dem Ziel umweltgerechterer Produkte, UWF 5, April 1994

Schierenbeck, H.
Grundzüge der Betriebswirtschaftlehre, 12. überarbeitete und erweiterte Auflage, Verlag Götz Schmidt, Gießen, 1996

Schimel, D.; Enting, I.G.; Heimann, M.; Wigley, T.M.
$CO_2$ and the Carbon Cycle, in Climate Change 1994, Radiative forcing of the climate change and an evaluation of the IPCC IS92 emission scenarios, Cambridge University Press, Großbritannien, 1995

Schmalzl, B.
Ein Projektleitsystem im integrierten Produkterstellungsprozeß, Dissertation TU München, VDI Reihe 20 Nr. 202, VDI Verlag Düsseldorf, 1996

Schmecken, W.
Technische Anleitung Abfall, TA Siedlungsabfall, Dt. Gemeindeverlag, Köln 1991

Schmidt, G.

Methode und Techniken der Organisation, Götz Schmidt Verlag, 1995

Schmidt-Bleek, F.; Tischner, U.
Produktentwicklung, Nutzen gestalten – Natur schonen, Wuppertal Institut für Klima, Umwelt und Energie, 1995

Schmitz, A.
Ökologische Optimierung von Teilprozessen aus dem Produktlebenszyklus des Automobils, Dissertation RWTH Aachen, Verlag Stahleisen mbH, Düsseldorf 1996

Schönheit, M.
Wirtschaftliche Prozeßgestaltung, Entwicklung, Fertigung, Auftragsabwicklung, Springer Verlag, 1996

Schott, H.; Birkhofer, H.
Global Engineering Network – Applications for Green Design, Proceedings of the IFIP WG5.3 international conference on life-cycle modelling for innovative products and processes, Berlin, 1995

Schulz, H.; Atik, A.
Unscharfe Modellierung ökologische Daten für die ökologiebasierte entwicklungsbegleitende Beurteilung von Produkten In: Tagungsband zum Kolloquium zur Entwicklung umweltgerechter Produkte, SFB 392, 3. Und 4. Nov. 1998, Darmstadt (1998)

Schulz, H.; Schiefer, E.
Methodik zur Unterstützung der ökologischen Bilanzierung von Bauteilen In: Tagungsband zum Kolloquium zur Entwicklung umweltgerechter Produkte, SFB 392, 3. Und 4. Nov. 1998, Darmstadt (1998a)

Schulz, W.; Atik, A.; Pant, R.; Jager, J
Methoden und Instrumente zur Einbindung einer vergleichenden ökologischen Beurteilung von Lösungsalternativen in den Produktentwicklungsprozess In: Markt- und Kostenvorteile durch Entwicklung umweltgerechter Produkte, 09./10. Juni 1998, VDI-Berichte 1400 (1998b)

Schulz, W.; Atik, A.; Pant, R.; Jager, J.
Methods and Computer aided Software System Tool for Ecological Evaluation of Products Accompanying to Development Process In: Proceedings of $5^{th}$ International seminar on Life Cycle Engineering, Stockholm, 1998 (1998c)

Seliger, G.; Hentschel, C; Wagner, M.
Dissassembly factories for recovery of resources in product and material cycles Proceedings of the IFIP WG5.3 international conference on life-cycle modelling for innovative products and processes, Berlin, 1995

Sendler, U.
Die Flexiblen und die Perfekten, Nordamerikanische und deutsche Produktentwicklung - ein praktischer Vergleich, Springer Verlag, 1995

SFB 281

Sonderforschungsbereich 281: „Demontagefabriken zur Rückgewinnung von Ressourcen in Produkt- und Materialkreisläufen", TU Berlin und Hochschule der Künste Berlin

SFB 336
Sonderforschungsbereich 336: „Montageautomatisierung durch Integration von Konstruktion und Planung", Universität München

SFB 346
Sonderforschungsbereich 346: „Rechnerintegrierte Konstruktion und Fertigung von Bauteilen", Universität Karlsruhe

SFB 361
Sonderforschungsbereich 361: „Modelle und Methoden zur Integrierten Produkt- und Prozeßgestaltung", RWTH Aachen

SFB 374
Sonderforschungsbereich 374: „Rapid Product Development", Universität Stuttgart

SFB 392
Sonderforschungsbereich 392: „Entwicklung umweltgerechter Produkte – Methoden, Arbeitsmittel, Instrumente", TH Darmstadt

SFB 467
Sonderforschungsbereich 467: „Unternehmen im Wandel",Universität Stuttgart

SFB 476
Sonderforschungsbereich 476: „Informatische Unterstützung übergreifender Entwicklungsprozesse in der Verfahrenstechnik, RWTH Aachen

Soenen, R.; Olling, G.
Advanced CAD/ CAM Systems, State of the art and future trends in feature technology, Chapman&Hall, 1994

Souren, R. ; Rüdiger, Chr.
Energiebilanzierung: Eine Analyse aus Sicht des Öko-Controlling In: Produktentstehung, Controlling und Umweltschutz – Grundlagen eines ökologieorientierten F&E Controlling, Hrsg.: Dyckhoff, H.; Ahn, H.; Phisica Verlag, Heidelberg, 1998

Specht, G.
F&E-Management, Schäffer-Poeschel Verlag Stuttgart, 1996

Spur, G.
Innovation, Arbeit und Umwelt – Leitbilder zukünftiger industrieller Produktion, Nordrhein-Westfälische Akademie der Wissenschaften, Vorträge N 428, Westdeutscher Verlag, 1997

Spur, G., Krause, F.-L.
Das virtuelle Produkt - Management der CAD-Technik, Carl Hanser Verlag, 1997 (1997a)

Spur, G.
Life Cycle Modeling as a Management Challenge, Proceedings of the IFIP WG5.3 international conference on life-cycle modelling for innovative products and processes, Berlin, 1995

Spur, G.
Technologie und Management – Zum Selbstverständnis der Technikwissenschaft, München, Wien, Hanser Verlag 1998

Stachowiak, H.
Pragmatik – Handbuch pragmatischen Denkens, Band V: Pragmatische Tendenzen in der Wissenschaftstheorie, Hrsg.: Stachowiak, H, Felix Meiner Verlag, Hamburg 1995

Stahel, W. R.
Langlebigkeit und Materialrecycling – Strategien zur Vermeidung von Abfällen im Bereich der Produkte, Vulkan Verlag Esssen, 1991

Steiner, M.
C-Technologien zum kostengünstigen Konstruieren, VDI-EKV Jahrbuch 1994, VDI-Verlag, Düsseldorf

Steinwasser, P.
Modulares Informationsmanagement in der integrierten Produkt- und Prozeßplanung, Dissertation Erlangen-Nürnberg, 1996

Suh, N. P., Albano, L. D.
Axiomatic design and concurrent engineering, Computer-Aided Design Volume 25 Number 7 July 1994

Suh, N. P.
Axiomatic Design as a Basis for Universal Design Theory, in: Universal Design Theory, Hrsg: Grabowski, H.; Rude, S.; Grein, G., Shaker Verlag, Aachen, 1998

Swink, M.; Sandvig, C.; Mabert, V.
Costumizing Concurrent Engineering Processes: Five Case Studies, erschienen in Journal of Product Innovation Management, Seite 229-244, Mai 1996

Tipnis, V.A.
Evolving Issues in Product Life Cycle Design, Synergy International USA, CIRP 42/1/1993

Tipnis, V.A.
Towards a Comprehensive Life Cycle Modeling for Innovative Strategy, Systems, Processes and Products Services, Proceedings of the IFIP WG5.3 international conference on life-cycle modelling for innovative products and processes, Berlin 1995

Tränckner, J. H.
Entwicklung eines prozeßelementorientierten Modells zur Analyse und Gestaltung der technischen Auftragsabwicklung von komplexen Produkten, Dissertation RWTH Aachen 1990

UBA 92
Ökobilanzen für Produkte – Bedeutung- Sachstand – Perspektiven, Umweltbundesamt 1992, Arbeitsgruppe Ökobilanzen, Texte 38/ 92

UBA 93
Hausmülldeponien in der Bundesrepublik Deutschland, Texte 44/93, Berlin 1993

UBA 95
Methodik der produktbezogenen Ökobilanzen – Wirkungsbilanzen und Bewertung, Umweltbundesamt 1995, Texte 23/95 (1995)

UBA 95
Standardberichtsbogen für produktbezogene Ökobilanzen, Umweltbundesamt 1995, Texte 24/95 (1995a)

UBA 96
Life-cycle assessment for drinks packaging systems, Umweltbundesamt 1996, Texte 19/96d (1996)

UBA 96
Modellgestützte Bestimmung der ökologischen Wirkungen von Emissionen, Umweltbundesamt 1998, Texte 79/96 (1996a)

UBA 98
Nachhaltiges Deutschland – Wege zu einer dauerhaft umweltgerechten Entwicklung, Umweltbundesamt 1998, 2., durchges. Aufl. – Berlin: Erich Schmidt, 1998

UBA 98
Umweltmanagement in der Praxis, Teil I-III, Umweltbundesamt 1998, Texte 20/98 (1998a)

UBA 98
Umweltmanagement in der Praxis, Teil V-VI, Umweltbundesamt 1998, Texte 52/98 (1998b)

UHG 90
Umwelthaftungsgesetz (UmweltHG) vom 10.12.1990 (BGBl. I S.2634)

Ulrich, P., Hill, W.
Wissenschaftstheoretische Grundlagen der Betriebswirtschaftslehre, WiSt, Heft 7, 1975

VDA 86
Sicherung der Qualität vor Serieneinsatz
Verband der Automobilindustrie e.V. (VDA)
Frankfurt am Main, 1986

VDI-Richtlinie 2210 Entwurf

Analyse des Konstruktionsprozesses im Hinblick auf den
EDV-Einsatz, VDI-EKV,
Fachbereich Konstruktion, VDI-Verlag Düsseldorf, Nov. 1975

VDI-Richtlinie 2212
Systematisches Suchen und Optimieren konstruktiver Lösungen, VDI-EKV,
Fachbereich Konstruktion, VDI-Verlag Düsseldorf, Mai 1981

VDI-Richtlinie 2213
Integrierte Herstellung von Konstruktions- und Fertigungsunterlagen, VDI-EKV,
Fachbereich Konstruktion, VDI-Verlag Düsseldorf, Mai 1985

VDI-Richtlinie 2220
Produktplanung - Ablauf, Begriffe und Organisation
VDI-Verlag Düsseldorf, Mai 1980

VDI-Richtlinie 2221
Methodik zum Entwickeln und Konstruieren technischer Systeme und Produkte, VDI-EKV, Fachbereich Konstruktion, VDI-Verlag Düsseldorf, Mai 1993

VDI-Richtlinie 2222-1
Methodisches Entwickeln von Lösungsprinzipien, VDI Richtlinie 2222- Blatt 1, VDI-EKV, Fachbereich Konstruktion, VDI-Verlag Düsseldorf, 1997

VDI-Richtlinie 2222-2
Erstellung und Anwendung von Konstruktionskatalogen, VDI Richtlinie 2222- Blatt 2, VDI-EKV, Fachbereich Konstruktion, VDI-Verlag Düsseldorf, 1982

VDI-Richtlinie 2234
Wirtschaftliche Grundlagen für den Konstrukteur, VDI-EKV, Fachbereich Konstruktion, VDI-Verlag Düsseldorf, Januar 1990

VDI-Richtlinie 2235
Wirtschaftliche Entscheidungen beim Konstruieren, Methoden und Hilfen, VDI-EKV, Fachbereich Konstruktion, VDI-Verlag Düsseldorf, Oktober 1987

VDI-Richtlinie 2243
Konstruieren recyclinggerechter technischer Produkte, VDI-EKV, Fachbereich Konstruktion, VDI-Verlag Düsseldorf, Oktober 1993

VDI-Richtlinie 2247 (Entwurf)
Qualitätsmanagement in der Produktentwicklung
VDI-EKV, Fachbereich Konstruktion, VDI-Verlag Düsseldorf, März 1994

Vester, F.
Neuland des Denkens – vom technokratischen zum kybernetischen Zeitalter, 10. Auflage, dtv, 1997

Vries, M. J. d.
Design Methodology and Relationships with Science: Introduction, Kluwer Academic Publishers, 1993

VV 91
Verordnung über die Vermeidung von Verpackungsabfällen (VerpackV) vom 12.06.1991 (BGBl. I S.1234)

Wach, J. J.
Problemspezifische Hilfsmittel für die integrierte Produktentwicklung, Carl Hanser Verlag, 1994, Dissertation TU München

Weizsäcker, v. E. U.; Lovins, A. B.; Lovins, L. H.
Faktor Vier, Doppelter Wohlstand - halbierter Naturverbrauch, Der neue Bericht an den Club of Rome, Droemersche Verlagsanstalt München, 1997

Wende, A.
Integration der recyclingorientierten Produktgestaltung in den methodischen Konstruktionsprozeß, Fortschr.-Bericht VDI Reihe 1 Nr. 239. VDI-Verlag, Düsseldorf, 1994

Wenzel, H.
Environmental Life-Cycle Assessment - a tool in Product Development, CIRP 2$^{nd}$ International Seminar on Life Cycle Engineering, 1994, Erlangen

Wenzel, H.; Hauschild, Z.; Jorgensen, J.; Alting, L.
Environmental Tools in Product Development, IEEE International Symposium on Electronics and the Environment, 1994

Wenzel, H.; Hauschild, M.
Environmental Assessment of Products, Volume 2: Scientific Background, Chapman & Hall, London, 1997

Weule, H.
Die Bedeutung der Produktentwicklung für den Industriestandort Deutschland, VDI-EKV Jahrbuch 1996, VDI-Verlag, Düsseldorf

Wheelwright, St., Clark, K.
Revolutionizing Product Development, Free Press, New York 1992

Wildemann, H.
Optimierung von Entwicklungszeiten: Just-in-Time in Forschung, Entwicklung und Konstruktion, Transfer-Centrum-Verlag, München 1993

Williamson, I.
Der Wandel des Geschäftes durch"Simultaneous – Engineering", CIM Management 2/93, S. 42 – 46

Wolfram, M.
Feature-basiertes Konstruieren und Kalkulieren, Carl Hanser Verlag, 1994, Dissertation TU München

World Meteorological Organization WMO
The global climate system in 1990, WMO Bulletin 40, 1991

Zahn, E.
Wachstumsbegrenzung als Voraussetzung einer wirksamen Umweltpolitik, Umweltpolitik in Europa, Stuttgart 1973

Zangemeister, Ch,
Nutzwertanalyse in der Systemtechnik – Eine Methodik zur multidimensionalen Bewertung und Auswahl von Projektaltenativen, 4. Auflage, Wittmansche Buchhandlung, München 1976

Zimmermann, V.
Quality Function Deployment (QFD) im Entwicklungsprozeß - Konzepte, Modelle, Methoden und Hilfsmittel, Dissertation Universität Kaiserslautern, 1995

Zimmermann, W.
Operations Research – Quantitative Methoden zur Entscheidungsvorbereitung, 7. Auflage, 1995, R. Oldenbourg Verlag, München

Zink, K. J.
Business excellence durch TQM: Erfahrungen europäischer Unternehmen, Carl Hanser Verlag München Wien, 1994

Züst, R.; Wagner, R.
Approach to the Identification and Quantification of Environmental Effects during Product Life, CIRP Vol. 41/1/1992

Züst, R.; Caduff, G.; Frei, M.
ECO Performance '96, 3rd International Seminar on Life Cycle Engineering, March 18 - 20, 1996 ETH Zürich, Switzerland, 1996

Züst, R.; Frei, M.
The eco-effective product design In: Life Cycle Networks, 4th International Seminar on Lifed Cycle engineering, June 26-27, 1997, Berlin

# 10 ANHANG

# 10 ANHANG

| | | |
|---|---|---|
| 10 | ANHANG | 1 |
| 10.1 | UMWELTSITUATION | 3 |
| 10.1.1 | *Einschätzung der Umwelt – zukünftige Entwicklung* | *3* |
| 10.1.2 | *Umweltpolitische Instrumente* | *7* |
| 10.1.3 | *Eigenschaften des umweltgerechten Produktes* | *12* |
| 10.2 | KONSTRUKTIONSMETHODEN | 16 |
| 10.3 | INTEGRATIONSANSÄTZE IN DER PRODUKTENTWICKLUNG | 19 |
| 10.3.1 | *Ansätze aus der Wissenschaft* | *19* |
| 10.3.2 | *Internationale Studie über 15 erfolgreiche SE Projekte* | *23* |
| 10.3.2.1 | Deutsche Ansätze | 24 |
| 10.3.2.2 | Europäische Ansätze | 27 |
| 10.3.2.3 | US-Amerikanische Ansätze | 29 |
| 10.3.2.4 | Japanische Ansätze | 33 |
| 10.3.2.5 | Auswertung der Studie | 35 |
| 10.4 | ANALYSE DER LEBENSZYKLUSMODELLE | 50 |
| 10.4.1 | *Beispiele für lineare Produktlebenszyklen* | *50* |
| 10.4.2 | *Beispiele für zyklische Produktlebenszyklen* | *51* |
| 10.5 | ANALYSE VORHANDENER MODELLIERUNGSMETHODEN | 59 |
| 10.5.1 | *Programmablaufpläne nach DIN 66001* | *59* |
| 10.5.2 | *SADT* | *60* |
| 10.5.3 | *ARIS* | *63* |
| 10.5.4 | *Petri-Netze* | *65* |
| 10.5.5 | *Prozeß- und elementorientierte Darstellung der technischen Auftragsabwicklung* | *66* |
| 10.5.6 | *Auswahl eines geeigneten Ansatzes* | *68* |
| 10.6 | BEWERTUNGSGRÖßEN | 69 |
| 10.6.1.1 | Technische und wirtschaftliche Bewertungsgrößen | 69 |
| 10.6.1.2 | Ökologische Bewertungsgrößen | 70 |
| 10.7 | RESSOURCENÜBERSICHTEN | 75 |
| 10.7.1 | *Material* | *75* |
| 10.7.1.1 | Materialstruktur nach VDI 2815 | 76 |
| 10.7.1.2 | Betriebsstoff | 76 |
| 10.7.1.3 | Materialstruktur für das Ressourcenmodell | 77 |
| 10.7.1.4 | Rohstoffe | 78 |
| 10.7.1.5 | Werkstoffe | 78 |
| 10.7.1.6 | Bauteile | 79 |
| 10.7.1.7 | Sekundärmaterialien | 79 |
| 10.7.2 | *Energie* | *81* |
| 10.7.3 | *Betriebsmittel* | *82* |
| 10.7.4 | *Finanzen* | *89* |
| 10.7.5 | *Personal* | *89* |
| 10.7.6 | *Emissionen* | *90* |

10.7.7 Abfälle ................................................................................................................ 92
10.8 TANSFORMATIONSMATRIZEN ..................................................................................... 93
10.9 CHECKLISTEN UND WEITERE HILFSMITTEL FÜR DIE LEBENSZYKLUSORIENTIERTE
PRODUKTGESTALTUNG /HOPFENBECK 95/ ............................................................................. 94
    10.9.1    Checkliste „Ökologische Anforderungen an das Material" ........................................ 94
    10.9.2    Fragen zur Konstruktionsentscheidung bei Zielkonflikten ......................................... 95
10.10    VERFAHREN FÜR UNSCHARFE RECHENOPERATIONEN MIT LR-INTERVALLEN /BIEWER 97/ ............... 102
    10.10.1    Definition arithmetischer Operationen über LR-Zahlen ........................................ 102
    10.10.2    Definition arithmetischer Operationen über LR-Intervalle ..................................... 103
10.11    EXPRESS_G .......................................................................................................... 104
10.12    FORMELN ZUR BERECHNUNG DER ÖKOLOGISCHEN SACH- UND WIRKBILANZEN ...................... 109
    10.12.1    Berechnung der Sachbilanzen ............................................................................ 109
    10.12.2    Ökologische Wirkbilanz .................................................................................... 109
    10.12.3    Normalisierung der ökologischen Wirkungen ..................................................... 111
    10.12.4    Gewichtung der normalisierten Umwelteinflüsse ................................................ 111
    10.12.5    Mehrdimensionalität ökologischer Wirkungen ................................................... 112

## 10.1 Umweltsituation

### 10.1.1 Einschätzung der Umwelt – zukünftige Entwicklung

Internationale Umweltschutzorganisationen kamen in den vergangenen Jahren bei der Durchführung von Forschungsvorhaben zur Beschreibung des Umweltzustandes eindeutig zu dem Ergebnis, daß der menschliche Entwicklungsprozeß bereits bleibende globale Umweltauswirkungen hervorgerufen hat. Durch einen stetig wachsenden Lebensstandard und einen kontinuierlichen Bevölkerungsanstieg mit einer jährlichen Zuwachsrate von 1,7% /UBA 98/ wächst infolgedessen die Produktion sowie der Verbrauch von Produkten und Gütern überproportional an.

Anhand einiger Beispiele soll die Umweltsituation charakterisiert werden und die Notwendigkeit zum umweltgerechteren Handeln motiviert werden.

Auf globaler Ebene ist die Zunahme der $CO_2$-Konzentration in der Atmosphäre zu nennen, die vorwiegend auf die Verbrennung fossiler Energieträger wie Holz, Öl, Kohle oder Gas zurückzuführen ist. Bild 10-1 zeigt die Entwicklung des $CO_2$-Gehaltes der Luft über die vergangenen Jahrhunderte hinweg /Schimel 95/.

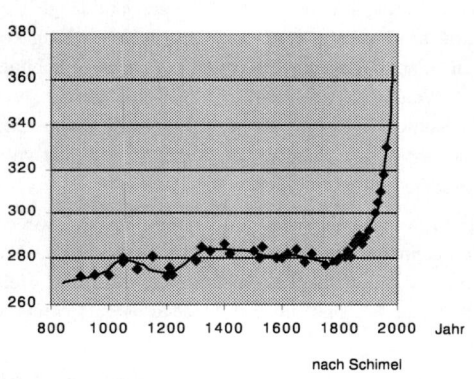

**Bild 10-1: Entwicklung der $CO_2$-Konzentration**

Darin ist deutlich die Zunahme der $CO_2$-Konzentration mit Beginn der Industrialisierung Ende des 18. Jahrhunderts zu erkennen.

Folge dieser veränderten Luftzusammensetzung ist eine Beeinflussung des Weltklimas, die in diesem Fall aufgrund des Treibhauseffektes zu einer globalen Temperaturerhöhung führt.

Bild 10-2 zeigt die relative Temperaturveränderung als Abweichung vom Durchschnitt, der sich aus der Mittelung über den Zeitraum von 1851-1990 ergibt /WMO 91/.

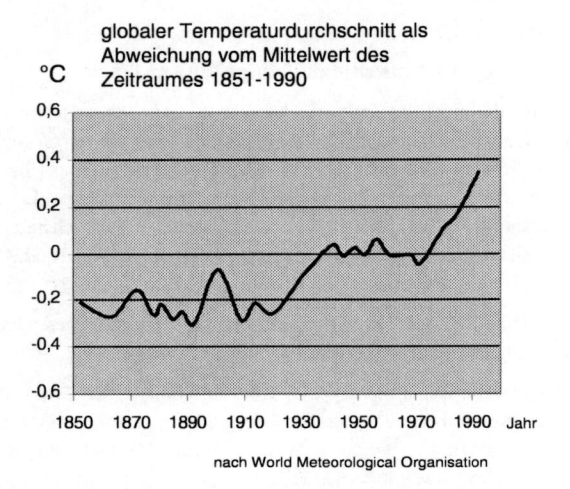

°C  globaler Temperaturdurchschnitt als
Abweichung vom Mittelwert des
Zeitraumes 1851-1990

nach World Meteorological Organisation

**Bild 10-2: Entwicklung der Jahresdurchschnittstemperatur**

Globale Temperaturveränderungen unterliegen zwar kurz- und langfristigen Zyklen, die nicht auf menschlichen Einflüssen basieren, doch darf der Zusammenhang zwischen der Emission von Treibhausgasen und einer daraus resultierenden Temperaturerhöhung als wissenschaftlich gesichert angesehen werden /Houghton 96/. Kohlendioxid wird neben anderen Treibhausgasen wie Kohlenmonoxid, Methan, Stickstoffoxiden und Fluorchlorkohlenwasserstoffen aufgrund des hohen prozentualen Mengenanteils die entscheidende Rolle bei der globalen Erwärmung zugesprochen /Wenzel 97/.

Neben dem Anstieg umweltschädigender Emissionen ist als weitere globale Umweltauswirkung eine Verknappung der Ressourcen zu verzeichnen. Im Vergleich zu den erneuerbaren Ressourcen, wie etwa dem nachwachsenden Rohstoff Holz oder der Sonne als „unerschöpfliche" Energiequelle, sind die nicht erneuerbaren Ressourcen nur in begrenzter Quantität vorhanden.

Durch den sprunghaften Anstieg der Produktmenge aufgrund von gestiegenen Konsumentenbedürfnissen und dem damit verbundenen Ressourcenbedarf der letzten Jahrzehnte ist bereits ein Ende der heutigen Ressourcenverfügbarkeit abzusehen. Tabelle 1 verdeutlicht, daß basierend auf dem heutigen Ressourcenverbrauch und den geschätzten Ressourcenreserven ein Ende der statistischen Verfügbarkeit errechenbar ist /Eyerer 96/.

Die Berechnung legt jedoch einen konstanten Verbrauch bei limitierten Reserven zugrunde. Sollte sich der Ressourcenpreis aufgrund einer Verknappung erhöhen, so ist neben einem verminderten Verbrauch auch mit einer weiteren Erschließung bis dahin finanziell unwirtschaftlicher Ressourcenreserven zu rechnen, was wiederum die Verfügbarkeit verlängern würde.

Absehbar ist jedoch, daß ein fortgesetzter, unreflektierter Umgang mit den nicht erneuerbaren Ressourcen innerhalb weniger Generationen zu einem endgültigen Verzehr führen kann.

|  | Verbrauch in Mio. kg/Jahr | Reserven in Mio. kg | statistische Reichweite in Jahren |
|---|---|---|---|
| Aluminium | 25400 | 5689600 | 224 |
| Braunkohle | 40 | 150040 | 121 |
| Chrom | 10,9 | 1057,9 | 97 |
| Eisenerz | 917000 | 153139000 | 167 |
| Erdgas | 1817800 | 122519720 | 67 |
| Erdöl | 3172600 | 142132480 | 45 |
| Kalkstein | 846 | 493218 | 583 |
| Kupfer | 9301 | 381341 | 41 |
| Nickel | 831 | 54015 | 65 |
| Steinkohle | 3451000 | 528003000 | 153 |
| Talkum | 7,3 | 278,1 | 38 |
| Uran | 0,05 | 3,726 | 81 |
| Zink | 7,01 | 147,2 | 21 |

nach Eyerer

**Tabelle 1: Weltweite Ressourcenverfügbarkeit**

Auf lokaler Ebene machen sich die Umweltauswirkungen auf vielfältige Weise bemerkbar. Als Resultat sind etwa Smog, Versauerung und Erosion von Böden, Meeres- und Seenverschmutzung, Vergrößerung des Ozonlochs oder das Waldsterben aufgrund sauren Regens zu nennen. Auch Naturkatastrophen in Folge lokaler Klimaveränderungen wie etwa am Beispiel von „El Niño" sind zum Teil Ergebnis menschlichen Handelns. Ursache sind vorwiegend Emissionen in Gewässer, Boden oder Luft, die das Ökosystem nachhaltig beeinflussen. Hervorgerufen werden diese Emissionen durch Produkte und den damit verknüpften Prozessen aus dem gesamten Lebenszyklus.

Ein Resultat der Entsorgungsphase dieses Produktlebenszyklus ist beispielsweise die heutige Abfallproblematik, die sich in Form von ständig wachsenden „Müllbergen" widerspiegelt. Die Entsorgungsproblematik wird zusätzlich durch eine Deponieraumverknappung in Deutschland erschwert, die zu einer Abnahme der Deponiekapazitäten führt.

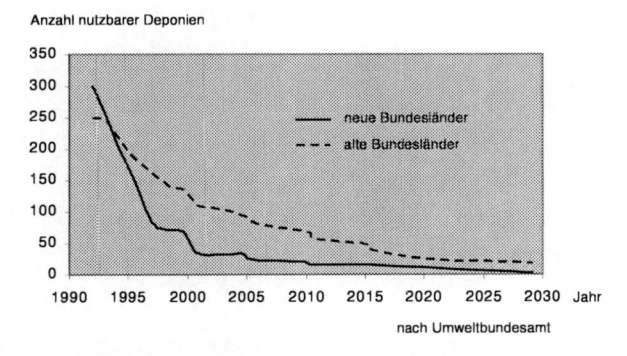

**Bild 10-3: Restlaufzeit der Hausmülldeponien in Deutschland**

Bild 10-3 zeigt die voraussichtliche Restlaufzeit von Hausmülldeponien in Deutschland /UBA 93/. Dem zu erwartenden steigenden Abfallaufkommen stehen sinkende Deponiekapazitäten gegenüber, da die Aufnahmefähigkeit der bestehenden Deponien zunehmend erschöpft ist und zugleich die Anlage neuer Deponien durch die geringe Akzeptanz bei der Bevölkerung und die ständig steigenden Umweltauflagen erschwert wird /Schmitz 96/.

Konsequenz dieses Entsorgungsengpasses sind kontinuierlich steigende Deponierungskosten, wie Bild 10-4 verdeutlicht. Darin ist eine Vervielfachung der Deponierungskosten in den letzten Jahren zu verzeichnen, die unter anderem auf die Einführung des Kreislaufwirtschafts- und Abfallgesetzes zurückzuführen sind /Seliger 95/.

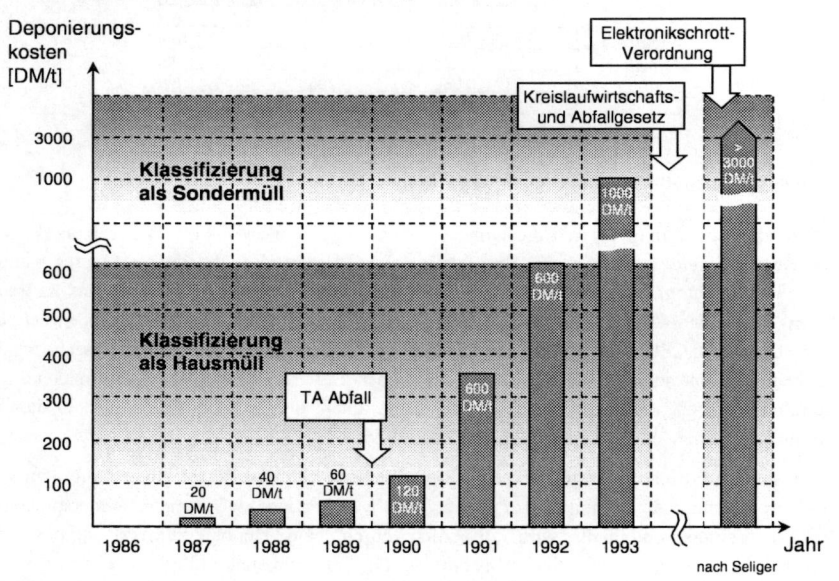

**Bild 10-4: Entwicklung der Deponiegebühren in Deutschland**

## 10.1.2 Umweltpolitische Instrumente

Durch die sich zuspitzende Umweltproblematik wurden weltweit Forderungen nach einer umweltschonenderen Handlungsweise und einem Umdenken in der Umweltpolitik laut. Die Gesetzgeber erkannten den dringenden Handlungsbedarf und führten eine Vielzahl von Gesetzen, Regelungen und Verordnungen ein, um den drohenden Entwicklungen korrigierend entgegenzusteuern. Es wurden sowohl auf internationaler, als auch auf nationaler Ebene Vereinbarungen getroffen, die gemeinsam zum Ziel hatten, die durch die Produkte und Prozesse hervorgerufenen schädlichen Umweltauswirkungen langfristig und kontinuierlich zu senken.

Seitens des Gesetzgebers liegen in Deutschland und europaweit zum heutigen Zeitpunkt eine Vielzahl von Direktiven vor, die sich mit dem Thema Umweltschutz beschäftigen. Nach MILBERG /Milberg 95/ sind dies im Jahre 1995 allein in Deutschland mehr als 8000. Die Bedeutung dieser umweltpolitischen Instrumente wird klar, wenn man deren Verdichtung allein in den neunziger Jahren betrachtet (Bild 10-5).

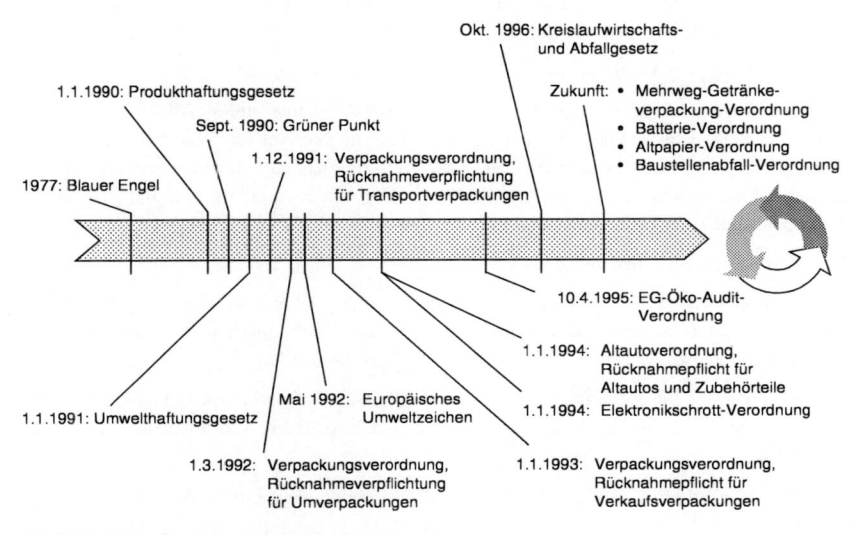

**Bild 10-5: Inkrafttreten von Umweltgesetzen**

Im folgenden soll ein Ausschnitt aus einigen bedeutenden gesetzlichen Instrumenten gegeben werden, die sich unmittelbar auf die Produkt- und Prozeßgestaltung auswirken.

**Altautomobil-Verordnung:**

Im Zuge der stark steigenden Kraftfahrzeugbestände versucht der Gesetzgeber dem zu erwartenden hohen Kfz-Schrott-Aufkommen durch die Altautomobil-Verordnung /BMU 92/ zu begegnen. Diese hat zum Ziel, die bei der Entsorgung auftretenden Abfallmengen zu reduzieren. Die wichtigsten Merkmale für eine Verwertung und Entsorgung von Altautomobilen sind:

- Der Hersteller oder Händler ist für die kostenlose Rücknahme des Altfahrzeugs vom letzten Fahrzeughalter und für die Entsorgung verantwortlich.
- Eine Verwertung/Verwendung von Teilen oder Stoffen hat Vorrang vor einer Entsorgung.
- Eine umweltfreundliche Entsorgung der nicht verwendbaren Abfälle ist sicherzustellen.
- Die Entsorgung der Schadstoffe hat separat entsprechend den gesetzlichen Vorschriften zu erfolgen.

Für die Automobilbranche ergibt sich somit folgender Handlungsbedarf:

- Aufbau von Rücknahmesystemen für Wert- und Schadstoffe,
- Schaffung von Demontageanlagen sowie die
- Berücksichtigung der Notwendigkeit der Abfallvermeidung und der umweltverträglichen Verwertung oder Entsorgung von Altkraftfahrzeugen bei der Entwicklung neuer Typen (z.b. Verzicht auf PVC, Entleerbarkeit der Flüssigkeiten, leichte Demontagefähigkeit, Reduzierung der Materialvielfalt etc.)

**Batterie-, Altpapier-Verordnung:**

Diese Verordnungen verpflichten den Erzeuger zur Rücknahme und stofflichen Verwertung seiner Produkte. Handlungsbedarf besteht auch hier in der Notwendigkeit der Einführung einer geeigneten Rückführlogistik und der anschließenden Aufbereitungstechnik auf möglichst hohem Wertniveau. Ziel ist die Förderung der Herstellung von schadstoffarmen und umweltfreundlichen Batterie- und Papierprodukten.

**Elektronikschrott-Verordnung:**

Die Elektronikschrott-Verordnung /ESV 91/ zielt nicht allein auf die Verringerung des Abfalls hin, sondern auch auf die Reduzierung oder Vermeidung der in den Produkten enthaltenen Schadstoffe, die bei der Entsorgung freigesetzt werden.

Hauptmerkmal der Verordnung ist, daß der Hersteller und Verkäufer von elektrischen Geräten und Bauteilen für deren kostenlose Rücknahme und Entsorgung verantwortlich ist und die Entsorgungskosten zu tragen hat.

Unter Elektronikschrott werden zu entsorgende Altgeräte verstanden, die elektrische oder elektronische Bauteile enthalten, wie zum Beispiel:

- Weiße Ware (Waschmaschinen, Kühlschränke usw.),
- Heiz- und Warmwassergeräte,
- Unterhaltungselektronik,
- Fernseher und Monitore oder
- Computer.

Die Geräte sind nach der Rücknahme möglichst stofflich zu verwerten. Dies bedeutet für Neugeräte, daß sie recyclinggerecht zu konstruieren sind. Dazu gehören etwa ein demontagegerechter Aufbau, die Kennzeichnung der verwendeten Kunststoffteile, die Vermeidung von halogenierten Flammschutzmitteln sowie eine Verringerung der Werkstoffvielfalt des Produktes.

**Verpackungsverordnung (VerpackV):**

Eine dauerhafte Lösung zur Reduzierung des Mengenanfalls von Abfällen wurde durch die Einführung der Verpackungsverordnung /VV 91/ geschaffen, die Hersteller und Vertreiber in die Verantwortung für ihre Verpackungen nimmt. Sie werden nun dazu verpflichtet, die Verpackungen, in diesem Falle Um- und Transportverpackungen, zurückzunehmen und einer Wiederverwendung oder stofflichen Verwertung zuzuführen.

Vor diesem Hintergrund entstanden eine Vielzahl neuer Verpackungssysteme, die etwa zu einer starken Verbreitung von Mehrwegsystemen für Transportverpackungen führten oder in einer spürbaren Reduzierung oder dem Verzicht auf Umverpackungen resultierten. Auch durch Maßnahmen zur Verpackungsoptimierung, wie z.B. der Minimierung des Verpackungsvolumens oder einer Materialsubstitution, ließen sich beachtliche Fortschritte erzielen.

**Produkthaftungsgesetz (ProdHG):**

Mit Einführung des Gesetzes am 1.1.1990 /PHG 90/ in Deutschland wurde das Ziel verfolgt, den privaten Endverbraucher vor Schäden an seiner Gesundheit und am Eigentum durch fehlerhafte Produkte zu schützen. Dabei kommt es bei den Schäden nicht mehr auf das Verschulden an, sondern die Unternehmen haften verschuldensunabhängig.

Einbezogen in diese Haftung sind demnach auch „Ausreißerprobleme", die infolge personeller, maschineller oder sonstiger Fehlerursachen auftraten. Zur Vermeidung dieser unvorhergesehenen Störfälle sind bereits in der Konstruktion sämtliche Einflußmöglichkeiten aus allen Produktlebensphasen gezielt zu berücksichtigen.

**Umwelthaftungsgesetz (UmweltHG):**

Das Umwelthaftungsgesetz /UHG 90/ soll die Unternehmen durch das Risiko künftiger Schadensersatzleistungen zu einem umsichtigen, schadensvermeidenden Verhalten veranlassen. Ziel des Gesetzes ist somit die Schadensvermeidung im Sinne einer Umweltvorsorge. Betroffen davon ist eine Auswahl von Anlagenbetreibern, für deren Anlagen eine besondere Umweltgefährlichkeit gegeben ist. Der Anlagenbetreiber haftet für alle entstandenen Schäden durch Umwelteinwirkungen, die von seinen Anlagen ausgehen.

Besonderheit des Gesetzes ist die „Ursachenvermutung", die im Falle eines Unfalles für den Geschädigten eine Beweislasterleichterung bedeutet. Für den Geschädigten reicht es aus, vorzuweisen, daß die Anlage dazu geeignet war, den Schaden zu verursachen. Ist dann der Anlagenbetreiber nicht in der Lage, die Vermutung der Schadensursächlichkeit zu widerlegen, führt dies zur Haftung (Beweislastumkehr).

Da dies in einigen Fällen zur Einstellung der Produktion bestimmter Erzeugnisse führen könnte, ergibt sich daraus die Notwendigkeit, produktbezogene Umweltbelastungen frühzeitig in der Konstruktion zu berücksichtigen. Für den Nachweis des Nichtverschuldens ist es seitens des Betreibers oder Herstellers sinnvoll, sämtliche Umweltbeeinträchtigungen in Form von Emissionen zu messen, zu dokumentieren und zu bewerten.

**Kreislaufwirtschafts- und Abfallgesetz (KrW-/AbfG):**

Das Kreislaufwirtschafts- und Abfallgesetz /KWAG 94, Hulpe 95/ regelt die Förderung der Kreislaufwirtschaft zur Schonung der natürlichen Reserven und die Sicherung der umweltverträglichen Beseitigung von Abfällen.

Eine zentrale Idee der Kreislaufwirtschaft ist die Einführung bzw. Stärkung der Produktverantwortung (§22 KrW-/AbfG). Danach trägt die Produktverantwortung jeder, der Produkte

- entwickelt,
- herstellt,
- be- und verarbeitet oder vertreibt.

Mit der Ausweitung der Produktverantwortung werden nachstehende Ziele verfolgt:

- Erhöhung der Lebensdauer von Produkten,
- Vermehrter Einsatz von Sekundärrohstoffen sowie
- Rücknahme von Produkten nach dem Gebrauch.

**EG-Öko-Audit-Verordnung:**

Hintergrund für die Einführung der EG-Öko-Audit-Verordnung war die Erkenntnis, daß die gesetzlich vorgeschriebenen Umweltschutzmaßnahmen aus vielerlei Gründen nicht mehr ausreichten, um die anstehenden Aufgaben und Probleme zu bewältigen. Ausgelöst wurde sie beispielsweise durch eine unüberschaubare Gesetzesflut zum Thema Umweltschutz, das Fehlen von Anreizen für Unternehmen, sich über das gesetzlich vorgeschriebene Maß hinaus aktiv am Umweltschutz zu beteiligen sowie eine Überlastung der Behörden bei der Durchführung von Überwachungsaufgaben. Ferner kam eine wachsende Sensibilität des Konsumenten hinzu, der immer größeren Wert auf umweltgerechte Produktion oder Produkte legte, so daß auch hier ein Handlungsbedarf zu verzeichnen war.

Ziel dieser Verordnung ist die Schaffung und der Einsatz eines Umweltschutzinstrumentariums sowie die Bewertung der umweltorientierten Leistungen dieses Instrumentariums im Rahmen einer betrieblichen Umweltpolitik. Im einzelnen bedeutet dies eine

- Festlegung und Umsetzung standortbezogener Umweltpolitik, -programme und -managementsysteme durch die Unternehmen,
- systematische, objektive und regelmäßige Bewertung der Leistungen der Umweltschutzinstrumente des Unternehmens und die
- Bereitstellung von Informationen über betrieblichen Umweltschutz für die Öffentlichkeit.

Die Teilnahme an dem Öko-Audit-System beruht auf freiwilliger Basis und ist standortbezogen, d.h. nur einzelne Betriebsstätten, keine gesamten Konzerne, werden auditiert. Die Teilnehmer verpflichten sich zur Einhaltung der gegebenen Richtlinien und

Standards sowie zur jährlichen Erstellung einer Umwelterklärung und zur regelmäßigen Wiederholung der Umweltbetriebsprüfung.

Die Einhaltung der Anforderung der EG-Öko-Audit-Verordnung darf mit einer Teilnahmebestätigung, einem Label, dokumentiert werden, die das Unternehmen als auditiertes Mitglied auszeichnet.

Einige Themen der Umweltpolitik und des Umweltmanagements sind vorgegeben und umfassen:

- Beurteilung, Kontrolle und Verringerung der Auswirkungen der betreffenden Tätigkeit auf die verschiedenen Umweltbereiche,
- Energiemanagement, Energieeinsparung, Auswahl und Transport von Rohstoffen, Wasserbewirtschaftung und -einsparung,
- Vermeidung, Recycling, Wiederverwendung, Transport und Endlagerung von Abfällen,
- Bewertung, Kontrolle und Verringerung der Lärmbelästigung innerhalb und außerhalb des Standortes,
- Auswahl neuer und Änderung bestehender Produktionsverfahren,
- Produktplanung (Design, Verpackung, Transport, Verwendung und Endlagerung),
- Betrieblicher Umweltschutz und Praktiken bei Auftragnehmern und Lieferanten,
- Verhütung und Begrenzung umweltschädigender Unfälle,
- Besondere Verfahren bei umweltschädigenden Unfällen,
- Information und Ausbildung des Personals in bezug auf ökologische Fragestellungen und
- Externe Informationen über ökologische Fragestellungen.

Bild 10-6 zeigt die Abläufe bei der Anwendung der EG-Öko-Audit-Verordnung.

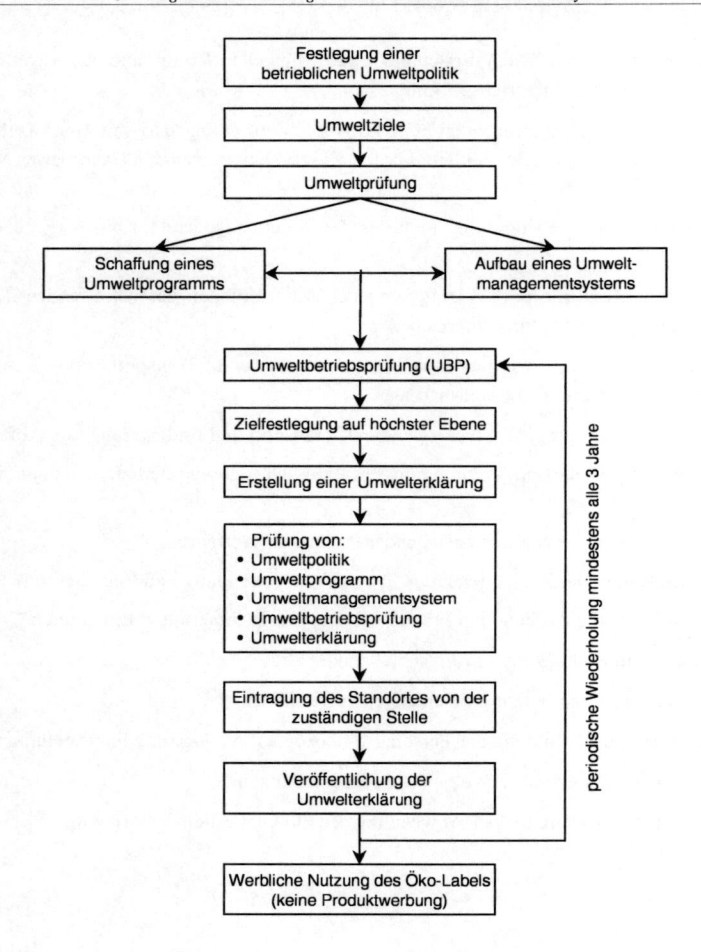

```
┌─────────────────────────┐
│     Festlegung einer    │
│  betrieblichen Umweltpolitik │
└───────────┬─────────────┘
            ▼
      ┌──────────┐
      │ Umweltziele │
      └─────┬────┘
            ▼
      ┌──────────────┐
      │ Umweltprüfung │
      └──────┬───────┘
```

(Flussdiagramm: Schaffung eines Umweltprogramms ↔ Aufbau eines Umweltmanagementsystems → Umweltbetriebsprüfung (UBP) → Zielfestlegung auf höchster Ebene → Erstellung einer Umwelterklärung → Prüfung von: Umweltpolitik, Umweltprogramm, Umweltmanagementsystem, Umweltbetriebsprüfung, Umwelterklärung → Eintragung des Standortes von der zuständigen Stelle → Veröffentlichung der Umwelterklärung → Werbliche Nutzung des Öko-Labels (keine Produktwerbung); periodische Wiederholung mindestens alle 3 Jahre)

**Bild 10-6: Anwendung der EG-Öko-Audit-Verordnung**

Bei der Mehrzahl der erlassenen Gesetze und Verordnungen wird der Grundgedanke deutlich, daß eine Mißachtung der Vorgaben und Forderungen sich langfristig zum finanziellen Nachteil für den Hersteller auswirken kann. Erforderlich ist daher eine frühzeitige Einbeziehung der legislativen Anforderungen in die Produktentwicklung.

### 10.1.3 Eigenschaften des umweltgerechten Produktes

Umweltgerechte Produkte zeichnen sich durch eine Vielzahl von Eigenschaften aus, die sie von den herkömmlichen, weniger umweltgerechten Produkten unterscheiden. Hauptmerkmal ist eine konsequente und durchgängige Berücksichtigung der Anforderungen, die sich aus sämtlichen Lebensphasen des Produktes ergeben. Besondere Bedeutung kommt dabei einer frühzeitigen Planung und Gestaltung des gesamten Produktlebenszyklus zu, was in der Literatur als Life-Cycle-Design bezeichnet wird /Fabrycky 90, Kimura 95, Tipnis 93/. Die im Zuge dieser Lebenszyklusbetrachtung ermittelten Produktanforderungen führen bei anschließender Umsetzung zu ganzheitlich optimierten Lösungen.

Trotz der Verschiedenheit umweltgerechter Produkte können grundsätzliche Eigenschaften identifiziert werden, die für den Großteil der Produkte zutreffen. In Bild 10-7 sind die bedeutendsten Merkmalsausprägungen zusammengefaßt dargestellt.

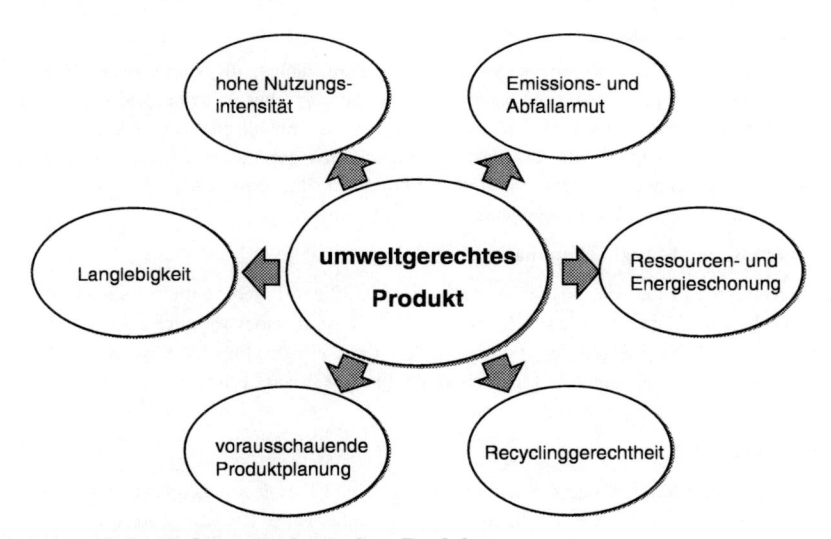

**Bild 10-7: Eigenschaften umweltgerechter Produkte**

**Langlebigkeit:**

Die Lebensdauer eines Produktes hat unmittelbaren Einfluß auf seine Umweltgerechtheit. Da die Existenz eines jeden Produktes lediglich durch die Erfüllung eines bestimmten Service gerechtfertigt ist /Alting 97/, kann ein langlebigeres Produkt diesen Service entsprechend länger erfüllen. Die einmalig entstehenden Aufwände und Umweltbelastungen aus der Herstellungs- und Entsorgungsphase verteilen sich folglich auf einen längeren Zeitraum, so daß die relative Umweltbeeinträchtigung pro erbrachter Serviceeinheit vermindert wird.

Die Eigenschaft einer kontrollierten Funktionsverminderung und eines niedrigen Wertverlustes infolge der Produktalterung sind ein weiteres Merkmal umweltgerechter Produkte. Einer Veralterung des Produktes kann beispielsweise durch sein „metaphorisches Wachsen" /Kimura 96/ entgegengewirkt werden, indem ein Austausch der veralteten Komponenten vorgenommen wird.

Die Bestimmung der optimalen Lebensdauer eines Produktes hängt von einer Vielzahl von Einflußfaktoren ab. Zu berücksichtigen sind dabei technische, wirtschaftliche und gesellschaftliche Aspekte /Persson 96/.

**Hohe Nutzungsintensität:**

Jedes Produkt verursacht in der Herstellungs- und Entsorgungsphase Umweltauswirkungen, die unabhängig von seiner Nutzung dem Produkt zugerechnet werden müssen. Weist jedoch bei gleicher Lebensdauer ein Produkt durch unterschiedliche Nutzungskonzepte eine höhere Nutzungsintensität auf, so sinken für dieses Produkt die relativen servicebezogenen Umweltauswirkungen und es ist somit umweltfreundlicher /Stahel 91, Eyerer 96/.

**Emissions- und Abfallarmut:**

Zu den Emissionen sind sämtliche Ausgangsströme zu zählen, die während des Produktlebenszyklus anfallen. Sie sind von unterschiedlicher ökologischer Relevanz und werden nach ihrer Erhebung in einer vergleichenden Bewertung auf ihre umweltschädlichen Auswirkungen hin verglichen. Prinzipiell gilt, daß das Produkt mit den geringeren Emissionen auch die geringeren Umweltauswirkungen hervorruft und daher das umweltfreundlichere ist. Für Abfälle gelten dieselben Zusammenhänge wie für Emissionen.

**Ressourcen- und Energieschonung:**

Umweltgerechte Produkte zeichnen sich grundsätzlich durch eine ressourcen- und energieschonende Gestaltung aus. Zu berücksichtigen sind dabei sämtliche Aufwände aus dem gesamten Lebenszyklus des Produktes. Nur durch ein sorgfältiges Abwägen zwischen den Auswirkungen einzelner Ressourcenverbräuche (Material, Energie, Fläche, Zeit etc.) kann zu einem Gesamtoptimum gefunden werden.

**Recyclinggerechtheit:**

Die Recyclinggerechtheit eines Produktes kommt in der Entsorgungsphase des Produktlebenszyklus zum Tragen. Sie erlaubt ein möglichst umfassendes Recycling des Produktes auf hohem Wertniveau, indem eine weitere Verwendung oder Verwertung des gesamten Produktes oder einzelner Teilkomponenten ermöglicht wird /Stahel 91, VDI 2243/.

Entsprechend dem geplanten Verwendungszweck des Altproduktes beschreiben die einzelnen Produktkomponenten unterschiedliche Recyclingkreisläufe. Aufgrund dieser Diversifikation ist das Produkt i.d.R. in seine Baugruppen, Komponenten oder Einzelteile zu zerlegen. Die Zerlegbarkeit wird durch die Ausprägung folgender Produkteigenschaften unterstützt:

- Demontagegerechtheit,
- gute Reinigungsfähigkeit,
- gute Aufarbeitbarkeit,
- geringe Werkstoffvielfalt des Produktes,
- Auswahl recyclingfähiger Materialien,
- hohe Alterungsbeständigkeit der Materialien etc.

**Vorausschauende Produktplanung:**

Umweltgerechte Produkte zeichnen sich dadurch aus, daß ihr gesamter Produktlebenszyklus während der Produktentwicklung gestaltet und somit geplant wird. Dies ermöglicht es, das Produkt und seinen Lebenszyklus optimal aufeinander abzustimmen, wodurch Umweltaspekte aus den späteren Lebensphasen Nutzung und Entsorgung bereits in die Planung einfließen. Das Produkt besitzt eine klar definierte Funktionalität, die auf die Marktbedürfnisse abgestimmt ist. Durch die vorausschauende Planung ist das Produkt bereits an zukünftige Trends und Entwicklungen angepaßt und hat daher einen langfristig hohen Gebrauchswert.

## 10.2 Konstruktionsmethoden

In diesem Kapitel wird ein kurzer Überblick über die in der Konstruktionswissenschaft dargestellten Konstruktionsmethoden gegeben.

"Die Richtlinie VDI 2221 behandelt allgemeingültige, branchenunabhängige Grundlagen methodischen Entwickelns und Konstruierens und definiert diejenigen Arbeitsabschnitte und Arbeitsergebnisse, die wegen ihrer generellen Logik und Zweckmäßigkeit Leitlinie für ein Vorgehen in der Praxis sein können." /VDI 2221/

Die grundlegende Vorgehensweise der VDI-RICHTLINIE 2221 beruht auf einem allgemeinen Problemlösungsprozeß, der genauer durch die Systemtechnik als interdisziplinäre Problemlösungsmethodik beschrieben wird. Das systemtechnische Vorgehensmodell gliedert den zeitlichen Werdegang eines Systems in sogenannte Lebensphasen. In jeder Lebensphase kann der Problemlösungsprozeß durch die Problemlösungsstrategie unterstützt werden. Dieses generelle Vorgehen gliedert sich in die sieben Arbeitsabschnitte:

- Klären und Präzisieren der Aufgabenstellung
- Ermitteln von Funktionen und deren Strukturen
- Suchen nach Lösungsprinzipien
- Gliedern in realisierbare Module
- Gestalten der maßgebenden Module
- Gestalten des gesamten Produktes
- Ausarbeiten der Ausführungs- und Nutzungsangaben.

Da diese sieben Arbeitsschritte je nach Aufgabenstellung mehrmals iterativ durchlaufen werden, ist eine informationstechnische Verknüpfung aller Arbeitsschritte miteinander und der darüber mögliche Austausch von Arbeitsergebnissen unabdingbar.

Die VDI-Richtline 2222 Teil 1 "Konzipieren technischer Produkte" /VDI 2222/ fordert - genau wie die VDI-RICHTLINIE 2221 - vom Anwender ein systematisches Vorgehen. Diese Vorgehensweise gliedert den Konstruktionsprozeß dabei in die vier Schritte:

- Planen,
- Konzipieren,
- Entwerfen und
- Ausarbeiten.

Durch den Arbeitsabschnitt "Planen" werden Verknüpfungen zur Produktplanung /VDI 2220/ hergestellt. Das Konzipieren beginnt mit der Klärung der Aufgabenstellung und der Erstellung einer Anforderungsliste. Endergebnis der Konzeptionsphase ist eine Prinziplösung, die die gestellten Anforderungen erfüllt. In der Phase "Entwerfen" wird die Prinziplösung in einen maßstäblichen Entwurf umgesetzt, der dann in der Ausarbeitungsphase detailliert wird.

Die einzelnen Konstruktionsphasen müssen zum Teil iterativ durchlaufen werden, damit das geforderte Ergebnis erreicht wird. Zur Unterstützung der vier Phasen werden in der VDI-

RICHTLINIE 2222,1 Methoden und Hilfsmittel zur Systematisierung und Beschleunigung der einzelnen Phasen dargestellt und an Fallbeispielen erläutert /VDI 2222-1/.

Die VDI-RICHTLINIE 2210 "Analyse des Konstruktionsprozesses im Hinblick auf den EDV-Einsatz" /VDI 2210/ strukturiert den Konstruktionsprozeß in die Phasen

- Funktionsfindung
- Prinziperarbeitung
- Gestaltung und
- Detaillierung

und ordnet diesen Phasen die erzielten Arbeitsergebnisse zu.

Ein wichtiger Aspekt, der in den vorausgegangenen VDI-RICHTLINIEN 2221 und 2222,1 nicht berücksichtigt wurde, ist die Festlegung der Konstruktionsarten und deren Zuordnung zu den Konstruktionsphasen. Die VDI-RICHTLINIE 2210 nennt folgende Konstruktionsarten:

- Neukonstruktion
- Anpassungskonstruktion
- Variantenkonstruktion sowie
- Konstruktion mit festem Prinzip.

Die Zuordnung der Konstruktionsaufgabe zu einer der vier unterschiedlichen Konstruktionsarten gibt Aufschluß darüber, welche Konstruktionsphasen durchlaufen werden müssen und welche übersprungen werden können. Dadurch läßt sich der Konstruktionsprozeß erheblich beschleunigen. Führt man ergänzend zielgerichtet EDV-Hilfsmittel ein, die Informationen bereitstellen, auf Basis derer sich schnell Anpassungs-, Variantenkonstruktionen oder Konstruktionen mit festem Prinzip erstellen lassen, so kann man die Konstruktionszeit weiter senken.

PAHL und BEITZ /Pahl 93/ orientieren sich an den systemtechnischen Ansätzen der Strukturierung des Konstruktionsprozesses nach VDI-RICHTLINIE 2221 und 2222,1 und stellen ihren Konstruktionsprozeß in leicht abgewandelter Form dar. Sie definieren für die Entwurfsphase Gestaltungsrichtlinien zur restriktionsgerechten Konstruktion. Je nach Aufgabenstellung und Anforderungsfestlegung muß eine Konstruktion die Kriterien:

- ausdehnungsgerecht, kriech- und relaxationsgrecht, korrosionsgerecht,
- ergonomiegerecht
- formgebungs-, fertigungs- oder montagegerecht
- normgerecht oder auch
- recyclinggerecht

erfüllen. Zur Unterstützung der einzelnen Konstruktionsphasen werden geeignete Methoden vorgestellt und erläutert. Die Kostenerkennung und -minimierung schon während der Konstruktion wird dargestellt. Der Rechnereinsatz in Entwicklung und Konstruktion wird abgeleitet und die daraus resultierenden Anforderungen an EDV-Systeme werden ermittelt.

Roth /Roth 94 und 94a/ löst Konstruktionsaufgaben durch den gezielten Einsatz von Konstruktionskatalogen (vgl. VDI 2222-2). Er entwickelt ein "Algorithmisches Auswahlverfahren zur Konstruktion mit Katalogen (AAK)", das auf bereits vorhandene, katalogisierte Problemlösungen zurückgreift und daraus die optimale oder eine geeignete Lösungsmöglichkeit auswählt und entsprechend den Anforderungen anpaßt. Durch die Konstruktionskataloge werden alle Konstruktionsphasen, die bei Roth denen der VDI- 2221 gleichen, mit Lösungsvorschlägen unterstützt.

In Bild 10-8 sind die verschieden Konstruktionsmethoden und ihre Phaseneinteilungen einander gegenübergestellt.

| Konstruk-tionsphasen (nach Roth) | Ablaufplan nach | | | |
|---|---|---|---|---|
| | Roth 1994 | Pahl/Beitz 1993 | VDI 2221 | Koller 1994 |
| | Aufgabe | Aufgabe | Aufgabe | Produktplanung |
| Aufgaben-formulierung | Formulieren | Klären der Aufgabe | Formulieren der Aufgabe | Marktanalyse |
| | Klären d. Hauptaufgabe, Anforderungsliste, Anweisung, Aufgabenstellung | Klären der Aufgabenstellung, Anforderungsliste | 1 Klären und Präzisieren der Aufgabenstellung | Erarbeiten der Aufgabenstellung |
| Funktionelle | Funktion entwickeln | Konzipieren | Prinzip finden | Funktionssynthese |
| | Funktion ermitteln, allgemeine logische Funtionsstruktur | Entwickeln der prinzipiellen Lösung, Funktionen, Wirkprinzipien, Wirkstrukturen, Prinzipielle Lösungen, Varianten, Technisch-wirtschaftliches Bewerten | 2 Ermitteln von Funktionen und deren Strukturen | Zweck- oder Hauptfunktionen, Gliedern der Teil- und Grundfunktionsstrukturen, Technisch-wirtschaftliches Bewerten |
| Wirkprinzip / Prinzipielle | Prinziplösung entwickeln | | 3.1 Suche nach Lösungsprinzipien, Effektebene | |
| | Funktionen mit Effekten, Prinziplösungen entwickeln, Spezielle Funktion | | | |
| | Effektträger zur Prinzipskizze entwickeln, Tech.-wirtschaftl. Bewertung | | 3.2 Suche nach Lösungsprinzipien, Gestaltebene | Qualitative Synthese |
| Geometrisch-Stoffliche / Aufgabenformulierung | Gestalten Struktur- und Formgestalten | Entwerfen | Gestalten | Zuordnen und Variieren von Effekten, Effektträger variieren, Prinzip darstellen, Auswählen der Lösungen für Gesamtkonzept, Gestalten, Entwerfen |
| | Strukturgestalt-Skizze, Konturen u. Querschnitte entwerfen, Werkstoffe, Festigkeit, Montierbarkeit, Benennung, Funktionsintegration, Gesamtentwicklung, Technisch-wirtschaftliches Bewerten | Baustruktur entwickeln, Grobgestalten: Form, Werkstoff, Berechnen, Feingestalten, Techn.-wirtschaftliche Bewertung | 4 Gliedern in realisierbare Module | |
| | | Baustruktur endgültig gestalten, Schwachstellen, Störgrößen, Kostendeckung, Stücklisten, Fertigungsanweisungen | 5 Gestalten der maßgebenden Module | Quantitative Synthese |
| Herstellungstechnische | Fertigungsgestalten | | 6 Gestalten des gesamten Produkts | Berechnen, Bemessen, Experimentelle Untersuchung, Erprobung, Verbesserung, Detaillieren, Arbeitspläne erstellen, Fertigungs-, Montageunterlagen |
| | Schwachstellenanalyse, Fertigungs-, Montage-, Transport-, Recyclinggerecht- usw. gestalten Endgültiger Entwurf, Detaillieren, Tolerieren, Herstellungsunterlagen Prüfvorschriften | Ausarbeiten | | |
| | | Ausführungs- und Nutzungsunterlagen, Fertigungsunterlagen, Montage-, Transport-, Betriebs-, Prüfvorschriften | 7 Festlegen der Ausführungs- und Nutzungsunterlagen | |
| | Produktdokumente | | | |

Bild 10-8: Übersicht über die Konstruktionsmethoden

## 10.3 Integrationsansätze in der Produktentwicklung

In diesem Kapitel wird das Simultaneous Engineering erläutert. Dazu gehören neben den eher als „Entwicklungsphilosophien" einzustufenden Vorgehensweisen des Simultaneous Engineering (SE) und des (TQM) auch einzelne Methoden zur aufgabenspezifischen Integration die unter der Bezeichnung Design for X zusammengefaßt werden können.

### 10.3.1 Ansätze aus der Wissenschaft

Zunächst werden die theoretischen Grundlagen dieser Methoden erläutert und anschließend deren Einsatz in der Praxis am Beispiel einer internationalen Studie über erfolgreich durchgeführte Simultaneous Engineering Projekte belegt.

Um die Anforderungen aus Sicht des Simultaneous Engineering zusammenfassend darstellen zu können, werden zuerst mehrere Beschreibungen und Zielsetzungen des SE aufgezeigt.

Nach **BULLINGER** umfaßt SE

- die zeitoptimierte Strukturierung und Parallelisierung von Entwicklungsschritten,
- die ergebnisorientierte Planung und Steuerung der Projekte und frühzeitige Einbindung der beteiligten Bereiche,
- die Synchronisation der Produkt- und Produktionsmittelentwicklung,
- die methodische Planung und Gestaltung neuer Produkte und
- die Berücksichtigung der Wechselwirkungen zwischen Organisation und Technik durch optimierte Abstimmung von Produkt und Prozeß /Bullinger 91, 91a und 92/.

SE wird hier als Integrationsansatz verstanden, dessen vorrangige Zielsetzung die Reduktion von Entwicklungszeiten ist. Neben dem SE sieht BULLINGER das Projektmanagement, die Technische Produktplanung und das Total Quality Management als Instrumentarien zur Effizienzsteigerung in der marktgerechten Produktentwicklung.

Das Projektmanagement steht im Mittelpunkt des SE und stellt die notwendigen Voraussetzungen für SE bereit. Merkmale dieses Projektmanagements sind

- frühzeitige Integration aller beteiligten Bereiche
- durchgängiger Informationsfluß
- bereichsübergreifende Teams
- angepaßte Planung und Steuerung
- Klare Kompetenzzuteilung für Projekt und Linie
- Entkopplung des magischen Dreiecks (Zeit-Qualität-Kosten)
- Integration von Qualitätssicherung in die Produktentstehung
- Integration externer Partner in den Entwicklungsprozeß sowie
- Senkung von Reibungsverlusten und Änderungsaufwand /Bullinger 92/.

Mit Hilfe der technischen Produktplanung soll nach BULLINGER die Wettbewerbsfähigkeit durch eine gezielte markt- und kundengerechte Produktentwicklung gesichert werden.

Das TQM bietet die Chance zur ganzheitlichen unternehmensübergreifenden Qualitätsverbesserung durch den Einsatz geeigneter Methoden wie z.b. das Qualtity Function Deployment (QFD) oder die Failure Mode and Effect Analysis (FMEA).

Die genannten Instrumentarien lassen sich nicht strikt voneinander abgrenzen, sondern tragen zu einem Gesamtkonzept für eine marktgerechte Produktentwicklung bei.

**EHRLENSPIEL** hat ebenfalls die Entwicklungszeit als die für den Produkt- und somit auch Unternehmenserfolg kritische Einflußgröße identifiziert /Ehrlenspiel 91/. Je nach Innovationsgrad der zu entwickelnden Produkte werden unterschiedliche Maßnahmen zur Zeitverkürzung vorgeschlagen:

- "Bei Anpassungs- und Variantenkonstruktionen von Produkten in Einzel- und Kleinserienfertigung kann die Lieferzeit durch unterschiedliche Formen der Beratung zwischen Konstruktion/ Produktion/ Materialwirtschaft verringert werden."

- "Bei Neukonstruktion innovativer Serienprodukte wird die Entwicklungszeit durch integrierte Produkterstellung im (IPE)- Team stark verringert. Straffes Projektmanagement ist dabei selbstverständlich."

Von EHRLENSPIEL wird der Begriff Integrierte Produkterstellung (IPE) synonym für SE verwandt /Ehrlenspiel 95/. Zur Durchführung einer integrierten Produkterstellung wird ein IPE-Team gebildet. Die Zeitersparnisse einer integrierten Produkterstellung im Vergleich zur konventionellen Produkterstellung basieren auf den Charakteristika der Arbeiten des IPE-Teams, die sich wie folgt darstellen lassen:

- enge informatorische Zusammenarbeit zwischen Spezialisten, planmäßige Teamsitzungen, ansonsten abgestimmte Einzelarbeit
- paralleles Bearbeiten der sonst sequentiell ablaufenden Arbeitsschritte vom Entwicklungsauftrag bis zur Serienfreigabe
- konsequente Verfolgung des Entwicklungsplanes
- Motivation der IPE-Teammitglieder, da alle ihren Beitrag am Gesamtergebnis erkennen
- durch eine integrierte, aufeinander aufbauende Datenverarbeitung und ein gemeinsames Produktmodell entfällt wiederholte Dateneingabe.

**EVERSHEIM** definiert SE folgendermaßen:

"Simultaneous Engineering ist die integrierte und zeitparallele Abwicklung der Produkt- und Prozeßgestaltung mit dem Ziel:
- die Frist von der Produktidee bis zur Einführung des Produktes ("time-to-market") zu verkürzen,
- die Entwicklungs- und Herstellkosten zu verringern und
- die Produktqualität im umfassenden Sinn zu verbessern!" /Eversheim 95/

Diese Definition liefert vier Hauptgedanken des SE. Die integrierte und zeitparallele Abwicklung bildet die Grundlage für die weiteren Ziele, die bei der Einführung und Anwendung von SE verfolgt werden. Früher streng sequentiell und arbeitsteilig durchgeführte Abläufe werden zeitlich parallel und integriert, das heißt abteilungsübergreifend in enger Abstimmung miteinander, verwirklicht. Mit dieser Neustrukturierung der Vorgänge in der

Produkt- und Prozeßgestaltung soll vor allem der Faktor Zeit optimiert werden, denn der frühest mögliche Markteintritt verspricht die höchsten Gewinnchancen für ein Produkt. Darüber hinaus sind die Reduktion der Entwicklungs- und Herstellkosten sowie die Verbesserung der Produktqualität Ziele des SE.

Zur Realisierung des SE schlägt EVERSHEIM folgende Lösungsansätze vor:

- Einsatz von Projektmanagement,
- Berücksichtigung neuer Technologien und Fertigungsmethoden,
- Änderung der Aufbauorganisation und Einsatz eines SE-Teams,
- Einsatz von EDV-Techniken,
- Firmenübergreifende Zusammenarbeit sowie
- Zeitlicher Abgleich der Informationsflüsse.

Die Abstimmung der Zielvorgaben vor dem Beginn und in frühen Phasen der Produktentwicklung stellt die Basis dar, auf der die Einführung und Umsetzung von SE den größten Nutzen liefert.

Mehr Effizienz durch die Beherrschung der Produktkomplexität wird von **MILBERG** /Milberg 94/ gefordert. Die sequentiellen übertrieben arbeitsteiligen Strukturen müssen aufgelöst und durch neu strukturierte integrierte Arbeitsweisen ersetzt werden.

"Simultanes Arbeiten ermöglicht ein ganzheitliches Vorgehen bei der Produktentstehung, das die Anforderugen der verschiedenen Unternehmensbereiche gemeinsam berücksichtigt."

Das parallele Gestalten von Produkt und Produktion wird unterstützt durch die Einführung von abteilungsübergreifenden Teams, deren Mitglieder neben Spezialkenntnissen auch über Verständnis aller betrieblichen Bereiche verfügen müssen. Die Zusammenarbeit der Mitarbeiter muß durch technische Hilfsmittel zur Informationsbereitstellung und -verarbeitung unterstützt werden. Ein integriertes Produktmodell erfüllt diese Aufgaben, indem es aktuell und für jeden Mitarbeiter transparent alle notwendigen produktbezogenen Informationen zur Verfügung stellt. Auf Basis dieses Produktmodells wird paralleles Arbeiten in Konstruktion, Arbeitsplanung und Fertigung ermöglicht, da alle beteiligten Bereiche zu jeder Zeit auf alle Produktdaten zugreifen können. Dadurch entfallen Probleme des Datenaustausches zwischen unterschiedlichen Stellen und Systemen und der Aufwand für die Informationsbereitstellung, mehrfache Dateneingabe und wiederholtes Eindenken der Mitarbeiter in die Problemstellung.

Die Entwicklungszeiten werden auch von **WILDEMANN** als kritische Größe für den Produkterfolg erkannt /Wildemann 93/. Zur Optimierung von Entwicklungszeiten mit dem Ziel der Umsetzung von SE entwickelt er folgende Prinzipien zur Effizienzsteigerung:

- Vorverlagerung von Erkenntnisprozessen
- Entwicklung des Anteils deterministischer Prozesse
- Parallelisierung von Aktivitäten
- Integration von Aktivitäten
- Beschleunigung von Aktivitäten.

Das Ziel der Vorverlagerung von Erkenntnisprozessen ist es, frühzeitig Informationen zur möglichst änderungsfreien Produktgestaltung bereitzustellen und somit spätere teure Änderungen zu vermeiden. Dadurch verkürzt sich automatisch die Produktentwicklungszeit und die Qualität des Produktes wird bereits in der Konstruktion verbessert.

Durch eine Zusammenfassung und Integration von Aktivitäten wird die Arbeitsteilung reduziert und Zeitpuffer sowie Liegezeiten werden vermieden. Wichtig bei einer solchen Integration ist die Suche nach Hindernissen, die den Entwicklungsprozeß verlangsamen. Die Ursachen für lange Liegezeiten liegen in den kulturellen Hindernissen, die durch Fähigkeiten im Bereich der sozialen Kompetenz vermieden werden können. Dazu muß die Kommunikationsbereitschaft, die Lernfähigkeit und die Lernbereitschaft einzelner Personen betrachtet werden und mit dem Verständnis für die Verflechtung der individuellen Leistungsprozesse eine geeignete Organisationsstruktur für die Parallelisierung von Aktivitäten geschaffen werden. Je gravierender die Wirkungen von Liegezeiten auf die Zeiteffizienz und je niedriger der Schwierigkeitsgrad zum Beseitigen dieser Hindernisse ist, desto dringender sind Organisationsentwicklungsmaßnahmen zu treffen.

## 10.3.2 Internationale Studie über 15 erfolgreiche SE Projekte

Zur Erfassung unterschiedlicher Erfolgskriterien für SE-Projekte ist im Rahmen dieser Arbeit eine internationale Studie über 15 erfolgreiche SE Projekte durchgeführt worden. Als Zusammenfassung werden hier Auszüge aus der Studienarbeit von Herrn Fredrik Westin wiedergegeben. Zur Auswertung der Projekte wurde ein Kriterienkatalog (Bild 10-9) ausgearbeitet, um einen nahezu objektiven Vergleich der betrachteten Fallbeispiele durchführen zu können. Der Vergleich stellt dabei produktspezifische Merkmale in den Hintergrund, da die prinzipielle Abbildung von Unternehmens- und Organisationsprozessen im Mittelpunkt steht.

| Ziele | Kosten |
|---|---|
| | Terminierung |
| Rahmenbedingungen | Motivation |
| | Relation zur Firmenstrategie |
| | Firmenphilosophie |
| | Technisches Risiko |
| Projektcharakteristika | Projektkomplexität |
| | Innovationsgrad |
| | Ressourcen |
| Organisation | Organisationsart |
| | Teamzusammensetzung |
| | Teamhierarchien |
| | Kommunikation |
| | SE in Konstruktion |
| | SE in Produktion |
| | Management |
| Prozeßkenngrößen | Prozeßentwicklung |
| | Methoden |
| | Hilfsmittel |
| | Werkzeuge/Vorrichtungen |
| Integration | Produktgestaltung |
| | Konstruktion |
| | Integration der Zulieferer |
| | Projektphasenabstimmung |
| | Integrationsprobleme |
| Ergebnisse | Flexibilität |
| | Erfüllungsgrad |
| | Technologieerweiterung |
| | Wirtschaftlichkeit |
| | Termintreue |

**Bild 10-9: Kriterienkatalog**

Die in dieser Arbeit untersuchten Unternehmen haben Methoden der integrierten Produktentwicklung an die jeweiligen Anforderungen angepaßt, um den Bedürfnissen des Marktes und Produkts zu genügen. Die Firmen repräsentieren eine große Produkt- und Marktvielfalt und stellen Anwendungsbeispiele von SE-Konzepten und Strategien dar. Sie werden auf die Kernpunkte der benutzten Strategien und Methoden hin untersucht, um Potentiale und Lösungen für zukünftige Anwendungen zu ermitteln.

Alle Firmenprojekte haben dabei gemeinsam, daß die Projekte die ersten SE-Versuche der jeweiligen Firmen darstellen. Dies ist erforderlich, um einen vergleichbaren Rahmen zu erhalten und es Anwendern zu ermöglichen, diese SE-Strategien anzuwenden, da die Firmen die gleichen Implementierungsvoraussetzungen hatten und kein Vorwissen vorhanden war.

Fallbeispiele stellen dabei eine geeignete Vergleichsbasis dar /Finiw 92/. Fallbeispiele dienen vor allem bei der Untersuchung neuester Entwicklungsbereiche, da hier ein Mangel an Literatur und theoretischen Rahmenbedingungen existiert. Es beinhaltet die Erhebung, Verdichtung und Darstellung von unternehmensinternen Daten, um Forschern und Anwendern Potentiale und Lösungsmöglichkeiten aufzuzeigen. Da hier in praxisrelevanter Bezug vorhanden ist, zeigt sich vor allem dem Entwickler auf welchem Stand die Produktentwickler der betrachteten Unternehmen sind und in welche Richtung sich die Industrie entwickelt. Sie dienen dabei als empirische Grundlage für die Entwicklung neuer Methoden und Strategien /Freeze 92/.

Das Ziel der Gegenüberstellung war, den momentanen Entwicklungsstand zu ermitteln. Als Vergleichsbasis dienten dabei deutsche, europäische, amerikanische und japanische Ansätze. Im Fokus standen dabei amerikanische und japanische Fallbeispiele. Ansätze aus Japan sind von großem Interesse, da Methoden und Strategien der integrierten Produktentwicklung hier ihren Ursprung haben und ein weltweiter entwicklungstechnischer Vorsprung besteht. Ferner stellt die USA, wie in der Ausgangssituation geschildert, derzeit einen der interessantesten Märkte dar. Die Firmen haben sich umfassenden Umstrukturierungen und Organisationsänderungen unterzogen, um dem wachsenden asiatischen Wettbewerb widerstehen zu können. Europäische Firmen sind deshalb von Interesse, da hier SE-Methoden vor einigen Jahren ihren Einzug hielten, die es den kulturellen und marktbedingten Anforderungen anzupassen galt.

### 10.3.2.1 Deutsche Ansätze

Bei der Auswahl relevanter Fallbeispiele aus Deutschland wurden zwei unkonventionelle Produktentwicklungen gewählt. Dies geschah vor allem vor dem Hintergrund der frühen Einführung von innovativen Ansätzen der integrierten Produktentwicklung, großen Projekterfolgen und der guten Dokumentation der Vorgehensweise. Bei der Behandlung anderer Fallbeispiele bestand das Problem, daß sie oft nur oberflächlich und im Rahmen allgemeiner SE-Vorgehensweisen vorgestellt wurde. Daher konnten sie zur Bestimmung von individuellen, neuen und innovativen Ansätzen nicht herangezogen werden /Bullinger 96/.

Die vorgestellten Projekte beschreiben Vorgehensweisen der Produktentwicklung, die durch besondere Rahmenbedingungen und Ziele eine effiziente, hochqualitative und kostengünstige Entwicklung erforderten. Dies konnte nur durch die Anwendung von SE-Maßnahmen und Methoden erreicht werden.

### 10.3.2.1.1 Braun - Kaffeemaschine

Ein ausführlich behandeltes Fallbeispiel der Produktentwicklung ist das KF 40 Projekt der Firma Braun. Das Produkt sollte 1983 auf dem deutschen Markt eingeführt werden. Das Firmenimage von Braun war bis dahin auf einen kleinen elitären Kundenkreis ausgerichtet. Das modern gestylte Produkt sollte in der oberen Klasse des Massenmarkts plaziert werden, da der Hersteller hier geringe Markterfolge verzeichnen konnte. Um allerdings den Kostenvorgaben der Firmenführung Folge leisten zu können, mußten neue Wege bei der Werkstoffwahl gegangen werden. Es mußten viel billigere Plastikwerkstoffe benutzt werden, um den Kostenrahmen nicht zu überschreiten.

Das Entwicklungsrisiko beim Einsatz des neuen Werkstoffs Polypropylen war erheblich. Ob dem Firmenimage geschadet werden würde mußte sorgfältig abgeschätzt werden, um eine Entscheidung gegen den Einsatz des herkömmlichen und teueren Werkstoffs Polycarbonat zu treffen. Um den neuen Werkstoff anwenden zu können, mußte man von traditionellen Stylingelementen Abstand nehmen, da man nicht in der Lage war, komplett ebene und wellenfreie Oberflächen zu produzieren. Da Polypropylen beim Abkühlen schrumpft und dabei Oberflächenunebenheiten hinterläßt, konnte das markentypische, glatte Design nicht beibehalten werden. Die Lösung war eine Neukonstruktion einiger Module, bei denen man durch das Anbringen von Rippen die geringere Oberflächenqualität verstecken konnte. Die Entscheidung mußte unter keinem großen Zeitdruck gefällt werden, da kein Imageverlust und Markteinbußen durch veraltete Produkte drohte. Die Produktentwicklung sollte innerhalb von vier Jahren abgeschlossen sein. Das Produkt diente als Plattform für eine neue Produktgeneration. Die größten Probleme während der Entwicklung wurden durch den vorgegebenen Kostenrahmen geschaffen, da dabei die geforderte Produktqualität nicht eingehalten werden konnte /DES95,1/.

### 10.3.2.1.2 Porsche AG - Boxter

Die Porsche AG ist einer der kleinsten, selbständigen Automobilhersteller weltweit. Als Hersteller von Sportwagen ist die Firma stark konjunkturabhängig, hat es aber immer geschafft seine Unabhängigkeit gegenüber den großen deutschen Herstellern zu bewahren, obwohl von Mercedes-Benz mehrere Versuche unternommen wurden, die Firma zu übernehmen. Die Firma will weltweit als führender Hersteller von Sportwagen agieren. Dies ist in der Automobilbranche mit sehr hohen Investitionssummen verbunden und es wird für kleine Hersteller immer schwieriger, die Unabhängigkeit zu wahren, wie bei SAAB und Jaguar zu sehen war. Die Entwicklung eines Automobils ist heute ein sehr kapitalintensives Unterfangen, was durch die erhöhte Komplexität eines Sportwagens gegenüber Kompaktwagen noch verschärft wird.

Porsche hatte Ende der 80er Jahre in Nordamerika einen boomenden Markt entdeckt und erreichte Rekordverkäufe mit ca. 15000 abgesetzten PKW pro Jahr. Diese gingen Anfang der 90er Jahre auf Grund der hohen D-Mark auf unter 1000 zurück und Porsche stand kurz vor dem Ruin. Hinzu kam, daß die Produktpalette von einer geringen Rentabilität und hoher Variantenvielfahlt geprägt war. Das Unternehmen wurde von einem einzigen Modell, dem seit 1963 gebauten 911 getragen. Der Verkauf der anderen Produkte, 928 und 968 stagnierte. Vom 928 wurden im letzten Modelljahr weniger als 350 Autos pro Jahr verkauft, was in keinem Verhältnis zum Investitionsvolumen des Produkts stand.

Hinzu kamen Probleme mit veralteter Motorentechnik. Man benutzte immer noch den luftgekühlten Sechs-Zylinder Boxer Motor, der in Zukunft weder Abgas- noch Lärmbestimmungen genügen würde. Diese wurden von ineffezienten und altmodische Organisations- und Produktionsstrukturen unterstützt. Das Management entschied sich für einen Reengineering-Prozeß, in dem ca. 40% der Arbeitsplätze abgebaut und neue, japanische Unternehmensstrukturen adaptiert wurden. Die Fertigungstiefe wurde drastisch reduziert und beschränkte sich bei Neuentwicklungen auf die Kernkompetenzen Motor-, Fahrwerk- und Karosserieentwicklung. Man entschied sich für die Entwicklung einer gemeinsamen Plattform, auf der die neuen Modelle aufbauen sollten. Zunächst wurde der Boxster eingeführt und ein Jahr später der neue 911 Carrera. Beide haben sich ausgezeichnet auf dem Markt etabliert und heute kann das Unternehmen Rekordgewinne verbuchen. Zusätzlich hat sich das Unternehmen als Dienstleister in der Automobilentwicklung etabliert.

### 10.3.2.1.3 ERCO Leuchten GmbH

ERCO wurde 1934 gegründet und einer der führenden Produzenten von Lichttechnik. Aufgrund neuer Entwicklungen und Marktanforderungen waren die Zukunftsperspektiven, trotz erfolgreicher Firmengeschichte, nicht erfolgsversprechend. Das Bestreben der Firma ist neue Trends in Architektur und Technologie in die Produktentwicklung einfließen zu lassen. Durch neue Architekturentwicklungen zu Beginn der 80er Jahre, die funktionale und strukturelle Charakteristiken hervorhoben, sah ERCO die Gelegenheit, eine neue Produktreihe einzuführen, die diesen neuen, hochtechnologischen Anforderungen gerecht wurde. Ein

Design- und Architekturteam begann damit, neue Lichtstrukturen Anfang 1986 zu entwickeln und ein Zulieferer wurde mit der Aufgabe betraut, neue Leichtbauwerkstoffe zu ermitteln, mit denen große offene Flächen überspannt werden konnten. Zusammen mit diesem Zulieferer konnte ERCO mit den radikalen Neuentwicklungen Axis und Gantry einen Markt erschließen. Die Produkte wurden 1988 auf den Markt gebracht und waren ein großer Markterfolg.

Die Anforderungen an die Produktentwicklung können wie folgt zusammengefaßt werden:

- Herausforderungen einer neuen Lichttechnikentwicklung
- Umsetzung von Architekturtrends in Lichtprodukte
- Effektives und effizientes Management der Produktentwicklung /DES,95,2/

### 10.3.2.2 Europäische Ansätze

Bei der Untersuchung europäischer Entwicklungen stellten sich skandinavische und französische Firmen in den Vordergrund. Dies ist teilweise durch die internationale Ausrichtung der Firmen und Kulturen zu begründen, andererseits sind die nationalen Märkte für die Firmen nicht groß genug, so daß eine Globalisierung und Kundenorientierung in der Produktentwicklung hier sehr früh von großer Bedeutung war.

Die ausgewählten Firmen stellen zwei sehr unterschiedliche Bereiche der Produktionstechnik, nämlich einen Hersteller digitaler Kommunikationstechnik und einen Werkzeugproduzenten. Beide führten aus sehr unterschiedlichen Gründen SE-Strategien ein und hatten damit sehr großen Erfolg. Bei dem Vergleich europäischer Modelle spielen vor allem kulturelle Unterschiede eine Rolle, da die Einbindung des einzelnen Individuums unterschiedlich vorgenommen werden muß.

#### 10.3.2.2.1 Thomson - Satelitenanlagen

Thomson Consumer Electronics entwickelt und produziert Fernsehgeräte und Peripheriegeräte, die unter dem Namen RCA und anderen Markennamen verkauft werden. Vor kurzer Zeit stellte Thomson das Digitale Satellite System (DSS) für den Privatgebrauch vor. Es bietet die Möglichkeit mit einer kleineren Satellitenanlage einen klaren Empfang zu erhalten und die Kapazität eine größere Zahl von Kanälen zu speichern. Das DSS-System stellte eine gute Marktchance für Thomson dar: Die Gewinnperspektiven für das erste Jahr sagten einen höheren Gewinn für dieses einzelne System voraus, als für die gesamte Thomson Produktpalette zusammen.

Das DSS wurde durch neue legislative Änderungen zu Beginn der 90er Jahre möglich, das die Zugänglichkeit für die Satellitenprogrammierung erhöhte. Neue Entwicklungen und Forschungsergebnisse im Bereich der digitalen Übertragungstechnik machten das DSS technisch und finanziell durchführbar. Das Satellitenprojekt wurde 1991 von Hughes Electronics gestartet. Thomson, ein Führer bei der digitalen Datenkompression, bekam den Zuschlag für die Entwicklung und Produktion des Empfangssystems.

Eine schnelle Produktentwicklung war sehr ausschlaggebend für das DSS-Projekt. Die Fertigstellung der Produktentwicklung und Konstruktion waren durch Verträge an die Terminierung eines Raketenstart gebunden, der weit vor Vertragsbindung bereits festgelegt worden war. Würde die Fertigstellung nicht zum geplanten Starttermin eingehalten, so wäre das Projekt um zwei Jahre nach hintern verschoben worden und hätte somit die Weiterentwicklung überhaupt in Frage gestellt. Thomson, Hughes, und mehrere Lieferanten mußten deshalb eng zusammenarbeiten, um das Wissen in den Bereichen digitale Datenkompression, Verbrauchselektronik, Satelliten und Empfangssysteme zu einem Gesamtprodukt zusammenzufassen /Swink 96/.

#### 10.3.2.2.2 Bahco Tools – Manuelle Werkzeuge

Die Firma Bahco Tools AB ist ein schwedischer Werkzeughersteller, der weltweit tätig ist. Das Unternehmen wurde im letzten Jahrhundert gegründet und baute seinen Firmenerfolg auf den patentierten, verstellbaren Schraubenschlüssel auf. Das Unternehmen expandierte und wurde ein globaler Produzent von Hydraulik-, Pneumatik-, Elektronik- und Automatisierungsanlagen sowie Werkzeugmaschinen. Bahco Tools als Hersteller von manuellen Werkzeugen war nur noch ein Bestandteil der Bahco Group.

Als Billighersteller den traditionellen Markt von Bahco Tools entdeckten, wurde dies für die Firma zu einem großen Problem. Der Markt stagnierte, der Konkurrenzkampf wuchs und die bereits knapp kalkulierten Produkte lieferten nicht die erforderlichen Erträge. Es wurden Niedrigpreiswerkzeuge auf den Markt gebracht, die allerdings der Firma mehr Schaden einbrachten als Nutzen. Zudem hatte die Expansion weitere Probleme mit sich gebracht: Die Marktanteile konnten zwar ausgebaut werden, dennoch bereitete die Integration der erworbenen Firmen in das Firmenkonzept Probleme.

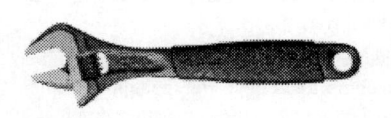

Aus diesen Gründen mußten neue Firmenstrategien entwickelt werden und neue, erfolgreiche Produkte in kürzester Zeit auf den Markt gebracht werden. Die Mißerfolge mit den Niedrigpreiswerkzeugen zeigten, daß das nicht der richtige Lösungsansatz war. Die Lösung wurde vielmehr in hochqualitativen, ergonomisch geformten Handwerkzeugen gesehen. Es sollte eine Marketingstrategie entwickelt werden, die es dem Kunden klarmachte, daß dieses Werkzeug den 25-prozentigen Aufpreis wert war, um eine neue Sichtweise des Kunden zu erreichen.

Es wurde aber vielmehr deutlich, daß dies nicht die Lösung bringen würde, sondern daß eine neue Struktur der Produktentwicklung und Koordination von Konstruktion, Arbeitsvorbereitung und Fertigung die einzige Möglichkeit war, dieses neue, einzigartige

Produkt auch mit Gewinn auf den Markt zu bringen. Die Firma stand unter enormen Zugzwang, da das neue Produkt zudem die Firmenzukunft sichern sollte /DES,95,3/.

### 10.3.2.3 US-Amerikanische Ansätze

Wie in der Einleitung erwähnt, haben amerikanische Firmen eine Vorreiterrolle bei der Entwicklung neuer Produktentwicklungsstrategien eingenommen. Sie haben durch eine Adaption der Methoden japanischer Firmen eine sehr moderne und konkurrenzkräftige Industrie aufgebaut. Die Unternehmen haben verstanden, daß eine innovationsfreundliche, kundenorientierte und integrierte Produktentwicklung die Basis eines erfolgreichen Unternehmens bildet und sie konnten somit neue Märkte gewinnen und alte Märkte wieder zurückerobern.

Die betrachteten Unternehmen stellen dabei die größten amerikanischen Unternehmensgruppen dar: Luft- und Raumfahrt, Elektrotechnik, Informationstechnik und Werkzeugmaschinenhersteller. Die Unternehmen haben alle Vorreiterrollen in ihren jeweiligen Produktsparten gehabt und konnten diese bis heute durch konkurrenzkräftige Unternehmensstrukturen beibehalten.

#### 10.3.2.3.1 Boeing – Flugzeug 777

Boeings Flugzeug vom Typ 777 verkörpert für das Unternehmen Boeing eine neue Ära in der zivilen Luftfahrt. Neue Technologien, wie Digital Avionics und ultraleichte Werkstofftechnik fanden ihre Anwendung in der ersten kompletten Neuentwicklung seit dem Anfang der 80er Jahre. Das Flugzeug verkörperte ein neues Konzept mit einem Zwei-Motoren- und Zwei-Piloten-Design kann das Flugzeug zu 25% niedrigeren Kosten betrieben werden als Boeings altes Großraumpassagierflugzeug, die 747. Die 777-Serie soll die 25 Jahre alte 747-Serie ersetzen.

Die Entwicklung der Boeing 777 wurde durch neue Marktanforderungen ausgelöst. Der Markt war auf der Suche nach einer Alternative für die Boeing 747, das hohe Kapazitäten zu niedrigeren Betriebskosten bei einem Langstreckenflugzeug ermöglichte. 1993 stellte der Konkurrent Airbus zwei neue Langstreckenmodelle vor, die auch hohe Kapazitäten boten. Boeing brauchte ein wettbewerbsfähiges, modernes Marktinstrument um in diesem Marktsegment weiterhin bestehen zu können. Diese Rahmenbedingungen trieben Boeing dazu, fünf Milliarden US-Dollar in die Neuentwicklung der 777-Serie zu investieren.

Boeing ging bei diesem Projekt ein enormes finanzielles Risiko ein. Folglich war ein hochqualitatives, marktgerechtes, flexibles und langlebiges Produkt nötig, das allen individuellen Kundenwünschen gerecht wurde. Um die enormen Entwicklungskosten zu decken, mußte das Produkt an ein sehr weites Kundenspektrum ausgerichtet werden. Das Konstruktionskonzept mußte in der Lage sein, an die zukünftigen Entwicklungen anpaßbar zu sein, um ein Bestehen des Konzepts bis in das 21. Jahrhundert zu gewährleisten. Es wurden deshalb Kunden schon in die ersten Entwicklungsphasen mit eingebunden, um nicht am Markt vorbeizuentwickeln.

### 10.3.2.3.2 Cummins - Dieselmotoren

Cummins entwickelt und produziert Dieselmotoren für den Maschinenbau, schwere Nutzfahrzeuge und die Stromerzeugung. Desweiteren finden die Motoren Anwendung in Bussen, leichten Lastkraftwagen sowie bei der Marine. Die Firma entwickelte kürzlich einen Dieselmotor für den Einbau in schwere Lastkraftwagen.

Der Auslöser der Produktentwicklung waren schwindende Marktanteile im genannten Marktsegment. Die Kunden waren zu anderen Firmen übergegangen, die modernere, effektivere und leichtere Motoren anbieten konnten. Neue Abgasregelungen und Markteinführungen von Konkurrenten sorgten für hohen terminlichen Druck bei der Neuentwicklung eines moderneren Dieselmotors. Die priorisierten Anforderungen waren demnach eine schnelle Markteinführung, hohe Qualität und ein möglichst langer Produktlebenszyklus. Cummins gibt auf Motoren dieser Klasse eine Herstellergarantie von 400.000 US-Meilen, wobei die meisten Motoren auch Laufzeiten bis zu einer Million US-Meilen erreichen. Die Firma hatte hohe Verlust durch eine Fehlentwicklung in den 80er Jahren eingefahren und war deshalb sehr darauf bedacht diese Fehler bei der Neuentwicklung zu vermeiden /Swink 96/.

### 10.3.2.3.3 Red Spot - Lackierungsanlagen

Red Spot ist ein Produzent von Lackierungsanlagen und Lacken, der sich auf Speziallacke für die Autoindustrie konzentriert hat. In den Jahren 1991 und 1992 begann der Autohersteller Ford mit der Entwicklung und Erprobung von thermoplastischen Olefinwerkstoffen (TPO) als ein Ersatz für herkömmliche Karosserieteile. Red Spots vorhandene Produktpalette konnte bei dem neuentwickelten Werkstoff keine Anwendung finden. Aus diesem Grund wurde Red Spot bei der Erstauswahl möglicher Lieferanten von Ford nicht beachtet. Da Ford allerdings der größte Kunde von Red Spot war, wurde die Firma eingeladen, an der Neuentwicklung und Erprobung der neuen Werkstoffe teilzunehmen. Dies geschah vor dem Hintergrund neue Prozeßkenntnisse zu gewinnen und um Produktspezifikationen zu entwickeln. Red Spot's Unternehmensführung bemerkte, daß die Entwicklung eines neuen Lackiersystems, das auf dem Markt bestehen konnte, für den zukünftigen Unternehmenserfolg überlebensnotwendig war. Sollte dies nicht der Fall sein, wäre der weitere Unternehmenserfolg als profitabler Automobilzulieferer erheblich gefährdet gewesen /Swink 96/.

### 10.3.2.3.4 Texas Instruments - Nachtsichtsystem

Texas Instruments ist einer der Marktpioniere und führenden Produzenten von Mikroelektroniktechnologien. Die Abteilungen „Electronics" und „Defense Systems" entwickelten ein neues elektro-optisches Nachtsichtsystem für das amerikanische Verteidigungsministerium.

Das Produkt konvertiert infrarote Strahlung in sichtbares Licht und unterstützt Videoprojektionssysteme in Militärflugzeugen. Das unter den Namen AVFLIR (Airborne Vehicle Forward-Looking Infrared System) entwickelte System integriert außerdem Lenk- und Datenverarbeitungssysteme. Das AVFLIR-Projekt wurde eingeleitet, um neuen

Anforderungen hinsichtlich Produktkosten, Gewicht, Video-Auflösung, Beständigkeit und Zuverlässigkeit eines bereits bestehenden Produkts gerecht zu werden. Die Produktanforderungen waren bereits vor Projektbeginn zu circa 95% erfüllt. Das Produkt erforderte keine neuen Techologieentwicklungen und die Terminanforderungen waren nicht sehr strikt formuliert. Die Hauptanforderungen an das Entwicklungsprojekt war eine simultane Maximierung von Produktleistung und Gewinnspanne und das neue System würde bereits eingesetzte Nachtsichtgeräte ersetzen /Swink 96/.

### 10.3.2.3.5 IBM - Printer

Der Proprinter der International Business Machines (IBM) ist ein Matrixdrucker, der von IBM in den 80er Jahren entwickelt und produziert wurde. Der Proprinter wurde als Niedrig-Preis-Drucker entwickelt, um mit den von IBM verkauften PC's benutzt zu werden. Der Drucker verkörpert eine Konstruktionsentwicklung in der Computerindustrie. Es war eines der ersten Produkte, die auf Schrauben, Federn und Riemen verzichtete, um eine komplett automatisierte Montage zu ermöglichen.

Die Neukonstruktion konnte in niedrigere Fertigungs- und Montagekosten, höhere Zuverlässigkeit und einen Entwicklungsvorsprung gegenüber Konkurrenten umgesetzt werden. Der Drucker konnte nicht nur mehrere Design-Preise gewinnen, sondern wurde auch der größte Verkaufserfolg auf dem PC-Markt. Um mit ausländischen Niedriglohnproduzenten konkurrieren zu können, entschied sich IBM durch Anwendung neuer Konstruktionsmethoden ein konkurrenzkräftiges Produkt zu entwickeln. Dies stellte neue Anforderungen an das Entwicklungsteam und förderte die Integration neuer Methoden und Vorgehensweisen. Eine neue Team- und Entwicklungsstrategie wurde eingeführt, da die bisherigen Prozesse sehr zeitintensiv waren und aus sequentiellen und unabhängigen Konstruktionsphasen bestanden. Aufwendige Freigabeverfahren verstärkten diese veraltete Struktur. Diese Vorgehensweise stand in klaren Kontrast zu den formulierten Zielen, vor allem im Time-to-Market und machten den Einsatz von SE-Methoden sinnvoll /IBM,97,1/.

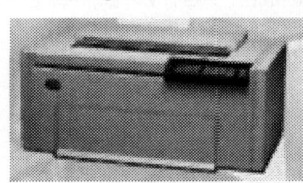

### 10.3.2.3.6 Ingersoll-Rand - Fräswerkzeug

Ingersoll-Rand (IR) ist ein weltweit tätiger Produzent von fertigungstechnischen Anlagen und Komponenten. Die Power-Tool-Abteilung produziert Werkzeuge für den industriellen Einsatz. Der vorgestellte Cyclone Grinder ist ein pneumatisches Fräswerkzeug, das 1990 von IR vorgestellt wurde.

Der Cyclone-Grinder ist ein pneumatisches Fräswerkzeug, das durch die Expansion komprimierter Luft angetrieben wird. Bei der Entwicklung des Produkts wurde ein innovativer und neuer Ansatz der Produktentwicklung gewählt. Die als „Project Lightning" beschriebene Vorgehensweise hatte das Ziel, die Produktentwicklungszeiten drastisch zu kürzen.

Allein in den USA hat der Fräsermarkt ein Marktvolumen von 50-80 Millionen US-Dollar, wobei ein einzelnes Werkzeug zwischen 200 und 500 US Dollar kostet. Derzeit befinden sich ca. 30 Konkurrenten auf dem US-Amerikanischen Markt, so daß Marktgewinne nur durch die Neugewinnung von Kunden anderer Firmen erzielt werden können. IR bemerkte, daß die einzige Möglichkeit den Konkurrenten überlegen zu sein in reduzierten Entwicklungszeiten und frühzeitiger Kundenausrichtung, sowie Erfüllung der Kundenanforderungen bestand.

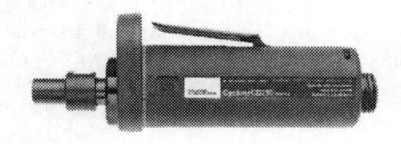

Um den Erfolg des neuen Vorgehens zu garantieren, mußten alle funktionalen Bereiche der Firma miteinander zusammenarbeiten. Frühzeitige Abstimmung gewährleistete eine frühe Problemerkennung, um zu große Entwicklungshürden zu umgehen. Es wurde eine neue Vorgehensweise ermittelt, die hohe Produktqualität, niedrige Kosten und reduzierte Entwicklungszeiten, die im Sinne von SE in die Firmenstruktur integriert werden konnten, angestrebt /ING,97,1/.

### 10.3.2.3.7 Apple Computer

Apple Computer Inc. ist ein Pionier in der PC-Branche und wurde 1977 gegründet. Die Firma revolutionierte den Markt mit dem 1984 vorgestellten Apple Macintosh. Der Alleingang von Apple, die sich dem MS-DOS und Windows-Standard nicht anpassen wollten, war von einer kundenorientierten und benutzerfreundlichen Marktstrategie geprägt. Obwohl die Systeme nicht kompatibel waren, mußte der Kunde für Apple-Produkte höhere Preise zahlen, die dem Unternehmen die Weiterentwicklung der hochentwickelten Produkte ermöglichte.

Der Konkurrenzdruck wurde aber durch die Einführung der Desktop-Modelle mit graphischer Windows-Oberfläche immer größer, so daß Apple unter enormen Preisdruck geriet, da der Markt für Nischenprodukte immer kleiner wurde.

Der damalige Markt der tragbaren Computer war durch geringe Batteriebetriebszeit, sehr hohe Preise, unzumutbare Bildschirmtechnik und eingeschränkte Rechenleistung geprägt. 1985 entschloß sich Apple, einen neuen portablen Personal-Computer zu entwickeln, der diese Mißstände beheben sollte. Allein der Prozeß, einen Bildschirmanbieter mit der geforderten Qualität zu finden, verzögerte das Entwicklungsprojekt um zwölf Monate. Im September 1989 wurde der portable Macintosh vorgestellt, zu einem Listenpreis von 4999 US-Dollar.

Der Rechner ermöglichte einen Batteriebetrieb von acht bis zwölf Stunden, aber der Rechner wog über 8 kg, so daß bis Ende des Jahres die Nachfrage bereits stagniert war. Diese Fehlentwicklung wurde um so deutlicher, als Compaq nur sieben Wochen später einen leistungsfähigeren Rechner anbot, der weniger als die Hälfte wog. Apple hatte einen riesigen Vorrat unverkaufter Produkte und hatte unterschätzt, wie schnell sich der Markt entwickelt hatte.

Bis dahin hatte Apple nach der Devise „Time to Perfection" und nicht „Time to Market" entwickelt. Nun mußte der Hersteller ein Produkt entwickeln, das den Konkurrenten überlegen war und hatte dafür nur 18 Monate Zeit und nicht 48 Monate. Im Oktober 1991 plazierte Apple das PowerBook 140/170 und hatte damit einen enormen Erfolg. Anfänglich als Übergangslösung gedacht, konnten 400.000 Exemplare des PowerBooks im ersten Jahr verkauft werden, was dem Unternehmen einen Milliarden-Umsatz sicherte /DES,95,4/.

### 10.3.2.4 Japanische Ansätze

Japanische Firmen haben in vielen Marktsegmenten einen deutlichen Entwicklungsvorsprung gegenüber amerikanischen und europäischen Firmen. Dieser liegt in organisatorischen und produktionssystematischen Strukturen begründet /Eversheim 96,1/. Daher ist es von besonderer Bedeutung diese Ansätze vorzustellen (Siehe Kapitel 2). Durch den Variantenreichtum und den unterschiedlichen Anforderungen und Voraussetzungen, dienen diese aber keinesfalls als Referenzmodelle, da dies die gesamte Ausrichtung, sowie die prozeßorientierte Vorgehensweise bei der Implementierung von SE-Strategien mißachten würde.

Die vorgestellten Fallbeispiele sind von Interesse, da hier unterschiedliche Ziele und Voraussetzungen Grund dafür waren, neue Wege der Produktentwicklung zu gehen. Japanische Methoden sind dabei durch eine hohe Prozeßausrichtung, hohe Mitarbeiterintegration und frühzeitige Kundenorientierung zu charakterisieren. Die Firmen repräsentieren dabei den Vorzeigemarkt Japans, die Unterhaltungselektronik. Es gibt keinen Markt, der von einer Nation so beherrscht wird, wie die Unterhaltungselektronik, wo es japanischen Unternehmen gelungen ist, sämtliche Konkurrenten zu verdrängen und einen deutlichen Entwicklungsvorsprung zu halten.

Automobilproduzenten wurden bei der Betrachtung ausgelassen, da die Vorgehensweisen und Methoden dieser Firmen hinlänglich bekannt und bereits ausführlich dokumentiert sind.

#### 10.3.2.4.1 Canon - Kamera

Canon Inc. ist ein weltweiter Produzent und Marktführer bei Spiegelreflex- und Kompaktkameras, sowie Anbieter von Videosystemen und Camcordern. Das Unternehmen produziert in 52 Ländern und besitzt Tochterunternehmen in 23 Ländern. Im Jahre 1985 brachte der Konkurrent Minolta mit der Vorstellung der Alpha-7000 die erste Spiegelreflexkamera mit Autofokus auf den Markt. Minolta wurde sofort Marktführer und baute innerhalb eines Jahres den Marktanteil von 11,6 auf über 25 % aus. Um auf dem hochentwickelten und konkurrenzkräftigen Markt überleben zu können, mußte Canon innerhalb kürzester Zeit mit der Entwicklung einer vergleichbaren SLR (Single Lens Reflex) Kamera nachziehen.

Extremer Zeitdruck und die Vorgabe, die neuesten Technologien mit hochwertigen Komponenten zu kombinieren, waren die Rahmenbedingunen der Neuentwicklung. Die Konstrukteure definierten einen Produktentwurf für einen Zielmarkt. Sie benutzten dazu einen Musterkunden, für den das Produkt entworfen wurde (Target Design). Kundenwünsche und die erforderliche Qualität konnten somit frühzeitig in die Entwicklung einfließen. Durch Konzentration auf diese Entwicklungsschwerpunkte und den angestrebten Markt konnte das Produkt effizient entwickelt werden. Es wurden zum ersten Mal Methoden des Simultaneous Engineering benutzt, um zeitintensive Iterationen zu vermeiden.

Mit diesen Vorgaben konnte das Projekt in kürzester Zeit durchgeführt werden, ohne dabei auf Produkt- und Prozeßqualität zu verzichten. Die Kamera wurde 22 Monate nach Entwicklungsbeginn fertiggestellt.

Das Entwicklungsprojekt war zusammenfassend mit folgenden Problemen konfrontiert:

- Rapid Product Development Cycle
- Integration von fünfzig Jahren Erfahrung in die Neuentwicklung eines Produkts
- Entwicklung einer Strategie, um dem intensiven Wettbewerb standhalten zu können /DES,95,5/

### 10.3.2.4.2 Sony Corporation - Walkman

Der Auslöser für das WM-109 Projekt der Firma Sony kam von der Marketingabteilung. Bei einer Produktlebenszeit von durchschnittlich sechs Monaten ist der Markt der tragbaren Kassettenrekorder einer der kurzlebigsten überhaupt. Es sollte ein Ersatz für den WM-101 entwickelt werden und die einzige Vorgabe war die Integration von mehreren, neuen Funktionen in die Konstruktion.

Als ein Pionier in der Unterhaltungselektronik hat Sony stets hohe Erwartungen hinsichtlich Design und Innovationsgrad zu erfüllen. Der Walkman WM-109 war ein Produkt der vierten Produktgeneration, das die am Markt befindlichen Geräte in allen Belangen übertreffen sollte. Es mußte dazu ein neuer Entwicklungsansatz gewählt werden. Durch die extrem kurze Produktlebenszeit waren hohe Anforderungen an die Entwicklungszeit gestellt. Die Lösung lag in der Anwendung modernster Entwicklungsmethoden und in einer neuen Produktphilosophie.

Es sollte das erste Produkt einer neuen Generation werden. Man wollte von den funktionsüberhäuften, High-Tech Entwürfen Abstand nehmen, um ein einfaches, schlichtes, kompaktes und funktionales Produkt zu erhalten. Das Ergebnis war beachtlich. Der WM-109 war die Entwicklungsbasis für weitere Modelle, die insgesamt drei Jahre auf dem Markt angeboten wurden. Damit hatte man nicht nur Entwicklungsarbeit und -kosten sparen können, sondern man konnte durch einen neuen Entwicklungsansatz, einen neuen Weg zur Projektierung von Produkten mit einem extrem kurzen Produktlebenszyklus gewinnen.

Das Projekt zeichnete sich durch folgende Rahmenbedingungen aus:

- Koordination der Schnittstelle zwischen Marketing und Produktentwicklung
- Abgleich von innovativen Konstruktions- und Werkstoffanforderungen

- Innovatives Produktdesign auf einem etablierten Markt erzielen /DES,95,6/

### 10.3.2.4.3 Sharp - Taschenrechner

Mitte der 80-iger Jahre hatte der Markt für wissenschaftliche Taschenrechner mit erheblichem Preisdruck zu kämpfen. Die Preise für Taschenrechner im Miniformat lagen unter sechs DM. Sharp, ein führender Anbieter auf diesem Markt, bemerkte, daß Marktanteile nur durch ein innovatives Produkt gesteigert werden konnten.

Obwohl Sharp 1964 den ersten Transistortaschenrechner entwickelte und fortwährend Marktführer mit kleineren und leichteren Produkten blieb, waren sie immer einem erhöhten Konkurrenzkampf ausgesetzt. Als der Markt den Sättigungspunkt erreichte, mußte eine neue Produktreihe entwickelt werden, die sich von den anderen Produkten erheblich unterscheiden würde.

Da sich der Markt in eine neue Richtung entwickelte und individuelleres Design verlangte, wobei die Funktionalität nicht mehr im Vordergrund stand, entwickelte Sharp auf dieser Basis den „Fashion Calculator" in einem Projekt, bei dem sämtliche Vorgehenskonventionen mißachtet wurden. Die Produktanforderungen verlangten nach einem komplett neuem Konstruktionspaket, bei dem die ausgereifte Technologie an veränderte Marktanforderungen angepaßt wurde.

Der neue Rechner wurde mit dem Ziel entworfen, dem Käufer aufzufallen, um damit neue Kunden anzusprechen und Marktanteile zu erhöhen. Dies war ein völlig neuer Ansatz auf einem gesättigten Markt neue Kunden zu gewinnen und kann in folgenden Punkten zusammengefaßt werden:

- Determinierung einer langzeitigen Firmenstrategie für ein etabliertes Unternehmen
- Wettbewerbsvorteile gewinnen, die nicht auf Produkt- oder Prozeßtechnologie basieren
- Eine designorientierte Vorgehensweise, um neue Kunden auf einem gesättigten Markt zu erreichen /DES,95,7/

### 10.3.2.5 Auswertung der Studie

Im folgenden sind die Projektcharakteristika anhand des Kriterienkatalogs zusammengefaßt. Dadurch sind die verschiedenen Ansätze miteinander zu vergleichen.

# Braun

| Ziele | | | Prozeßkenngrößen | |
|---|---|---|---|---|
| Kosten | Halbierung der Entwicklungskosten | | Prozeßentwicklung | Sequentielle Vorgehensweise: Marketing, Entwicklung, Konstruktion, Fertigung, Vertrieb |
| Terminierung | Lange Entwicklungszeit: 4 Jahre | | Methoden | QFD, DFM, DFA |
| **Rahmenbedingungen** | | | Hilfsmittel | Rapid Prototyping für Spritzgußanwendungen |
| Motivation | Sinkende Marktanteile | | Werkzeuge/ Vorrichtungen | Prototypen |
| Relation zur Firmenstrategie | Erhöhte Qualitätsanforderungen und Expansion nach Übernahme durch Gilette | | Integration | |
| Firmenphilosophie | Kunde ist Partner: Kundenanforderungen sollen weit übertroffen werden | | Produktgestaltung | Abteilungsintern, Frühe Informationsabstimmung mit anderen Abteilungen |
| Technisches Risiko | Durch Kostenreduktion ist Image und Qualität in Gefahr, hohes Entwicklungsrisiko | | Konstruktion | Gruppenintern, Frühe Integration |
| **Projektcharakteristika** | | | Integration der Zulieferer | Geringe Priorität: Frühe Einbindung, um Kosten zu senken |
| Projektkomplexität | niedrig | | Projektphasenabstimmung | Design Reviews, Problemlösung vor Produktionsfreigabe |
| Innovationsgrad | hoch (Werkstoff) | | Integrationsprobleme | Wenig Erfahrung mit Teamarbeit |
| Ressourcen | Extensive Investitionen in CAD und CAM | | Ergebnisse | |
| **Organisation** | | | Flexibilität | Hoch |
| Organisationsart | Funktional | | Erfüllungsgrad | Übertraf Anforderungen |
| Teamzusammensetzung | Nach Funktion und Rang | | Technologieerweiterung | Neues Know-how im Werkstoffbereich und Fertigungstechnologien, neue Patente |
| Teamhierarchien | Keine formellen Teamsprecher, abhängig von Projektphase und Funktion | | Wirtschaftlichkeit | Übertraf Anforderungen: Neue Fabrik in Mexiko |
| Kommunikation | Wöchentliche Teamsitzungen | | Termintreue | Voll erfüllt |
| SE in Konstruktion | 3D-CAD | | | |
| SE in Produktion | Rapid Prototyping, Rapid Tooling | | | |
| Management | Management an Entwicklung beteiligt, fördert Kommunikation, keine Entscheidung | | | |

## Porsche AG

| Ziele | | Prozeßkenngrößen | |
|---|---|---|---|
| Kosten | Halbierung der Entwicklungskosten | Prozeßentwicklung | Sequentielle Vorgehensweise, allerdings zentrale Prozeßplanung |
| Terminierung | 46 Monate | Methoden | QFD, DFM, DFA, FMEA |
| **Rahmenbedingungen** | | Hilfsmittel | Rapid Prototyping |
| Motivation | Hohe Konzernverluste, Weitere Existenz gefährdet | Werkzeuge/Vorrichtungen | Standard |
| Relation zur Firmenstrategie | Neues 2-Auto-Konzept auf gleicher Basis (Boxster, 911) | **Integration** | |
| Firmenphilosophie | Weltweit führender Hersteller von Sportwagen | Produktgestaltung | Sequentielle Vorgehensweise, geringe abteilungsübergreifende Kommunikation |
| Technisches Risiko | Mittel, Probleme bestanden in organisatorischen Punkten | Konstruktion | Gruppenintern |
| **Projektcharakteristika** | | Integration der Zulieferer | Geringe Fertigungstiefe, daher hohe Priorität von Systemzulieferern |
| Projektkomplexität | hoch | Projektphasenabstimmung | Design Reviews, Problemlösung vor Produktionsfreigabe |
| Innovationsgrad | mittel (einer Pkw-Entwicklung entsprechend) | Integrationsprobleme | Altmodische Strukturen, schwer eine neue Denkweise zu implementieren, Gefahr durch hohe Anzahl der Entlassungen |
| Ressourcen | 3D-CAD, neue Fertigungsanlagen, Reduzierung der Belegschaft um ca. 30 % | **Ergebnisse** | |
| **Organisation** | | Flexibilität | Mittel |
| Organisationsart | Matrix | Erfüllungsgrad | Übertraf Erwartungen |
| Teamzusammensetzung | Nach Funktion und Rang | Technologieerweiterung | Neue Produktpalette auf gleicher Plattformbasis |
| Teamhierarchien | Teamsprecher leitet Teamsitzung, sonst gleich verteilte Rollen | Wirtschaftlichkeit | Erwartungen erfüllt, neue Produktreihe sehr großer Markterfolg |
| Kommunikation | Teamsitzungen in regelmäßigen Abstand | Termintreue | Voll erfüllt |
| SE in Konstruktion | 3D-CAD, Design Review, Datenbank | | |
| SE in Produktion | Rapid Prototyping, Rapid Tooling | | |
| Management | Management hat hohe Verantwortung und volle Entscheidungsmacht | | |

# ERCO Leuchten GmbH

| Ziele | | Prozeßkenngrößen | |
|---|---|---|---|
| Kosten | Kosten spielten untergeordnete Rolle, da sie durch hohe Marktattraktivität und Erfolgspotential gerechtfertigt wurden | Prozeßentwicklung | Marketing, Entwicklung und Konstruktion in der Entwicklung integriert |
| Terminierung | 18 Monate | Methoden | Keine |
| **Rahmenbedingungen** | | Hilfsmittel | Methoden des Leichtbaus |
| Motivation | Stagnierender Markt | Werkzeuge/Vorrichtungen | Standard |
| Relation zur Firmenstrategie | Komplett neues Lichtsystem, d.h. komplette Neugestaltung der Produktpalette | Integration | |
| Firmenphilosophie | Vom Leuchtenhersteller, zum Lichtsystemproduzenten | Produktgestaltung | Zusammenarbeit von Entwicklung, Konstruktion und Marketing |
| Technisches Risiko | Mittel - Leichtbau stellte gewisses Risiko dar | Konstruktion | Frühe Informationsabstimmung |
| **Projektcharakteristika** | | Integration der Zulieferer | Geringe Priorität, da hohe Fertigungstiefe bei ERCO |
| Projektkomplexität | mittel | Projektphasenabstimmung | Eigene Design Auditierung |
| Innovationsgrad | hoch (Leichtbau, Fertigungsverfahren) | Integrationsprobleme | Probleme bei der Integration der Designabteilung |
| Ressourcen | Keine neuen Investitionen nötig | **Ergebnisse** | |
| **Organisation** | | Flexibilität | Niedrig |
| Organisationsart | Matrix | Erfüllungsgrad | Übertraf Erwartungen |
| Teamzusammensetzung | Aus jeder Abteilung ein Teammitglied | Technologieerweiterung | Komplett neue Produktpalette, Entwicklung eines neuen Lichtsystems |
| Teamhierarchien | informell, wie die gesamte Firmenstruktur | Wirtschaftlichkeit | Hohe Produktkosten durch langen Produktlebenszyklus gerechtfertigt |
| Kommunikation | Sowohl Teamsitzungen, als auch individuelle Kommunikation | Termintreue | Übertroffen |
| SE in Konstruktion | Gering | | |
| SE in Produktion | Gering | | |
| Management | Management hat hohe Verantwortung und volle Entscheidungsmacht | | |

# Thomson

| Ziele | | Prozeßkenngrößen | |
|---|---|---|---|
| Kosten | Relativ niedriger Kostenaufwand | Prozeßentwicklung | Prozeßmanagement frühzeitig geplant und definiert |
| Terminierung | Hoher Termindruck, Satellitenstarttermin mußte eingehalten werden | Methoden | QFD, DFM, DFA |
| **Rahmenbedingungen** | | Hilfsmittel | Rapid-Prototyping, viele Prototypen |
| Motivation | Kompetenzerweiterung und Erschließung neuer Märkte | Werkzeuge/Vorrichtungen | Standard |
| Relation zur Firmenstrategie | Erweiterung der Produktpalette | **Integration** | |
| Firmenphilosophie | High-Tech Unternehmen mit Kernkompetenzen in der Kommunikationstechnik | Produktgestaltung | Produktstufe 2 wurde bereits konstruiert, bevor Stufe 1 fertig war |
| Technisches Risiko | Hoch, da viele unbekannte Probleme zu lösen waren | Konstruktion | Alle Systemteile parallel entwickelt: Sender, Empfänger und Satellit |
| **Projektcharakteristika** | | Integration der Zulieferer | Hohe Priorität, da hohe Anteil an Zulieferteilen und hohe Anzahl von Zulieferern, was durch Produktkomplexität bedingt war |
| Projektkomplexität | mittel | Projektphasenabstimmung | Abstimmung von Produktdefinition und Konstruktionphasen |
| Innovationsgrad | hoch (komplett neue Produktplattform) | Integrationsprobleme | Darstellung der technischen Unsicherheiten |
| Ressourcen | Investitionen in CAD, CAM, CAQ | **Ergebnisse** | |
| **Organisation** | | Flexibilität | Hoch |
| Organisationsart | Projektmanagement | Erfüllungsgrad | Hoch |
| Teamzusammensetzung | Je nach Entwicklungsphase, Konstruktion stark eingebunden, Fertigung später integriert | Technologieerweiterung | Neuen Markt durch Know-how Erweiterung erschlossen |
| Teamhierarchien | Teamsprecher leitet Teamsitzung, sonst gleich verteilte Rollen | Wirtschaftlichkeit | Spielte niedrige Rolle, erfüllt |
| Kommunikation | Einzelbesprechungen, elektronische Kommunikation und formelle Design-Reviews | Termintreue | erfüllt |
| SE in Konstruktion | CAD, Design-Review | | |
| SE in Produktion | Rapid Prototyping, frühe Einbindung in Entwicklung | | |
| Management | Management geringe Produktverantwortung, da Entscheidungsbefugnis bei Projektmanagern | | |

## Bahco Tools

| Ziele | | Prozeßkenngrößen | |
|---|---|---|---|
| Kosten | Reduzierung der Entwicklungskosten um 30% | Prozeßentwicklung | Prozeßmanagement frühzeitig geplant und definiert |
| Terminierung | Geringer Termindruck | Methoden | QFD, DFM, DFA |
| **Rahmenbedingungen** | | Hilfsmittel | Prototypen |
| Motivation | Marktanteile erhöhen | Werkzeuge/Vorrichtungen | Neue Werkzeuge, flexibles Werkzeugmanagement |
| Relation zur Firmenstrategie | Neue Produkte, um neue Märkte zu erschließen, vor allem Heimanwender sollten angesprochen werden | **Integration** | |
| Firmenphilosophie | Konzentration auf Kerngeschäft - innovatives und kundenorientiertes Firmenimage | Produktgestaltung | Sehr genaue Produktplanung und Produktdefinition |
| Technisches Risiko | Gering | Konstruktion | Design ausgelagert, um niedrigere Kosten zu erhalten und neue Designideen einzubringen, kontinuierliche Informationsabstimmung |
| **Projektcharakteristika** | | Integration der Zulieferer | Hohe Integration, hoher Anteil an Zulieferern |
| Projektkomplexität | mittel | Projektphasenabstimmung | Mehrere Produktphasen, Prototypverifizierung, Feldversuche |
| Innovationsgrad | hoch (neues Design, ergonomische Ausrichtung) | Integrationsprobleme | Altmodische Firmenstruktur hinderte neue Organisationsform |
| Ressourcen | CAD, Bearbeitungszentren | **Ergebnisse** | |
| **Organisation** | | Flexibilität | Mittel |
| Organisationsart | Funktional | Erfüllungsgrad | Hoch |
| Teamzusammensetzung | Nach Funktion und Rang | Technologieerweiterung | Neue Fertigungsverfahren, Neue Organisation, Neue ISO-Norm |
| Teamhierarchien | Keine formellen Teamsprecher, abhängig von Projektphase und Funktion | Wirtschaftlichkeit | erfüllt |
| Kommunikation | Design-Reviews, wöchentliche Teamsitzungen | Termintreue | teilweise erfüllt, aus Marketinggründen verzögert |
| SE in Konstruktion | CAD | | |
| SE in Produktion | Flexible Bearbeitungszentren | | |
| Management | Management hat hohe Verantwortung und volle Entscheidungsmacht | | |

# Boeing

| Ziele | | Prozeßkenngrößen | |
|---|---|---|---|
| Kosten | Reduzierung der Entwicklungskosten um 25% und der Entwicklungsfehler um 50% | Prozeßentwicklung | Planung durch komplette SE-Ausrichtung hohe Priorität |
| Terminierung | 48 Monate, durch Testprogramme hoher Termindruck | Methoden | QFD, DFM, DFA, FMEA |
| **Rahmenbedingungen** | | Hilfsmittel | Rapid-Prototyping, viele Prototypen und Leichtbaumethoden |
| Motivation | Umsatzrückgang: um 25 % in 2 Jahren, Mitarbeiterabbau: um 40000 | Werkzeuge/Vorrichtungen | Flexible Vorrichtungen, Flexibles Werkzeugmanagement |
| Relation zur Firmenstrategie | Plattform für das Flugzeug des nächsten Jahrtausends | Integration | |
| Firmenphilosophie | Enge Zusammenarbeit mit Kunden. Qualität, Profitabilität und Wachstum auf Höchstniveau | Produktgestaltung | Nach Freigabe sind alle Komponenten der Produktentwicklung verfügbar |
| Technisches Risiko | Hohes Risiko, da enorm hohe Investitionskosten | Konstruktion | Expertensystem und Datenbasis unterstützt die Reduktion der Teilevielfalt und Variantenzahl |
| **Projektcharakteristika** | | Integration der Zulieferer | Hohe Priorität, Zulieferer als Systempartner in Kooperationen |
| Projektkomplexität | hoch | Projektphasenabstimmung | In Planungsphase festgelegt, zum größten Teil durch Teamzusammensetzungen |
| Innovationsgrad | hoch (neue Konstruktionsmethodik, neue Werkstoffe, komplett neue Kabinengestaltung) | Integrationsprobleme | Verhalten der Konstrukteure, schwere Implementierung der neuen Denkstruktur |
| Ressourcen | 2200 CATIA Arbeitsplätze, Wissensbasiertes Konstruktionssystem, Vernetzung des Unternehmens, Neue Fertigungssysteme | Ergebnisse | |
| **Organisation** | | Flexibilität | Hoch |
| Organisationsart | Projektmanagement | Erfüllungsgrad | Übertraf Erwartungen |
| Teamzusammensetzung | Typisches Team bestand aus 15 Mitgliedern, insgesamt wurden 238 Entwicklungsteams eingesetzt | Technologieerweiterung | Neue Konstruktionssysteme, Expertensystem, Datenbasis |
| Teamhierarchien | Teamsprecher, sonst gleich verteilte Rollen | Wirtschaftlichkeit | erfüllt |
| Kommunikation | Design-Reviews, wöchentliche Teamsitzungen | Termintreue | Auslieferung auf den Tag genau |
| SE in Konstruktion | CAD, Datenbank, Expertensystem, Zentraler Zugriff auf freigegebene Zeichnungen, Design Review | | |
| SE in Produktion | DNC, LAN, CNC-Bearbeitungszentren | | |
| Management | Entwicklungsstrategie vom Management initiiert und komplett unterstützt | | |

# Cummins

| Ziele | | Prozeßkenngrößen | |
|---|---|---|---|
| Kosten | Kostenreduzierung 25% | Prozeßentwicklung | Prozeßmanagement frühzeitig geplant und definiert |
| Terminierung | Reduzierung der Entwicklungszeiten um 50% | Methoden | QFD, DFM, DFA, FMEA |
| **Rahmenbedingungen** | | Hilfsmittel | Rapid-Prototyping |
| Motivation | Marktanteile erhöhen, Kernkompetenzen erweitern | Werkzeuge/Vorrichtungen | Standard |
| Relation zur Firmenstrategie | Neue, flexiblere Entwicklungsstrategie entwickeln, um auf veränderte Marktbedingungen schnell reagieren zu können | Integration | |
| Firmenphilosophie | Weltweit aggierender Hersteller von konkurrenzkräftigen Dieselmotoren | Produktgestaltung | Alle beteiligten Bereich in die Produktgestaltung integriert |
| Technisches Risiko | Niedrig - da bewährte Technologie | Konstruktion | Niedrig |
| **Projektcharakteristika** | | Integration der Zulieferer | Hohe Priorität, Doppelarbeit sollte vermieden werden und hohe Qualität von Anfang an gewährleistet sein |
| Projektkomplexität | Mittel | Projektphasenabstimmung | Abstimmung und Parallelisierung von Abläufen der Produktdefinition, Konstruktion und Prozeßentwicklung |
| Innovationsgrad | Mittel - Modulare Änderungskonstruktion | Integrationsprobleme | Altmodische Strukturen |
| Ressourcen | 3D-CAD, CAM | **Ergebnisse** | |
| **Organisation** | | Flexibilität | mittel |
| Organisationsart | Matrixorganisation | Erfüllungsgrad | Hoch |
| Teamzusammensetzung | Kunden,Entwicklung,Konstruktion,Fertigung und Marketing | Technologieerweiterung | Neue Produktreihe, neue Unternehmensorganisation |
| Teamhierarchien | Teams aus Entwicklung und Konstruktion, Koordination durch Konstruktion und Fertigung | Wirtschaftlichkeit | Neue Produktreihe unter Entwicklungskosten entwickelt, Markterfolg durch modulare Produktstruktur |
| Kommunikation | Direkte, persönliche Kommunikation | Termintreue | voll erfüllt |
| SE in Konstruktion | CAD, keine zentrale Koordination | | |
| SE in Produktion | keine | | |
| Management | Management geringe Produktverantwortung, da Entscheidungsbefugnis bei Projektmanagern | | |

# Red Spot

| Ziele | | | Prozeßkenngrößen | |
|---|---|---|---|---|
| Kosten | Reduzierung der Entwicklungskosten | | Prozeßentwicklung | Sequentielle Vorgehensweise |
| Terminierung | Hohe Anforderungen - erster Anbieter bekommt den Zuschlag | | Methoden | keine |
| **Rahmenbedingungen** | | | Hilfsmittel | Prototypen |
| Motivation | Neuen Markt erschließen und neue Technologien entwickeln | | Werkzeuge/Vorrichtungen | Standard |
| Relation zur Firmenstrategie | Erweiterung der Produktpalette | | **Integration** | |
| Firmenphilosophie | Kunde ist Partner: Kundenanforderungen sollen weit übertroffen werden | | Produktgestaltung | Niedrig |
| Technisches Risiko | Hoch - Neue Prozesse, keine Erfahrung mit neuen Werkstoffen | | Konstruktion | Keine |
| **Projektcharakteristika** | | | Integration der Zulieferer | Niedrig, da neue Technologie der Kernpunkt der Produktentwicklung darstellt |
| Projektkomplexität | Niedrig - Geringe Produktfunktionalität, relativ kleine Belegschaft | | Projektphasenabstimmung | Abstimmung der Kundenanforderungen und Produktdefinition mit Konstruktion und Arbeitsplanung |
| Innovationsgrad | Hoch - Neues Produkt und neue Anwendung | | Integrationsprobleme | - |
| Ressourcen | 3D-CAD, Flexible Bearbeitungszentren | | **Ergebnisse** | |
| **Organisation** | | | Flexibilität | niedrig |
| Organisationsart | Funktional | | Erfüllungsgrad | Hoch |
| Teamzusammensetzung | Kunden und wechselnde Mitglieder unterschiedlicher Funktionen | | Technologieerweiterung | Patentierte Technologie, Entwicklungsvorsprung gegenüber Konkurrenten |
| Teamhierarchien | Koordination durch Management | | Wirtschaftlichkeit | Neue Technologie sicherte Zukunft des Unternehmens, hohe Profitabilität |
| Kommunikation | Teambesprechungen in regelmäßigen Abständen | | Termintreue | voll erfüllt |
| SE in Konstruktion | CAD, keine zentrale Koordination | | | |
| SE in Produktion | keine | | | |
| Management | Hohe Verantwortung und hohe Einbindung in den Entwicklungsprozeß | | | |

## Texas Instruments

| Ziele | | Prozeßkenngrößen | |
|---|---|---|---|
| Kosten | Aggressive Kostenauslegung | Prozeßentwicklung | Sequentielle Vorgehensweise |
| Terminierung | Mittlere Anforderungen - Einziger Anbieter, aber hohe Anforderungen im Gesamtprojekt | Methoden | QFD, DFM, DFA, FMEA |
| **Rahmenbedingungen** | | Hilfsmittel | Workflow-Managementsysteme |
| Motivation | Kernkompetenzen ausbauen und Know-how erweitern | Werkzeuge/Vorrichtungen | Standard |
| Relation zur Firmenstrategie | Erweiterung der Produktpalette | **Integration** | |
| Firmenphilosophie | Pionier in der Mikroelektronik, was durch gezielte Produktentwicklung ausgebaut werden soll | Produktgestaltung | Alle beteiligten Bereich in die Produktgestaltung integriert |
| Technisches Risiko | Niedrig - keine neuen, unbekannten Technologien | Konstruktion | Durch zentrale Konstruktionsberatung wurden alle beteiligten Bereich integriert |
| **Projektcharakteristika** | | Integration der Zulieferer | Niedrig, da hohe Fertigungstiefe bei TI |
| Projektkomplexität | Mittel | Projektphasenabstimmung | Hohe Parallelität der Produkt- und Prozeßentwicklung |
| Innovationsgrad | Niedrig- inkrementale Änderungskonstruktion | Integrationsprobleme | Hohe Produktkomplexität erforderte hohe Genauigkeit in der Informationsland-schaft, um Ungenauigkeiten im Entwicklungsprozeß zu vermeiden |
| Ressourcen | CAD | **Ergebnisse** | |
| **Organisation** | | Flexibilität | hoch |
| Organisationsart | Projektmanagement | Erfüllungsgrad | Hoch |
| Teamzusammensetzung | Kunden, Zulieferer, Fertigung und Konstruktion | Technologieerweiterung | Know-how erweitert, Marktposition gesichert |
| Teamhierarchien | Koordination durch Konstruktion | Wirtschaftlichkeit | Ziele erfüllt |
| Kommunikation | Regelmäßige Besprechungen, räumliche Integration, Email | Termintreue | voll erfüllt |
| SE in Konstruktion | 3D-CAD, Datenbasis, Konstruktionsberatung, Design-Reviews | | |
| SE in Produktion | keine | | |
| Management | Hohe Produktidentifikation, Neue Strategie von Management initiiert | | |

# IBM

| Ziele | | Prozeßkenngrößen | |
|---|---|---|---|
| Kosten | Entwicklungskosten spielten untergeordnete Rolle, da ein Mehraufwand für eine neue Entwicklungsstrategie in Kauf genommen wurde | Prozeßentwicklung | Planung durch komplette SE-Ausrichtung hohe Priorität |
| Terminierung | Reduktion von 48 auf 24 Monate | Methoden | DFAA (Design for Automated Assembly), DFA, DFM, FMEA |
| **Rahmenbedingungen** | | Hilfsmittel | Rapid-Prototyping |
| Motivation | Konkurrenzfähiges Produkt entwickeln, was in den USA produziert werden sollte, um mit Fernost-Produkte zu konkurrieren | Werkzeuge/Vorrichtungen | Flexible Vorrichtungen |
| Relation zur Firmenstrategie | Anteile bei Druckerhersteller ausbauen und kundenorientiertes Markenimage aufbauen | **Integration** | |
| Firmenphilosophie | Systemanbieter mit Komplettlösungen in der IT-Branche | Produktgestaltung | Alle beteiligten Bereich in die Produktgestaltung integriert |
| Technisches Risiko | mittel - bewährte Technologie, aber neue Produktionstechnologie | Konstruktion | Durch zentrale Konstruktionsberatung wurden alle beteiligten Bereich integriert |
| **Projektcharakteristika** | | Integration der Zulieferer | Keine - Zulieferer nicht vorhanden |
| Projektkomplexität | Mittel | Projektphasenabstimmung | Hohe Planungsgenauigkeit und kontinuierliche Beratung über momentanen Projektstand und Probleme |
| Innovationsgrad | hoch - Neue Druckertechnik, neue Montagetechnik | Integrationsprobleme | Gering, da hohe Unterstützung durch Management |
| Ressourcen | CAD, Datenbank, Expertensystem, LAN, Montagesysteme | **Ergebnisse** | |
| **Organisation** | | Flexibilität | hoch |
| Organisationsart | Projektmanagement | Erfüllungsgrad | Hoch - Hohe Marktakzeptanz und mehrere Auszeichnung |
| Teamzusammensetzung | Fertigung und Konstruktion+Entwicklung | Technologieerweiterung | Neue Produktionstechnologie, neue Konstruktionshilfen |
| Teamhierarchien | Teamsprecher, sonst gleich verteilte Rollen | Wirtschaftlichkeit | Ziele erfüllt, hohe Profitabilität |
| Kommunikation | Regelmäßige Besprechungen, räumliche Integration, Email | Termintreue | voll erfüllt |
| SE in Konstruktion | CAD, CAQ, Datenbank, Expertensystem, Zentraler Zugriff auf freigegebene Zeichnungen, Design Review | | |
| SE in Produktion | Rapid-Prototyping | | |
| Management | Management mit Konstruktions- und Marketingerfahrung, hohe Akzeptanz für neue Ideen | | |

## Ingersoll-Rand

| Ziele | | | Prozeßkenngrößen | |
|---|---|---|---|---|
| Kosten | Montage- und Wartungskosten senken | | Prozeßentwicklung | Hohe Planungsgenauigkeit, exakt festgelegte Meilensteine |
| Terminierung | Reduktion von 40 auf 12 Monate | | Methoden | QFD, Felduntersuchungen, DFA, DFM, FMEA |
| **Rahmenbedingungen** | | | Hilfsmittel | Rapid-Prototyping |
| Motivation | Marktanteile in Nordamerika erhöhen | | Werkzeuge/Vorrichtungen | Flexible Vorrichtungen |
| Relation zur Firmenstrategie | Innovativer und hochqualitativer Werkzeughersteller | | **Integration** | |
| Firmenphilosophie | Kundenorientierter, integrierter Werkzeugmaschinenkonzern | | Produktgestaltung | Alle beteiligten Bereich in die Produktgestaltung integriert |
| Technisches Risiko | gering (Adaptionsprodukt) | | Konstruktion | Gleichzeitige Arbeit an unterschiedlichen Modulen, Weitergabe an Produktion, obwohl Gesamtkonzept noch keine Freigabe hat |
| **Projektcharakteristika** | | | Integration der Zulieferer | Nahe Zusammenarbeit mit Zulieferern und Kunden - frühe Integration in Entwicklungsprozeß |
| Projektkomplexität | hoch | | Projektphasenabstimmung | In Planung festgelegt, Meilensteine kontinuierlich überprüft |
| Innovationsgrad | neue Konstruktionselemente (ergonomische Aspekte), wartungsfreundlich, Life-Cycle-Design | | Integrationsprobleme | Keine |
| Ressourcen | CAD, CAQ, Datenbank, LAN | | **Ergebnisse** | |
| **Organisation** | | | Flexibilität | hoch |
| Organisationsart | Funktional | | Erfüllungsgrad | Neue Produktentwicklungsstrategie |
| Teamzusammensetzung | Mitglieder aus Entwicklung, Konstruktion, Fertigung, Montage und Marketing, sowie Kundenintegration, Kernteam verfolgt komplette Entwicklung | | Technologieerweiterung | Neue Werkstoffe, Konstruktionshilfen |
| Teamhierarchien | Teamsprecher, sonst gleichverteilte Rollen | | Wirtschaftlichkeit | Erfüllt - durch Reduzierung der Teilevielfalt und Variantenzahl, Montagekosten halbiert |
| Kommunikation | Regelmäßige Besprechungen | | Termintreue | 12 Monate erfüllt |
| SE in Konstruktion | CAD, CAQ, Neue Konstruktionsmethodik, Design-Review | | | |
| SE in Produktion | Flexible Vorrichtungen | | | |
| Management | Hohe Produktidentifikation, Neue Strategie von Management initiiert | | | |

# Apple Computer

| Ziele | | Prozeßkenngrößen | |
|---|---|---|---|
| Kosten | Kosten spielten untergeordnete Rolle, da hoher Handlungsbedarf infolge veränderter Marktbedingungen bestand | Prozeßentwicklung | Geringe Planungsgenauigkeit, viel Freiheit für Entwickler und Konstrukteure |
| Terminierung | Reduktion von 48 auf 18 Monate | Methoden | QFD |
| **Rahmenbedingungen** | | Hilfsmittel | Designprototypen |
| Motivation | Führender Hersteller bei Notebooks | Werkzeuge/Vorrichtungen | Standard |
| Relation zur Firmenstrategie | Innovativer und führender PC-Produzent mit eigenem Betriebssystem | Integration | |
| Firmenphilosophie | Produzent von anwenderfreundlichen und leistungsstarken Personal Computern | Produktgestaltung | Alle Firmenbereiche in die Produktgestaltung integriert |
| Technisches Risiko | hoch - Erfolg auf dem Notebookmarkt war vom Modell abhängig, da erstes Modell eine Fehlentwicklung war | Konstruktion | Alle Teile wurden integriert konstruiert |
| **Projektcharakteristika** | | Integration der Zulieferer | Zuliefer wurden von Anfang an mit hoher Priorität in Entwicklungsprozeß eingebunden |
| Projektkomplexität | hoch - hohe technologische Anforderungen, hoher Termindruck | Projektphasenabstimmung | Durch regelmäßige Kommunikation festgelegt und von Management koordiniert |
| Innovationsgrad | hoch - komplett neue Technologie mit höchsten Qualitätsansprüchen | Integrationsprobleme | Keine |
| Ressourcen | Vorhandene Strukturen ausreichend | **Ergebnisse** | |
| **Organisation** | | Flexibilität | hoch |
| Organisationsart | Produktorientiert | Erfüllungsgrad | Größter Markterfolg der Firmengeschichte |
| Teamzusammensetzung | Abteilungsübergreifende Zusammensetzung | Technologieerweiterung | Modulares Notebook-Konzept, auf dem noch die heutigen Modelle aufbauen |
| Teamhierarchien | Flache Hierarchien | Wirtschaftlichkeit | Vorgesehene Kosten konnten nicht eingehalten werden, durch großen Markterfolg und planmäßige Fertigstellung gerechtfertigt |
| Kommunikation | Regelmäßige Besprechungen, räumliche Integration, Email | Termintreue | 18 Monate |
| SE in Konstruktion | CAD, CAQ, LAN, Datenbank, Expertensystem, | | |
| SE in Produktion | Vollautomatisiert | | |
| Management | Wenig Prestigeorientiert, hohe Produktidentifikation, stark Teamorientiert | | |

## Canon

| Ziele | | Prozeßkenngrößen | |
|---|---|---|---|
| Kosten | Untergeordnete Rolle, da extrem hoher Termindruck | Prozeßentwicklung | Hohe Planungsgenauigkeit, exakt festgelegte Meilensteine |
| Terminierung | 22 Monate | Methoden | QFD, DFA, DFM, FMEA |
| **Rahmenbedingungen** | | Hilfsmittel | Musterkunden, Feldversuche |
| Motivation | Marktanteile gingen an Konkurrenten Minolta verloren | Werkzeuge/Vorrichtungen | Standard |
| Relation zur Firmenstrategie | Basisprodukt der neuen Autofokus-Serie, Solides statt trendiges Design | **Integration** | |
| Firmenphilosophie | Marktführerposition bei Spiegelreflexkameras bewahren | Produktgestaltung | Alle Firmenbereiche in die Produktgestaltung integriert |
| Technisches Risiko | Hohes Risiko, da geringe Erfahrung mit der neuen Autofokustechnologie in der Kompaktkameraklasse | Konstruktion | Simultane Konstruktion an Gehäuse, Linse und Zubehör |
| **Projektcharakteristika** | | Integration der Zulieferer | Geringe Priorität, da sehr hohe Fertigungstiefe |
| Projektkomplexität | mittel | Projektphasenabstimmung | Durch detaillierte Planung definiert |
| Innovationsgrad | hoch (Neue Produktbasis für die nächsten 10 Jahre) | Integrationsprobleme | Keine |
| Ressourcen | CAD, sonst vorhandene Strukturen weiter benutzt | **Ergebnisse** | |
| **Organisation** | | Flexibilität | Produktentwicklung hatte bereits vorher hohe Flexibilität |
| Organisationsart | Funktional | Erfüllungsgrad | Kamera großer Markterfolg |
| Teamzusammensetzung | Entwicklungsteams mit Mitgliedern aus allen Entwicklungsbereichen | Technologieerweiterung | Mehr Patente in den USA angemeldet als anderen Firmen |
| Teamhierarchien | Teamsprecher leitet Teamsitzung, sonst gleich verteilte Rollen | Wirtschaftlichkeit | erfüllt |
| Kommunikation | Design-Reviews, wöchentliche Teamsitzungen | Termintreue | Markteinführung konnte um mehrere Monate vorgezogen werden |
| SE in Konstruktion | Design-Review, CAD | | |
| SE in Produktion | Rapid Prototyping, Rapid Tooling | | |
| Management | Wenig Prestigeorientiert, hohe Produktidentifikation, stark Teamorientiert, sehr hohe Loyalität | | |

# Sony

| Ziele | | Prozeßkenngrößen | |
|---|---|---|---|
| Kosten | Generell hohe, konzerninterne Anforderungen, Target-Costing | Prozeßentwicklung | Wenige Produktvorgaben, sehr freie Organisation der Produktorganisation |
| Terminierung | 6 Monate | Methoden | QFD, hausinterne Methoden zur Produktbewertung vor der jeweiligen Produktfreigabe |
| **Rahmenbedingungen** | | Hilfsmittel | Prototypen |
| Motivation | Markt für Walkman gesättigt und stagniert | Werkzeuge/Vorrichtungen | Standard |
| Relation zur Firmenstrategie | Neues Designkonzept zur Ablösung der neuen Produktreihe | **Integration** | |
| Firmenphilosophie | Marktführer bei Konsumelektronikprodukten bleiben | Produktgestaltung | Integration in der Definitionsphase: Produktidee wird den Verantwortlichen aus Konstruktion, Produktion und Marketing |
| Technisches Risiko | Geringes Risiko, da ausgereifte Technik nur in ein neues Vermarktungskonzept verpackt wurde | Konstruktion | Nach Produktfreigabe werden alle Teile mittels Vernetzung simultan konstruiert |
| **Projektcharakteristika** | | Integration der Zulieferer | Keine Zulieferer |
| Projektkomplexität | gering | Projektphasenabstimmung | Durch Projektvorgaben vorher definiert |
| Innovationsgrad | gering (standardisierte Technik) | Integrationsprobleme | Keine |
| Ressourcen | CAD-Tools | **Ergebnisse** | |
| **Organisation** | | Flexibilität | Produktentwicklung hatte bereits vorher hohe Flexibilität |
| Organisationsart | Projektmanagement | Erfüllungsgrad | Erstes Modell, das drei Jahre Produktlebenszeit überstand, bisher waren sechs Monate normal |
| Teamzusammensetzung | Entwicklungsteams mit Mitgliedern aus allen Entwicklungsbereichen | Technologieerweiterung | Neues Designtool |
| Teamhierarchien | Teamsprecher leitet Teamsitzung, sonst gleich verteilte Rollen | Wirtschaftlichkeit | erfüllt |
| Kommunikation | Häufige persönliche Kommunikation, häufige Teamtreffen | Termintreue | erfüllt |
| SE in Konstruktion | CAD | | |
| SE in Produktion | Rapid Prototyping | | |
| Management | Management mit Konstruktions- und Marketingerfahrung, hohe Akzeptanz für neue Ideen | | |

## 10.4 Analyse der Lebenszyklusmodelle

Zur Auswahl einer Methode für die Lebenszyklusmodellierung sind bestehende Lebenszykluskonzepte im Rahmen dieses Promotionsvorhabens analysiert worden. Die folgenden Ausführungen stellen Auszüge der Diplomarbeit von Herrn Jörg Faltin dar.

### 10.4.1 Beispiele für lineare Produktlebenszyklen

Aufgrund der unterschiedlichen Einflußbereiche und Verantwortlichkeiten für das Produkt werden oftmals die drei Hauptphasen

- Produktentstehung,
- Produktnutzung und
- Produktentsorgung

unterschieden, wie Bild 10-10 darstellt.

> Entstehung > Nutzung > Entsorgung >

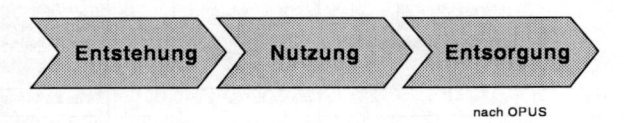

nach OPUS

**Bild 10-10: Linearer Ansatz**

Der lineare Ansatz beschreibt somit die sequentielle, zeitliche Aufeinanderfolge der in Verbindung mit dem Produkt stehenden Prozesse und ordnet diese Prozesse konkreten Lebensphasen zu. In diesem Modell endet der Produktlebenszyklus mit der vollständigen Auflösung des Produktes in seine Komponenten bzw. Einzelteile.

Produktion → Nutzung → Entsorgung

nach Böhlke

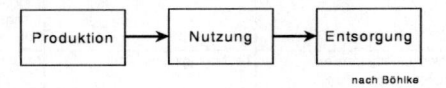

**Bild 10-11: Produktlebenszyklus nach Böhlke und OPUS**

Das Lebenszyklusmodell von Böhlke /Böhlke 94/ und das OPUS-Modell beschränken sich auf eine Einteilung des Produktlebens in die drei Hautphasen Produktion bzw. Entstehung, Nutzung und Entsorgung, wie Bild 10-11 zeigt.

Das Modell aus dem Sonderforschungsbereich (SFB) 392 /SFB 392/ stellt eine Erweiterung der beiden vorherigen Modelle dar. Es stellt die Phase der Werkstoff- und Vorproduktherstellung vor die Produktherstellung und unterscheidet zudem nach der Nutzungsphase zwischen einem Recycling und einer Entsorgung.

Werkstoff-, Vorproduktherstellung → Produktherstellung → Nutzung → Recycling → Entsorgung

nach SFB 392

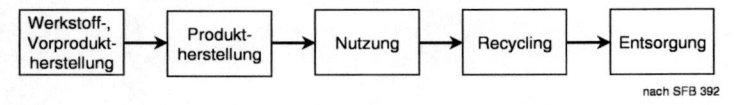

**Bild 10-12: Produktlebenszyklus nach SFB 392**

*Methodik zur integrierten Gestaltung von Produkten und deren Lebenszyklen* A51

Im Lebenszyklusmodell von DENG /Deng 95/ wird lediglich die übergeordnete Phase der Produktentstehung in die einzelnen Phasen der Integration der Marktanforderungen, des Produktdesigns und der Produktherstellung aufgespalten.

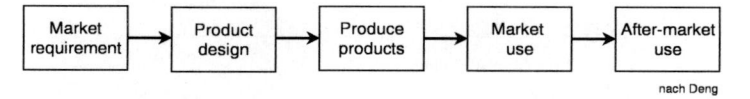

```
Market requirement → Product design → Produce products → Market use → After-market use
```
nach Deng

**Bild 10-13: Produktlebenszyklus nach Deng**

Die Entsorgungsphase wird vereinfachend als After-market Einsatz beschrieben, wodurch keinerlei Festlegung auf mögliche Verwendungszwecke erfolgt.

Alle zuvor genannten Modelle besitzen einen ausgeprägten linearen Charakter und berücksichtigen den zyklischen Ansatz lediglich in geringem Maße. Im folgenden werden nun Modelle vorgestellt, in denen der Kreislaufgedanke integriert wird. Durch die Abbildung von Verzweigungen und Rückkopplungen entstehen dynamische Modelle, die die tatsächlichen Stoffstromverläufe besser widerspiegeln können.

### 10.4.2 Beispiele für zyklische Produktlebenszyklen

Bild 10-14 illustriert die Kreislaufmöglichkeiten eines Produktes oder Stoffes nach KIMURA /Kimura 95/.

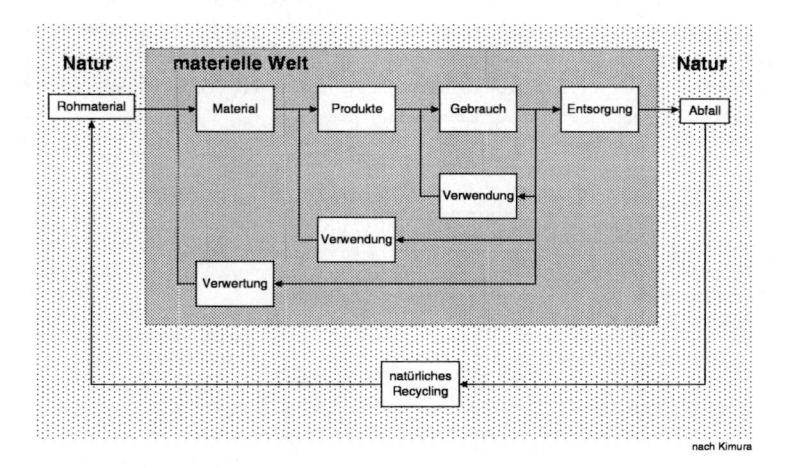

```
Natur → materielle Welt → Natur
Rohmaterial → Material → Produkte → Gebrauch → Entsorgung → Abfall
                                     ↓
                                  Verwendung
                           Verwendung
                     Verwertung
                              natürliches Recycling
```
nach Kimura

**Bild 10-14: Zyklischer Ansatz**

Das Modell des Rahmenkonzeptes „Produktion 2000" des Bundesministeriums für Bildung, Wirtschaft, Forschung und Technologie stellt einen Kreislauf des Produktlebens dar (Bild 10-15). Das Produkt durchläuft dabei zunächst die Phasen der Produktplanung, Konstruktion und Arbeitsplanung, die unter dem Begriff der Produktentwicklung zusammengefaßt werden. Es schließen sich die Herstellungsphase und die Vertriebsphase an, mit deren Abschluß die

Nutzungsphase eingeleitet wird. Im Anschluß an die Nutzung erfährt das Produkt eine Entsorgung oder ein Recycling, woraufhin sich der Kreislauf schließt und das Produkt oder Teile davon wieder in die Produktentwicklungsphase einfließen.

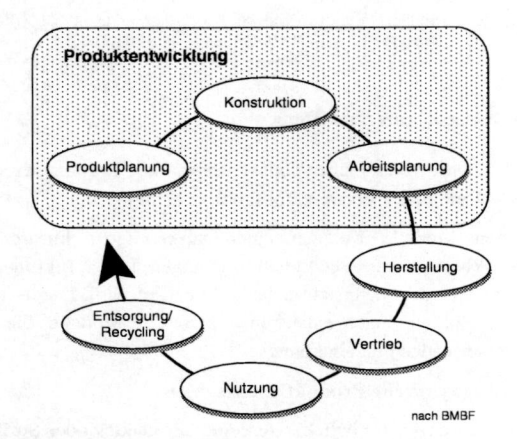

**Bild 10-15: Produktlebenszyklus nach BMBF**

Das Lebensphasenmodell nach ANDERL /Anderl 93/ ist diesem sehr ähnlich, wie Bild 10-16 zeigt. Es faßt die drei Phasen Produktplanung, Konstruktion und Produktherstellung zu der übergeordneten Produktentstehungsphase zusammen. Es schließen sich der Produktvertrieb und der Produktbetrieb an. Die Produktlebensphasen enden mit der Beseitigungsphase, die den erneuten Übergang zur Produktentstehung einleitet.

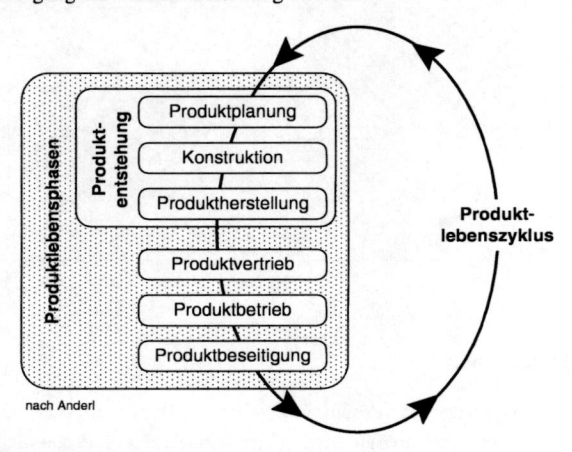

**Bild 10-16: Produktlebenszyklus nach Anderl**

KANIUT berücksichtigt in seinem Modell die der Produktion vorgelagerten Phasen der Rohmaterialgewinnung und der Materialaufbereitung /Kaniut 95/. Darüber hinaus beinhaltet sein Lebenszyklusmodell nach der Produktionsphase lediglich die Recyclingphase, die die Überleitung zum erneuten Kreislaufbeginn darstellt. Die Phase der Entsorgung ist durch einen Abzweig von der Recyclingphase aus dem Kreislauf getrennt, wodurch die Endgültigkeit dieses Lebensabschnittes deutlich wird (Bild 10-17).

nach Kaniut

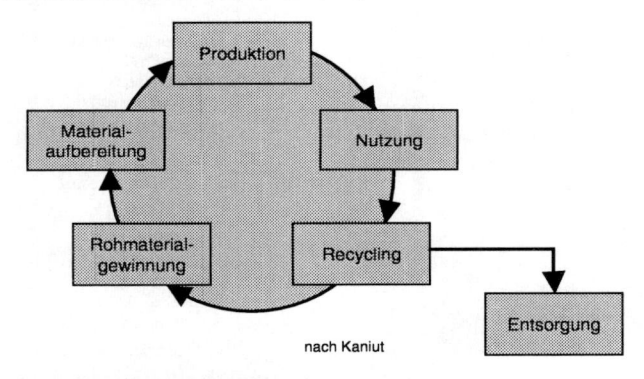

**Bild 10-17: Produktlebenszyklus nach Kaniut**

Das in Bild 10-18 dargestellte Produktlebenszyklusmodell von LEBER /Leber 95/ umfaßt in seiner Grundstruktur die drei Hauptphasen der Entstehung, der Nutzung und der Entsorgung. Im Gegensatz zum OPUS-Modell wird hier jedoch der Kreislaufcharakter berücksichtigt, indem ein Teil des Stoffstroms nach der Entsorgung in die Entstehung zurückfließt.

Die drei Hauptphasen selbst sind in untergeordnete Lebensphasen bzw. Hauptprozesse aufgeschlüsselt. Die Entstehungsphase beinhaltet die Phasen der Arbeitsvorbereitung, der Fertigung und der Montage, die wiederum in ihre Hauptprozesse untergliedert werden.

Das Lebenszyklusmodell nach LEBER stellt das Modell mit der bisher höchsten Detaillierungsstufe dar. Da gemäß der Zielsetzung lediglich diejenigen Phasen abgebildet werden sollen, in denen ökologierelevante Ressourcenverbräuche anfallen, verzichtet dieses Modell bewußt auf die Darstellung der Phasen „Produktplanung" und „Konstruktion" innerhalb der Entstehungsphase.

Die vier zuvorgenannten Modelle von BMBF, ANDERL, KANIUT und LEBER stellen das Produktleben in Form eines Kreislaufes dar, der die Phasen der Entstehung, der Nutzung und der Entsorgung beinhaltet und seinen Zykluscharakter durch die Verbindung von der Entsorgung zurück zur Produktentstehung erhält.

Dadurch werden in Ansätzen die Stoffstromverläufe deutlich, die ein Recycling und somit einen erneuten Einsatz von Produktkomponenten in sich anschließenden Lebenszyklen ermöglichen. Die Darstellung des Kreislaufes erfolgt in sehr vereinfachter und idealisierter Form, wodurch die tatsächlichen, komplexen Materialströme nicht abgebildet werden können.

## Entstehung

**Arbeitsvorbereitung**
Arbeitsplanerstellung
Arbeitssteuerung
Materialwirtschaft
**Fertigung**
Einrichten
Bearbeiten
Messen/Prüfen
Transportieren
Lagern
**Montage**
Einrichten
Handhaben
Fügen
Messen/Prüfen
Transportieren
Lagern

## Produktlebenszyklus

## Entsorgung

Sammeln/Sortieren
Reinigen
Einrichten
Bearbeiten
Handhaben
Trennen/Demontieren
Messen/Prüfen
Transportieren
Lagern/Deponieren

## Nutzung

Inbetriebnahme
Betrieb
Betriebsbereitschaft
Stillstand
Instandhaltung/Wartung

nach Leber

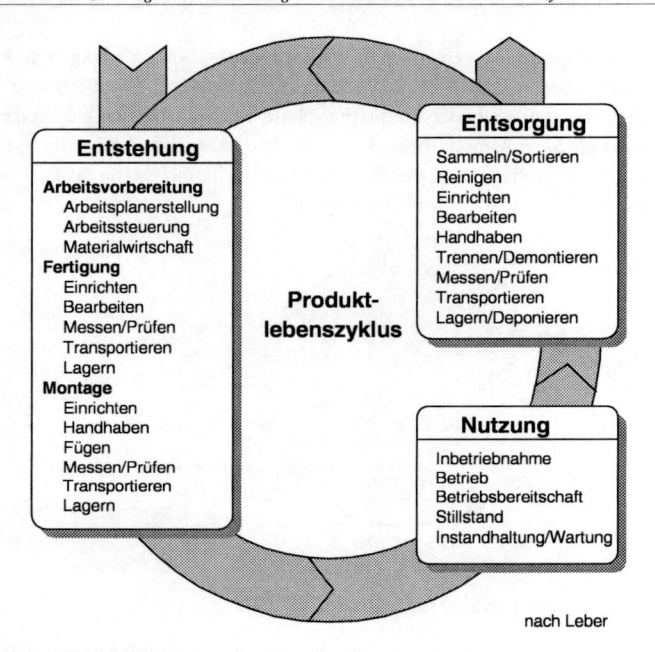

**Bild 10-18: Produktlebenszyklus nach Leber**

Die nächste Stufe der Abbildung von realitätsnahen Lebenszyklen stellen die folgenden Modelle von KIMURA, MEERKAMM und dem VDI dar, die nicht nur einen einzigen Stoffkreislauf innerhalb des Produktlebenszyklus darstellen, sondern mehrere Kreisläufe beinhalten. Durch verschiedene Recyclingmöglichkeiten des Produktes oder seiner Komponenten zu unterschiedlichen Zeitpunkten können innerhalb des Lebenszyklus folglich diverse Kreislaufarten zustande kommen.

Das von KIMURA in Bild 10-14 vorgestellte Modell zeigt den Produktlebenszyklus als Teil eines umfassenderen Rohstofflebenszyklus. Der aus der Natur gewonnene Rohstoff gelangt über die Aufbereitung als Material in die „materielle Welt", wo er als Bestandteil eines Produktes an dessen Lebenszyklus teilnimmt.

Innerhalb der materiellen Welt existiert eine Vielzahl von Kreisläufen, die aus den verschiedenen Recyclingmöglichkeiten des Produktes herrühren. KIMURA berücksichtigt ausschließlich ein Recycling nach Produktgebrauch, das je nach Recyclingart eine Reintegration der Produktkomponenten oder Materialien in die Phasen der Materialherstellung, der Produktherstellung oder des Gebrauchs vorsieht.

Durch den Übergang in den Abfallzustand verläßt das Produkt die materielle Welt und kehrt als Abfallprodukt in die Natur zurück. Hier existiert ein natürlicher Kreislauf, der vom Menschen unbeeinflußt die Abfälle nach unbestimmter Zeit wieder zu verwendbarem Rohmaterial werden läßt.

MEERKAMM verbindet in seinem Modell ebenfalls den linearen mit dem zyklischen Ansatz /Meerkamm 96/. Die Produktlebensphasen beginnen mit der Rohstoffgewinnung und gehen über die Planung und Produktion in die Nutzungsphase über. An diese schließen sich die Demontage und eine Entsorgung an (Bild 10-19).

Das zunächst lineare Modell wird durch mehrere Recyclingkreisläufe geschlossen, die zu unterschiedlichen Phasen des Lebenszyklus angestoßen werden können. So erfolgt unmittelbar nach der Produktion ein Produktionsrecycling, in dem die entstandenen Abfälle einer erneuten Produktion zugeführt werden.

Nach der Nutzung kann ohne weitere Zerlegung des Produktes ein Produktrecycling durchgeführt werden, das nach einer Produktaufarbeitung in der Produktionsphase zu neuen Produkten führt.

Das Materialrecycling erfolgt nach der Demontage des Produktes und leitet Materialien als Sekundärrohstoff erneut einer Produktion zu.

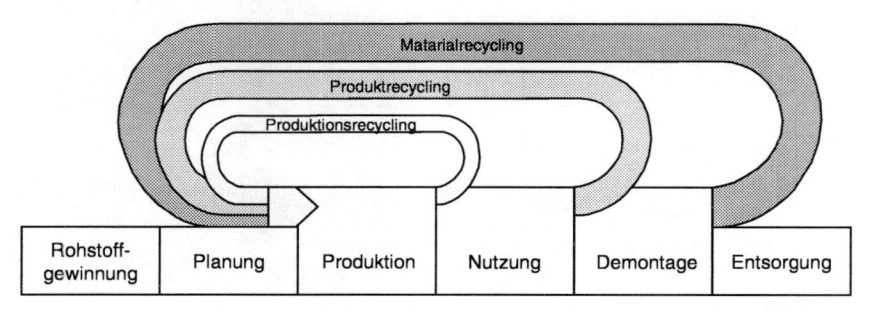

nach Meerkamm

**Bild 10-19: Produktlebenszyklus nach Meerkamm**

Die VDI-Richtlinie 2243 „Konstruieren recyclinggerechter technischer Produkte" /VDI 2243/ vermittelt einen Überblick über die generellen Zusammenhänge bei Recyclingprozessen und die daraus ableitbaren Gestaltungsempfehlungen für die Entwicklung und Konstruktion technischer Produkte. Sie versucht ferner, durch ihre Begriffsfestlegungen die auf diesem Gebiet herrschende Begriffsvielfalt zu vereinheitlichen.

Ziel dieser Richtlinie ist es, Wege aufzuzeigen, wie Restriktionen, die sich aus dem vorgesehenen Entsorgungsverfahren ableiten lassen, in den Konstruktionsprozeß einbezogen werden können.

Gemäß dem Lebenszyklusmodell dieser Richtlinie in Bild 10-20 durchläuft das Produkt die Phasen der Produktplanung, der Entwicklung/Konstruktion und beginnt seine materielle Existenz in der Phase Fertigung/Montage/Prüfung. Es schließen sich die Phasen Vertrieb/Beratung/Verkauf und daraufhin Gebrauch/Verbrauch/Instandhaltung an.

Danach eröffnen sich drei Entsorgungsmöglichkeiten in Form der Thermischen Nutzung, der Deponierung oder des Recyclings. Während das Produkt nach Durchlauf der Thermischen Nutzung ebenfalls in die Phase Deponie/Umwelt übergeht, werden nach der Recyclingphase die Stoffströme aufgespalten. Der nicht recyclingfähige Teil landet ebenfalls auf der Deponie/Umwelt, wohingegen die recyclingfähigen Anteile zurück in die Herstellungs- oder Nutzungsphase fließen.

nach VDI 2243

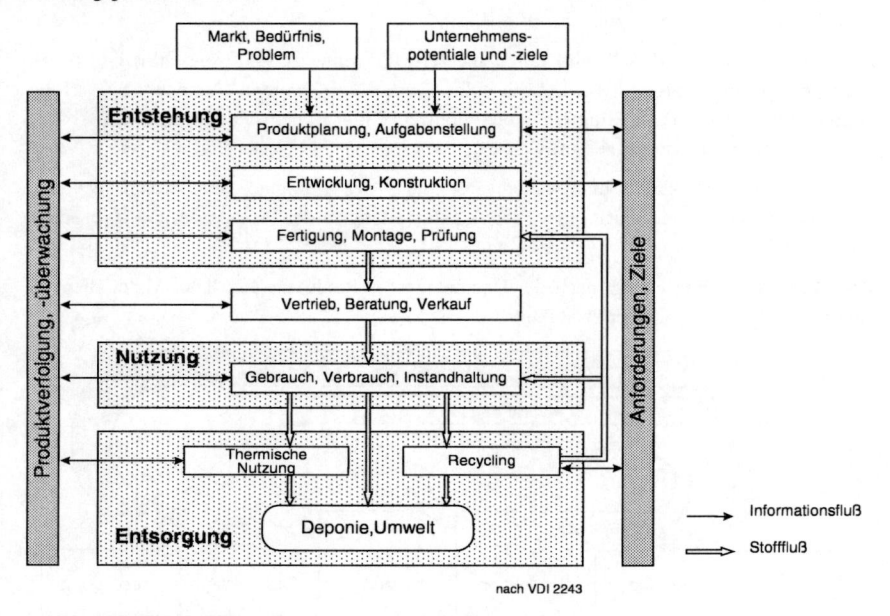

**Bild 10-20: Produktlebenszyklus nach VDI 2243**

Aus dem Modell wird ebenfalls deutlich, daß neben den materiellen Flüssen eine Vielzahl von Informationsflüssen existiert. Die notwendigen Informationsbedarfe für eine gesamtheitliche und unter ökologischen Gesichtspunkten orientierte Konstruktion erfordern Rückmeldungen aus sämtlichen Lebensphasen des Produktes. Nur durch eine kontinuierliche Produktverfolgung und den Aufbau von Informationsbrücken zu den der Herstellung nachgelagerten Bereichen ist eine Berücksichtigung sämtlicher Produktanforderungen möglich.

In der VDI-Richtlinie 2243 werden in Bild 10-21 die Recycling-Kreislaufarten auf übersichtliche Weise erläutert. Der Lebenszyklus in Form der Lebensphasen Rohstoffgewinnung und -aufbereitung, Produktion sowie Produktgebrauch bildet die Basis für sich anschließende Recycling- und Entsorgungsverfahren.

Merkmal dieser Lebenszyklusdarstellung ist die Verlagerung des Betrachtungschwerpunktes auf die Entsorgungsphase, insbesondere auf das Recycling mit seinen vielfältigen Kreislaufarten. Recyclingmöglichkeiten ergeben sich nach diesem Modell prinzipiell im Anschluß an die Produktion sowie im Anschluß an den Produktgebrauch.

nach VDI 2243

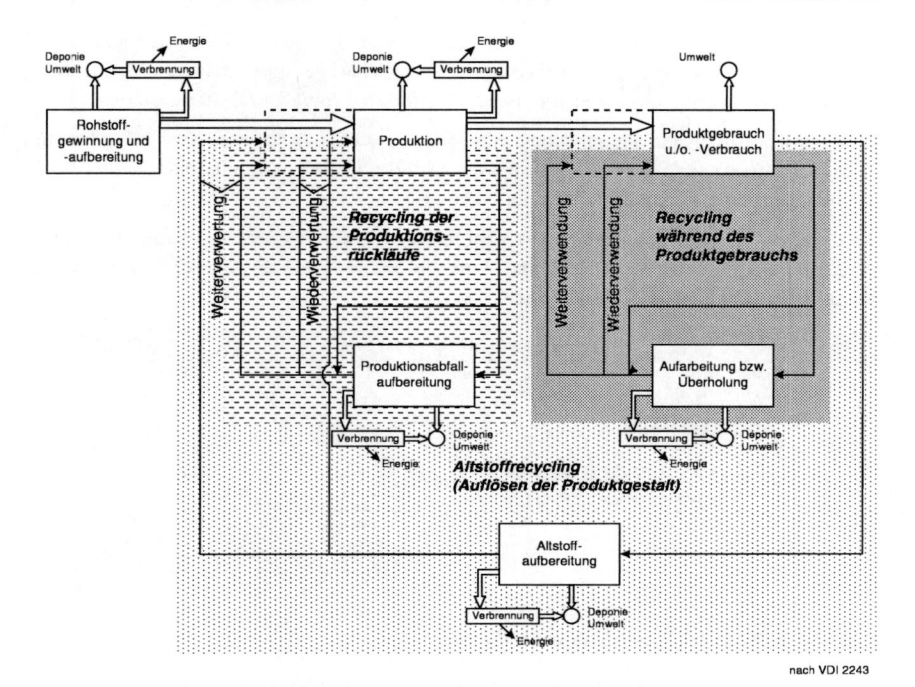

**Bild 10-21: Recycling-Kreislaufarten nach VDI 2243**

Das sich der Produktion anschließende Produktionsrücklaufrecycling beinhaltet optional eine Produktionsabfallaufbereitung und führt die Stoffströme in Form einer Verwertung erneut der Produktion zu. Im Recycling während des Produktgebrauchs werden Produkte nach ihrem ersten Gebrauchseinsatz bei Bedarf aufgearbeitet oder überholt und einer erneuten Verwendung zugeführt. Gebrauchte Produkte oder Komponenten, die nicht erneut eingesetzt werden können, erfahren im Altstoff-Recycling eine Aufbereitung und fließen als Rohmaterial wieder der Produktion zu.

Bei allen Aufbereitungs- oder Aufarbeitungsverfahren entstehen Abfälle, die ihrerseits entsorgt werden müssen. Dies kann durch eine Verbrennung unter Gewinnung thermischer Energie oder durch eine Deponierung erfolgen.

Neben der detaillierten Darstellung der Kreislaufarten verdeutlicht die Abbildung ebenfalls die verschiedenen Recyclingformen. Darin wird grundsätzlich zwischen einer erneuten Verwendung oder Verwertung unterschieden /VDI 2243/.

Die Verwendung ist durch die weitgehende Beibehaltung der Produktgestalt gekennzeichnet. Je nachdem, ob ein Produkt bei der erneuten Verwendung die gleiche oder eine veränderte Funktion erfüllt, unterscheidet man zwischen *Wiederverwendung* oder *Weiterverwendung*. Die Verwendung findet auf hohem Wertniveau statt und ist deshalb anzustreben.

Die Verwertung löst die Produktgestalt auf, was zunächst mit einem Wertverlust verbunden ist. Je nachdem, ob bei der Verwertung eine gleichartige oder geänderte Produktion durchlaufen wird, unterscheidet man zwischen *Wiederverwertung* und *Weiterverwertung*.

Die zuletzt beschriebenen Produktlebenszyklusmodelle stellen neben der linearen Struktur in Form von aufeinanderfolgenden Lebensphasen auch die zyklische Struktur dar, die durch die Abbildung diverser Recycling-Kreislaufarten unterstrichen wird.

Ein bisher nicht berücksichtigter Aspekt wird im folgenden von WENZEL /Wenzel 97/ vorgestellt, der den Produktlebensphasen und ihren Prozessen eine geographische Komponente zuordnet, wie aus Bild 10-22 hervorgeht.

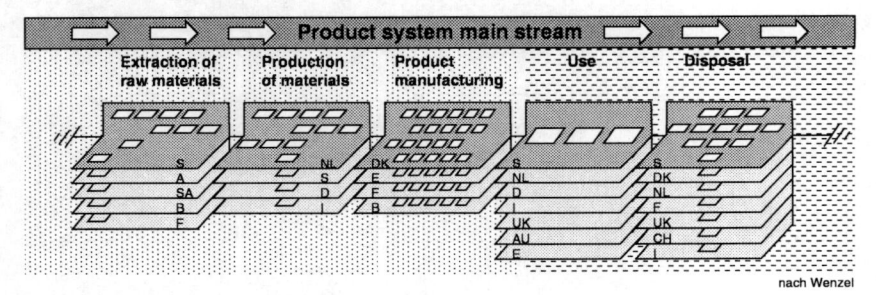

**Bild 10-22: Produktlebenszyklus nach Wenzel**

So besitzt das von WENZEL definierte Produktsystem eine Einteilung des Lebenszyklus in die Phasen der Rohmaterialgewinnung, der Materialherstellung und der Produktherstellung. Als weitere Phasen werden die Gebrauchsphase und die Entsorgungsphase genannt. Beide letztgenannten Phasen sind von den ersten drei symbolisch getrennt, was aus der unterschiedlichen Charakteristik beider Teilsysteme herrührt.

Die ersten drei Phasen sind dadurch gekennzeichnet, daß sie eine Vielzahl von Prozessen, meist Herstellungsprozesse, aufweisen, die ihrerseits jedoch nur an einigen wenigen geographischen Standpunkten stattfinden. Das zweite Teilsystem, bestehend aus Gebrauchs- und Entsorgungsphase, zeichnet sich hingegen durch eine beschränkte Anzahl von Prozessen aus, die allerdings in einer Vielzahl unterschiedlicher Lokalitäten auftreten. Die Zweiteilung des Produktsystems wird insbesondere für exportierte Produkte deutlich, die an einem einzigen Standort produziert werden und danach ihre Nutzungs- und Entsorgungsphase in verschiedenen Ländern durchlaufen.

WENZEL differenziert zwischen diversen geographischen Prozeßorten, weil diese Varianz entscheidenden Einfluß auf die durch die Prozesse hervorgerufenen Ressourcenverbräuche hat. Zudem kommen in verschiedenen Orten unterschiedliche Restriktionen und Randbedingungen in Form von Gesetzen, Rohstoffpreisen, Nutzungsgewohnheiten oder Entsorgungspraktiken zum Tragen, die sich entscheidend auf die angestrebten Lebenszyklusprozesse auswirken können.

## 10.5 Analyse vorhandener Modellierungsmethoden

Für die Entwicklung einer Methode zur Lebenszyklusmodellierung sind existierende Modelle und Methoden analysiert worden, um sie auf die Eignung für die Modellierung von Lebenszyklusprozessen zu überprüfen. Zur Analyse kommen Methoden aus dem Bereich des Software Engineering sowie der Wirtschaftsinformatik, die in der Regel für die Darstellung und Optimierung von Geschäftsprozessen eingesetzt werden. Die folgenden Ausführungen stellen Auszüge der Diplomarbeit von Herrn Jörg Faltin dar, die im Rahmen dieses Promotionsvorhabens erstellt wurde.

### 10.5.1 Programmablaufpläne nach DIN 66001

Programmablaufpläne dienen der graphischen Darstellung der Art sowie der zeitlichen Reihenfolge von Verarbeitungsschritten und deren mögliche Verzweigungen in Abhängigkeit von Entweder-Oder-Bedingungen /Heinrich 91/. Die Abbildung der zeitlichen Abhängigkeiten beschränkt sich auf die Darstellung der Reihenfolgebeziehungen durch die Verbindungen und die eindeutige Leserichtung. Die Beschreibung ist auf einen sequentiellen Ablauf beschränkt, so daß parallele Verläufe nicht abgebildet werden können.

Programmablaufpläne können auf einem beliebigen Detaillierungsgrad beschrieben werden. Üblicherweise werden zunächst die Grobabläufe als Programmablauf in einem Übersichtsplan dargestellt, aus dem einzelne Verarbeitungsschritte verfeinert werden können, indem sie ihrerseits als Programmablaufplan beschrieben werden (Zoom Effekt). Durch diese Verfeinerung ist eine Detaillierung von Verarbeitungsschritten möglich.

Die verwendeten Symbole der Modellierungssprache ermöglichen prinzipiell eine Darstellung von Verarbeitungsprozessen, es fehlen jedoch Konstrukte zur Darstellung der dazu benötigten Ressourcen, bzw. der Input- und Outputobjekte. Durch den vorgeschriebenen, begrenzten Symbolumfang ist eine unternehmensspezifische Erweiterung nicht vorgesehen. Eine beispielhafte Darstellung eines Ablaufplanes ist in Bild 10-23 gegeben.

Aufgrund des beschränkten Sprachumfangs, der rein sequentiellen Darstellungsmöglichkeit sowie dem fehlenden Ressourcenbezug erscheinen Programmablaufpläne ungeeignet zur Modellierung von Lebenszyklusprozessen.

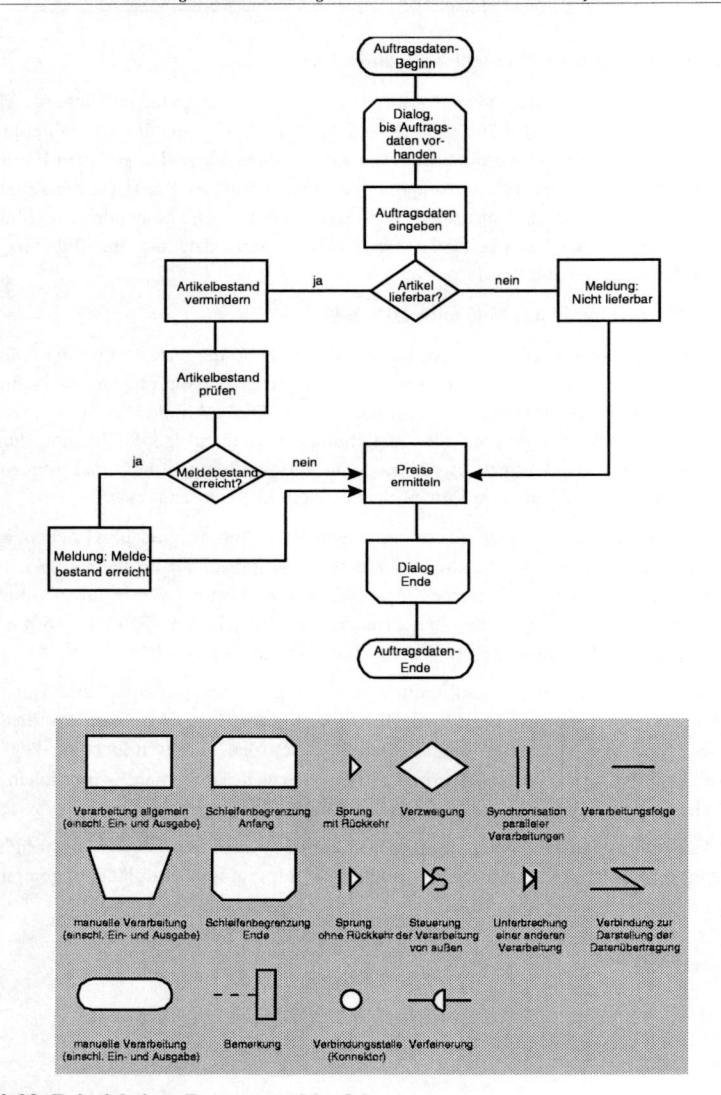

**Bild 10-23: Beispiel eines Programmablaufplans**

## 10.5.2 SADT

Die SADT (Structured Analysis and Design Technique)-Methode wurde als graphisches Beschreibungsmittel für den Systementwurf entwickelt /Aktas 87/. Die Methode gliedert sich in zwei Phasen.

In der Analysephase (SA = Structured Analysis) wird die bestehende Funktionsstruktur eines Problems analysiert. In der anschließenden Planungsphase (Phase des Systementwurfs = DT = Design Technique) werden Lösungsmöglichkeiten mit einbezogen. Die Darstellung erfolgt graphisch mit den von ROSS entwickelten generischen Grundkonstrukten /Ross 77/. Zur Anwendung kommen rechteckige Felder zur Symbolisierung der Elemente/Aktivitäten sowie Pfeile zur Beschreibung der Relationen zwischen den Elementen. Die Abbildung orientiert sich sowohl an dem Funktionsaspekt (Aktivitätenmodell) gemäß Bild 10-24 als auch an dem Datenaspekt (Datenmodell). Von links auf ein Element zulaufende Pfeile stellen die zur Ausführung der Aktivität notwendigen Eingangsdaten (Input) dar. Auf der rechten Seite herauslaufende Pfeillinien repräsentieren die Ausgangsdaten (Output), die mit Hilfe der Aktivität aus den Eingangsdaten erzeugt werden.

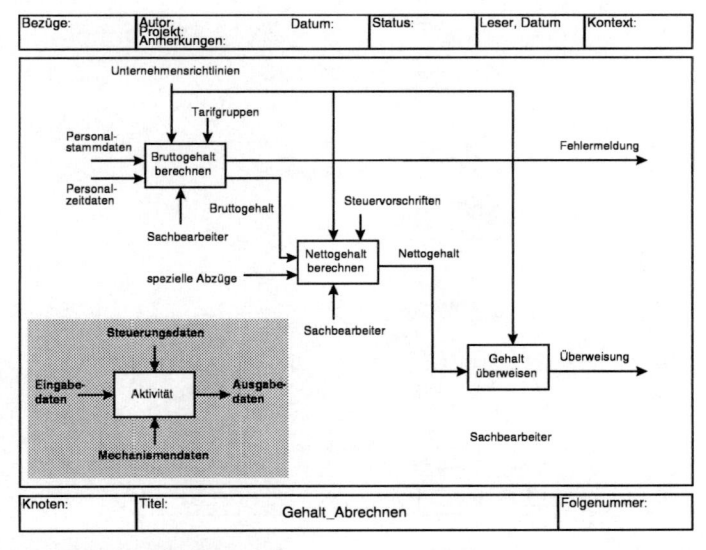

**Bild 10-24: SADT-Aktivitätenmodell**

Von oben auf das Feld zulaufende Steuerdaten dienen zur Ablaufkontrolle der Funktionen und zur Beschreibung der Auslösebedingungen einer Aktivität.

Die einer jeden Aktivität zugeordneten Mechanismusdaten, die als Hilfsobjekte zur Erfüllung der Aktivität beitragen, unterstützen die Beschreibung der eingesetzten Ressourcen. Eine differenzierte Abbildung der Input- bzw. Outputobjekte sowie der Ressourcen ist nicht möglich, weil die Angabe nur textuell erfolgt.

Da die Steuerdaten keine aktivierende Funktion besitzen, sondern eher als Ausführungsvorschrift zu verstehen sind, enthalten SADT Diagramme zunächst keine Reihenfolgebeziehungen oder zeitlichen Abläufe.

Parallele Aktivitäten im Sinne einer Und-Verzweigung bzw. -Verknüpfung lassen sich darstellen, doch fehlt eine Angabe von Zeitwerten für die Ausführungsdauer von Prozessen.

Bei der Modellierung mit SADT wird eine hierarchische Dekomposition des Systems in Form eines Top-Down Ansatzes vorgenommen. Einzelne Aktivitäten lassen sich in einer höheren Detaillierungsebene erneut als untergeordnete Diagramme darstellen. Jedes Diagramm wird demnach als Teilfunktion im übergeordneten Diagramm repräsentiert, wie Bild 10-25 darlegt. Zur eindeutigen Zuordnung der Diagramme über die verschiedenen Detaillierungsebenen hinweg wird ein Nummernsystem eingesetzt. Das methodisch zwingende, starre Top-Down Vorgehen erschwert eine flexible Modellierung und insbesondere die Erstellung eines Ist-Modells.

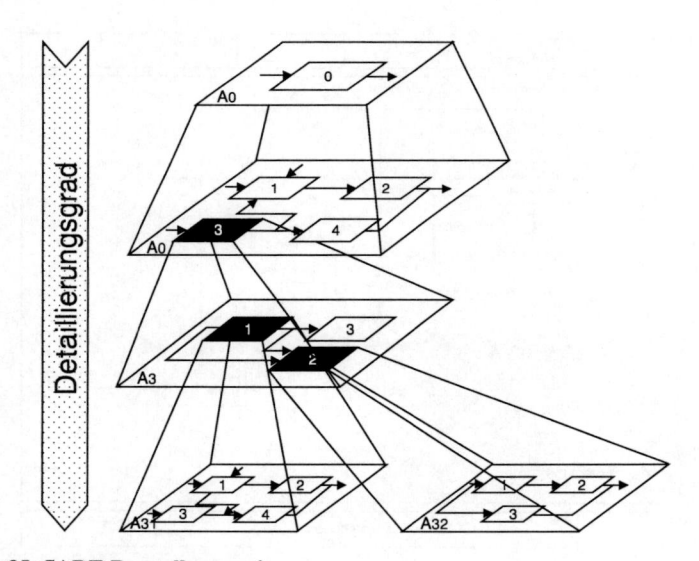

**Bild 10-25: SADT-Darstellungsweise**

Trotz der wenigen Konstrukte ist ein mit SADT erstelltes Modell aufgrund der gewählten Diagrammorientierung schwer verständlich. Eine leicht anschauliche und erfaßbare Visualisierung der Gesamtzusammenhänge des Modells wird daher nicht gefördert. Vorteilhaft wirkt sich allerdings die eindeutige Leserichtung aufgrund des logischen Aufbaus der Aktivierungsfolgen aus. Eine unternehmensspezifische Anpassung von SADT ist nicht möglich.

Angesichts der wenigen zur Verfügung stehenden Konstrukte und der eingeschränkten Flexibilität der Methode eignet sich SADT nur bedingt zur Verwendung in der

Lebenszyklusmodellierung. Lücken in der Darstellung von Ressourcen und der Durchlaufzeit sowie die explizite Funktionsorientierung der Methode lassen den zu erwartenden Adaptationsaufwand sehr hoch erscheinen.

### 10.5.3 ARIS

Die Architektur integrierter Informationssysteme (ARIS) verfolgt die Zielsetzung, mit einer Referenzarchitektur einen strukturierten Entwurfs- und Beschreibungsrahmen für die Entwicklung integrierter Anwendungssysteme bereitzustellen. ARIS basiert auf einem allgemeinen betriebswirtschaftlichen Vorgangskettenmodell zur Beschreibung von Transformationsprozessen. Bild 10-26 verdeutlicht die Struktur der Methode anhand eines Metamodells.

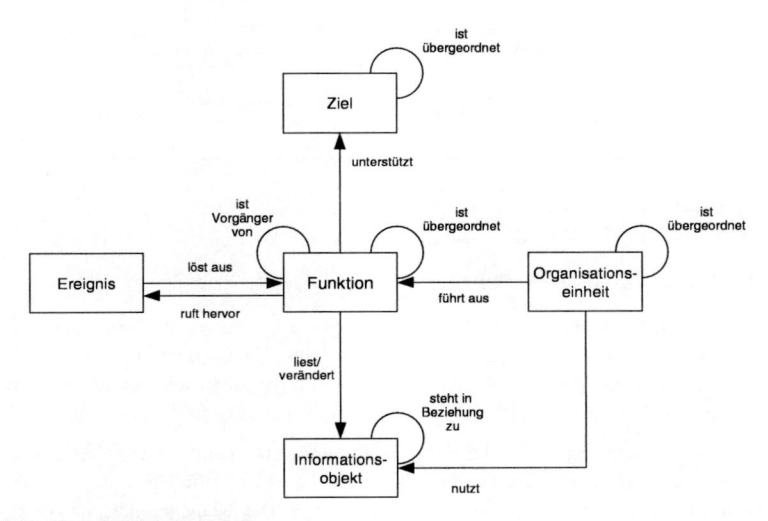

**Bild 10-26: ARIS Metamodell**

Die Vorgangskettendiagramme beschreiben die Verknüpfung der Funktionen des Unternehmens mit ihren Start- und Ergebnisereignissen. Wie Bild 10-27 zeigt, ist jede Funktion über Datencluster zur Darstellung von Ein- und Ausgabedaten mit anderen Funktionen gekoppelt. Jeder Funktion wird eine ausführende Organisationseinheit zugewiesen; ein ebenfalls angeknüpftes Ereignis beschreibt den Zustand der Funktion und dient als Auslöser für andere Funktionen bzw. ist Ergebnis anderer Funktionsausführungen. Das Informationsobjekt hinterlegt die Funktion mit Daten zur Abbildung eines Gegenstandes aus der realen Welt.

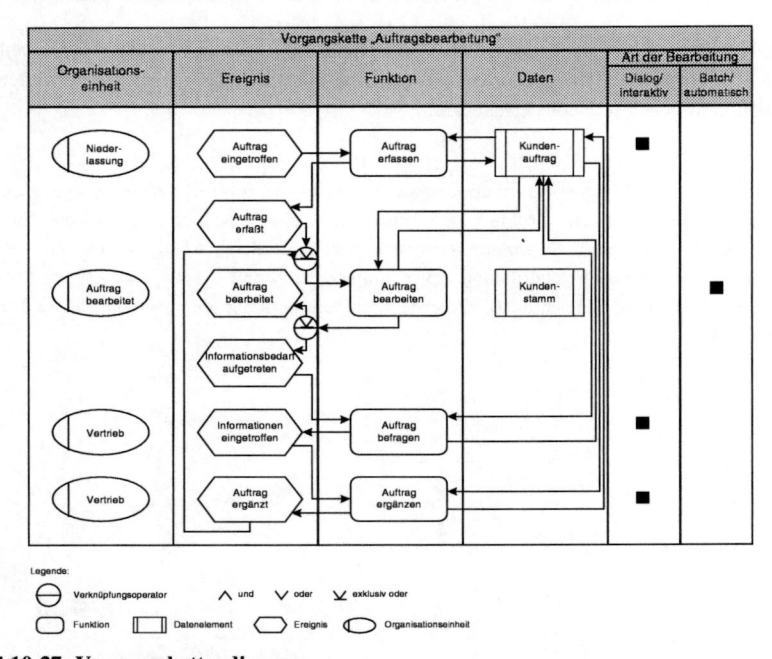

**Bild 10-27: Vorgangskettendiagramm**

In jedem Vorgangskettendiagramm wird jeweils nur eine Vorgangskette beschrieben, die in sich abgeschlossen sein muß. Zur Modellierung von Unternehmensprozessen können demnach entweder alle Prozesse in einem einzigen Vorgangskettendiagramm beschrieben werden, oder es erfolgt eine Verknüpfung einzelner Teilketten über Ereignisse.

Alternativ zur Verknüpfung der Funktionen über Ereignisse besteht die Möglichkeit, logische Abhängigkeiten zwischen Funktionen auch direkt über die Vorgänger-/ Nachfolgerbeziehungen zwischen Funktionen zu modellieren. Die Reihenfolgebeziehungen der Prozesse werden durch logische Abhängigkeiten unter Verwendung von Verknüpfungsoperatoren abgebildet. Dadurch ist eine Modellierung von sequentiellen wie auch parallelen und alternativen Abfolgen möglich. Ein differenziertes Prozeßverhalten, bezogen auf die Input- und Outputobjekte, wird nicht ersichtlich. Ebensowenig wird die Ausführungsdauer der Funktionen abgebildet.

Die Überblicksdarstellung im Vorgangskettendiagramm wird durch eine detaillierte Beschreibung der Ist-Situation ergänzt. Dazu sind vier unterschiedliche Sichten möglich: Steuerungs-, Funktions-, Daten- und Organisationssicht.

- Zentrales Ergebnis der Steuerungssicht ist die ereignisgesteuerte Prozeßkette, die sich in ihrem Aufbau nur unwesentlich von dem Vorgangskettendiagramm unterscheidet. Sie beschreibt die Prozeßkette unter Verwendung der Verknüpfungsoperatoren zwischen Ereignissen und Funktionen.

- Wichtigstes Ergebnis der Funktionssicht ist der Funktionsbaum, der die hierarchische Zerlegung der Funktionen beschreibt.
- Aus der Datensicht läßt sich das ER-Modell ableiten, welches einen Überblick über die Informationsobjekte und deren Beziehungen untereinander angibt.
- Ergebnis der Organisationssicht ist das Organigramm. Es dokumentiert die Weisungsbefugnisse zwischen den Organisationseinheiten.

Eine Dekomposition wird nur im Rahmen der Funktionsstruktur beabsichtigt. Angaben über eine mögliche Aggregation bzw. Dekomposition der Vorgangskettendiagramme und der ereignisgesteuerten Prozeßketten fehlen.

Die Modellierung erfolgt graphisch, jedoch nimmt die Übersichtlichkeit bei größeren Modellen aufgrund des Umfangs der Vorgangskettendiagramme sowie der ereignisgesteuerten Prozeßketten stark ab. Durch die isolierte Betrachtung jeweils einer einzelnen Prozeßkette wird die Visualisierung der Gesamtzusammenhänge innerhalb des Prozeßmodells nicht unterstützt. Ein unternehmensspezifische Erweiterung der Methode ist nicht vorgesehen.

### 10.5.4 Petri-Netze

Zielsetzung der Petri-Netze /Reisig 85, Reisig 91/ ist eine präzise und formale Beschreibung von dynamischen, zeitabhängigen Systemen. Mit Petri-Netzen kann jede Art von Prozeß auf einem sehr abstrakten Niveau modelliert werden. Zur Beschreibung des zu untersuchenden Systems werden nur aktive (Transitionen) und passive (Stellen) Komponenten eingesetzt (Bild 10-28).

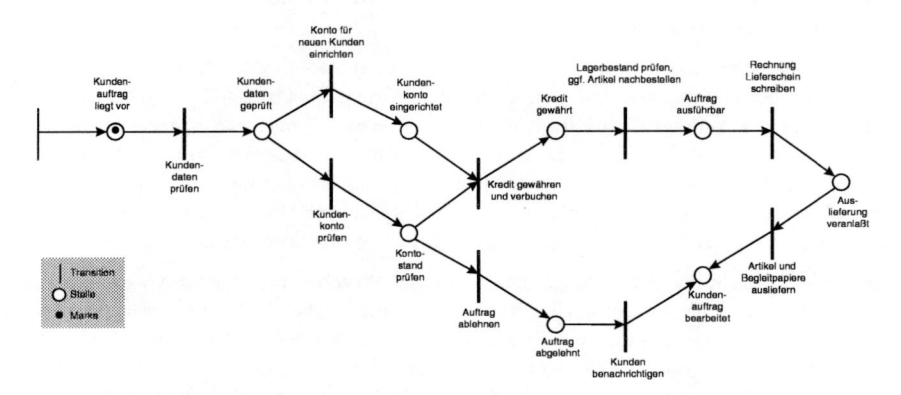

**Bild 10-28: Petri-Netz**

Mit den Transitionen, welche Dinge oder Objekte erzeugen, transportieren oder verändern, kann die Ausführung der Prozesse abgebildet werden. Die Stellen hingegen dienen der Beschreibung der Prozeßzustände, indem sie Objekte lagern, speichern oder sichtbar machen. Transitionen bewirken den Übergang von einem zum nächsten Zustand, der wiederum durch eine Stelle beschrieben ist, so daß Petri-Netze die Verknüpfungsfolge Stelle, Transition, Stelle usw. aufweisen. Durch Petri-Netze werden somit auszuführende Prozesse mittels Transitionen abgebildet, die nur aktiviert werden, wenn die in den Stellen beschriebenen Zustände bzw. Bedingungen eintreten. Prinzipiell lassen sich Abläufe durch Petri-Netze sowohl sequentiell als auch parallel darstellen. Bild 10-28 zeigt beispielhaft ein Petri-Netz aus dem Bereich der Auftragsannahme.

Die Abbildung beschränkt sich auf die Wiedergabe der Prozesse in ihrer Reihenfolgebeziehung. Eine differenzierte Abbildung der prozeßausführenden Ressourcen sowie der Input- und Outputobjekte ist nicht möglich. Eine dynamische Betrachtung wird insofern unterstützt, als durch die Verwendung von zusätzlichen, wandernden Marken der aktuelle Prozeßzustand durch die Hervorhebung der aktivierten Transition identifiziert wird. Durch die Beschränkung auf logische, kausale Reihenfolgebeziehungen erfassen Petri-Netze in der Regel keine zeitlichen Größen. Lediglich durch das Zuweisen von Zeitangaben an den Stellen oder Transitionen kann die Übermittlungsdauer oder die Ausführungsdauer der Prozesse in beschränktem Umfang ermittelt werden.

Der Detaillierungsgrad der Prozeßdarstellung läßt sich innerhalb eines Petri-Netzes dadurch variieren, daß eine einzelne Stelle oder Transition herausgegriffen wird und wiederum durch ein Netz beschrieben wird. Die neuen Netze können in das bestehende als Verfeinerung eingezeichnet oder isoliert beschrieben werden. Durch die graphische Modellierung dieser Verschachtelungen können komplexe Modelle schnell sehr groß und unübersichtlich werden. Der hohe textuelle Beschreibungsumfang bei gleichzeitig einer minimalen Anzahl von graphischen Beschreibungskonstrukten führt ebenfalls zu einem hohen Komplexitätsgrad der Abbildung.

### 10.5.5 Prozeß- und elementorientierte Darstellung der technischen Auftragsabwicklung

Ziel der Methode nach TRÄNCKNER /Tränckner 90/ ist die effizientere und effektivere Gestaltung der Auftragsabwicklung in einem Industriebetrieb. Dazu soll ein prozessuales Verständnis des Auftragsdurchlaufes und der begleitenden Informationsvorgänge vermittelt werden. Basis der Modellierung und anschließenden Schwachstellenanalyse des Auftragsabwicklungsprozesses ist die Beschreibung des Gesamtablaufes mit Hilfe von Prozeßelementen in einem Prozeßplan. Ein Prozeßplan selbst setzt sich aus einzelnen Prozeßelementen zusammen, die die generischen Grundkonstrukte der Methode darstellen.

Ein Prozeß besteht aus einer Menge untergeordneter Prozesse, die in einer vorgegebenen Ablauffolge ausgeführt werden. Die Prozesse verzehren dabei Zeit und verändern den Bearbeitungsstatus eines Auftrages, typischerweise durch Bearbeitung oder durch Transport eines Dokumentes oder durch statusunabhängige Verzweigungen in unterschiedliche Bearbeitungspfade. Für die Ausführung eines Prozesses sind Organisationseinheiten verantwortlich.

Sämtliche Prozesse lassen sich auf 14 Grundelemente zurückführen, die zur Darstellung aller Aufgaben der Auftragsabwicklung ausreichen. Dabei sind direkte und indirekte Prozeßelemente zu unterscheiden. Direkte Prozeßelemente beschreiben diejenigen Prozesse, die unmittelbar zum Auftragsfortschritt beitragen (z.B. Zeichnungen erstellen, Montage durchführen), während die Prozesse, die einen Zeitverbrauch ohne weitere Auftragskonkretisierung verursachen (z.B. Ablage, Transport von Informationen) durch indirekte Prozeßelemente beschrieben werden. Eckige Kanten stellen direkte und abgerundete Kanten indirekte Prozeßelemente dar. Eine Übersicht über die verwendeten Prozeßelemente wird in Bild 10-29 gegeben.

### Direkte Prozeßelemente

- Besprechungselement
- Konstruktionselement
- Arbeitsplanungselement
- Beschaffungselement
- Fertigungselement
- Montageelement

### Indirekte Prozeßelemente

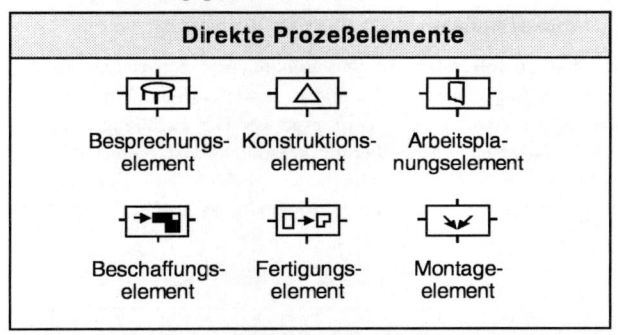

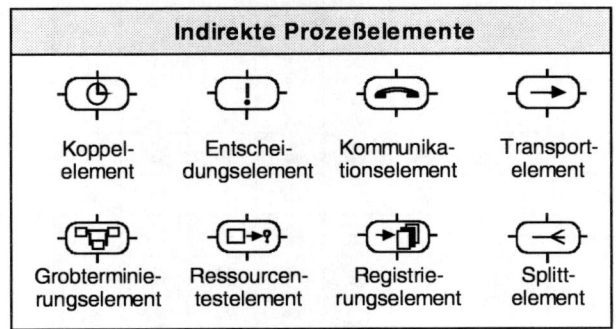

- Koppelelement
- Entscheidungselement
- Kommunikationselement
- Transportelement
- Grobterminierungselement
- Ressourcentestelement
- Registrierungselement
- Splittelement

**Bild 10-29: Prozeßelemente nach TRÄNCKNER**

Die Verknüpfung der Elemente erfolgt analog zum Auftragsablauf, wobei sowohl statische, als auch dynamische Prozeßpläne entstehen können. Während die statischen Pläne lediglich den Ist-Auftragsfluß darstellen können, eignen sich die dynamischen Pläne auch zur ereignisgesteuerten Ablaufsimulation. Auftragssplittung und Synchronisation sowie die bedingte Verzweigung bzw. Unterbrechung erlauben eine Parallelisierung der Abläufe. Ferner ist jedem Prozeß der absolute Zeitbedarf zugeordnet, wodurch sich in einer Simulation die gesamte Durchlaufzeit eines Auftrages ermitteln läßt.

Alternative Prozeßketten, die eine Abweichung von dem geplanten Vorgangsablauf darstellen, können infolge einer Unterbrechung oder einer zu erfüllenden Bedingung angestoßen werden. Zur Simulation der Auswahlentscheidung für jeden der drei alternativen Prozeßausgänge ist jedem Ausgang eine prozentuale Austrittswahrscheinlichkeit zugewiesen, die durch empirische Untersuchungen zu bestimmen ist. Zusatzbemerkungen zu den Prozessen lassen sich diesen über sogenannte Labels anhängen. Sie ermöglichen die Abgabe erklärender Informationen über die Prozeßbedingungen.

Zur Detaillierung einzelner Prozesse ist eine Dekomposition in untergeordnete Prozeßketten vorgesehen. Die modellhafte Abbildung ist dabei hierarchieunabhängig, d.h. auf jeder Hierarchieebene können sämtliche Prozeßelemente zur Ablaufbeschreibung eingesetzt werden. Die Wahl der Detaillierungsebenen unterliegt dem Ermessen des Anwenders und richtet sich nach der Komplexität der Beschreibungsaufgabe.

### 10.5.6 Auswahl eines geeigneten Ansatzes

Die vorgestellten Methoden sind im folgenden auf ihre Eignung zur Anwendung in der Methode der Lebenszyklusmodellierung zu analysieren und zu bewerten. Als Grundlage zur Bewertung dient das in Kapitel 5.1 erstellte Anforderungsgerüst. Der Erfüllungsgrad der Anforderungen durch die einzelnen Modellierungshilfsmittel ist anhand des Vergleichsschemas aus Bild 10-30 zu bestimmen. Durch den direkten Vergleich mit der erforderlichen Zielmethode kann ermittelt werden, welche Methode das größte Potential für adaptierbare Lösungsansätze liefert.

| | | Programmablaufpläne | SADT | PETRI-Netz | ARIS | Tränckner | Zielmethode |
|---|---|---|---|---|---|---|---|
| produktionsübergreifend | | ● | ● | ● | ● | ● | ● |
| Modellierungsgegenstand | prozeßorientiert | ● | ○ | ● | ◐ | ● | ● |
| | funktionsorientiert | ○ | ● | ● | ● | ○ | ○ |
| Hierarchisierung | | ● | ● | ◐ | ◐ | ● | ● |
| gute Darstellungsart | | ◐ | ○ | ◐ | ◐ | ● | ● |
| geringe Komplexität | | ● | ○ | ○ | ○ | ◐ | ● |
| unternehmensspezifische Erweiterbarkeit | | ○ | ○ | ○ | ○ | ○ | ● |
| Ablaufdarstellung | sequentiell | ● | ● | ● | ● | ● | ● |
| | parallel | ○ | ● | ● | ● | ● | ● |
| Beschreibungsart | statisch | ● | ● | ● | ● | ● | ● |
| | dynamisch | ○ | ○ | ● | ○ | ● | ○ |
| Darstellung Prozeßzeiten | | ○ | ○ | ○ | ○ | ● | ● |
| Ressourcenabbildung | | ○ | ○ | ○ | ◐ | ○ | ● |

● erfüllt   ◐ teilweise erfüllt   ○ nicht erfüllt

**Bild 10-30: Methodenvergleich**

Es kann festgehalten werden, daß die Programmablaufpläne, ARIS und die Methode nach TRÄNCKNER den größten Überschneidungsgrad mit der Zielmethode aufweisen und daher die geringsten Adaptationsaufwände zu erwarten lassen.

Der systembedingte Nachteil der Programmablaufpläne nach DIN 66001 liegt in der fehlenden Darstellungsmöglichkeit von parallelen Abläufen sowie der mangelnden Möglichkeit zur Anbindung von Ressourcendaten.

ARIS weist diese beiden Defizite nicht auf, doch ergibt sich hier der entscheidende Nachteil einer ungenügenden Detaillierbarkeit der Vorgangsketten. Eine alleinige Dekomposition der Funktionsstruktur ist nicht ausreichend, um die Methodenanforderungen bezüglich einer Hierarchisierung und Detaillierung zu erfüllen.

Die prozeßelementorientierte Methode nach TRÄNCKNER weist als bedeutsames Defizit lediglich das Fehlen der Ressourcenverknüpfung auf. Die um diesen Mangel behobene Methode scheint prinzipiell geeignet zu sein, eine Ausgangsbasis für die Methode der ressourcenorientierten Lebenszyklusmodellierung darzustellen.

## 10.6 Bewertungsgrößen

Um einheitliche und vergleichbare Bewertungen von Produkten oder Komponenten vornehmen zu können, muß die Bewertung auf zuvor fest definierten Bewertungsgrößen erfolgen. Nur dadurch kann die Objektivität und Reproduzierbarkeit des Bewertungsvorganges gewährleistet werden. Die Festlegung der Bewertungsgrößen orientiert sich sinnvollerweise an dem „optimalen Produkt", welches sich durch eine durchgehende Berücksichtigung der Anforderungen auszeichnet. Je nach Zielorientierung der Bewertung kann zwischen technischen, wirtschaftlichen und ökologischen Bewertungsgrößen unterschieden werden.

### 10.6.1.1 Technische und wirtschaftliche Bewertungsgrößen

Das Pflichtenheft dient der Spezifizierung der technischen und wirtschaftlichen Anforderungen. Diese können beispielsweise durch die Angabe von technischen Leistungsmerkmalen oder die Festlegung maximaler Herstellkosten konkretisiert werden. Zur Ermittlung der durch das Produkt verursachten Kosten eignet sich ein Ressourcenansatz, der den Verbrauch an Ressourcen in ein monetäres Äquivalent umformt. Als ökonomisch relevante Ressourcen haben sich in der Literatur folgende Ressourcenklassen etabliert /Leber 95, Hartmann 93/:

- Personal,
- Betriebsmittel,
- Gebäude und Flächen,
- Material,
- Informationen und
- Finanzen.

## 10.6.1.2 Ökologische Bewertungsgrößen

Die Bewertung der Umweltgerechtheit eines Produktes gestaltet sich schwieriger, da dafür keine konkreten und allgemeingültigen Kriterien festgeschrieben sind. Zielsetzung bei der Entwicklung umweltgerechter Produkte ist es, die Umweltauswirkungen durch das Produkt über dessen gesamten Lebenszyklus hinweg zu minimieren.

Die Bewertungskriterien zur Beurteilung der ökologischen Wertigkeit eines Produktes lassen sich aus der konsequenten Umsetzung der an umweltgerechte Produkte gestellten Anforderungen ableiten. In der Literatur herrscht weitgehend Uneinigkeit über die ökologieorientierten Produktanforderungen. SCHEMMER /Schemmer 94/ identifiziert die wichtigsten Anforderungen zu

- umweltgerechte Materialauswahl,
- Demontagefreundlichkeit,
- Abfallvermeidung/-verminderung und
- Ressourcen- und Energieschonung.

BRINKMANN, EHRENSTEIN und STEINHILPER /Brinkmann 94/ dagegen heben folgende Produkteigenschaften als bedeutsam für die umweltgerechte Produktentwicklung hervor:

- emissionsarm,
- ressourcenschonend,
- recyclinggeeignet und
- entsorgungsfreundlich

Zu den aus den Produktanforderungen erwachsenen Bewertungsgrößen stellt ALTING /Alting 93/ folgende Klassen zusammen:

- Ressourcen (Energie und Material),
- Abfälle,
- Chemikalien (mit Auswirkungen auf Umwelt oder Gesundheit) sowie
- sonstige Umweltprobleme

ZÜST und WAGNER /Züst 92/ stellen ein umfassenderes Bild über die in den Bewertungsgrößen zu berücksichtigenden Aspekte auf. Sie identifizieren die Erfassung der Material- und Energieflüsse als Hauptkriterien, die jedoch noch um weitergehende Aspekte erweitert werden müssen:

- Materialflüsse
- Energieflüsse
  Dazu sind beispielsweise auch die Transportkosten der Mitarbeiter, die Heizkosten und sonstige Nebenkosten hinzuzurechnen.
- Materialtrennung
  Sie trägt entscheidend zur Recyclinggerechtheit von Produkten bei (Verhindern einer Materialmischung, Ermöglichen einer einfachen Demontage).

- Gefahrenrisiko
  Es soll minimiert werden, indem die Produkte beispielsweise im Besitz des Herstellers bleiben, überwacht werden und schließlich eine geeignete Entsorgung ermöglicht werden kann.
- Schädigung
  Sie betrifft Menschen, Umwelt und Produkte. Produktschäden sind dabei leichter zu quantifizieren als Umwelt- oder Personenschäden.
- Ethik
  Grundeinstellung gegenüber Produkten und den notwendigen Produktmengen.

Von den zahlreichen umweltrelevanten Bewertungsgrößen unterschiedlicher Bereiche sollen in dieser Arbeit vorwiegend die Energie- und Materialströme im weitesten Sinne berücksichtigt werden, da sie nicht nur quantitativ beschrieben, sondern auch eindeutig den Produktkomponenten oder einzelnen Prozessen zugeordnet werden können. Die darüber hinaus von ZÜST und WAGNER vorgeschlagenen Bewertungskriterien beziehen sich in der Regel auf das gesamte Produkt und sollen aufgrund ihres semantischen Beschreibungscharakters im folgenden nicht zu den Bewertungsgrößen hinzugezählt werden.

Zur Erhebung der Energie- und Materialströme eignet sich eine Input-Output Analyse, die das Untersuchungsobjekt als Black-Box darstellt und lediglich die ein- und austretenden Ströme betrachtet. Je nach Abgrenzung des Bilanzraumes entsteht ein unterschiedlich detaillierter Betrachtungsbereich, der auf oberster Ebene als Wechselwirkungsbereich zwischen Natur und humanspezifischen Aktivitäten gedeutet werden kann, wie Bild 10-31 darlegt /Zahn 73/.

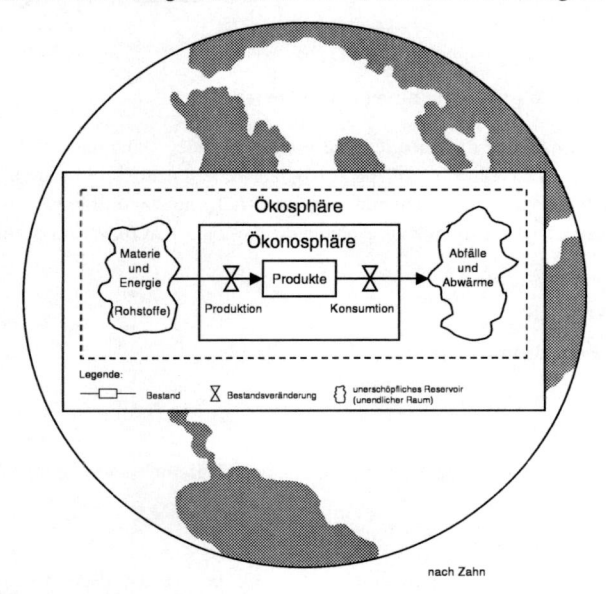

**Bild 10-31: Globale Material- und Energieflüsse**

Bei Detaillierung der Betrachtungsebene verkleinert sich der Bilanzbereich auf die Darstellung einzelner Prozesse, für die ebenfalls Energie- und Materialflüsse erfaßt werden können. Bild 10-32 stellt die ökologierelevanten Ein- und Ausgangsströme dar, die bereits nach Stoffklassen differenziert sind /Böhlke 94/.

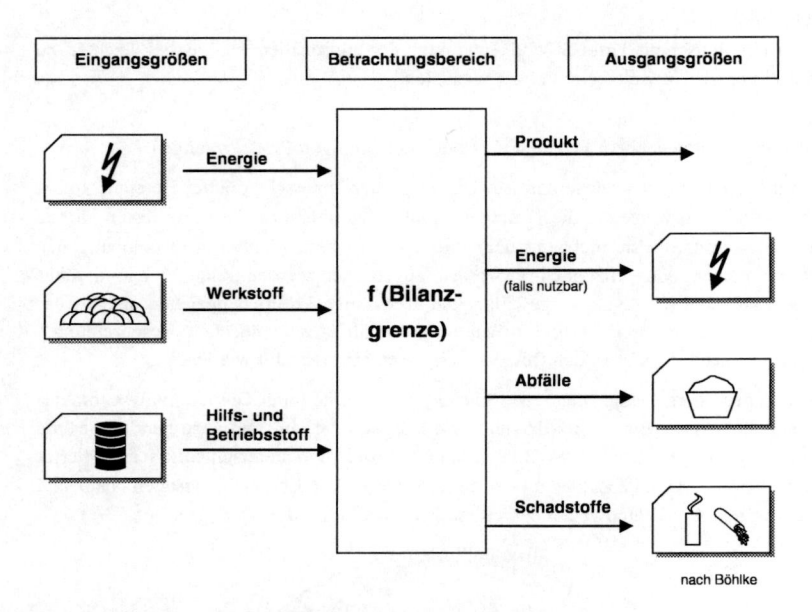

**Bild 10-32: Input-Output Betrachtung auf Prozeßebene**

Auf der Eingangsseite sind die Energien, die Werkstoffe oder Materialien und die Hilfs- und Betriebsstoffe zu verzeichnen. Auf der Ausgangsseite entsteht ein durch den Prozeß hervorgebrachtes Produkt, des weiteren gegebenenfalls nutzbare Energie, Abfälle sowie erzeugte Schadstoffe bzw. Emissionen. Anhand der ökologischen Bewertungsgrößen

- Energie,
- Material/Werkstoff,
- Hilfs- und Betriebsstoffe,
- Abfälle und
- Emissionen/Schadstoffe

kann somit die Umweltgerechtheit eines Produktes durch Berücksichtigung der Energie- und Stoffströme ermittelt werden.

**Ökologischer Rucksack**

SCHMIDT-BLEEK und TISCHNER /Schmidt-Bleek 95/ bezeichnen diese Ursprungslast der Produkte als „ökologischen Rucksack". Ihrer Ansicht nach „*schleppt jedes Industrieprodukt einen ökologischen Rucksack von Stoffen mit sich herum, die für die Herstellung, Transport, Verkauf, Gebrauch, Weiterverwendung und Entsorgung in Bewegung gesetzt werden müssen"*. Der Rucksack jeder Tonne Braunkohle aus dem rheinischen Braunkohlebecken zum Beispiel enthält etwa acht Tonnen Abraum und vier Tonnen Grundwasser. Jedem Kilo Platin sind 300.000 Kilo bewegte Erdmassen allein aus dem Bergbau auf den Rücken zu packen. Naturdiamanten bringen es ebenfalls auf einen ökologischen Rucksack von mehreren hunderttausend Tonnen. Statistisch gesehen beinhaltet der mittlere Rucksack für Industrieprodukte etwa 30 Kilogramm Naturmaterial pro Kilogramm Produkt /Schmidt-Bleek 95/. Diese ökologischen Rucksäcke sind demnach der Rohstoffgewinnung zuzuschreiben. Doch auch in der Materialgewinnung und -aufbereitung fallen erneut Ressourcenverbräuche an, die durch die anschließende Verwendung des Rohmaterials, Halbzeugs oder Endproduktes als Materialinput in die Herstellung des Hauptproduktes einfließen.

Bild 10-33 verdeutlicht die Vererbungskette der ökologischen Rucksäcke am Beispiel des Einsatzes von Halbzeugen aus Stahl. Der Abbildung ist zu entnehmen, daß für die Erzeugung dieses Halbzeuges sowohl der Rohstoff Stahl als auch weitere Teilprodukte benötigt werden.

Zur Herstellung des Stahls wiederum wird Roheisen verwendet, das sich aus Eisenerz, Kohle und weiteren Komponenten zusammensetzt. Wird nach dem ökologischen Rucksack des Halbzeuges gefragt, so sind alle zur Herstellung dieses Halbzeuges notwendigen Vorprodukte bzw. Rohstoffe zu ermitteln und deren Rucksäcke aufzusummieren.

Dieser Theorie zufolge ist durch den Einsatz von Grundwerkstoffen zur Herstellung eines Endproduktes diesem eine Vielzahl von Umweltlasten a priori „anzuhängen". Die Vernachlässigung dieser Grundlast in der Bewertung der Umweltgerechtheit zweier alternativer Produkte könnte demzufolge eine ungerechtfertigte Bevorzugung einer der Lösungen zur Folge haben.

nach Schmidt-Bleek, Tischner

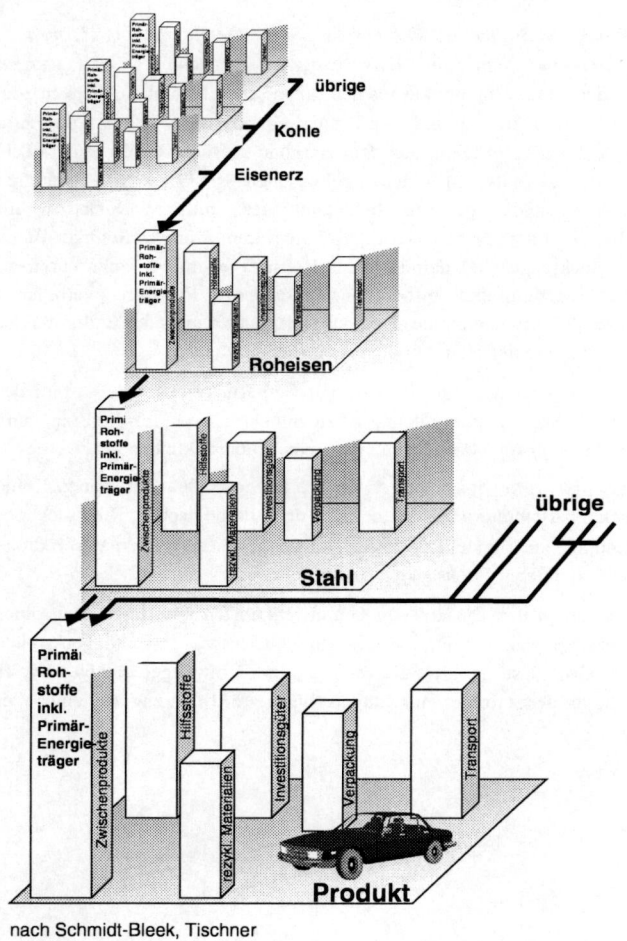

**Bild 10-33: Ökologische Rucksäcke am Beispiel der Stahlgewinnung**

## 10.7 Ressourcenübersichten

Die Unterteilung der Ressourcen erfolgt in die sechs Hauptklassen:
1. Personal
2. Material
3. Energie
4. Betriebsmittel
5. Finanzen
6. Emissionen
7. Abfälle

Im folgenden werden die einzelnen Ressourcenklassen beschrieben und die Strukturierungsansätze erläutert.

### 10.7.1 Material

Das Ziel zur Erfassung der Ressource „Material" liegt darin, Rückschlüsse über den insgesamt notwendigen Materialeinsatz während des gesamten Produktlebenszyklus zu erlangen und darauf aufbauend die ökologischen Auswirkungen des Verbrauchs der dazu erforderlichen, natürlichen Rohstoffe transparent zu machen. Dazu ist es erforderlich, die Entstehungskette der eingesetzten Materialien bis zu ihren Ausgangsprodukten zurückzuverfolgen, und jedem Material den „Rucksack" mit denjenigen Rohstoffen anzuhängen, die zur Materialherstellung erforderlich waren. Erst wenn zu sämtlichen Materialien die Ausgangsprodukte nach Art und Menge bekannt sind, lassen sich unterschiedliche Materialien über die Intensität des Rohstoffeinsatzes vergleichbar machen.

Erkenntnisse über die Höhe des Materialeinsatzes gehen in die Beurteilung der Umweltgerechtheit des Produktes ein. Voraussetzung für eine vergleichende Bewertung ist eine eindeutige Definition der Ressource Material, die sich gegenüber den anderen Ressourcenklassen klar abgrenzen muß. Der Begriff Material soll analog zur lexikalischen Definition über den reinen Rohstoff- und Werkstoffcharakter hinaus verstanden werden als

„*Rohstoff, Werkstoff; jegliches Sachgut, das man zur Ausführung einer Arbeit benötigt.*"

Wird die **Arbeit** allgemein **als Prozeß** aufgefaßt, so läßt sich das **Material als Eingangsprodukt** eines beliebigen Prozesses ansehen /Böhlke 94/. Die Ausnahme stellen diejenigen Eingangsprodukte dar, die bereits einen der betrachteten Produktlebenszyklusprozesse durchlaufen haben. Sie zählen fortan als Bestandteil des späteren Endproduktes und werden als eigenständige Produktkomponente in dem Produktmodell erfaßt. Bild 2 verdeutlicht den Unterschied zwischen Materialien und den Produktkomponenten als Eingangsprodukte von Prozessen.

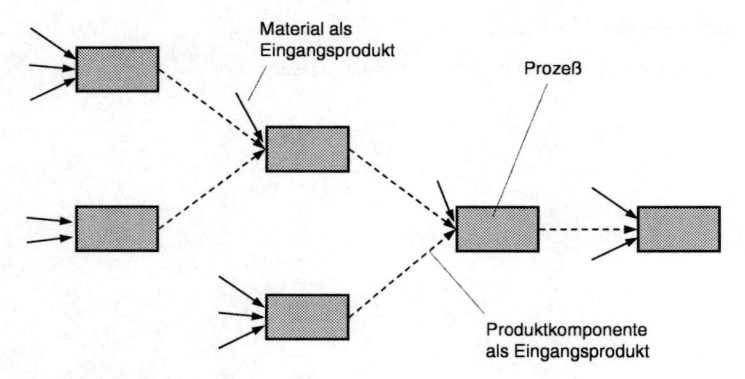

**Bild 10-34: Material als Eingangsprodukt**

Aus dieser Definition des Materials läßt sich die Abgrenzung und Strukturierung der Ressourcenklasse Material gewinnen.

#### 10.7.1.1 Materialstruktur nach VDI 2815

Als Beispiel für eine bestehende Klassifizierung von Materialien soll die VDI-Richtlinie 2815 Bl. 5 herangezogen werden. Sie unterteilt die Materialien in die Klassen Rohstoff, Werkstoff, Halbzeug, Hilfsstoff, Betriebsstoff, Teil und Gruppe. Die Definitionen der einzelnen Materialklassen lautet wie folgt:

**Rohstoff**

Materie ohne definierte Form, die gefördert, abgebaut oder gezüchtet wird und als Ausgangssubstanz für Werkstoffe dient.

**Werkstoff**

Aufbereiteter Rohstoff in geformtem (Kokille, Barren usw.) oder ungeformten Zustand (fest, flüssig, gasförmig), der zur Herstellung von Halbzeugen oder Betriebsstoffen dient.

**Halbzeug**

Werkstoff für abgestimmte spezielle Fertigungszwecke mit definierter Form, Oberfläche und Zustand (z.B. Härte, Gefüge), der in ein Erzeugnis eingeht.

**Hilfsstoff**

Stoff, der Zur Fertigung benötigt wird, aber nicht oder nur zum Teil in das Erzeugnis eingeht.

#### 10.7.1.2 Betriebsstoff

Werkstoff, der zur Nutzung von Betriebsmitteln oder Erzeugnissen dient.

**Teil**

Technisch beschriebener, nach einem bestimmten Arbeitsablauf zu fertigender bzw. gefertigter, nicht zerlegbarer Gegenstand.

## Gruppe

In sich geschlossener aus zwei oder mehr Teilen und/oder Gruppen niederer Ordnung bestehender Gegenstand.

In Bild 3 wird deutlich, daß die genannten Materialklassen unterschiedlich viele Bearbeitungsstufen durchlaufen haben. Während der Rohstoff weitgehend unbehandelt ist, wurden Werkstoffe, Halbzeuge, Hilfsstoffe und Betriebsstoffe bereits einigen Behandlungsprozessen unterworfen. Die Materialklassen Teil und Gruppe beinhalten Elemente, an denen bereits mehrere Bearbeitungsschritte vollzogen wurden. Elemente dieser Klassen könnten beispielsweise Schrauben, Winkel, Feder mit eingenietetem Kontakt oder eine Autokarosserie sein.

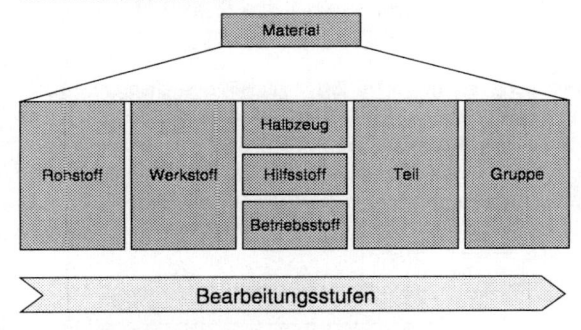

**Bild 10-35: Materialstruktur nach VDI 2815**

### 10.7.1.3 Materialstruktur für das Ressourcenmodell

Ziel dieser Teilaufgabe ist die Entwicklung einer Materialstruktur, die eine Zuordnung von Materialien zu einzelnen Klassen ermöglicht und die selbst eine spätere Zuweisung von bis dato nicht erfaßten Materialien in die bestehende Struktur erlaubt. Dazu kann die Klassifizierung gemäß der VDI 2815 in großen Teilen übernommen werden, sie muß jedoch in einigen Punkten modifiziert werden. Der Grund dafür liegt in der unterschiedlichen Definition von Material, Produkt sowie in einem auf den Produktlebenszyklus ausgeweiteten Betrachtungsraum. Prinzipiell sollen alle Materialien berücksichtigt werden, die zur Durchführung des Prozesses verwendet werden und dabei entweder gar nicht, zum Teil oder vollständig in das Erzeugnis eingehen. Ferner sollen auch die Materialverbräuche der indirekt vom Produkt hervorgerufenen Geschäftsprozesse berücksichtigt werden. Die Materialstruktur ist in Abwandlung der VDI Richtlinie 2815 in folgende Klassen gegliedert:

- Rohstoffe
- Werkstoffe
- Bauteile
- Sekundärmaterialien

Die neu definierten Oberklassen Bauteile und Sekundärmaterialien sind aus der Notwendigkeit zur Abbildung weiterer Materialarten entstanden. Wie in der folgenden

Detaillierung deutlich wird, enthalten sie ebenfalls die bisher verwendeten Klassen der Halbzeuge, Hilfs- und Betriebsstoffe. Die beiden Klassen Teil und Gruppe fließen aufgrund ihrer nicht sinnvollen Differenzierung nunmehr in die Klasse Bauteile ein. Im folgenden werden die vier genannten Materialhauptklassen spezifiziert und detailliert.

#### 10.7.1.4 Rohstoffe

Definitionsgemäß sind Rohstoffe nach Brockhaus

> *im betriebswirtschaftl. Sinne bearbeitete oder im Urzustand befindliche Ausgangsmaterialien, die im Fertigungsprozeß in die Zwischen- bzw. Endprodukte eingehen oder als Hilfsstoffe verbraucht werden.*

Die Unterteilung erfolgt in Anlehnung an die VDI 2815 gemäß des Ursprungs nach mineralischen, pflanzlichen und tierischen Rohstoffen. Fluide und Gase wurden als vierte Gruppe eingefügt, da die darin enthaltenen Rohstoffe wie Luft, Wasser oder Erdgas zu den Rohstoffen zählen, aber in keine der übrigen drei Gruppen passen. Die Elemente der vierten Gruppe sind im übrigen auch in der Betriebsmittelgruppe enthalten, nehmen dort aber eine andere Funktion wahr.

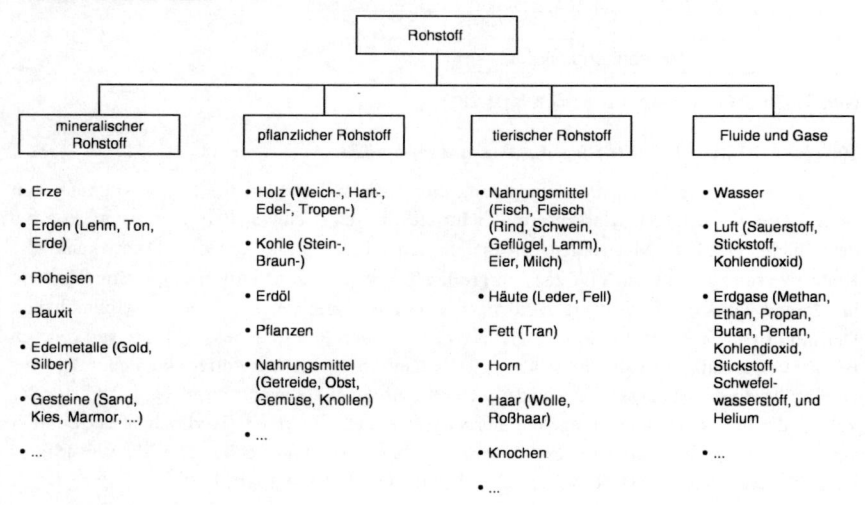

| mineralischer Rohstoff | pflanzlicher Rohstoff | tierischer Rohstoff | Fluide und Gase |
|---|---|---|---|
| • Erze | • Holz (Weich-, Hart-, Edel-, Tropen-) | • Nahrungsmittel (Fisch, Fleisch (Rind, Schwein, Geflügel, Lamm), Eier, Milch) | • Wasser |
| • Erden (Lehm, Ton, Erde) | • Kohle (Stein-, Braun-) | | • Luft (Sauerstoff, Stickstoff, Kohlendioxid) |
| • Roheisen | • Erdöl | • Häute (Leder, Fell) | • Erdgase (Methan, Ethan, Propan, Butan, Pentan, Kohlendioxid, Stickstoff, Schwefelwasserstoff, und Helium |
| • Bauxit | • Pflanzen | • Fett (Tran) | |
| • Edelmetalle (Gold, Silber) | • Nahrungsmittel (Getreide, Obst, Gemüse, Knollen) | • Horn | |
| • Gesteine (Sand, Kies, Marmor, ...) | • ... | • Haar (Wolle, Roßhaar) | |
| • ... | | • Knochen | • ... |
| | | • ... | |

**Bild 10-36: Rohstoffe**

#### 10.7.1.5 Werkstoffe

Im folgenden Bild 5 ist eine Strukturierung für die Materialklasse „Werkstoffe" gegeben, wie sie dem Gräfen-Lexikon für Werkstofftechnik entstammt. In einer ersten Stufe wird zwischen den natürlich vorkommenden Werkstoffen und den synthetischen Werkstoffen unterschieden, die bereits durch mehrere Bearbeitungsschritte aus den Rohstoffen entstanden sind. Die weitere Unterteilung der synthetischen Werkstoffe in Metalle, Nicht-Metalle und Verbundstoffe hat ihren Ursprung in der traditionellen Sonderrolle der Metalle als bedeutsamen Konstruktionswerkstoff. Die dargestellte Klassifizierung stellt nur eine Grobstruktur dar, die sich stets verfeinern läßt. Für die Stahlwerkstoffe existieren beispielsweise eine Vielzahl von Normen, die die Metallklassen nach ihren Werkstoffeigenschaften detailliert untergliedern.

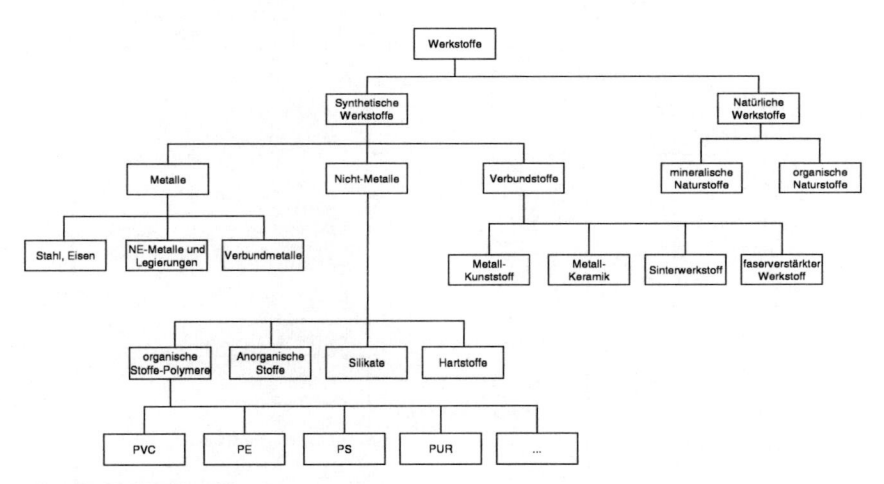

**Bild 10-37: Werkstoffe**

#### 10.7.1.6 Bauteile

Als Bauteile sollen diejenigen Materialien verstanden werden, die sich i.d.R. bereits durch eine konkrete Form, Funktion und Werkstoffeigenschaft auszeichnen und die zum Teil oder vollständig in des Erzeugnis/ Endprodukt eingehen. Sie haben bis zur Erreichung im vorliegenden Zustand bereits mehrere Bearbeitungsschritte durchlaufen und schleppen daher einen ökologischen Rucksack mit sich, der an das Endprodukt übergeben wird.

#### 10.7.1.7 Sekundärmaterialien

Unter Sekundärmaterialien sind solche Materialien zu verstehen, die nicht oder nur zum Teil in das Produkt eingehen, aber zur Durchführung des Prozesses benötigt werden. Ferner sind auch die Materialien hinzuzurechnen, die indirekt zur Durchführung des Prozesses erforderlich sind. Als Sekundärmaterialien sind Elemente der folgenden vier Klassen zu verstehen:

- Hilfsstoffe
- Betriebsstoffe
- Indirekt beteiligte Sekundärmaterialien

*A80*   *Methodik zur integrierten Gestaltung von Produkten und deren Lebenszyklen*

- Büromaterialien

Bild 7 zeigt die vier Hauptklassen sowie exemplarisch einige Elemente für jede Klasse.

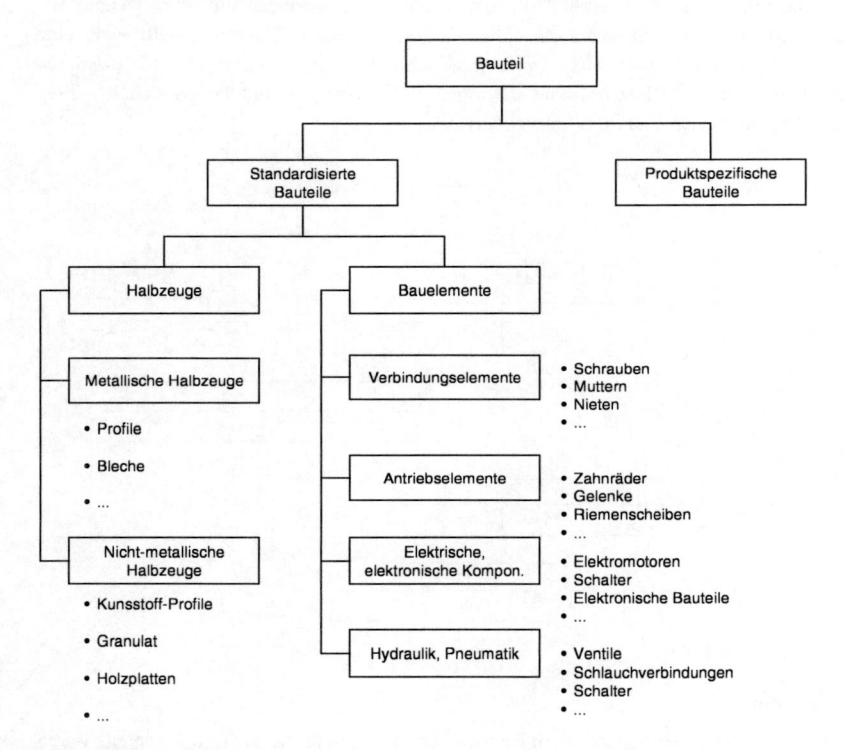

```
                           Bauteil
                              |
              ┌───────────────┴───────────────┐
      Standardisierte                  Produktspezifische
         Bauteile                           Bauteile
              |
     ┌────────┴────────┐
  Halbzeuge       Bauelemente
```

Halbzeuge:
- Metallische Halbzeuge
  - Profile
  - Bleche
  - ...
- Nicht-metallische Halbzeuge
  - Kunststoff-Profile
  - Granulat
  - Holzplatten
  - ...

Bauelemente:
- Verbindungselemente
  - Schrauben
  - Muttern
  - Nieten
  - ...
- Antriebselemente
  - Zahnräder
  - Gelenke
  - Riemenscheiben
  - ...
- Elektrische, elektronische Kompon.
  - Elektromotoren
  - Schalter
  - Elektronische Bauteile
  - ...
- Hydraulik, Pneumatik
  - Ventile
  - Schlauchverbindungen
  - Schalter
  - ...

**Bild 10-38: Bauteile**

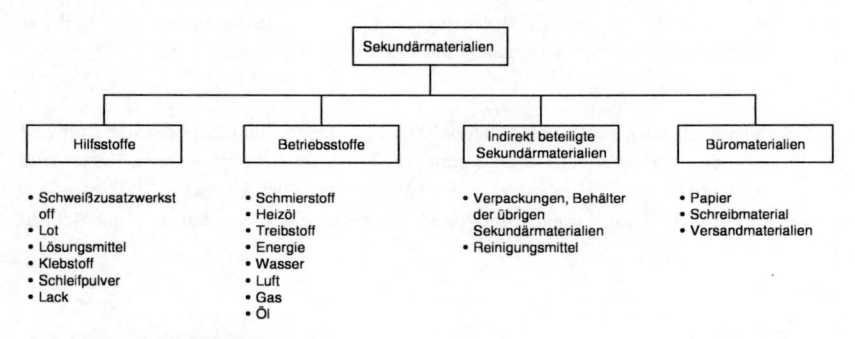

```
                       Sekundärmaterialien
                               |
     ┌─────────────┬───────────┴──────────┬──────────────┐
  Hilfsstoffe  Betriebsstoffe    Indirekt beteiligte   Büromaterialien
                                 Sekundärmaterialien
```

Hilfsstoffe:
- Schweißzusatzwerkstoff
- Lot
- Lösungsmittel
- Klebstoff
- Schleifpulver
- Lack

Betriebsstoffe:
- Schmierstoff
- Heizöl
- Treibstoff
- Energie
- Wasser
- Luft
- Gas
- Öl

Indirekt beteiligte Sekundärmaterialien:
- Verpackungen, Behälter der übrigen Sekundärmaterialien
- Reinigungsmittel

Büromaterialien:
- Papier
- Schreibmaterial
- Versandmaterialien

**Bild 10-39: Sekundärmaterialien**

Zur Klasse der **Hilfsstoffe** gehören Materialien, die zur Durchführung des Prozesses benötigt werden, die aber nicht oder nicht vollständig in das Produkt eingehen. Dazu gehören etwa Schweißzusatzwerkstoffe, von denen ein gewisser Anteil in der Schweißnaht verbleibt, oder Klebstoffe, die als Verbindungswerkstoff dienen und lediglich eine Hilfsfunktion haben. Auch Farben und Lacke zählen dazu, die i.d.R. auf dem Produkt verbleiben, aber oftmals nicht als eigenständige Produktkomponente in der Produktstruktur geführt werden.

**Betriebsstoffe** sind Stoffe, die zum Betrieb bzw. der Nutzung des Produktes oder eines Betriebsmittels erforderlich sind. Zu den Betriebsstoffe zählen die Energieträger wie Treibstoff, elektrische Energie, Wasser, Luft, Gas oder Öl. Schmierstoffe sind ebenfalls Bestandteil der Betriebsstoffe. Die Ressource Energie wird bewußt nicht als eigenständige Ressourcenhauptklasse aufgeführt, sondern mit den anderen Energieträgern und -formen in die Klasse der Betriebsstoffe eingeordnet. Dadurch können beispielsweise verschiedene Produktkonzepte mit alternativen Antriebsenergien (Strom, Gas, Benzin, Wasser etc.) besser miteinander verglichen werden.

**Indirekt beteiligte Sekundärmaterialien** sind diejenigen Materialien, die weder in das Produkt bzw. in ein Betriebsmittel eingehen noch direkt zu dessen Herstellung oder Nutzung benötigt werden, die aber dennoch bei der Durchführung von Prozessen einen Materialverbrauch verursachen. Dazu gehören beispielsweise Verpackungsmaterialien anderer Materialien im allgemeinen, wie etwa Ölfässer, Fettkartuschen, Transportverpackungen für Halbzeuge, Farbdosen etc. Ferner sind z.B. Reinigungsmittel zu dieser Klasse der Sekundärmaterialien hinzuzuzählen.

**Büromaterialien** werden als separate Sekundärmaterialklasse eingeführt, auch wenn sie von der Art her den Betriebsstoffen zuzurechnen wären. Die Klasse Büromaterialien beinhaltet diejenigen Materialien, die zur produktbezogenen Prozeßabwicklung erforderlich sind. Dies sind etwa Papier, Schreibmaterialien oder Versandmaterialien. Andere Bürogegenstände, die keine Verbrauchsgüter sind, wie z.B. Computer, Kopierer oder das Mobiliar werden unter der Klasse der Betriebsmittel geführt.

Sämtliche Materialangaben müssen zur Erfassung quantitativ und qualitativ beschrieben werden. Erforderliche Angaben dazu sind:

1. Materialbezeichnung, evtl. normierte Bezeichnung oder Handelsname
2. Mengenangabe
3. Maßeinheit [Stück, m, kg, t, $m^2$, l, $m^3$, MJ]
4. Wert [DM]

## 10.7.2 Energie

In der VDI-Richtlinie 2815 werden die Energieträger, wie Öl und Erdgas, zur Kategorie Material, als Hilfs- und Betriebsstoffe eingeordnet. Damit kann der Energiebedarf einer strombetriebenen Maschine jedoch nicht erfaßt werden. Es muß demnach die Energie als eigenständige Ressource betrachtet werden. Die Quantifizierung der Energie erfolgt stets in Mega-Joule [MJ], so daß andere Energiearten als elektrischer Strom, z. B. fossile Brennstoffe, entsprechend umzurechnen sind. Als Energieklassen werden Thermische Energie, Elektrizität und Strahlungsenergie unterschieden (Bild 10-40). Die Elektrizität, als universell einsetzbare Energie, wird hier nach Art der Herstellung differenziert. Bei Bedarf können auch die Thermische Energie und die Strahlungsenergie konkretisiert werden.

```
                              Energie
                                 |
        ┌────────────────────────┼────────────────────────┐
   Thermische              Elektrizität              Strahlungs-
    Energie                                            energie
                                 |
        ┌────────────────────────┴────────────────────────┐
   Thermisch gewonnene                          Regenerativ gewonnene
      Elektrizität                                  Elektrizität
   ├─ Gas-, Öl-oder Kohle                        ├─ Windkraft
   │     Kraftwerke
   └─ Atomkraftwerke                             ├─ Wasserkraft
                                                 └─ Sonnenenergie
```

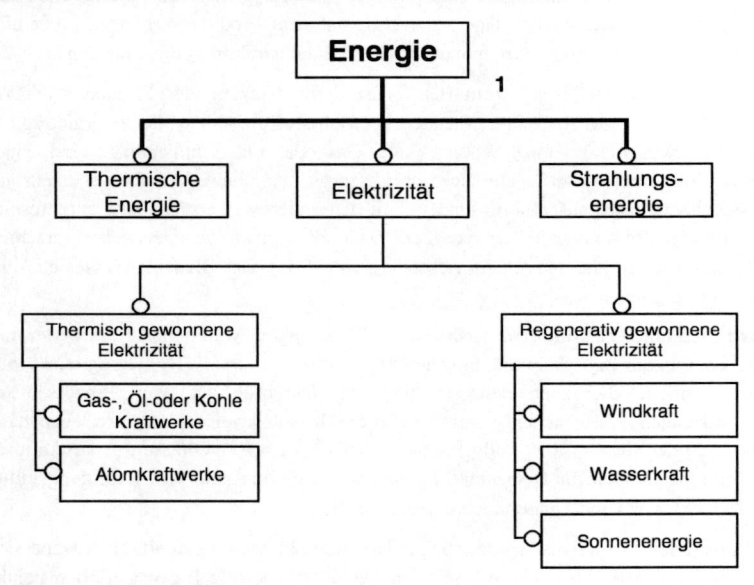

**Bild 10-40: Energieklassen**

Die verschiedenen Energiearten müssen unterschieden werden, da sie maßgeblichen Einfluß auf die ökologische Wirkungsbewertung haben /Alting 97/. Des weiteren ist hierzu der Ort, an dem die Lebenszyklusprozesse ablaufen wichtig, da daraus Rückschlüsse auf die Zusammensetzung der Energie gezogen werden können.

### 10.7.3 Betriebsmittel

#### 10.7.3.1.1 Einteilung nach VDI-Richtlinie 2815

Gemäß der VDI-Richtlinie 2815 Bl.5 sind Betriebsmittel Anlagen, Geräte und Einrichtungen, die zur betrieblichen Leistungserstellung dienen. Die Richtlinie unterteilt die Betriebsmittel in die Klassen der:

- Versorgungs- und Entsorgungsanlagen,
- Fertigungsmittel,
- Meß- und Prüfmittel,
- Fördermittel,
- Lagermittel,
- Organisationsmittel sowie

- Innenausstattung.

Ferner ordnet die Richtlinie auch Gebäude und Flächen den Betriebsmitteln zu.

### 10.7.3.1.2 Neue Betriebsmittelstruktur

Die Strukturierung der Betriebsmittelarten für die vorliegende Aufgabenstellung orientiert sich weitestgehend an der vorgestellten Gliederung der VDI-Richtlinie. In einigen Punkten bedarf sie jedoch einer Modifizierung der Unterteilung. Die Gruppe der Fördermittel wird aufgespalten in die Gruppe der Handhabungsgeräte und der Transportsysteme. Dadurch kann besser zwischen der produktionsbegleitenden Handhabung von Produkten und einem inner- und außerbetrieblichen Transport von Produkten und Personen unterschieden werden. Die Ressourcenklasse „Gebäude und Flächen" soll, wie in der VDI-Richtlinie bereits ansatzweise erfolgt, nun direkt den Betriebsmitteln zugeordnet werden. Somit ergibt sich eine modifizierte Strukturierung der Betriebsmittel nach Bild 8

```
                              Betriebsmittel
     ┌──────────────┬──────────────┬──────────────┬──────────────┐
  Gebäude und   Transportsysteme  Lagermittel   Organisationsmittel
   Flächen
• Büro          • Gabelstabler   • Paletten, Behälter  • DV-Anlage
• industriell   • Kran           • Container           • Telefonanlage
  genutzt       • Stetigförderer • Regale              • Aktenförderer
• privat genutzt• Hängebahn      • Ablagetisch         • Kartei
• öffentlich    • Lastenaufzug   • Regalförderzeug     • Kopiergerät
  genutzt       • Transportbehälter • ...              • Faxgerät
                • ...                                  • Drucker, Plotter
                                                       • ...

  ┌──────────────┬──────────────┬──────────────┬──────────────┐
Versorgungs- und Fertigungsmittel Handhabungsgeräte  Meß- und      Innenausstattung
Entsorgungsanlagen                                   Prüfmittel
• Wasseraufbereitungs-                        • Koordinatenmeßanlage • Möbel
  anlage                                      • Meß- und Prüfautomat • Lampen
• Dampferzeugungsanlage                       • Meßmikroskop         • Feuerschutzeinrichtung
• Gaserzeugungsanlage                         • Maßstab              • Belegschaftseinrichtung
• Stromverteilungsanlage                      • Grenzlehrendorn      • Büroeinrichtung
• Preßluftverteilungsanlage                   • Meßschieber          • Laboreinrichtung
• Nachverbrennungsanlage                      • Fühlerlehre          • sonstige Ausstattung
• ...                                         • Wasserwaage          • ...
                                              • ...
```

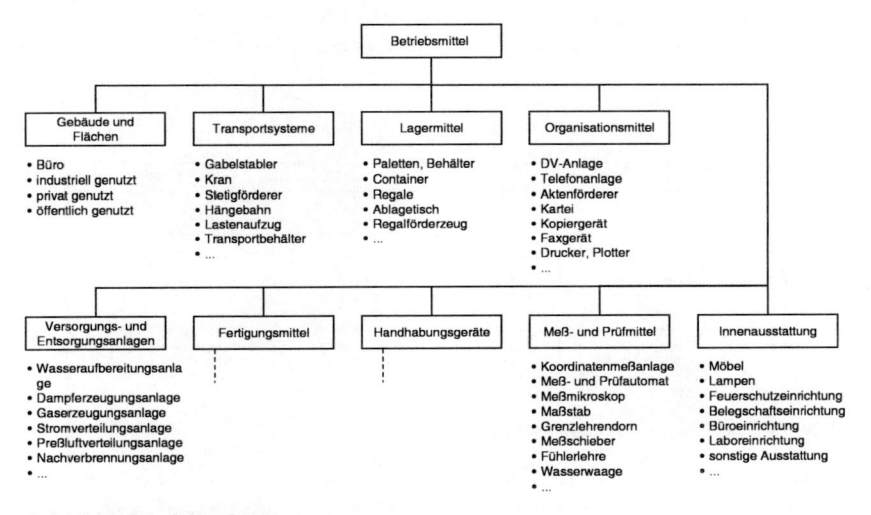

**Bild 10-41: Betriebsmittel**

Darin werden die Betriebsmittel in folgende Klassen unterteilt:

### 10.7.3.1.3 Versorgung- und Entsorgungsanlagen

In diese Klasse gehören *diejenigen Mittel, die als direkte oder indirekte Voraussetzung zur Nutzung der übrigen Betriebsmittel sowie zur Beseitigung von Abfällen und Emissionen dienen.* Dies sind beispielsweise eine Wasseraufbereitungsanlage, eine Preßluftverteilungsanlage oder eine Stromverteilungsanlage.

### 10.7.3.1.4 Fertigungsmittel

*„Fertigungsmittel sind Mittel zur direkten oder indirekten Form-, Substanz- oder Fertigungsänderung mechanischer bzw. chemisch-physikalischer Art."*

Der Geltungsbereich dieser Definition soll über die Fertigungs- bzw. Entstehungsphase hinaus auf den gesamten Produktlebenszyklus ausgeweitet werden. Demnach können Fertigungsmittel auch in der Nutzungs- und Entsorgungsphase zum Einsatz kommen. Dort werden sie beispielsweise in der Instandhaltung oder der Aufbereitung verwendet. Bild 9 zeigt auf, für welche Zwecke Fertigungsmittel eingesetzt werden können.

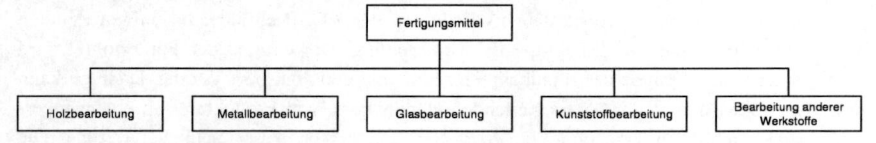

**Bild 10-42: Fertigungsmittel**

Demnach wird in Fertigungsmittel zur Bearbeitung von Holz, Metall, Glas, Kunststoff oder anderer Werkstoffe unterschieden. Im Anschluß daran erfolgt eine Grobstrukturierung der Fertigungsmittel nach den eingesetzten Fertigungsverfahren gemäß DIN 8580.

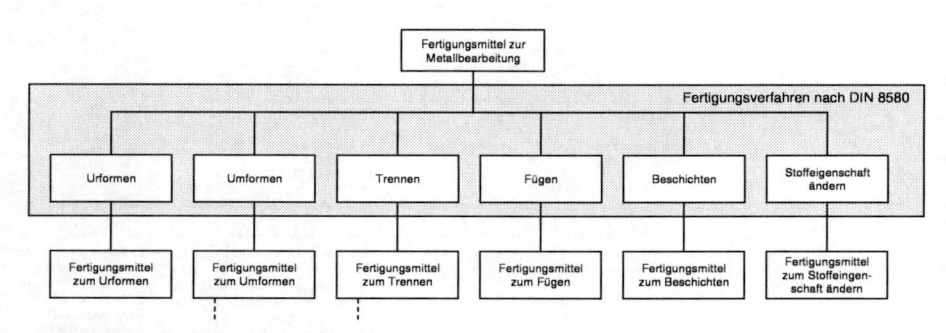

**Bild 10-43: Fertigungsmittel zur Metallbearbeitung**

Der Auswahl des Fertigungsverfahrens schließt sich eine Grobstrukturierung der Fertigungsmittel nach deren Komplexität an. So können Fertigungsmittel entweder eine Maschinelle Anlage, eine Werkzeugmaschine, ein Werkzeug, eine Vorrichtung, ein Modell oder eine Form sein (Bild11).

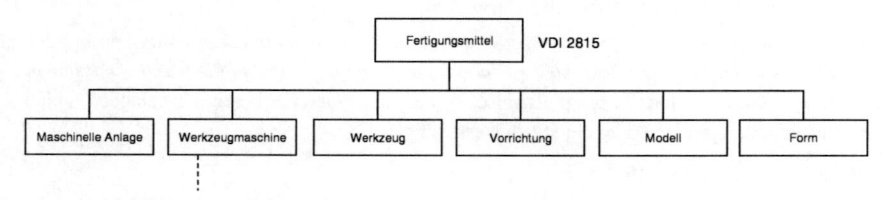

**Bild 10-44: Fertigungsmittel nach VDI 2815**

Sämtliche Fertigungsmittel lassen sich weiter in verschiedene Typenklassen untergliedern. Dies sei exemplarisch für Werkzeugmaschinen des Fertigungsverfahrens „Trennens" vorgestellt.

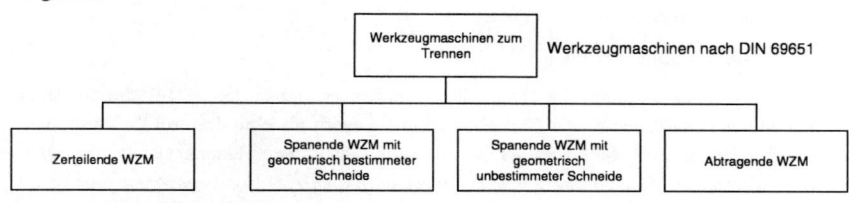

```
                    ┌──────────────────────┐
                    │ Werkzeugmaschinen zum│   Werkzeugmaschinen nach DIN 69651
                    │      Trennen         │
                    └──────────┬───────────┘
        ┌──────────────┬───────┴────────┬──────────────┐
┌───────┴──────┐ ┌─────┴─────┐  ┌───────┴──────┐ ┌─────┴──────┐
│ Zerteilende  │ │Spanende   │  │Spanende WZM  │ │Abtragende  │
│    WZM       │ │WZM mit    │  │mit geom.     │ │   WZM      │
│              │ │geom. best.│  │unbest.       │ │            │
│              │ │Schneide   │  │Schneide      │ │            │
└──────────────┘ └───────────┘  └──────────────┘ └────────────┘
```

**Bild 10-45: Werkzeugmaschinen zum Trennen**

Die spanenden Werkzeugmaschinen mit geometrisch bestimmter Schneide können z.B. weiter in folgende Klassen strukturiert werden:

```
                    ┌──────────────────────┐
                    │ Spanende WZM mit     │
                    │ geometrisch bestimmter│  Werkzeugmaschinen nach DIN 69651
                    │      Schneide        │
                    └──────────┬───────────┘
        ┌──────────────┬───────┴────────┬──────────────┐
   Drehmaschinen  Bohrmaschinen    Fräsmaschinen   Hobelmaschinen

   Maschinen zum  Bürstmaschinen  Feilmaschinen  Sägemaschinen  Räummaschinen
   Meißeln und
   Schaben
```

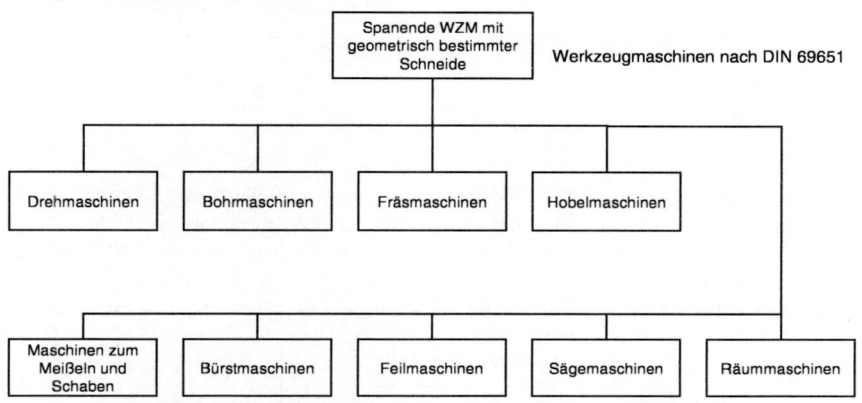

**Bild 10-46: Spanende Werkzeugmaschinen mit geometrisch bestimmter Schneide**

Bohrmaschinen wiederum haben folgende Struktur:

```
                    ┌──────────────┐
                    │ Bohrmaschinen│   Werkzeugmaschinen nach DIN 69651
                    └──────┬───────┘
        ┌──────────────┬───┴────────┬──────────────┐
   Senkrecht-    Waagerecht-   Koordinaten-    Tief-
   bohrmaschinen bohrmaschinen bohrmaschinen   bohrmaschinen

   Sonder-       Gewinde-      Form-           Profil-
   bohrmaschinen bohrmaschinen bohrmaschinen   bohrmaschinen
```

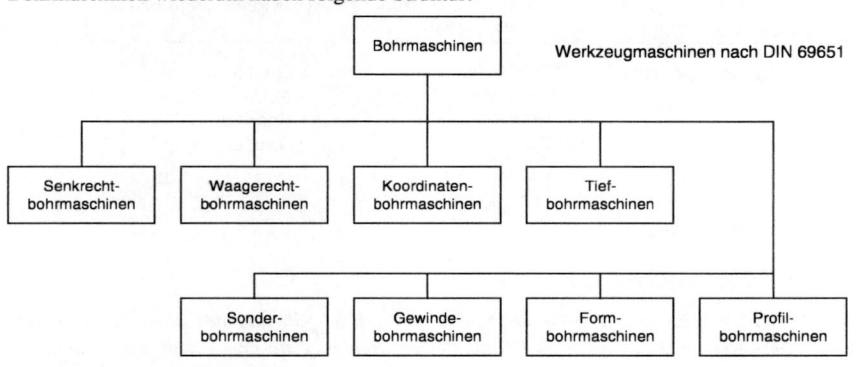

**Bild 10-47: Bohrmaschinen**

Die Strukturierung der Fertigungsmittel in weitere Unterklassen kann so weit erfolgen, wie es die Vielfalt der unternehmenseigenen Fertigungsmittel erfordert. Am Ende des Strukturbaumes stehen stets die konkret im Unternehmen vorhandenen Fertigungsmittel mit ihren charakteristischen technischen Daten.

#### 10.7.3.1.5 Handhabungsgeräte

Eine mögliche Strukturierung von Handhabungsgeräten erfolgt in der VDI-Richtlinie 2860. Darin wird das Handhaben neben dem Fördern und Lagern als eine der drei Teilfunktionen des Materialflusses aufgefaßt. Gemäß der Richtlinie ist unter Handhaben das *Schaffen, definierte Verändern oder vorübergehende Aufrechterhalten einer vorgegebenen räumlichen Anordnung von geometrisch bestimmten Körpern in einem Bezugskoordinatensystem* zu verstehen. Die VDI-Richtlinie untergliedert die Handhabungseinrichtungen entsprechend ihren Hauptfunktionen in Einrichtungen zum

- Speichern
- Mengen verändern
- Bewegen
- Halten und
- Prüfen.

Diese Art der Gliederung würde für die vorliegende Aufgabenstellung eine Überschneidung der Einrichtungen zum Speichern und Prüfen mit den Betriebsmittelklassen „Meß- und Prüfmittel" bzw. „Lagermittel" bewirken. Daher wird die Struktur nach der VDI-Richtlinie 2860 dahingehend modifiziert, daß die Einrichtungen zum Speichern und zum Prüfen gestrichen werden. Es ergibt sich somit eine Gliederung der Handhabungsgeräte nach Bild 15.

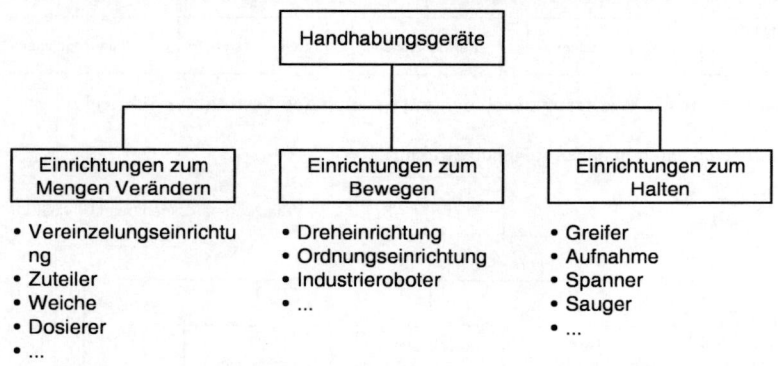

```
                        Handhabungsgeräte
                               |
        ┌──────────────────────┼──────────────────────┐
Einrichtungen zum        Einrichtungen zum       Einrichtungen zum
Mengen Verändern              Bewegen                  Halten

• Vereinzelungseinrichtu  • Dreheinrichtung        • Greifer
  ng                      • Ordnungseinrichtung    • Aufnahme
• Zuteiler                • Industrieroboter       • Spanner
• Weiche                  • ...                    • Sauger
• Dosierer                                         • ...
• ...
```

**Bild 10-48: Handhabungsgeräte**

#### 10.7.3.1.6 Meß- und Prüfmittel

Gemäß der Definition nach VDI 2815 sind dies *Mittel, die bei der Durchführung von Fertigungsaufgaben zum Prüfen von Maßhaltigkeit, Funktion, Beschaffenheit und besonderen Eigenschaften dienen*. Auch in diesem Fall muß der Einsatzbereich auf den gesamten

Produktlebenszyklus ausgedehnt werden, so daß Meß- bzw. Prüfmittel zur Kontrolle von Produkten und Prozessen nicht nur während der Entstehungsphase, sondern auch während der Nutzungs- und Entsorgungsphase zum Einsatz kommen. Zu den Mitteln gehören Meßanlagen, Maßstäbe, Lehren, Waagen, Sensoren etc.

### 10.7.3.1.7 Innenausstattung

Per Definition gehören dazu *Mittel, die zur Nutzung und Sicherung der Grundstücke und Gebäude oder zum Durchführen betrieblicher Aufgaben bestimmt sind, aber keiner anderen Betriebsmittelkategorie in ihrer Funktion zugeordnet werden können.* Dies können beispielsweise sein: Möbel, Lampen, Feuerschutzeinrichtung, Belegschaftseinrichtung, Büroeinrichtung, Laboreinrichtung oder sonstige Ausstattungen.

### 10.7.3.1.8 Organisationsmittel

Sie werden als *Hilfsmittel in der Ablauforganisation eingesetzt. Sie dienen nicht der Bearbeitung oder Verarbeitung von Material oder Erzeugnissen.* Beispiele für Organisationsmittel sind DV-Anlagen, Telefonanlagen, Kopiergeräte, Faxgeräte, Drucker, Plotter etc.

### 10.7.3.1.9 Lagermittel

Lagermittel sind *Mittel zum Abstellen und Aufbewahren von Material, Erzeugnissen und anderen Gegenständen.* Zu nennen sind etwa Paletten, Behälter, Container, Stapeleinrichtungen, Regale, Hochregallager, Ablageeinrichtungen etc.

### 10.7.3.1.10 Transportsysteme

Transportsysteme grenzen sich gegenüber den Handhabungsgeräten dadurch ab, daß sie weniger eine koordinierte Bewegung und Positionierung der Güter bewirken als vielmehr für den Transport von Produkten und Personen Sorge tragen. Eine Grobunterteilung der Transportsysteme kann in die Klasse der Stetigförderer, der Unstetigförderer und der Verkehrsmittel erfolgen. Auch wenn die Verkehrsmittel definitionsgemäß als Unstetigförderer anzusehen sind, so werden sie aufgrund ihrer Sonderrolle als eigene Klasse geführt.

```
                        Transportsysteme
                               │
        ┌──────────────────────┼──────────────────────┐
   Stetigförderer         Unstetigförderer         Verkehrsmittel
```

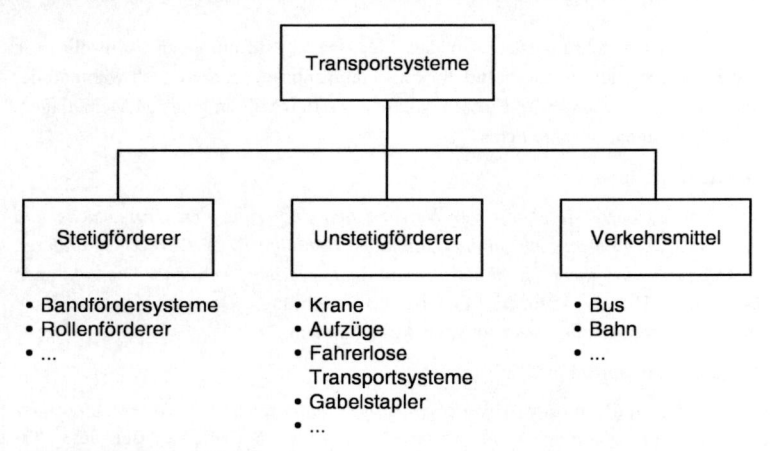

- Bandfördersysteme
- Rollenförderer
- ...

- Krane
- Aufzüge
- Fahrerlose Transportsysteme
- Gabelstapler
- ...

- Bus
- Bahn
- ...

**Bild 10-49: Transportsysteme**

Zu den Verkehrsmitteln zählen diejenigen Transportsysteme, die vorwiegend für den außerbetrieblichen Güter- oder Personenverkehr eingesetzt werden.

```
                            Verkehrsmittel
                                 │
     ┌──────────────┬────────────┴────────────┬──────────────┐
  Radfahrzeuge  Schienenfahrzeuge          Schiffe        Flugzeuge
```

- PKW
- LKW
- Bus
- Transporter
- ...

- Güterzug
- Personenzug
- ...

- Binnenschiff
- Überseeschiff
- Tankschiff
- Passagierschiff
- ...

- Transportflugzeug
- Personenflugzeug
- Hubschrauber
- Transportrakete
- ...

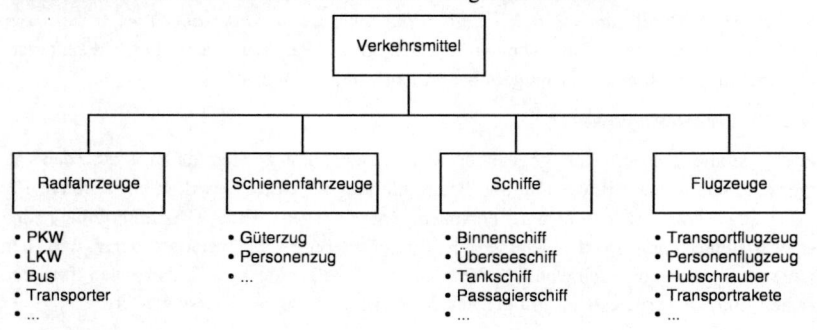

**Bild 10-50: Verkehrsmittel**

### 10.7.3.1.11 Gebäude und Flächen

Die Betriebsmittelklasse Gebäude und Flächen nimmt eine Sonderposition innerhalb der Betriebsmittelstruktur ein, da die Beanspruchung dieser Ressource i.d.R. nicht einem einzigen Produkt oder Prozeß zugewiesen werden kann. Der anteilmäßige Verbrauch ist demnach verursachungsgerecht zu ermitteln und zuzuweisen. Eine Strukturierung kann entsprechend des Einsatzes und der Besitzverhältnisse in Büros, industriell, privat und öffentlich genutzte Gebäude und Flächen erfolgen.

```
                    ┌──────────────────┐
                    │ Gebäude und      │
                    │ Flächen          │
                    └──────────────────┘
```

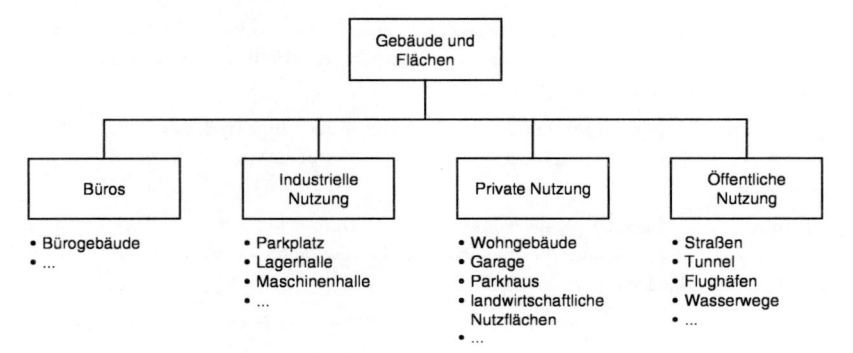

| Büros | Industrielle Nutzung | Private Nutzung | Öffentliche Nutzung |
|---|---|---|---|
| • Bürogebäude<br>• ... | • Parkplatz<br>• Lagerhalle<br>• Maschinenhalle<br>• ... | • Wohngebäude<br>• Garage<br>• Parkhaus<br>• landwirtschaftliche Nutzflächen<br>• ... | • Straßen<br>• Tunnel<br>• Flughäfen<br>• Wasserwege<br>• ... |

**Bild 10-51: Gebäude und Flächen**

Für alle Betriebsmittel gilt, daß sie sich durch die Angabe des Betriebsmittels, der Einsatzdauer sowie im Bedarfsfall einiger Betriebsmittelparameter ausreichend quantifizieren lassen.

### 10.7.4 Finanzen

Die Ressource Finanzen ist eine Hilfsgröße und umfaßt diejenigen finanziellen Aufwendungen, die sich nicht einer der anderen Ressourcen zuordnen lassen. Dazu zählen beispielsweise Versicherungsgebühren, Steuern oder Deponiekosten.

Für die Erfassung reichen Angaben zur Kostenart sowie zur Währungsart aus.

### 10.7.5 Personal

Die Inanspruchnahme der innerbetrieblichen Ressource Personal ruft Personalkosten hervor. Diese setzen sich aus der notwendigen Zeit zur Bearbeitung eines Prozesses und aus den entsprechenden Kostensätzen des durchführenden Mitarbeiters zusammen. Anstelle die Kostensätze der Mitarbeiter direkt anzugeben, ist es sinnvoller, die Ressource Personal über die Angabe der Qualifikationsstufe zu klassifizieren. Jeder Qualifikationsstufe ist dann wiederum ein Kostensatz zugeordnet. Damit sind die Personalkosten Kp durch die Bearbeitungszeit T sowie die Qualifikationsstufe Q eindeutig beschrieben.

$K_p$ = Personalkosten [DM]

T = Bearbeitungszeit des Prozesses [h]

$K_q$ = Kostensatz [DM/h]

Q = Qualifikationsstufe des Mitarbeiters

$$K_p = T * K_q = f(T, K_q)$$

wobei $K_q = f(Q)$

→ **$K_p = f(T, Q)$**

Die unterschiedlichen Qualifikationsstufen mit den hinterlegten Kostensätzen spiegeln sich in der Personalstruktur eines Unternehmens wider. Die traditionelle Personalstruktur kann nach /Dostel 88/ unterteilt werden (Bild 1) in:

- **Hilfspersonal**, sowohl in der Fertigung als auch in den Büros, das die Aufgaben übernimmt, für die keine besonderen Qualifikationen erforderlich sind, und die bislang nicht automatisiert werden konnten.
- **Qualifiziertes Fertigungspersonal**, das aus der handwerklichen Tradition hervorgeht und heute als Facharbeiter tätig ist. Dazu gehören auch die Aufsichtspersonen wie Meister und Vorarbeiter.
- **Planungs- und Verwaltungspersonal**, das im Büro tätig ist und die vor- und nachgelagerten Verwaltungsarbeiten übernimmt. Hier gibt es eine Unterteilung in technisches und kaufmännisches Personal.
- **Managementpersonal**, das die Strukturen plant, ihren Betrieb überwacht und optimiert und für den Ablauf aller dieser Arbeiten verantwortlich ist.

**Bild 10-52: Personal**

Die dargestellte Hierarchie stellt beispielhaft eine mögliche Struktur dar und ist unternehmensspezifisch anzupassen und zu erweitern.

### 10.7.6 Emissionen

Unter Emissionen sind all diejenigen Nebenprodukte zu verstehen, die unerwünscht bei der Durchführung von Prozessen anfallen. Dabei kann prinzipiell zwischen energetischen und materiellen Emissionen unterschieden werden /Horneber 95/.

Zu den **energetischen** zählen folgende **Emissionen** physikalischen Ursprungs:

**Lärm**

Geräusche, die ein technisches Produkt emittiert und dabei sowohl den Benutzer als auch das Umfeld stören kann. Sie sind nach ihrem Schallpegel, ihrer Amplitude und ihrer Frequenz zu unterscheiden.

**Schwingungen**

Dies sind dynamische Bewegungen des Produktes oder eines Betriebsmittels, die sich in Form von Erschütterungen auf das Umfeld übertragen.

**Licht**

Licht kann je nach Intensität und Wellenlänge das Umfeld negativ beeinflussen. So sind beispielsweise im Falle von Elektroschweißgeräten oder Lasern geeignete Schutzmaßnahmen zu ergreifen.

**Strahlung**

Bei technischen Produkten kann es vorkommen, daß sie Strahlung abgeben. Diese können in unterschiedlicher Form, beispielsweise als elektromagnetische oder radioaktive Strahlung, vorliegen. Sie können gegebenenfalls ein Gefahrenpotential darstellen, wenn sich im Umfeld strahlungsempfindliche Gegenstände oder Lebewesen befinden.

## Wärme

Hierunter sind diejenigen Energiemengen zu verstehen, die als Abwärme technisch nicht nutzbar sind.

**Emissionen** in **materieller Form** treten als stoffliche Ausgangsgrößen von Produkten oder Prozessen auf. Sie können gasförmiger, flüssiger oder fester Natur sein.

## Atmosphärische Emissionen

Hierunter sind gasförmige Emissionen zu verstehen, deren umweltschädigende Wirkung bekannt ist. Als Vorlage dient die Technische Anleitung zur Reinhaltung der Luft (TA-Luft), die die Immissions- und Emissionswerte und die Genehmigung und Überwachung umweltgefährdender Anlagen regelt. Die wichtigsten gasförmigen Emissionen sind demnach:

- Kohlendioxid ($CO_2$)
- Kohlenmonoxid (CO)
- Schwefeldioxid ($SO_2$)
- Stickoxide ($NO_X$)
- Organische Verbindungen
- Ozon
- Schwefelwasserstoffe
- Kohlenwasserstoffe
- Chlorwasserstoffe
- Feinstäube
- Schwermetalle

## Flüssige Emissionen

An flüssigen Emissionen werden solche Stoffe aufgezählt, die ein wassergefährdendes Potential haben /Bank 95/:

- Säuren und Laugen
- Alkalimetalle, Siliciumverbindungen mit über 30% Si, metallorganische Verbindungen, Halogene, Säurehalogenide, Metallcarbonyle und Beizsalze
- Mineral- und Teeröle sowie deren Produkte
- flüssige wasserlösliche Kohlenwasserstoffe, Alkohole, Aldehyde, Ketone, Ester, halogen-, stickstoff- und schwefelhaltige organische Verbindungen
- Gifte

In der Rahmenverwaltungsvorschrift über die Mindestanforderungen an das Einleiten von Abwasser in Gewässer /Abw 89/ werden ferner die zur Einleitung freigegebenen Stoffe nach Art und Quantität spezifiziert.

**Feste Emissionen**

Diese Emissionsart zeichnet sich dadurch aus, daß die entstandenen Stoffe im Vergleich zum Abfall nicht oder nur schwer gesammelt, gelagert und getrennt werden können. Dazu gehören beispielsweise Ruß als Verbrennungsrückstand, Gummiabrieb von Autoreifen oder abblätternde Lackpartikel.

Die dargestellte Gliederung erfolgte nach Art bzw. Herkunft der Emissionen. Für eine anschließende umweltorientierte Bewertung sind jedoch nicht nur die Emissionsart sondern auch die Auswirkungen der Emission von Bedeutung. Diese hängen wiederum vom Ort der Emissionseinleitung ab. Da ein und dieselbe Emission bei Einleitung in Luft, Wasser oder Boden unterschiedlich starke Umweltauswirkungen hervorrufen kann, ist eine übergeordnete Einteilung der Emissionen nach

- Emissionen in Luft,
- Emissionen in Wasser und
- Emissionen in Boden

sinnvoll /Wenzel 97/.

### 10.7.7 Abfälle

Die Klassifizierung von Abfällen erfolgt in der Literatur nach unterschiedlichen Aspekten /Eyerer 96, Fleischer 89, Horneber 95, Stahel 91/. Die Technische Anleitung Abfall /Schmecken TAA 93/ beispielsweise ordnet die Abfälle folgenden Gruppen zu:

- Abfälle pflanzlichen und tierischen Ursprungs sowie von Veredelungsgruppen
- Abfälle mineralischen Ursprungs sowie von Veredelungsprodukten
- Abfälle aus Umwandlungs- und Syntheseprozessen (einschl. Textilabfälle)
- Siedlungsabfälle (einschl. ähnlicher Gewerbeabfälle)

Andere Unterteilungen orientieren sich an den Gefahrstoffklassen, dem Schadstoffgrad, der Zusammensetzung oder der Herkunft des Abfalls. In dem vorliegenden Ressourcenmodell soll zusätzlich zu der oben genannten Unterteilung eine Differenzierung in

- nutzbare Abfälle und
- nicht nutzbare Abfälle

erfolgen. Als nutzbare Abfälle sollen solche verstanden werden, die für ein spezifisches Wirtschaftssystem von Wert sind und einer weiteren Nutzung zugeführt werden können /Horneber 95/. Dazu gehört sowohl eine thermische Nutzung als auch ein Recycling.

Nicht nutzbare Abfälle eignen sich lediglich für eine Deponierung gegebenenfalls mit vorheriger Zwischenbehandlung.

## 10.8 Tansformationsmatrizen

**Impacts for various materials according to EDIP PC-tool** Source: Alting 97

| | Unit | 1 kg Aluminum (100% primary) | 1 kg Aluminum (100% secondary) | 1 kg AlSi12 (100% secondary) | 1 kg Steel plate (89% primary) | 1 kg Steel plate (90,5% recycled) | 1kWh (EU, 1990) | 1 kg natural gas (1-50 MW burner) | 1 kg fuel oil (0,5% S) (1-100 MW burner) | 1 kg copper (primary) | 1 kg PVC |
|---|---|---|---|---|---|---|---|---|---|---|---|
| **Environmental Impact** | | | | | | | | | | | |
| Global warming | mPE | 1,33E+00 | 8,45E-02 | 2,56E-01 | 3,36E-01 | 1,47E-01 | 6,80E-02 | 3,52E-01 | 4,04E-01 | 7,85E-01 | 2,31E-01 |
| Acidification | mPE | 7,59E-01 | 3,69E-02 | 1,14E-01 | 7,47E-02 | 5,43E-02 | 4,75E-02 | 3,86E-02 | 1,57E-01 | 4,70E-01 | 1,97E-01 |
| Photochemical ozone | mPE | 1,57E-01 | 2,17E-03 | 5,10E-03 | 3,61E-02 | 6,47E-03 | 1,68E-03 | 1,03E-02 | 2,25E-03 | 9,16E-02 | 4,05E-03 |
| Nutrient enrichment | mPE | 1,60E-01 | 1,11E-02 | 0,00E+00 | 0,00E+00 | 0,00E+00 | 1,07E-02 | 3,06E-02 | 4,72E-02 | 1,48E-01 | 7,26E-02 |
| Human toxicity | mPE | 5,66E-02 | 4,94E-03 | 1,10E-02 | 6,56E-02 | 6,68E-03 | 3,71E-03 | 5,87E-03 | 2,38E-02 | 4,88E-02 | 1,71E-02 |
| Ecotoxicity | mPE | 4,97E-01 | 5,34E-03 | 6,62E-02 | 2,14E-01 | 2,38E-02 | 3,82E-02 | 4,58E-04 | | 4,18E-02 | |
| Persistent toxicity | mPE | 2,39E-01 | 2,27E-02 | 5,39E-02 | 1,56E-01 | 2,55E-02 | 2,03E-02 | 6,12E-05 | 5,21E-02 | 1,25E+00 | |
| **Solid waste** | | | | | | | | | | | |
| Bulk waste | mPE | 1,32E+00 | 1,39E-01 | 1,95E-01 | 1,33E-01 | 1,49E-01 | 4,34E-02 | 3,11E-03 | 3,11E-03 | 3,20E-01 | 1,18E-01 |
| Hazardous waste | mPE | 2,47E-04 | 2,06E-01 | 2,07E-01 | 7,46E+00 | 7,46E+00 | 1,84E-04 | | | 8,66E-02 | 5,80E-02 |
| Radioactive waste | mPE | 2,96E-01 | 7,59E-04 | 3,31E-01 | 1,03E-01 | 5,91E-02 | 2,07E-01 | | | 5,24E-01 | |
| Slag and ashes | mPE | 7,97E-01 | 1,29E-02 | 1,09E-01 | 5,55E-02 | 5,25E-02 | 6,04E-02 | 1,72E-03 | 7,15E-03 | 1,94E-01 | |
| **Energy consumption** | | | | | | | | | | | |
| Primary energy, material | MJ | 8,33E-06 | 3,56E-07 | 1,60E-06 | 5,26E-07 | 1,56E-06 | 7,82E-07 | | | 5,62E-06 | 0,00E+00 |
| Primary energy, process | MJ | 1,67E-02 | 9,29E+00 | 3,52E-01 | 3,41E-01 | 1,35E-01 | 1,27E-01 | 5,35E-01 | 0,00E+00 | 9,80E-01 | 0,00E+00 |
| **Resources** | | | | | | | | | | | |
| Al (aluminium) | mPE | 2,96E-02 | 3,93E-03 | 6,82E-03 | 9,93E-03 | 5,08E-03 | 1,79E-03 | 5,88E-02 | 2,35E-02 | 2,66E-02 | 1,62E-02 |
| Brown coal | mPE | 4,50E+00 | 1,18E-03 | 5,14E-01 | 3,45E-01 | 9,22E-03 | 3,22E-01 | | | 4,59E-02 | |
| Calcium carbonate (CaCO3) | mPE | 0,00E+00 | 0,00E+00 | 0,00E+00 | 0,00E+00 | 0,00E+00 | 0,00E+00 | | 0,00E+00 | 0,00E+00 | 0,00E+00 |
| Cu (copper) | mPE | | | | | | | | | 5,88E-02 | |
| Fe (iron) | mPE | 8,04E-04 | 1,15E-04 | 1,55E-04 | 9,97E+00 | 9,81E-01 | 2,51E-05 | | 7,00E-04 | 1,16E+00 | 2,40E-03 |
| Ground water | mPE | 0,00E+00 | 0,00E+00 | 0,00E+00 | 0,00E+00 | 0,00E+00 | 0,00E+00 | | | 0,00E+00 | |
| Clay | mPE | 0,00E+00 | 0,00E+00 | 0,00E+00 | 0,00E+00 | 0,00E+00 | 0,00E+00 | | 0,00E+00 | 0,00E+00 | |
| Mn (manganese) | mPE | 2,32E-04 | 8,59E-07 | 2,87E-02 | 2,36E-02 | 1,72E-02 | 8,28E-06 | | | 4,15E-01 | |
| Sodium chloride (NaCl) | mPE | 0,00E+00 | 0,00E+00 | 1,41E-05 | 3,58E+00 | 3,82E-03 | 6,00E+00 | 0,00E+00 | 0,00E+00 | 0,00E+00 | 0,00E+00 |
| Natural gas | mPE | 6,09E-01 | 3,81E-02 | 1,49E-01 | 0,00E+00 | 6,90E-02 | 2,46E-02 | 3,42E+00 | 1,99E-01 | 8,42E-01 | 1,70E+00 |
| Dammed water | mPE | 0,00E+00 | 0,00E+00 | 0,00E+00 | 4,24E-01 | 2,61E-01 | 0,00E+00 | | | 0,00E+00 | 0,00E+00 |
| Surface water | mPE | 0,00E+00 | 0,00E+00 | 0,00E+00 | 0,00E+00 | 0,00E+00 | 0,00E+00 | | | 0,00E+00 | |
| Crude oil | mPE | 1,71E+00 | 2,86E-01 | 0,00E+00 | 0,00E+00 | 0,00E+00 | 5,23E-02 | 7,71E-02 | 1,76E+00 | 1,06E+00 | 8,60E-01 |
| Stone coal | mPE | 2,54E+00 | 8,79E-02 | 3,72E-01 | 2,39E-01 | 5,70E-02 | 1,90E-01 | 1,15E-02 | 5,25E-03 | 1,48E+00 | 3,98E-01 |
| Hard wood (dry material) | mPE | | | | | | | | | | |
| U (Uranium) | mPE | 0,00E+00 | 0,00E+00 | 8,38E-01 | 1,06E+00 | 4,89E-01 | 0,00E+00 | | 0,00E+00 | 0,00E+00 | 0,00E+00 |
| Unspecified fuels | mPE | 0,00E+00 | 0,00E+00 | 0,00E+00 | 0,00E+00 | 0,00E+00 | 0,00E+00 | | | 0,00E+00 | |
| Unspecified water | mPE | 4,92E-02 | 6,40E-04 | 0,00E+00 | 0,00E+00 | 0,00E+00 | 2,46E-02 | 7,68E-05 | 3,43E-04 | 6,25E-02 | 3,11E-03 |
| Unspecified biomass | mPE | 0,00E+00 | 0,00E+00 | 3,99E-02 | 1,23E-02 | 7,18E-04 | 0,00E+00 | | | 0,00E+00 | |

**Bild 10-53:** Transformationsmatrix in Anlehnung an Alting 97

## 10.9 Checklisten und weitere Hilfsmittel für die lebenszyklusorientierte Produktgestaltung /Hopfenbeck 95/

### 10.9.1 Checkliste „Ökologische Anforderungen an das Material"

|  | Ja | Nein |
|---|---|---|
| • Wird mit einem Material in einer der Lebenszyklusphasen gegen eine bestehende Vorschrift verstoßen (Kriterium 1)? |  |  |
| • Stehen die bekannten Informationen über die öffentliche Kritik (Kriterium 2) am Material im Widerspruch zur Produktstrategie? Wird z.B. das Verbot eines Materials öffentlich gefordert, das in der Konstruktion als wichtiger Umsatzträger eine Rolle spielt? Sind negative Rückwirkungen auf die Absatzchancen zu erwarten? Wären, wenn man auf dieses Material verzichtete, verbesserte Absatzchancen möglich? |  |  |
| • Stellt die Lagerung, der Transport, die Montage oder der Gebrauch des Materials (Kriterium 4 und 7) ein Umweltrisiko dar? Treten insbesondere beim Brand des Materials unvertretbare Emissionen auf? |  |  |
| • Verbraucht die Herstellung des Materials oder sein Transport unverantwortlich viel Rohstoff oder Energie? Entstehen bei der Herstellung des Materials unverantwortbar viel Abfälle oder Sonderabfälle (Kriterium 6)? |  |  |
| • Sind durch das Material in der Verarbeitungsphase Emissionen (Kriterium 7) oder Wirkungen zu erwarten, die die Umwelt oder die Mitarbeiter in der Produktion belasten? |  |  |
| • Sind aus dem Material in der Gebrauchsphase Emissionen, insbesondere Luftemissionen (Kriterium 8), möglich, die humantoxikologisch und/oder (arbeits-)medizinisch von Bedeutung sind? Sind eventuell aufgrund von Berührungen mit dem Material Auswirkungen (z.B. Allergien) zu erwarten? |  |  |
| • Gilt entsprechendes für die Deponierung oder die Verbrennung des Materials (Kriterium 9)? |  |  |

## 10.9.2 Fragen zur Konstruktionsentscheidung bei Zielkonflikten

|  | Ja | Nein |
|---|---|---|
| • Stehen die bei möglichen Alternativmaßnahmen entstehenden Kosten in einem angemessenen Verhältnis zum existierenden Umweltproblem? | | |
| • Rechtfertigt die eingesetzte Menge des in Frage stehenden Materials weitere Untersuchungen oder den Aufwand einer Produkt- oder Verfahrensänderung? | | |
| • Läßt sich die Anforderung bei reduziertem Verbrauch des kritischen Materials erfüllen? Läßt sich dieser reduzierte Verbrauch vertreten? | | |
| • Werden auf dem Markt die gleichen umweltbelastenden Stoffe eingesetzt? | | |
| • Hält die Anforderung an das Produkt einer kritischen Hinterfragung auf Grundlage der damit verbundenen Umweltbelastungen stand? | | |
| • Kann die Anforderung so verändert werden, daß sie sich mit einem anderen Material oder anderen Lösungsalternativen erfüllen läßt? | | |
| • Soll zur Erfüllung einer besonders wichtigen Anforderung die Nichterfüllung eines Umweltziels akzeptiert werden? | | |

## Zielkonflikte

| Konflikt | Erläuterung |
|---|---|
| Langlebigkeit kontra Produktinnovation | Vielfach wird die Langlebigkeit von Produkten mit besonders entsorgungs- und innovationsfeindlichen Materialien und Konstruktionsprinzipien erkauft |
| Produktverkleinerung kontra Demontagefreundlichkeit | In zahlreichen Konstruktionsfällen lassen sich die Verkleinerung von Produkten und die Werkstoffverringerung nur durch demontageunfreundliche Verbindungsprinzipien oder recyclingunfreundliche Fügestellen erreichen. |
| Einsatz langlebiger hochwertiger Werkstoffe kontra Werkstoffrecyclingfähigkeit | Der Einsatz hochwertiger Werkstoffe für langlebige oder wiederverwendungsfähige Produkte und Produktteile kann die Wiederverwertung durch Recycling teilweise oder ganz verhindern. |
| Kunststoffe kontra Metalle | Beide Werkstoffe verfügen über spezifische Vor- und Nachteile. Während sich Metalle, bei Verzicht bestimmter Oberflächenbehandlungen, fast unbegrenzt mit hoher Werkstoffqualität wiederverwerten lassen, verfügen Kunststoffe über schlechtere Recyclingeigenschaften. Kunststoffe sind aber leichter und können so einen wichtigen Beitrag für die Energieeinsparung, etwa beim Transport, leisten. |
| Wertvolle Kunststoffe kontra Kostengünstigkeit | Die bisherigen Forschungsergebnisse zeigen, daß sich häufig die Anzahl der verwendeten Kunststoffe ohne erheblich höheren Kostenaufwand reduzieren läßt. Dennoch gibt es hier Grenzen, die heute nur durch Optimierung verschoben, nicht aber beseitigt werden können. Bei der Verwendung besonders wertvoller entsorgungsfreundlicher Werkstoffe, etwa im Hinblick auf Wiederverwendung und Minimierung der Werkstoffvielfalt, können die Kosten zum ausschlaggebenden Zielkonflikt werden. |
| Entsorgungsfreundlichkeit kontra hoher Energieverbrauch bei der Produktion | Dies stellt sich als ein besonders diffiziles Problem dar, das nur mittels Ökobilanzen gelöst werden kann, denn natürlich dürfen die energiebedingten Umweltprobleme nicht vernachlässigt werden. Verschiedene Untersuchungen zeigen aber, daß noch erhebliche Spielräume für Energieeffizienzsteigerungen vorhanden sind, so daß dieses Problem in vielen Fällen lösbar scheint. |

## CHECKLISTE ECODESIGN

### 1. Bedarfsprüfung

- Anwendungsbereich des Produktes kritisch analysieren
- Bedarfserfüllung möglichst material- und energiesparend, Dienstleistungskonzepte überlegen

### 2. Materialeinsatz

- Materialien bevorzugen, die umweltschonend hergestellt sind
- Einsatz von Sekundärrohstoffen (Recyclingmaterial), sofern geeignet
- Einsatz von Materialien, die nicht von weit her transportiert werden müssen
- Materialvielfalt im Produkt vermeiden
- Verzicht auf Materialien, die vehement in öffentlicher Diskussion stehen

### 3. Produktherstellung

- Effizienter Materialeinsatz (Vermeiden von Verschnitt und Ausschuß)
- Sparsamer Einsatz von Energie und Wasser
- Vermeiden von gefährlichen Abfällen
- Vermeiden von Abwasserbelastungen aus der Produktion
- Vermeiden von Luftbelastungen und Geruchsbelästigung
- Geringe Lärmbelastung der Arbeiter und Anrainer bei Herstellungsprozeß anstreben
- Bei „zusammengesetzten Produkten" beachten, daß Verbindungen wieder lösbar sind
- Verkehrsbelastung durch Transport beachten
- Nach Maßgabe der notwendigen Schutzfunktionen die sinnvollste Verpackungsvariante wählen

### 4. Gebrauch

- Lange Produktlebensdauer anstreben
- Verschleißteile sollen leicht auszuwechseln sein
- Möglichkeit der Reparatur gewährleisten
- Einfache Reinigung des Produktes ermöglichen
- Betriebsmittel so umweltfreundlich wie möglich wählen

### 5. Entsorgung

- Abkehr vom Einmal- bzw. Wegwerfprodukt
- Mehrfachnutzung anstreben
- Stoffliche Verwertung ermöglichen
- Produkt soll kein Problemstoff sein bzw. diese enthalten

| Arbeitsschritte für ECODESIGN |
|---|
| 1. Zerlege das Referenzprodukt in seine Einzelteile |
| 2. Erhebe und bewerte die umweltrelevanten Aspekte |
| 3. Setze Prioritäten für die Verbesserung |
| 4. Veranstalte ein Brainstorming zu möglichen Designlösungen |
| 5. Vergleiche die Lösungsvorschläge mit den Produktanforderungen |
| 6. Vergleiche das neue Design mit dem Referenzprodukt |
| 7. Beschreibe den neuen Designvorschlag hinsichtlich seiner wesentlichen Kriterien |
| 8. Präsentiere Skizzen der neuen Lösung |

| Lebensphase 1: Gewinnung der Vorprodukte – Herstellung des Produktes | | |
|---|---|---|
| **Umweltorientierte Kriterien** | **Beurteilung negativ** | **Beurteilung positiv** |
| Rohstoffe | | |
| Höhe, Effizienz des Verbrauchs | hoch uneffizient | gering, effizient |
| Verwendung von Recyclingdaten | nicht oder nur eingeschränkt möglich | möglich |
| Energie | | |
| Höhe, Effizienz des Verbrauchs | hoch, uneffizient | gering, effizient |
| Wasserverbrauch | hoch | gering |
| Nebenprodukte | | |
| Anzahl/Menge | hoch | gering |
| Nutzung | keine, Abfall | vorhanden |
| Umweltgefährdende Inhaltsstoffe | vorhanden | nicht vorhanden |
| Schadstoffe Luft | | |
| Menge | hohe Emissionen | geringe Emissionen |
| Art | toxische, persistierende, akkumulierende Stoffe | ohne toxische, persistierende, akkumulierende Stoffe |
| Schadstoffe Wasser | | |
| Menge | bedeutsam | zu vernachlässigen |

*Methodik zur integrierten Gestaltung von Produkten und deren Lebenszyklen* A99

| Art | ökotoxische Stoffe | keine ökotoxischen Stoffe |
|---|---|---|
| Biochemischer Sauerstoffbedarf | hoch | zu vernachlässigen |
| Beeinflussung des pH-Wertes | vorhanden | nicht vorhanden |
| Schadstoffe Boden | Belastung zu erwarten | Belastung nicht zu erwarten |
| Geräuschemissionen Erschütterungen | hoch | niedrig |

| Lebensphase 2: Anwendungen einschließlich Transport | | |
|---|---|---|
| **Umweltorientierte Kriterien** | **Beurteilung negativ** | **Beurteilung positiv** |
| Energie Höhe, Effizienz des Verbrauchs | hoch, uneffizient | gering, effizient |
| Betriebsmittel | | |
| Wasserverbrauch | hoch | gering |
| Schmierstoffverbrauch | hoch | gering |
| Verbrauch von Reinigungs- und Pflegemitteln | hoch | gering |
| Schadstoffe Luft | | |
| Menge | hohe Emissionen | geringe Emissionen |
| Art | toxische, persistierende, akkumulierende Stoffe | ohne toxische, persistierende, akkumulierende Stoffe |
| Schadstoffe Wasser | | |
| Menge | bedeutsam | zu vernachlässigen |
| Art | ökotoxische Stoffe | keine ökotoxischen Stoffe |
| Biochemischer Sauerstoffbedarf | hoch | zu vernachlässigen |
| Beeinflussung des pH-Wertes | vorhanden | nicht vorhanden |
| Schadstoffe Boden | Belastung zu erwarten | Belastung nicht zu erwarten |
| Geräuschemissionen | | |

| | | |
|---|---|---|
| Erschütterungen | hoch | niedrig |
| Haltbarkeit Lebensdauer Nutzungsdauer | keine Angaben über Haltbarkeit, Weiterverwendung als Altprodukt nicht möglich | lange Haltbarkeit, Angaben über Nutzungsdauer, Weiterverwendung nach Reparatur möglich |
| Wartung | aufwendige Wartung | Wartungsfreundlich |
| Reparatur | Wegwerfprodukt | Angepaßte Reparaturmöglichkeit, leichte Zugänglichkeit |
| Austauschteile | nicht vorgesehen | werden angeboten |
| Verpackung Verpackungsbedarf Mehrwegverpackung Recycling | groß nicht möglich eingeschränkt | gering möglich ohne Einschränkungen |

| Lebensphase 3: Recycling, Entsorgung | | |
|---|---|---|
| **Umweltorientierte Kriterien** | **Beurteilung negativ** | **Beurteilung positiv** |
| Recyclingfähigkeit | keine bis eingeschränkt | ohne Einschränkungen |
| Kreislaufsystem beim Recycling | nicht oder noch nicht vorhanden | vorhanden |
| Kennzeichnung der verwendeten Werkstoffe | nein | ja |
| Sortenvielfalt | ja | nein |
| Einhaltung der Konstruktionsregeln für Demontage | nein bis eingeschränkt | ja |
| **Standardisierung der Demontage, Schnittstellen** | nein | ja |
| Recyclingquotient Umweltbelastung beim Recyclingverfahren | niedrig Belastungen zu erwarten | hoch Belastungen gering beherrschbar |
| Umweltbelastungen bei der Entsorgung bzw. der | vorhanden | eingeschränkt vorhanden |

| entsprechenden Vorbehandlung | | |
|---|---|---|

## Zusammenfassende Checkliste
**Produktlebenszyklus**

| | Vorproduktion | Produktion | Distribution | Gebrauch | Entsorgung |
|---|---|---|---|---|---|
| Abfall- aufkommen | | | | | |
| Bodenver- schmutzung | | | | | |
| Wasserver- schmutzung | | | | | |
| Luftver- schmutzung | | | | | |
| Lärm | | | | | |
| Energie- verbrauch | | | | | |
| Ressourcen- verbrauch | | | | | |
| Auswirkungen auf Ökosystem | | | | | |

## 10.10 Verfahren für unscharfe Rechenoperationen mit LR-Intervallen /Biewer 97/

### 10.10.1 Definition arithmetischer Operationen über LR-Zahlen

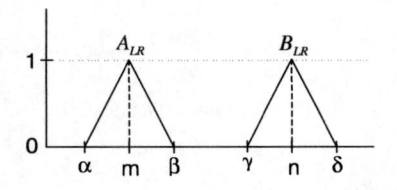

| Operationsname | Bedingungen | Funktionsgleichung |
|---|---|---|
| Maximum | | $\max(A_{LR}, B_{LR})$ $\approx (\max(m,n), \max(m,n) - \max(m-\alpha, n-\gamma),$ $\max(m+\beta, n+\delta) - \max(m,n)\ )LR$ |
| Minimum | | $\min(A_{LR}, B_{LR})$ $\approx (\min(m,n), \min(m,n) - \min(m-\alpha, n-\gamma),$ $\min(m+\beta, n+\delta) - \min(m,n)\ )LR$ |
| Negation | | $-A_{LR} = (-m, \beta, \alpha)_{RL}$ |
| Kehrwert | $A > 0 \vee A < 0$ | $A_{LR}^{-1} \approx \left(\dfrac{1}{m}, \dfrac{\beta}{m^2}, \dfrac{\alpha}{m^2}\right)_{RL}$ |
| Addition | | $A_{LR} + B_{LR} = (m+n, \alpha+\gamma, \beta+\delta)_{LR}$ |
| Subtraktion | | $A_{LR} - B_{RL} = (m-n, \alpha+\delta, \beta+\gamma)_{LR}$ |
| Multiplikation | $A > 0 \wedge B > 0$ | $A_{LR} \cdot B_{LR} \approx (mn, m\gamma + n\alpha, m\delta + n\beta)_{LR}$ |
| | $A < 0 \wedge B < 0$ | $A_{LR} \cdot B_{LR} \approx (mn, -n\beta - m\delta, -n\alpha - m\gamma)_{LR}$ |
| | $A < 0 \wedge B > 0$ | $A_{LR} \cdot B_{LR} \approx (mn, n\alpha - m\delta, n\beta - m\gamma)_{LR}$ |
| | $A > 0 \wedge B < 0$ | $A_{LR} \cdot B_{LR} \approx (mn, m\gamma - n\beta, m\delta - n\alpha)_{LR}$ |
| Division | $A > 0 \wedge B > 0$ | $A_{LR} / B_{RL} \approx \left(\dfrac{m}{n}, \dfrac{\delta m + \alpha n}{n^2}, \dfrac{\gamma m + \beta n}{n^2}\right)_{LR}$ |
| | $A < 0 \wedge B < 0$ | $A_{LL} / B_{LL} \approx \left(\dfrac{m}{n}, \dfrac{m\gamma - n\beta}{n^2}, \dfrac{m\delta - n\alpha}{n^2}\right)_{LL}$ |
| | $A < 0 \wedge B > 0$ | $A_{LL} / B_{LL} \approx \left(\dfrac{m}{n}, \dfrac{n\alpha - m\gamma}{n^2}, \dfrac{n\beta - m\delta}{n^2}\right)_{LL}$ |
| | $A > 0 \wedge B < 0$ | $A_{LL} / B_{LL} \approx \left(\dfrac{m}{n}, \dfrac{\delta m - \beta n}{n^2}, \dfrac{\gamma m - \alpha n}{n^2}\right)_{LL}$ |

## 10.10.2 Definition arithmetischer Operationen über LR-Intervalle

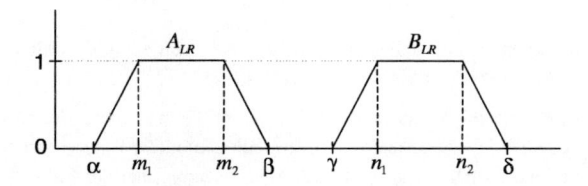

| Operationsname | Bedingungen | Funktionsgleichung |
|---|---|---|
| Maximum | | $\max(A_{LR}, B_{LR})$ <br> $\approx (\max(m_1, n_1), \max(m_2, n_2),$ <br> $\max(m_1, n_1) - \max(m_1 - \alpha, n_1 - \gamma),$ <br> $\max(m_2 + \beta, n_2 + \delta) - \max(m_2, n_2) )_{LR}$ |
| Minimum | | $\max(A_{LR}, B_{LR})$ <br> $\approx (\min(m_1, n_1), \min(m_2, n_2),$ <br> $\min(m_1, n_1) - \min(m_1 - \alpha, n_1 - \gamma),$ <br> $\min(m_2 + \beta, n_2 + \delta) - \min(m_2, n_2) )_{LR}$ |
| Negation | | $-A_{LR} = (-m_2, -m_1, \beta, \alpha)_{RL}$ |
| Kehrwert | $A > 0 \vee A < 0$ | $A_{LR}^{-1} \approx \left( \dfrac{1}{m_2}, \dfrac{1}{m_1}, \dfrac{\beta}{m_2^2}, \dfrac{\alpha}{m_1^2} \right)_{RL}$ |
| Addition | | $A_{LR} + B_{LR} = (m_1 + n_1, m_2 + n_2, \alpha + \gamma, \beta + \delta)_{LR}$ |
| Subtraktion | | $A_{LR} - B_{RL} = (m_1 - n_2, m_2 - n_1, \alpha + \delta, \beta + \gamma)_{LR}$ |
| Multiplikation | $A > 0 \wedge B > 0$ | $A_{LR} \cdot B_{LR} \approx (m_1 n_1, m_2 n_2, m_1 \gamma + n_1 \alpha, m_2 \delta + n_2 \beta)_{LR}$ |
| | $A < 0 \wedge B < 0$ | $A_{LR} \cdot B_{LR} \approx (m_2 n_2, m_1 n_1, -m_2 \delta - n_2 \beta, -m_1 \gamma - n_1 \alpha)_{LR}$ |
| | $A < 0 \wedge B > 0$ | $A_{LR} \cdot B_{LR} \approx (m_1 n_2, m_2 n_1, n_2 \alpha - m_1 \delta, n_1 \beta - m_2 \gamma)_{LR}$ |
| | $A > 0 \wedge B < 0$ | $A_{LR} \cdot B_{LR} \approx (m_2 n_1, m_1 n_2, m_2 \gamma - n_1 \beta, m_1 \delta - n_2 \alpha)_{LR}$ |
| Division | $A > 0 \wedge B > 0$ | $A_{LR} / B_{RL} \approx \left( \dfrac{m_1}{n_2}, \dfrac{m_2}{n_1}, \dfrac{\delta m_1 + \alpha n_2}{n_2^2}, \dfrac{\gamma m_2 + \beta n_1}{n_1^2} \right)_{LR}$ |
| | $A < 0 \wedge B < 0$ | $A_{LL} / B_{LL} \approx \left( \dfrac{m_2}{n_1}, \dfrac{m_1}{n_2}, \dfrac{m_2 \gamma - n_1 \beta}{n_1^2}, \dfrac{m_1 \delta - n_2 \alpha}{n_2^2} \right)_{LL}$ |
| | $A < 0 \wedge B > 0$ | $A_{LL} / B_{LL} \approx \left( \dfrac{m_1}{n_1}, \dfrac{m_2}{n_2}, \dfrac{n_1 \alpha - m_1 \gamma}{n_1^2}, \dfrac{n_2 \beta - m_2 \delta}{n_2^2} \right)_{LL}$ |
| | $A > 0 \wedge B < 0$ | $A_{LL} / B_{LL} \approx \left( \dfrac{m_2}{n_2}, \dfrac{m_1}{n_1}, \dfrac{\delta m_2 - \beta n_2}{n_2^2}, \dfrac{\gamma m_1 - \alpha n_1}{n_1^2} \right)_{LL}$ |

## 10.11 EXPRESS_G

Die folgenden Ausführungen zur Modellierungsprache EXPRESS_G /ISO 10303/ sind der Dissertation von Herrn Adam Polly entnommen /Polly 95/.

EXPRESS_G ist eine graphische Untermenge von EXPRESS. Sie dient der graphischen Darstellung der in EXPRESS spezifizierten Informationsmodelle und kann auch als eigenständige Modellierungssprache eingesetzt werden. Zielsetzung bei der Entwicklung von EXPRESS_G waren u.a.:

- In EXPRESS_G erstellte Diagramme sollen leicht und intuitiv verständlich sein,
- Die Diagramme sollen verschiedene Abstraktionsniveaus unterstützen, und
- ein Diagramm muß auf mehrere Seiten aufgeteilt werden können.

In EXPRESS_G werden Elemente und Relationen in einem Informationsmodell durch graphische Symbole, die ein Diagramm bilden, repräsentiert. Dazu stehen drei Typen von Symbolen zur Verfügung:

- Definitionssymbole (definition symbols), die die Objekte darstellen, die im Informationsmodell abgebildet werden sollen,
- Relationensymbole (relationship symbols), die die zwischen den Objekten bestehenden Beziehungen darstellen, und
- Kompositionssymbole (composition symbols), die die Zerlegung eines Modells auf mehrere Seiten ermöglichen.

EXPRESS_G unterstützt die Darstellung von Objekten ( ENTITYs), Typen, Relationen und Kardinalitäten. Zwangsbedingungen (constraints) für die spezifizierten Objekte sind in EXPRESS_G nicht darstellbar.

Nach dem Grad der Detaillierung können zwei Formen von EXPRESS_G Diagrammen unterschieden werden. Das ENTITY-Level-Diagramm beschreibt die Objekte in einem Schema durch ihre Definition und Relationen, während das Schema-Level-Diagramm ausschließlich Schemata und Beziehungen zwischen Schemata darstellt.

**Definitionssymbole:**

**Einfache Typen**

Einfache Datentypen stellen die atomaren Einheiten von EXPRESS_Modellen dar. Zur Darstellung der in EXPRESS definierten einfachen Datentypen (Binary, Boolean, Integer, Logical, Number, Real, und String) stellt EXPRESS_G Symbole zur Verfügung:

| NUMBER |

Der Number-Datentyp besitzt als Wertebereich alle numerischen Zahlen. Er wird benutzt, wenn eine Unterscheidung der numerischen Darstellung in REAL oder INTEGER nicht notwendig ist.

| REAL |

Der REAL-Datentyp wird zur Darstellung von rationalen Zahlen verwendet.

### INTEGER

Zur Darstellung von ganzen Zahlen wird der Datentyp INTEGER verwendet.

### LOGICAL

Für logische Werte (TRUE,FALSE und UNKNOWN) steht der Datentyp LOGICAL zur Verfügung.

### BOOLEAN

Der Typ BOOLEAN ist eine Spezialisierung des Typs LOGICAL. Gültige Wahrheitswerte sind TRUE und FALSE.

### STRING

Der Datentyp STRING steht zur Abbildung von Zeichen bzw. von Zeichenketten bereit.

### BINARY

Der Datentyp BINARY bildet digitale Werte (0 und 1) ab.

**Definierte Datentypen**

EXPRESS bzw. EXPRESS_G erlaubt die Definition von Datentypen. Dies ist notwendig, um z.B. Informationsmodelle mehr anwendungsbezogene Semantik zu geben. Beispiel hierfür wäre die Einführung eines definierten Typs SEKUNDE der vom Typ REAL ist, jedoch zusätzlich die Zwangsbedingung besitzt, daß gültige Werte im Bereich 0.0 < 60.0 liegen müssen.

### TYP_NAME

Benutzerdefinierte Typen werden durch ein gestricheltes Rechteck dargestellt. Der Eintrag im Inneren des Rechteck stellt den Namen des Typs dar.

**Der Aufzählungstyp**

### ENUM_NAME

Aufzählungstypen können mit Hilfe des Enumerationtyps definiert werden. Der Inhalt einer Enumeration besteht aus einer geordneten Liste von Namen. Der Eintrag im Inneren des Rechtecks stellt wiederum den Namen dieses benutzerdefinierten Typs dar.

**Der Select-Typ**

### SELECT_NAME

SELECT-Typen dienen zur Abbildung einer Auswahl von mehreren Typen. Der Eintrag im Inneren des Rechtecks stellt wiederum den Namen dieses benutzerdefinierten Typs dar.

## Entities

```
┌─────────────────┐
│  ENTITY NAME    │
└─────────────────┘
```

Ein Entity dient zur Abbildung der Objekte des Informationsmodells. Ein Entity gleicht einem strukturierten Datentyp. Der Eintrag im Innern des Rechtecks stellt den Namen des benutzerdefinierten Entity-Typs dar. Ein Entity enthält Attribute und Assoziationen zu anderen Entities. Die Typen von Assiziationen werden durch Relationensymbole dargestellt.

## Schemata

Ein Schema stellt ein Modul in der Sprache EXPRESS dar. Es begrenzt den Gültigkeitsbereich aller in ihm definierten Typen, Objekte, Funktionen und Regeln. Zwischen Schemata können Referenzen bestehen, d.h. daß ein Schema Definitionen eines anderen Schemas nutzen kann.

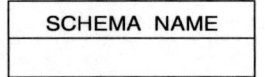

```
┌─────────────────┐
│  SCHEMA NAME    │
├─────────────────┤
│                 │
└─────────────────┘
```

In EXPRESS-G ist ein Symbol für ein Schema festgelegt, daß nur in Schema-Level Modellen verwendet wird. Dadurch sind die Zusammenhänge zwischen einzelnen Modulen oder Teilmodulen eines komplexen Informationsmodells auf einer abstrakten Ebene darstellbar.

## Relationensymbole

Assoziationen zwischen Elementen eines EXPRESS_ bzw. EXPRESS-G-Modells werden durch Relationensymbole ausgedrückt.

Für ENTITY_LEVEL_Modelle sind folgende Relationensymbole als Verknüpfung zwischen Modellelementen definiert:

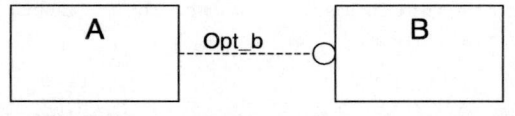

```
┌─────┐                    ┌─────┐
│  A  │------Opt_b------o  │  B  │
└─────┘                    └─────┘
```

Optionale Attribute werden durch ein Relationensymbol mit einer gestrichelten Linie und einem Kreis am Ende dargestellt. ENTITY A besitzt im oberen Beispiel ein optionales Attribut opt_b vom Typ des ENTITY B.

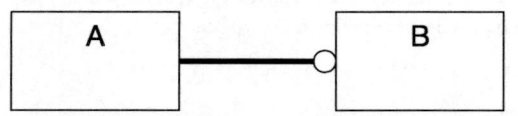

```
┌─────┐                    ┌─────┐
│  A  │─────────────────o  │  B  │
└─────┘                    └─────┘
```

Vererbungsbeziehungen werden durch ein Relationensymbol mit einer dicken, durchgezogenen Linie mit einem Kreis am Ende dargestellt. ENTITY B ist im oberen Beispiel ist Subtyp von A.

Notwendige Attribute (mandotary attributes) werden durch ein Relationensymbol mit einer durchgezogenen, dünnen Linie mit einem Kreis am Ende dargestellt. ENTITY A besitzt im oberen Beispiel ein Attribut m_b vom Typ des ENTITY B.

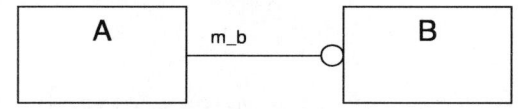

Mit den Relationensymbole für optionale und notwendige Attribute werden auch die Kardinalitäten zwischen den Definitionen dargestellt. Dazu werden häufig auch die Schlüsselwörter BAG, SET, ARRAY und LIST benutzt. Während ein BAG eine ungeordnete Menge bezeichnet, in der dasselbe Exemplar mehrfach auftreten kann, stellt ein SET eine ungeordnete Menge dar, in der jedes Exemplar nur einmal auftreten darf. Ein ARRAY stellt eine geordnete Menge mit einer festen Anzahl von Elementen dar, in der ein Exemplar auch mehrfach auftreten darf. Mit LIST wird eine geordnete Menge mit einer variablen Anzahl von Elementen bezeichnet. Durch die Verwendung von optionalen und notwendigen Attributen und die Konstrukte BAG, SET, ARRAY und LIST wird die Kardinalität in eine Richtung beschrieben z.B. von A nach B. Dabei ist die Kardinalität von B nach A zunächst eine 0:N Beziehung. Soll die Kardinalität von B nach A eingeschränkt werden, so kann dies durch die Definition eines inversen Attributes erfolgen. Für inverse Attribute zur Beschreibung des Typs einer Menge können nur BAG bzw. SET eingesetzt werden, da die Elemente einer inversen Menge keine Reihenfolge besitzen.

Für SCHEMA-Level-Modelle sind folgende Relationensymbole definiert:

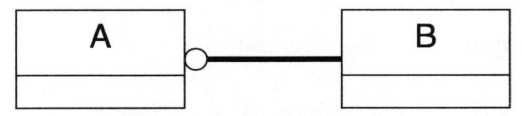

Ein Referenzsymbol zwischen Schemata mit einer durchgezogenen Linie steht für eine USE FROM-Beziehung. Schema B nutzt Definitionen aus Schema A, als seien diese lokal in Schema B definiert.

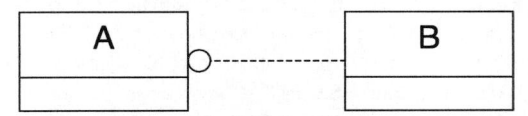

Ein Rferenzsymbol zwischen Schemata mit einer gestrichelten Linie steht für eine REFERENCE FROM-Beziehung. Schema B nutzt externe Definitionen aus Schema A.

**Kompositionssymbole:**

**Seitenreferenzen**

Graphische Modellrepräsentationen sind meist sehr komplex und erstrecken sich häufig über mehrere Seiten. Jede Seite innerhalb eines Modells wird durch eine Nummer gekennzeichnet. Für dir Referenzierung zwischen unterschiedlichen Seiten wird die in Abb.A-1 gezeigte Notation verwendet.

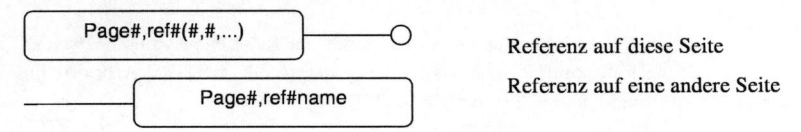

```
┌─────────────────────────┐
│   Page#,ref#(#,#,...)   │──────○    Referenz auf diese Seite
└─────────────────────────┘
         ┌─────────────────────────┐
─────────│    Page#,ref#name       │         Referenz auf eine andere Seite
         └─────────────────────────┘
```

**Abb.A-1: Seitenreferenzen**

Die Angaben der Seitennummer bezieht sich hierbei auf die Seite, die referenziert wird. Die Unterscheidung zwischen mehreren Referenzen auf einer Seite wird durch eine fortlaufende Numerierung der Referenzsymbole euf einer Seite erreicht. Das Kompositionssymbol auf der referenzierten Seite enthält eine Identifikation aller auf es gerichteten Referenzen.

**Inter-Schemareferenzen**

Ein Schema kann von Definitionen aus einem anderen Schemata Gebrauch machen. Die Symbolik zur Darstellung von Inter-Schemareferenzen ist in Abb.A-2 dargestellt.

REFERENCE FROM

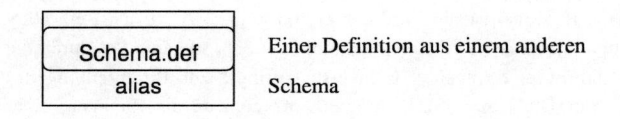

```
┌─────────────────┐
│   Schema.def    │      Einer Definition aus einem anderen
│     alias       │      Schema
└─────────────────┘
```

USE FROM

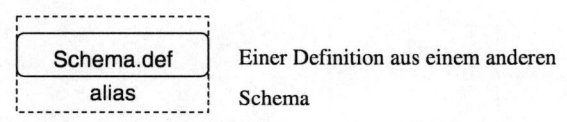

```
┌ ─ ─ ─ ─ ─ ─ ─ ─ ┐
    Schema.def           Einer Definition aus einem anderen
      alias              Schema
└ ─ ─ ─ ─ ─ ─ ─ ─ ┘
```

Abb. A-2: Inter-Schemareferenzen

Definitionen, auf die von einem anderen Schema durch das EXPRESS-Konstrukt USE FORM zugegriffen wird, werden von einem Rechteck mit durchgezogenen Linien umschlossen. Im Fall eines REFERENCE FROM Konstrukts wird das Rechteck aus gestrichelten Linien gebildet. Während USE FORM praktisch eine lokale Kopie der Definition im Zielschema erzeugt, macht REFERENCE FORM die Definitionen zwar sichtbar, sie werden jedoch als externe Definitionen gehandhabt. So kann eine mit USE FROM importierte Definition vollkommen unabhängig von einer lokalen Verwendung ausgeprägt werden. Dagegen kann eine mit REFERENCE FROM importierte Definition nur dann aus geprägt werden, wenn sie von einer lokalen Definition benutzt wird. Die Verwendung eines anderen Namen für die Definition in dem Schema, das die Definition referenziert, ist durch die Nutzung eines ALIAS möglich. Diese Umbenennung eines Konstrukts ist als ALIAS im unteren Teil des Rechtecks vermerkt.

## 10.12 Formeln zur Berechnung der ökologischen Sach- und Wirkbilanzen

Die folgenden Formeln und Tabellen sind von ALTING übernommen /Alting 97/ und bilden die Basis, um sowohl Sachbilanzen als auch die Wirkbilanzen berechnen zu können.

### 10.12.1 Berechnung der Sachbilanzen

Die Formel stellt die Grundlage für die Berechnung der Sachbilanz dar. Wichtig ist, daß bei den Sachbilanzen der zeitliche Anteil der Lebenszyklusprozesse am gesamten Produktlebenszyklus berücksichtigt wird ($T$ und $L$).

$$Q_i = T \cdot \sum_{up} Q_{i,up} + \frac{T}{L} \cdot \sum_{p} Q_{i,p}$$

$Q$ = sum of terminal exchanges (i) computed per functional unit
$T$ = duration of the functional unit (years)
$L$ = life span of the product (years)
$Q_{i,p}$ = the terminal exchange from the process (p) computed for the number of key units of the process entering into the product system; (p) designates all processes other than the use process
$Q_{i,up}$ = the terminal exchange per annum from the use process (up) including the processes specified by all of the use process's non-terminal exchanges

### 10.12.2 Ökologische Wirkbilanz

Die Berechnung der ökologische Wirkbilanz (Environmental Impact Potential, $EP(j)_i$) berechnet sich aus dem Produkt der Sachbilanz ($Q_i$) einer Substanz und der ökologischen Wirkungen (Eqivalenz Factor, $EF(j)_i$) dieser Substanz. Diese Beziehung bildet die Grundlage für den Aufbau der Transformationsmatrizen.

$$EP(j)_i = Q_i \cdot EF(j)_i$$

Die Summe der Wirkungen über alle Substanzen errechnet sich aus:

$$EP(j) = \sum EP(j)_i = \sum (Q_i \cdot EF(j)_i)$$

i = the indivual substance
p = the individual process
j = the impact category in question

Durch die Integration lokaler Gewichtungsfaktoren (site-specific factor $SF$) können örtliche Rahmenbedingungen besonders berücksichtigt werden.

$$EP(j) = \sum_p \sum_i EP(j)_{p,i} = \sum_p \sum_i \left( Q_{i,p} \cdot EF(j)_i \cdot SF(j)_p \right)$$

Bei der Berechnung der ökologischen Wirkungen werden folgenden Wirkungskategorien (j) unterschieden:

| Enviromental Impact Category | Abbrevation (j) |
|---|---|
| Global Warming | gw |
| Stratospheric ozone depletion | so |
| Photochemical ozone formation | po |
| Acidification | ac |
| Nutrient enrichment | ne |
| Ecotoxicity | et |
| Human toxicity | ht |
| Persistent toxicity | pt |

Um die Berechnung der verschiedenen Equivalenz Factors $EF(j)$ zu vereinfachen, werden Referenzsubstanzen für die Wirkungskategorien $(j)$ definiert (siehe Tabelle)

| Global Warming: j= gw | | g $CO_2$/g substance | | |
|---|---|---|---|---|
| Substance | Formula | 20 years | 100 years | 500 years |
| Carbon dioxide | $CO_2$ | 1 | 1 | 1 |
| Methane | $CH_4$ | 62 | **25** | 8 |
| Nitrous oxide | $N_2O$ | 290 | 320 | 180 |
| CFC 11 | $CFCl_3$ | 5000 | 4000 | 1400 |
| CFC 12 | $CF_2Cl_2$ | 7900 | 8500 | 4200 |
| HCFC 22 | $CHF_2Cl$ | 4300 | 1700 | 520 |
| HCFC 141b | $CFCl_2CH_3$ | 1800 | 630 | 200 |
| HCFC 142b | $CF_2ClCH_3$ | 4200 | 2000 | 630 |
| HFC 134a | $CH_2FCF_3$ | 3300 | 1300 | 420 |
| HFC 152a | $CHF_2CH_3$ | 460 | 140 | 44 |
| Tetrachloromethane | $CCl_4$ | 2000 | 1400 | 500 |
| 1, 1, 1-trichloroethane | $CH_3CCl_3$ | 360 | 110 | 35 |
| Chloroform | $CHCl_3$ | 15 | 5 | 1 |
| Methylene chloride | $CH_2Cl_2$ | 28 | 9 | 3 |
| Carbon monoxide | $CO$ | 2 | 2 | 2 |

### 10.12.3 Normalisierung der ökologischen Wirkungen

Um unterschiedliche Umweltwirkungen miteinander vergleichen zu können, müssen die verschiedenen Umweltwirkungen normalisiert werden. Dies erfolgt durch Division mit den für die jeweiligen Wirkungskategorien spezifischen Referenzfactoren $R(j)$:

Nach dieser Formel werden die normalisierten Ressourcenbedarfe berechnet:

$$NP(j) = P(j) \cdot \frac{1}{T \cdot R(j)}$$

Diese Formel wird für die normalisierten ökologischen Einflüsse genutzt.

$$NEP(j) = EP(j) \cdot \frac{1}{T \cdot ER(j)_{90}}$$

Der Referenzfaktor $ER(j)_{90}$ drückt aus, daß das Jahr 1990 als Referenzjahr angenommen wurde.

### 10.12.4 Gewichtung der normalisierten Umwelteinflüsse

Um zeitliche Entwicklungen bei der normalisierten Bewertung berücksichtigen zu können, kann ein weiterer Schritt einer Gewichtung unternommen werden. Dazu werden die Ressourcenbedarfe und ökologischen Einflüsse mit Gewichtungsfaktoren ($WF(j)$) multipliziert:

$$WP(j) = WF(j) \cdot NP(j)$$

Durch Einsetzen der Formeln aus Kapitel 10.12.3 erhält man:

$$\Rightarrow WP(j) = WF(j) \cdot \frac{1}{T \cdot R(j)} \cdot P(j)$$

Dies bedeutet für die gewichteten normalisierten Umweltwirkungen:

$$WEP(j) = WF(j) \cdot NEP(j)$$

$$\Rightarrow WEP(j) = \frac{ER(j)_{90}}{ER(j)_{T\,2000}} \cdot \frac{EP(j)}{ER(j)_{90}} \cdot \frac{1}{T}$$

$$\Rightarrow WEP(j) = \frac{EP(j)}{ER(j)_{T\,2000}} \cdot \frac{1}{T}$$

Die in diesem Kapitel dargestellten Grundformeln werden genutzt, um differenzierte Transformationsmatrizen aufzubauen.

## 10.12.5 Mehrdimensionalität ökologischer Wirkungen

Um die Komplexität von Wirkbilanzen zu unterstreichen, sind in Bild 10-54 die verschiedenen Umwelteinflüsse von Emissionen und die daraus resultierenden Konsequenzen dargestellt /Alting 97/.

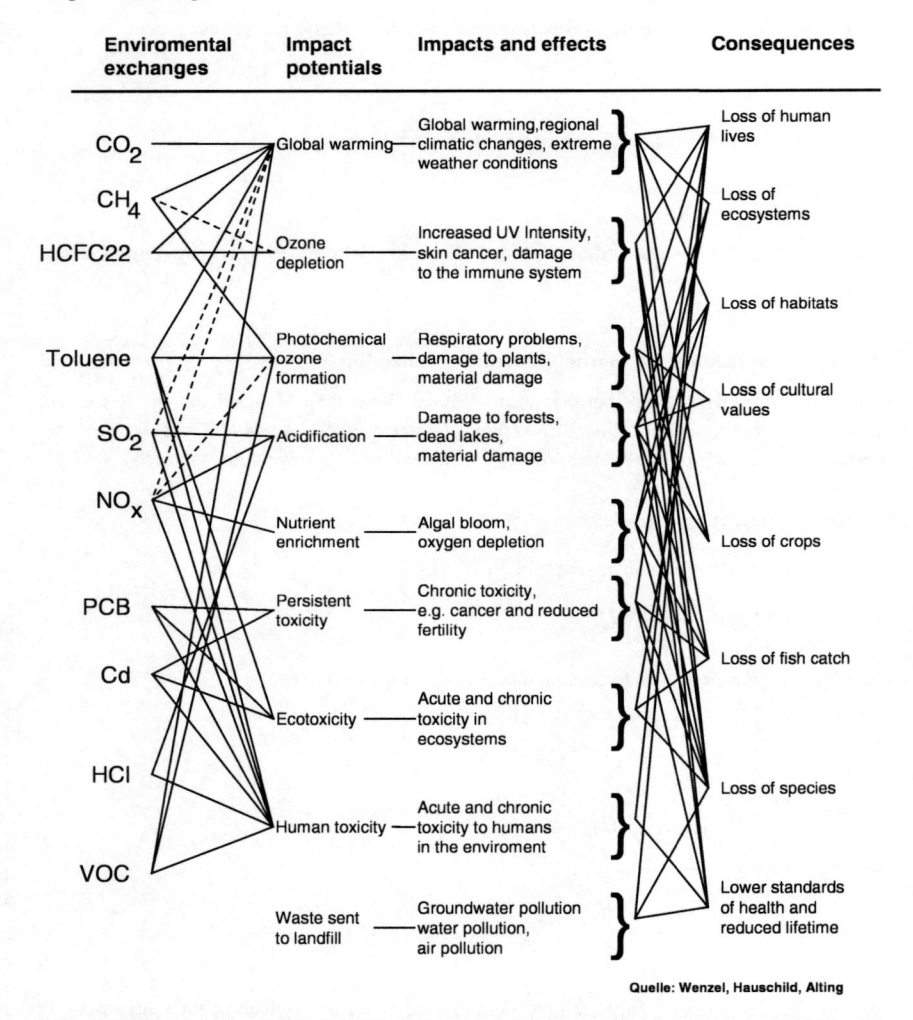

| Enviromental exchanges | Impact potentials | Impacts and effects | Consequences |
|---|---|---|---|
| $CO_2$ | Global warming | Global warming, regional climatic changes, extreme weather conditions | Loss of human lives |
| $CH_4$ | | | Loss of ecosystems |
| HCFC22 | Ozone depletion | Increased UV Intensity, skin cancer, damage to the immune system | |
| | | | Loss of habitats |
| Toluene | Photochemical ozone formation | Respiratory problems, damage to plants, material damage | |
| | | | Loss of cultural values |
| $SO_2$ | Acidification | Damage to forests, dead lakes, material damage | |
| $NO_x$ | Nutrient enrichment | Algal bloom, oxygen depletion | Loss of crops |
| PCB | Persistent toxicity | Chronic toxicity, e.g. cancer and reduced fertility | |
| Cd | | | Loss of fish catch |
| | Ecotoxicity | Acute and chronic toxicity in ecosystems | |
| HCl | | | Loss of species |
| VOC | Human toxicity | Acute and chronic toxicity to humans in the enviroment | |
| | Waste sent to landfill | Groundwater pollution water pollution, air pollution | Lower standards of health and reduced lifetime |

Quelle: Wenzel, Hauschild, Alting

**Bild 10-54: Beziehungen zwischen Emissionen und den resultierenden Umwelteinflüssen**

# *Lebenslauf*

## Persönliche Daten

| | | |
|---|---|---|
| Name, Vorname | Kölscheid, Wilfried | |
| Adresse | Tittardsfeld 100 52072 Aachen | |
| Geburtsdatum | 23. Mai 1967 | |
| Geburtsort | Moers | |
| Familienstand | verheiratet | |
| Staatsangehörigkeit | deutsch | |

## Schulischer Werdegang

| | | |
|---|---|---|
| Grundschule Kapellen | 1973 – 1977 | |
| Städt. Gymnasium Moers | 1977 – 1982 | Umzug und Schulwechsel |
| Gymnasium Goch | 1982 – 1986 | |

## Berufsausbildung

| | | |
|---|---|---|
| Ausbildung zum Werkzeugmacher | Aug. 1986 – Jan. 1989 | Firma P. Mühlhoff mittelst. Automobilzulieferer |
| Werkzeugmacher | Feb. 1989 | |

## Zivildienst

| | | |
|---|---|---|
| Betreuung geistig und körperlich Behinderter in der Schlosserei | März 1989 – Sep. 1990 | „Haus Freudenberg" Werkstatt für Behinderte Kleve |

## Studium

| | | |
|---|---|---|
| Maschinenbau / Fertigungstechnik | Okt. 1990 – Mai 1995 Vordiplom: Sep. 1992 Diplom: Mai 1995 | RWTH Aachen |

## Studentische Hilfskraft

| | | |
|---|---|---|
| Gruppe Produktionsmaschinen | Feb. 1993 – März 1994 | Fraunhofer-Institut für Produktionstechnologie (IPT) |
| Gruppe Prozeß- und Technologieplanung | Juli 1994 – Mai 1995 | Lehrstuhl für Produktionssystematik am WZL |

## Promotion

| | | |
|---|---|---|
| Wissenschaftlicher Mitarbeiter | Mai 1995 – Aug. 1999 | Lehrstuhl für Produktionssystematik am WZL |
| Koordinator des SFB 361 | Mai 1995 – Dez. 1998 | |
| Leiter der Gruppe Produktgestaltung | Sep. 1996 – Aug. 1999 | |
| Promotion | 21. Mai 1999 | |